河南省“十四五”普通高等教育规划教材

高等学校信息技术人才能力培养系列教材

微型计算机原理及应用

Micro-Computer Principle and Application

赵全利 ◎ 主编　周伟 谢泽奇 张会敏 ◎ 副主编

人民邮电出版社

北京

图书在版编目（CIP）数据

微型计算机原理及应用 / 赵全利主编. -- 北京 : 人民邮电出版社, 2022.12
高等学校信息技术人才能力培养系列教材
ISBN 978-7-115-59802-8

Ⅰ. ①微… Ⅱ. ①赵… Ⅲ. ①微型计算机－高等学校－教材 Ⅳ. ①TP36

中国版本图书馆CIP数据核字(2022)第136899号

内容提要

本书概述计算机基础知识及微型计算机系统组成，以 8086 CPU 为基础，详细介绍 80x86 CPU 的硬件结构、工作原理、指令系统、汇编语言程序设计及 EMU8086 仿真软件应用示例，对微型计算机存储器系统及接口、输入输出接口、总线、中断系统及应用进行详细描述，并融入 Proteus 仿真调试示例；以常用集成可编程芯片为对象，以应用为核心，重点介绍串行通信，并行通信，定时器/计数器，数模/模数转换及接口电路软硬件设计，并通过 Proteus 电路原理设计对应用实例进行仿真调试。

本书可作为高等院校电子、通信、计算机、自动化、测控、机电及机械等相关专业的教学用书，也可作为相关技术人员的参考用书。

◆ 主　　编　赵全利
　副 主 编　周　伟　谢泽奇　张会敏
　责任编辑　张　斌
　责任印制　王　郁　陈　犇
◆ 人民邮电出版社出版发行　北京市丰台区成寿寺路 11 号
　邮编 100164　电子邮件 315@ptpress.com.cn
　网址 https://www.ptpress.com.cn
　固安县铭成印刷有限公司印刷
◆ 开本：787×1092　1/16
　印张：20　　2022 年 12 月第 1 版
　字数：581 千字　　2025 年 1 月河北第 2 次印刷

定价：79.80 元

读者服务热线：(010)81055256　印装质量热线：(010)81055316
反盗版热线：(010)81055315
广告经营许可证：京东市监广登字 20170147 号

前言 FOREWORD

“微型计算机原理及应用（接口技术）”是高等院校计算机科学与技术、电子信息工程、通信工程、电气工程、自动化、机电工程及测控等专业的专业基础课程。该课程可为学生后续学习相关专业课程（如电子产品设计、控制技术），进行毕业设计乃至毕业后选择深造的专业方向提供计算机应用技术的基础理论和方法。

本书以微机原理和应用相结合为出发点，以计算机仿真软件为工具，翔实地描述微型计算机的体系结构、工作原理、指令系统、汇编语言程序设计及软硬件资源；并通过大量应用示例和软硬件仿真示例，全面阐述存储器、输入输出接口、中断系统、可编程接口芯片应用及 A/D 与 D/A 转换等系统的工作原理、设计方法和仿真调试过程。

编者多年从事“微型计算机原理及应用（接口技术）”课程的教学和实验，并将相应的原理和案例用于后续的单片机应用、数字系统设计、计算机控制系统的教学，以及毕业设计、全国大学生机器人大赛和全国大学生电子设计竞赛的培训工作中，取得了良好的效果，参赛学生也获得了优异的成绩。编者将相关的教学和实验经验融入本书，并将成功案例模块移植整理后编入本书。

本书应用实例丰富，主要知识点贯穿其中，程序示例引入了 EMU8086 进行仿真运行，接口电路软硬件示例通过 Proteus 进行了仿真调试运行，以方便读者深入地理解微型计算机的工作过程，引导读者逐步认识、熟悉、掌握微型计算机应用技术。

本书的主要特点如下。

（1）结构完整、层次分明、内容翔实、描述循序渐进，便于读者查阅和自学。

（2）理论与应用融合，突出在应用中构建理论和知识体系的教学方法。

（3）示例和仿真调试融合，帮助读者验证和加深对案例的分析与理解。

（4）资源和案例丰富，便于读者查阅、引用和移植。

本书主要内容包括：第 1 章介绍计算机基础知识及微型计算机系统组成；第 2 章以 8086 CPU 为基础，主要介绍 16 位、32 位微处理器的硬件结构及工作原理；第 3、4 章介绍 80x86 CPU 的汇编指令系统、伪指令、汇编语言程序设计及 EMU8086 仿真调试示例；第 5 章介绍存储器原理、层次结构、存储器与 CPU 的接口、内存、存储系统设计及软硬件仿真示例；第 6 章介绍 I/O 接口、DMA 控制器及 I/O 接口应用仿真示例；第 7 章介绍中断概念、80x86 中断系统、中断控制器及应用仿真示例；第 8 章以常用集成电路可编程芯片为对象，详细介绍串行通信，并行通信，定时器/计数器的基本原理、性能、接口应用技术及仿真示例；第9章介绍实时系统中对模拟信号的处理，重点讲述串行数模/模数转换器的基本原理、性能、接口应用技术及仿真示例；第10章介绍计算机总线及实用接口技术，概述其他微型计算机的结构特征和功能。

本书编排体系完整，既便于教师循序渐进地进行教学，又便于教师按需对内容进行筛选；既便于教师采用课堂仿真教学模式，又方便教师指导学生进行练习；既便于学生自学，又可以很大程度上降低教材内容的冗余度。

本书由赵全利担任主编，对全书内容进行设计把关，周伟、谢泽奇、张会敏担任副主编。本书编写分工如下：赵全利编写第1、2章，谢泽奇编写第3、7章，陈娟编写第4、6章和第10章的10.1节，周伟编写第5、9章，张会敏编写第10章的10.2～10.4节及附录，忽晓伟编写第8章，习题解答、电子资源及全书软硬件调试由赵全利、忽晓伟、陈娟完成。

本书所选例题及仿真示例都经上机调试成功，并提供配套电子课件、部分习题参考答案、教案、仿真源程序文件、实验指导、部分微视频及仿真软件使用简介等电子资源。

编者在编写本书的过程中参考了许多文献，在此对文献的作者表示真诚的感谢。由于计算机技术的发展速度很快，加之编者水平有限，书中难免存在不足和遗漏之处，恳请读者提出宝贵意见和建议。

编者

2022年8月

目录 CONTENTS

01 第1章　计算机基础知识

本章以计算机产生的结构思想为引导，首先对计算机的产生及冯·诺依曼计算机的经典设计方案进行概述，然后介绍计算机中表示信息的数制及其转换方法、二进制运算及基本电路、二进制数制编码，最后详细介绍微型计算机的基本结构及系统的组成，并通过一个简单的微型计算机应用仿真示例，使读者初步建立微型计算机的工作过程及应用的整体概念。

1.1　计算机概述

1.1.1　计算机产生的结构思想

1. 计算机的产生

1946年2月14日，在美国宾夕法尼亚大学的一间大厅里，美国陆军的一位将军按下了一个按钮，一件对现代世界影响巨大的事件发生了，世界上第一台通用电子计算机——电子数字积分计算机（Electronic Numerical Integrator and Computer，ENIAC）启动了。ENIAC如图1-1所示。ENIAC能够重新编程，解决各种计算问题。ENIAC是按照十进制而不是二进制来计算的。

图1-1　ENIAC

2. 冯·诺依曼计算机结构思想

在ENIAC诞生之前，离散变量自动电子计算机（Electronic Discrete Variable Automatic Computer，EDVAC）的建造计划就被提出，设计工作就已经开始。ENIAC和EDVAC的建造者均为宾夕法尼亚大学的电气工程师约翰·莫奇利和普雷斯波·艾克特。与ENIAC一样，EDVAC也是为美国陆军阿伯丁试验场的弹道研究实验室研制的。约翰·冯·诺依曼（John Von Neumann）以技术顾问的身份加入EDVAC的研制之中。1945年6月他发表了著名的关于EDVAC的报告草案，提出了以“二进制存储信息”和“存储程序（自动执行程序）”为基础的计算机结构思想。该报告提出的体系结构即冯·诺依曼体系结构（也叫冯·诺依曼结构），一直沿用至今。EDVAC是采用冯·诺依曼结构的通用电子计算机，从1951年EDVAC成功运行开始，计算机经历了多次的更新换代，但使用的仍然是冯·诺依曼结构。冯·诺依曼与EDVAC如图1-2所示。

冯·诺依曼提出的计算机体系结构包含以下3个要点。

① 采用二进制数表示指令和数据。

② 将指令和数据存放在存储器中。

③ 计算机硬件由控制器、运算器、存储器、输入设备和输出设备5部分组成。

图1-2 冯·诺依曼与EDVAC

在计算机中，二进制数是计算机硬件能直接识别并进行处理的唯一形式。

计算机所做的各种工作都必须以二进制数所表示的指令送入计算机内存中存储，这些有序指令的集合称为程序。

根据冯·诺依曼提出的计算机体系结构思想，计算机应能自动执行程序，而执行程序又归结为逐条执行指令。计算机对任何问题的处理都是对数据的处理，计算机所做的任何操作都是执行指令的结果。充分认识和理解计算机产生的结构思想，才能更好地理解数据、程序与计算机硬件之间的关系，这对于我们学习和掌握计算机基本原理是十分重要的。

1.1.2 计算机硬件经典结构

按照冯·诺依曼结构思想，计算机由控制器、运算器、存储器、输入设备和输出设备组成，如图1-3所示。

计算机给出程序中第一条指令在存储器中的存储地址，控制器根据第一条指令的存储地址顺序地取指令、分析（译码）指令、执行指令。在执行指令的过程中，运算器根据指令的要求完成对数据的处理，并把处理结果送入存储器存储。然后，由输出设备显示数据处理结果。这样，在控制器的控制下，计算机周而复始地完成全部的指令流操作，从而实现程序控制。

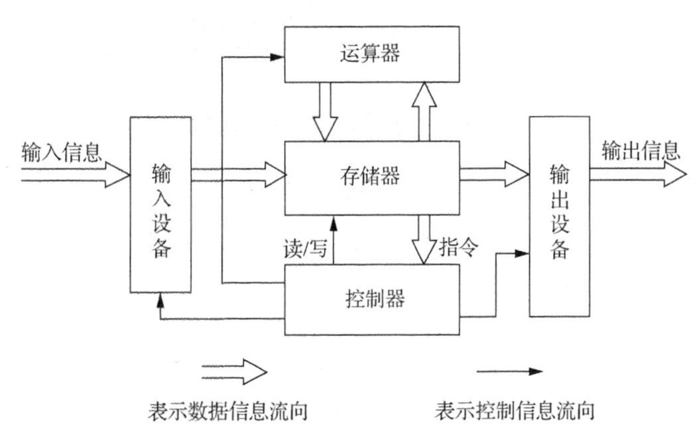

图1-3 计算机硬件经典结构

从ENIAC诞生到现在，计算机在体积、性能、速度、应用领域、生产成本等各方面都发生了巨大的变化。随着中央处理器（Central Processing Unit，CPU）技术的迅速发展，大规模集成电路（Large Scale Integrated Circuit，LSI）和超大规模集成电路（Very Large Scale Integrated Circuit，VLSI）成为计算机的主要功能部件，相继诞生了32位、64位及多核64位微处理器（Microprocessor，在计算机中往往将CPU制成一块芯片，即微处理器），主频可达到4GHz以上，如图1-4所示。半导体存储器因集成度不断提高，容量也越来越大，辅助存储器广泛使用磁盘和光盘，各种输入输出（Input/Output，I/O）设备相继出现。软件产业高速发展，各种系统软件、应用软件相继出现且日趋完善。尤其是自20世纪90年代开始，计算机网络及多媒体技术迅猛发展，计算机广泛应用于社会各个领域。

图1-4 超大规模集成电路制作的微处理器

按计算机的性能分类，可将计算机分为巨型机（超级计算机）、大型机、服务器、工作站、微型计算机等。本书主要介绍的就是微型计算机。

1.1.3　计算机的特点及应用

计算机是一种能迅速而高效地自动完成信息处理的电子设备，它能按照程序对信息进行加工、处理和存储。

1. 计算机的特点

计算机主要具有以下特点。

① 具有很高的信息处理速度。

② CPU 的集成化程度越来越高。

③ 具有极大的信息存储容量。

④ 具有精确的计算能力和逻辑判断能力。

⑤ 具有多样的输入输出手段和多媒体信息处理能力。

⑥ 计算机资源能够通过网络实现共享，信息能够迅速而方便地向四面八方传递。

2. 计算机的应用

计算机的应用主要有以下几个方面。

① 科学计算和科学研究。计算机主要用于解决科学研究和工程技术中提出的数学问题（数值计算）。

② 数据处理（信息处理）。数据处理主要体现在利用计算机速度快和精度高的特点对数字信息进行加工。

③ 工业控制。用单板微型计算机实现底层的分散过程控制级控制，用微型计算机实现中间层的监督控制级监督管理控制。

④ 计算机辅助系统。计算机辅助系统主要有计算机辅助教学、计算机辅助设计、计算机辅助制造、计算机辅助测试、计算机集成制造等。

⑤ 人工智能。人工智能主要研究解释和模拟人类智能行为及其规律，包括智能机器人、模拟人的思维过程、机器学习等。其主要任务是建立智能信息处理理论，进而设计可以展现某些近似于人类智能行为的计算系统。

⑥ 网络应用。计算机网络化可实现资源共享、数据传输、电子商务、网络计算和控制等。

⑦ 家用电器。目前，大多数家用电器都已嵌入单片微控制器，具有记忆、存储等功能。

1.2　计算机中数据的表示

人们要求计算机执行的各种操作都必须转换为计算机所能识别的二进制数的形式，计算机对各种信息的处理实际上是对二进制数的处理。由于计算机中的二进制数表示各种不同的信息，因此，需要对其进行编码或进行不同数制的数据转换。

1.2.1　计算机使用的数制及其转换

1. 数制

数制就是记数方式。

日常生活中常用的是十进制记数方式，而计算机内部使用的是二进制数据。因此，计算机在处理数据时，必须进行数制的相互转换。

为了便于区别不同进制的数据，一般情况下可在数据后跟一个后缀：

二进制数用“B”表示（如 00111010B）；

十六进制数用“H”表示（如 3A5H）；

十进制数用“D”表示或无后缀（如 39D 或 39）；

八进制数用“O”表示（如 123O）。

（1）二进制数

二进制数只有 0 和 1 两个数字符号，按“逢二进一”的原则进行记数，其基数为 2。

一般情况下，二进制数可表示为$(110)_2$、$(110.11)_2$、10110B 等，十进制数可表示为$(168)_{10}$、168D、168 等。

在任何进制中，每个数所处位置不同，实际代表的数值也不同，把不同位置所表示的数值称为权值，二进制数也如十进制数一样可以写成一种展开的形式。

按位权展开法就是将任一 r 进制数中各位对应的权值乘该位的数值，然后求和。

例如，十进制数 $123=1\times10^2+2\times10^1+3\times10^0$。

任意一个 r 进制数都可以表示成：

$$N = d_m r^m + d_{m-1} r^{m-1} + \cdots + d_0 r^0 + d_{-1} r^{-1} + \cdots + d_{-n} r^{-n}$$
$$= \sum_{i=-n}^{m} d_i r^i \qquad (n, m \geqslant 0)$$

上式中，r 称为基数（二进制数为 2），d_i 表明第 i 位上可取的数字（如二进制数取 0 或 1）；i 为 0～m 时，从低到高依次表示整数位，i 为-1～$-n$ 时，则依次表示小数位；r^i（即 r 的 i 次方）称为第 i 位的权值。

把一个 r 进制数 N 按位权展开，则 N 可表示为 r 进制数的每位数值 d_i 乘其权值 r^i 所得积之和。

根据按位权展开法，每一位二进制数在其不同位置表示不同的值。例如：

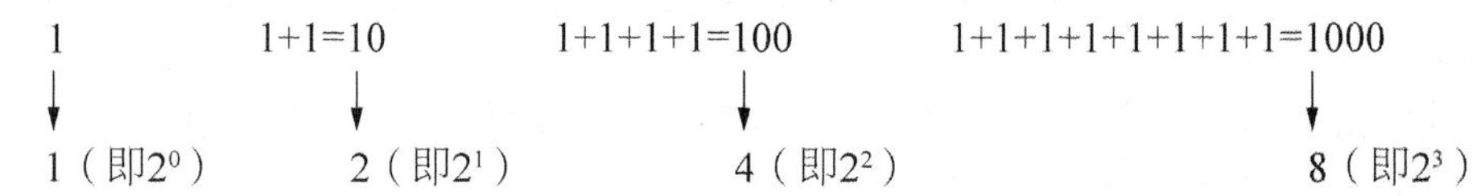

对于 8 位二进制整数（由低位至高位分别用 D_0～D_7 表示）及小数部分（十分位至万分位分别用 D_{-1}～D_{-4} 表示），各位对应的权值如下。

整数部分								小数部分				
1	1	1	1	1	1	1	1	1	1	1	1	…
2^7	2^6	2^5	2^4	2^3	2^2	2^1	2^0	2^{-1}	2^{-2}	2^{-3}	2^{-4}	…
D_7	D_6	D_5	D_4	D_3	D_2	D_1	D_0	D_{-1}	D_{-2}	D_{-3}	D_{-4}	…

对于任何二进制数，可按位权展开求和为与之相应的十进制数，例如：

$(10)_2=1\times2^1+0\times2^0=(2)_{10}$

$(10.1)_2=1\times2^1+0\times2^0+1\times2^{-1}=(2.5)_{10}$

$(11)_2=1\times2^1+1\times2^0=(3)_{10}$

$(110)_2=1\times2^2+1\times2^1+0\times2^0=(6)_{10}$

$(111)_2=1\times2^2+1\times2^1+1\times2^0=(7)_{10}$

$(1111)_2=1\times2^3+1\times2^2+1\times2^1+1\times2^0=(15)_{10}$

$(10110)_2=1\times2^4+0\times2^3+1\times2^2+1\times2^1+0\times2^0=(22)_{10}$

对于 8 位二进制整数，其最大值为：

$(11111111)_2=1\times2^7+1\times2^6+1\times2^5+1\times2^4+1\times2^3+1\times2^2+1\times2^1+1\times2^0=(255)_{10}=2^8-1$

对于 16 位二进制整数，其最大值为：

$(1111111111111111)_2=65535=2^{16}-1$

对于 n 位二进制整数，其最大值为 2^n-1。

例如，二进制数 10110111，按位权展开求和计算可得：

$$
\begin{aligned}
(10110111)_2&=1\times2^7+0\times2^6+1\times2^5+1\times2^4+0\times2^3+1\times2^2+1\times2^1+1\times2^0\\
&=128+0+32+16+0+4+2+1\\
&=(183)_{10}
\end{aligned}
$$

例如，二进制数 10110.101，按位权展开求和计算可得：

$$
\begin{aligned}
(10110.101)_2&=1\times2^4+1\times2^2+1\times2^1+1\times2^{-1}+0\times2^{-2}+1\times2^{-3}\\
&=16+4+2+0.5+0.125\\
&=(22.625)_{10}
\end{aligned}
$$

必须指出：在计算机中，一个二进制数（如 8 位、16 位或 32 位）既可以表示数值，也可以表示一种符号的代码，还可以表示某种操作（即指令），计算机在程序运行时按程序的规则自动识别，这就是所谓的一切信息都是以二进制数据进行存储的。

（2）十六进制数

计算机在信息输入输出或书写相应程序或数据时，可采用简短的十六进制数表示相应的位数较长的二进制数。

十六进制数有 16 个数字符号，其中 0～9 与十进制数的相同，剩余 6 个为 A、B、C、D、E、F（或 a、b、c、d、e、f），分别表示十进制数的 10～15。十六进制数可表示为$(12A.B)_{16}$、12A.BH 等。

十六进制数的记数原则是“逢十六进一”，其基数为 16，整数部分各位的权值由低位到高位分别为 16^0、16^1、16^2、16^3…。

例如：

$(31)_{16}=3\times16^1+1\times16^0=(49)_{10}$

$(2AF)_{16}=2\times16^2+10\times16^1+15\times16^0=(687)_{10}$

对于以 A～F 或 a～f 开始的十六进制数，则在该数据前加 0。

例如：

$$
\begin{aligned}
0AF36H&=0AH\times16^3+0FH\times16^2+3\times16^1+6\times16^0\\
&=10\times16^3+15\times16^2+3\times16^1+6\times16^0=44854D
\end{aligned}
$$

（3）八进制数

八进制数使用 0、1、2、3、4、5、6、7 共 8 个数字符号。八进制数可表示为$(12.67)_8$、12.67O 等。八进制数的记数原则是“逢八进一”，其基数为 8，整数部分各位的权值由低位到高位分别为 8^0、8^1、8^2、8^3…。

例如：

$(127)_8=127O=1\times8^2+2\times8^1+7\times8^0$

2. 不同进制数之间的转换

计算机中的数只能用二进制表示，十六进制数读写方便，而日常生活中使用的是十进制数。因此，计算机必须根据需要对各种进制数进行转换。

（1）二进制数与十进制数的相互转换

对任意二进制数均可按位权展开将其转换为十进制数。例如：

$$
\begin{aligned}
10111B&=1\times2^4+0\times2^3+1\times2^2+1\times2^1+1\times2^0\\
&=23D
\end{aligned}
$$

$$
\begin{aligned}
10111.011B&=1\times2^4+0\times2^3+1\times2^2+1\times2^1+1\times2^0+0\times2^{-1}+1\times2^{-2}+1\times2^{-3}\\
&=23.375D
\end{aligned}
$$

将十进制数转换为二进制数，可将整数部分和小数部分分别进行转换，然后合并。其中整数部分可采用“除 2 取余法”进行转换，小数部分可采用“乘 2 取整法”进行转换。

① 除 2 取余法。

例如，采用“除 2 取余法”将 37D 转换为二进制数。

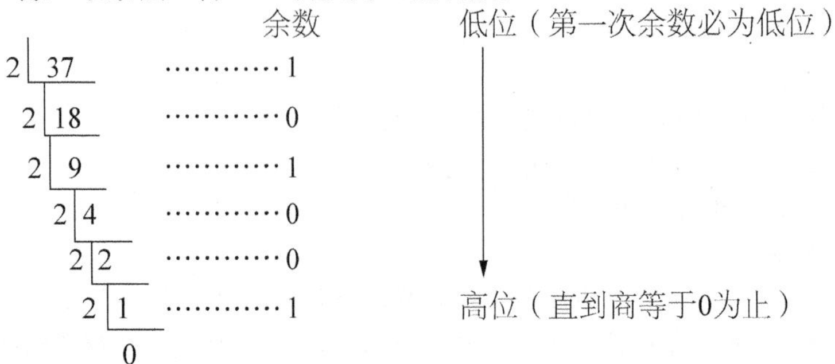

把所得余数由高位到低位排列起来可得：37D=100101B。

② 乘 2 取整法。

例如，采用“乘 2 取整法”将 0.625D 转换为二进制小数。

```
  0.625
×     2
———————
  1.250   取出整数1 ——→ 1 高位（第一次整数1必为二进制小数
×     2                    │    权值的最高位）
———————                    │
  0.500   取出整数0 ——→ 0  │
×     2                    ↓
———————
  1.000   取出整数1 ——→ 1 低位
```

直至小数部分为 0（若不为 0，则根据误差要求取小数位）。

把所得整数由高位到低位排列起来可得：0.625D=0.101B。

同理，把 37.625D 转换为二进制数，只需将以上转换结果合并起来即可：37.625D=100101.101B。

【例 1-1】 把十进制数 57.63D 转换成二进制数。

可将十进制数 57.63D 的整数部分和小数部分分别进行转换。将十进制数转换成二进制数，整数部分可以采取“除 2 取余法”，小数部分转换成二进制数可以采取“乘 2 取整法”。

求整数部分：

```
                        余数
2 | 57   …………1         低位
 2 | 28   …………0          │
  2 | 14  …………0          │
   2 | 7   ………1           ↓
    2 | 3   ……1          高位
     2 | 1   …1
         0
```

求小数部分：

```
0.63×2=1.26   整数部分取 1     高位
0.26×2=0.52   整数部分取 0      │
0.52×2=1.04   整数部分取 1      ↓
0.04×2=0.08   整数部分取 0     低位
```

则

57.63D=111001.1010B

将十进制数转换为二进制数，也可以采用权值比较法。

权值比较法即将十进制数与二进制数的位权从高位到低位逐位比较，若该位十进制数的权值大于或等于二进制数某位的权值，则该位取“1”，否则该位取“0”，采用按位分割法进行转换。

例如，将十进制数 37.625D 转换为二进制数。

2^7	2^6	2^5	2^4	2^3	2^2	2^1	2^0
128	64	32	16	8	4	2	1
0	0	1	0	0	1	0	1

将整数部分 37 与二进制数各位的权值从高位到低位比较，37 > 32，则该位取 1，剩余 37–32=5，逐位比较，得 00100101B。

将小数部分 0.625 按相应方法转换，得 0.101B。

结果为：37.625D=100101.101B。

（2）二进制数与十六进制数的相互转换

在计算机进行输入、输出显示时，常采用十六进制数。十六进制数可看作二进制数的简化表示。

因为 2^4=16，所以 1 位十六进制数可表示 4 位二进制数。十进制数、二进制数、八进制数、十六进制数的转换见表 1-1。

表 1–1　十进制数、二进制数、八进制数、十六进制数的转换

十进制数	二进制数	八进制数	十六进制数
0	0000B	000O	0H
1	0001B	001O	1H
2	0010B	002O	2H
3	0011B	003O	3H
4	0100B	004O	4H
5	0101B	005O	5H
6	0110B	006O	6H
7	0111B	007O	7H
8	1000B	010O	8H
9	1001B	011O	9H
10	1010B	012O	AH
11	1011B	013O	BH
12	1100B	014O	CH
13	1101B	015O	DH
14	1110B	016O	EH
15	1111B	017O	FH

在将二进制数转换为十六进制数时，其整数部分可由小数点开始向左每 4 位为一组进行分组，直至高位，若高位不足 4 位，则首位补 0 使其成为 4 位二进制数，然后按表 1-1 中的对应关系进行转换。其小数部分由小数点向右每 4 位为一组进行分组，不足 4 位则末位补 0，使其成为 4 位二进制数，然后按表 1-1 的对应关系进行转换。

例如：

11000101.011B=1100 0101.0110B=0C5.6H

10001010B=1000 1010B=8AH

100101.101B=0010 0101.1010B=25.AH

需要将十六进制数转换为二进制数时，其过程为上述方法的逆过程。

例如：

0C5.A7H=1100 0101. 1010 0111 B

$$7ABFH=\underbrace{0111}_{7}\ \underbrace{1010}_{A}\ \underbrace{1011}_{B}\ \underbrace{1111}_{F}\ B$$

即 7ABFH =111101010111111B。

（3）二进制数与八进制数的相互转换

因为 $2^3=8$，所以 1 位八进制数可表示 3 位二进制数，转换关系见表 1-1。

在将二进制数转换为八进制数时，其整数部分可由小数点开始向左每 3 位为一组进行分组，直至高位。若高位不足 3 位，则首位补 0，使其成为 3 位二进制数，然后按表 1-1 的对应关系进行转换。其小数部分由小数点向右每 3 位为一组进行分组，不足 3 位则末位补 0，使其成为 3 位二进制数，然后按表 1-1 的对应关系进行转换。例如：

123O=001 010 011B

1011111B=001 011 111B=137O

（4）十进制数与十六进制数的相互转换

十进制数与十六进制数的相互转换可直接进行，也可先转换为二进制数，再把二进制数转换为十六进制数或十进制数。

例如，将十进制数 37D 转换为十六进制数。

37D=100101B=0010 0101B=25H

又如，将十六进制数 41H 转换为十进制数。

41H=0100 0001B=65D

也可按位权展开求和将十六进制数直接转换为十进制数，这里不再详述。

1.2.2 二进制运算

二进制数 0 和 1 既可以表示数值，也可以表示逻辑关系，因而二进制数有两种不同类型的运算，即算术运算和逻辑运算。在计算机中，计算机是通过 CPU 中的运算器电路实现二进制运算的。

1. 二进制算术运算

二进制算术运算是计算机的基本运算。

（1）二进制加法运算

1 位二进制数的加法运算规则如下。

$$\begin{array}{r}0\\+0\\\hline0\end{array}\qquad\begin{array}{r}0\\+1\\\hline1\end{array}\qquad\begin{array}{r}1\\+0\\\hline1\end{array}\qquad\begin{array}{r}1\\+1\\\hline10\end{array}$$

（向高位进1）

对于多位二进制数的运算，从低位到高位依次相加，逢二进一，同时要考虑低位向高位产生的进位位。

例如，8 位二进制数的加法。

$$\begin{array}{r}11100101\\+\quad 01110011\\\hline 01011000\end{array}$$

（2）多位二进制数的加法电路

二进制数的加法器是利用基本逻辑门电路通过组合逻辑电路设计方法实现的。利用半加器 HA（仅本位加）和全加器 FA（带进位位加），可以组合多位简单的加法电路。计算机运算器中的加法器一般为 32 位或 64 位，为分析方便，这里给出的 4 位二进制数的加法电路如图 1-5 所示。

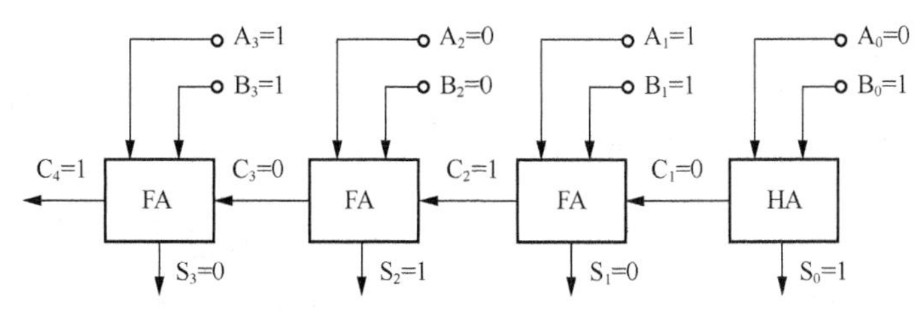

图 1-5　4 位二进制数的加法电路

设二进制数为 $A=A_3A_2A_1A_0$=1010=10D，$B=B_3B_2B_1B_0$=1011=11D，则按照图 1-5 所示电路完成 A 与 B 相加的过程，可写成如下竖式算法。

A:	1010
+）B:	1011
S:	[1]0101

则运算结果 $S_3S_2S_1S_0$=0101，同时产生进位位标志 C_4=1。

2. 二进制逻辑运算

当二进制数 0 和 1 用来表示逻辑关系时，可以实现逻辑运算。

（1）二进制基本逻辑运算

二进制基本逻辑运算如下。

① 逻辑加（也称“或”运算，用符号“OR”或“∨”或“+”表示），其运算规则如下。

0	0	1	1
∨0	∨1	+0	+1
0	1	1	1

② 逻辑乘（也称“与”运算，用符号“AND”或“∧”或“·”表示），其运算规则如下。

0	0	1	1
∧0	∧1	·0	·1
0	0	0	1

③ 取反（也称“非”运算，用符号“NOT”或上画线“—”表示），“0”取反后是“1”，“1”取反后是“0”。

④ 基本逻辑运算可以扩展为或非、与非、异或（用符号 XOR 或⊗表示）等运算。

逻辑运算是按位处理，不考虑位之间的进位关系。

例如，设 A=0101B，则 NOT A 的结果为 1010B。

例如，设 A=0101B，B=0011B，则 A OR B 的运算为

	0101
OR	0011
A OR B=	0111

A AND B 的运算为

	0101
AND	0011
A AND B=	0001

A XOR B 的运算为

	0101
XOR	0011
A XOR B=	0110

（2）二进制基本逻辑电路

计算机中的逻辑电路包括“与”门、“或”门和“非”门等基本门电路（或称判定元素）及其组合，其电路符号、名称及表达式如图 1-6 所示。

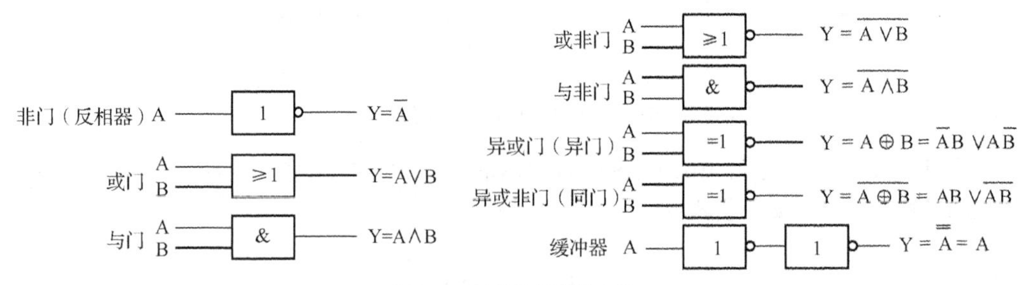

图 1-6　计算机逻辑门电路

1.2.3　二进制数编码

数据在计算机中的表现形式称为编码。

计算机通过输入设备（如键盘）输入的信息和通过输出设备输出的信息是多种形式的，既有数值型数据，也有非数值型数据，如字符、各种控制符号及汉字等。计算机内部所有的数据均用二进制代码的形式表示，为此，需要对常用的数据及符号等进行编码，以表示不同形式的信息。

1. **机器数与真值**

一个数在计算机中的表示形式（编码）叫作机器数，而这个数本身（可以含符号“+”或“−”）称为机器数的真值。

在计算机中，二进制整数可分为无符号整数和有符号整数。

（1）无符号整数

对于二进制无符号整数，所有位都有与之相应的权值作为该位所表示的数值，其机器数就是二进制数本身。

例如，N1=105=01101001B（表示 N1 的真值），其机器数为 01101001。

8 位二进制无符号整数的机器数的表示范围为$(00000000)_2$～$(11111111)_2$（即 0～2^8−1）。

16 位二进制无符号数的机器数的表示范围为$(0000000000000000)_2$～$(1111111111111111)_2$（即 0～2^{16}−1）。

n 位二进制无符号整数的表示范围为 0～2^n−1。

无符号整数在计算机中常用来表示存储器单元及输入输出设备的地址。一般可用 8 位、16 位或 32 位二进制数表示，其取值范围分别为 0～255、0～65535、0～2^{32}−1。

（2）有符号整数

对于二进制有符号整数（此类整数既可表示正整数，又可表示负整数）的机器数，用二进制数的最高位表示符号位，最高位为“0”表示正数，最高位为“1”表示负数，其余各位取与之相应的权值作为该位所表示的数值。对于一个有符号整数，可因其编码不同而有不同的机器数表示法。

2. **原码、反码和补码**

有符号整数在计算机中的编码形式有原码、反码和补码 3 种。

（1）原码

如上所述，正数的符号位用“0”表示，负数的符号位用“1”表示，其数值部分不变，这种编码形式称为原码。

例如，以 8 位二进制数为例（以下均同），设有两个数 N1、N2，其真值为：

$$N1=105=+01101001B$$

$$N2=-105=-01101001B$$

则对应的原码为：

$[N1]_{原}=0\ 1101001B$（最高位“0”表示正数）

$[N2]_{原}=1\ 1101001B$（最高位“1”表示负数）

原码表示方法简单、直观，便于与真值进行转换。但计算机在进行减法运算时，实际上是把减法运算转换为加法运算，因此，必须使用反码和补码。

（2）反码与补码

对于正数，其反码、补码与原码表示方式相同。

仍以前文的 N1 为例，则有：

$$[N1]_{补}=[N1]_{反}=[N1]_{原}=0\ 1101001B$$

① 对于负数，其反码为对原码各位求反（即 0 变为 1，1 变为 0，但符号位不变）。由于反码在计算机中计算时比较麻烦，一般不直接使用。反码通常作为求补码运算时的中间形式。

② 负数的补码为：原码的符号位不变，其数值部分按位取反后再加 1（即负数的反码加 1），称为求补。

仍以前文的 N2 为例，则有：

$$[N2]_{原}=1\ 1101001B$$

$$[N2]_{反}=1\ 0010110B$$

$$[N2]_{补}=[N2]_{反}+1=1\ 0010110B+1=1\ 0010111B$$

③ 如果已知一个负数的补码，对该补码再进行求补码（即一个数的补码的补码），即可得到该数的原码，即$[[X]_{补}]_{补}=[X]_{原}$，从而求出真值。

例如，已知：

$$[N2]_{补}=1\ 0010111B$$

$$[N2]_{原}=[[N2]_{补}]_{补}=11101000B+1=11101001B$$

可得真值：N2= –105。

【例 1-2】 已知数据 A1、A2、A3、A4 在存储单元以补码形式存储，分别为 10000001B、11111111B、10000010B、11111110B，求 A1、A2、A3、A4 的真值。

由于补码的最高位为 1，表示负数，必须求出原码才能求得真值，故有：

$[A1]_{原}=[[A1]_{补}]_{补}=[10000001]_{补}=11111110B+1B=11111111B$，得 A1= –127；

$[A2]_{原}=[[A2]_{补}]_{补}=[11111111]_{补}=10000000+1B=10000001B$，得 A2= –1；

$[A3]_{原}=[[A3]_{补}]_{补}=[10000010]_{补}=11111101B+1B=11111110B$，得 A3= –126；

$[A4]_{原}=[[A4]_{补}]_{补}=[11111110]_{补}=10000001B+1B=10000010B$，得 A4= –2。

对采用补码形式表示的数据进行运算时，可以将减法转换为加法。可以证明，补码加减法的运算规则为：

$$[X\pm Y]_{补}=[X]_{补}+[\pm Y]_{补}$$

其中 X、Y 为正数或负数均可，符号位参与运算。

例如，设 X=10，Y=20，求 X–Y。

X–Y 可表示为 X+(–Y)，即 10+(–20)。

$$[X]_{原}=[X]_{反}=[X]_{补}=00001010B$$

$$[-Y]_{原}=10010100B$$

$$[-Y]_{补}=[-Y]_{反}+1=11101011B+1=11101100B$$

则有：

$[X+(-Y)]_{补}=[X]_{补}+[-Y]_{补}$

=00001010B+11101100B（按二进制算术运算相加）

=11110110B（和的补码）

再对$[X+(-Y)]_{补}$求补码可得$[X+(-Y)]_{原}$，即

$$[X+(-Y)]_{原}=10001001B+1=10001010B$$

则 X−Y 的真值为−10D。

【例 1-3】 使用补码计算：−7+3。

$[-7]_{补}=11111001B$

$[+3]_{补}=00000011B$

则运算如下：

被加数：	11111001	(−7)
加数：	+ 00000011	(+3)
结果（和的补码）	11111100	−4

对结果 11111100 求补：10000011+1=10000100（原码），即−4。

必须指出：所有负数在计算机中都是以补码形式存放的，补码表示在仅为负数时才与原码有所不同。采用补码表示的 n 位二进制有符号整数的有效范围是：$-2^{n-1}\sim2^{n-1}-1$。

计算机在运算过程中，结果超出此允许范围，则称为发生溢出，即运算结果错误。

应当注意：对于 8 位二进制数，作为补码形式，它所表示的范围为$-2^7\sim2^7-1$（即−128～127）；而作为无符号整数，它所表示的范围为 $0\sim2^8-1$（即 0～255）。对于 16 位二进制数，作为补码形式，它所表示的范围为$-2^{15}\sim2^{15}-1$（即−32768～32767）；而作为无符号整数，它所表示的范围为 $0\sim2^{16}-1$（即 0～65535）。因此，计算机中存储的任何一个数据，由于解释形式不同，其所代表的意义也不同。在编写汇编语言程序时，首先要确定数据的编码形式，然后按编码形式编写处理程序。计算机在执行程序时并不直接理解人们设置的编码，只是按照指令的功能对其进行运算和处理。

例如，某计算机存储单元的数据为 84H，其对应的二进制数的表现形式为 10000100B，对于不同的编码，具有不同的含义。

① 该数若解释为无符号整数编码，其真值为 132。

② 该数若解释为有符号整数编码，最高位为 1 可确定为负数的补码表示，则该数的原码为 11111011B+1B= 11111100B，其真值为−124。

③ 该数若解释为 BCD 码，其真值为 84D。

3. 二–十进制编码

二–十进制编码又称 8421BCD 码（也可简称为 BCD 码），这种编码形式既具有二进制数的形式，便于存储，又具有十进制数的特点，便于进行运算和显示结果。在 8421BCD 码中，用 4 位二进制代码表示 1 位十进制数。

常用的 8421BCD 码的对应编码见表 1–2。

表 1–2　二–十进制编码（8421BCD 码）

十进制数	8421BCD 码
0	0000B（0H）
1	0001B（1H）
2	0010B（2H）
3	0011B（3H）
4	0100B（4H）
5	0101B（5H）
6	0110B（6H）
7	0111B（7H）
8	1000B（8H）
9	1001B（9H）

例如，将十进制数 27 转换为 8421BCD 码：

$$27=(0010\quad 0111)_{8421BCD}$$

十位 2　个位 7

将十进制数 105 转换为 8421BCD 码：

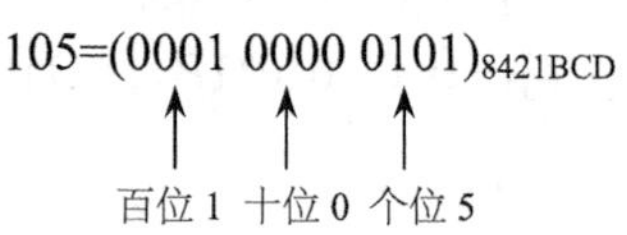

因为 8421BCD 码只能表示 0000B～1001B（即 0～9）这 10 个代码，不允许出现代码 1010B～1111B（因为其值大于 9），所以计算机在进行 8421BCD 加法（即二进制加法）的过程中，若和的低 4 位大于 9（即 1001B）或低 4 位向高 4 位有进位时，为保证运算结果的正确性，低 4 位必须进行加 6 修正。同理，若和的高 4 位大于 9（即 1001B）或高 4 位向更高 4 位有进位时，为保证运算结果的正确性，高 4 位必须进行加 6 修正。

例如：

$$17=(0001\ 0111)_{8421BCD}$$

$$24=(0010\ 0100)_{8421BCD}$$

$$101=(0001\ 0000\ 0001)_{8421BCD}$$

17+24=41 在计算机中的操作为：

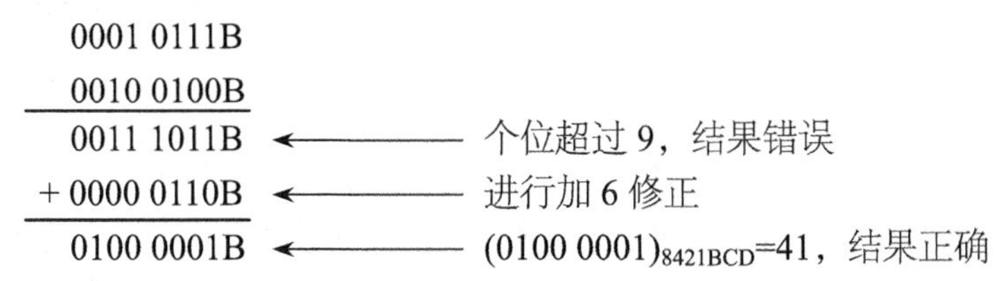

4. ASCII 码

前面介绍的是计算机中的数值型数据的编码，对于文字、符号、图像、声音等非数值型信息，计算机也必须以二进制数的形式存放在存储器中。这里仅介绍关于键盘字符型数据的 ASCII 码。

美国信息交换标准码（American Standard Code for Information，ASCII）是一种国际信息交换标准码，它利用 7 位二进制代码来表示字符，再加上 1 位校验位，故在计算机中用 8 位二进制数（1 个字节）表示一个字符，这样有利于对这些数据进行处理及传输。

例如，十进制数字 “0” “1” … “9” 符号（不是指数值）、大小写英文字母、键盘控制符号 “CR”（回车）等，这些符号在由键盘输入时不能直接 “装入” 计算机，必须被转换为特定的二进制代码（即将其编码），并以二进制代码所表示的字符数据的形式装入计算机。

常用字符的 ASCII 码见表 1-3。

表 1-3　常用字符的 ASCII 码

字符	ASCII 码	字符	ASCII 码
0	00110000B（30H）	C	01000011B（43H）
1	00110001B（31H）	⋮	⋮
2	00110010B（32H）	a	01100001B（61H）
⋮	⋮	b	01100010B（62H）
9	00111001B（39H）	c	01100011B（63H）
A	01000001B（41H）	⋮	⋮
B	01000010B（42H）	CR（回车）	00001101B（0DH）

详细的 ASCII 表见附录 A。

英文字母 A～Z 的 ASCII 码从 1000001（41H）开始按顺序递增，字母 a～z 的 ASCII 码从 1100001（61H）开始按顺序递增，这样的排列对信息检索十分有利。

例如字符 A 的 ASCII 码为 41H（65），字符 B 的 ASCII 码为 42H（66）。

数字 0～9 的编码是 0110000B～0111001B，它们的高 3 位均是 011，后 4 位正好与其对应的二进制代码相同。例如，字符 1 的 ASCII 码为 31H（49），字符 2 的 ASCII 码为 32H（50），〈Enter〉键的 ASCII 码为 0DH（13）。

1.3 微型计算机的分类及性能指标

以微处理器为核心，配上由大规模集成电路制作的只读存储器（Read Only Memory，ROM）、随机存储器（Random Access Memory，RAM）、输入输出接口电路及系统总线等所组成的计算机，称为微型计算机（简称微机）。本节主要介绍微型计算机的分类、常用术语及性能指标。

1.3.1 微型计算机的分类

可以从不同角度对微型计算机进行分类，例如，按微处理器的制造工艺、微处理器的字长、微型计算机的构成形式、应用范围等。按微处理器的字长来分，微型计算机一般分为 8 位、16 位、32 位和 64 位。按构成形式来分，微型计算机主要可分为单片机、单板机和 PC（Personal Computer，个人计算机），具体介绍如下。

1. 单片机

单片机又称单片微控制器，它是将微处理器、存储器（如 RAM、ROM）、定时器及输入输出接口电路等集成在一块集成电路芯片上，可嵌入各种工业、民用设备及仪器仪表的芯片型计算机。

一块单片机芯片就是具有一定运算规模的微型计算机，再加上必要的外围器件，就可构成完整的微型计算机硬件系统。

单片机特殊的结构形式使其具有很多显著的优点，单片机在各个领域内的应用都得到迅猛的发展。随着微控制技术不断完善和发展，以及自动化程度日益提高，单片机的应用正在使传统的控制技术发生巨大的变化，是对传统控制技术的一场革命。

单片机主要用于智能化仪器仪表、家用电器、机电一体化、工业控制等领域。

常用单片机主要包括 51 系列及其兼容机，以及嵌入式 ARM 系列。

2. 单板机

单板机是指将计算机的各个部分组装在一块印制电路板上，包括微处理器、存储器、输入输出接口电路，还有简单的七段发光二极管显示器、小键盘、插座等，可以直接在实验板上操作。单板机既适用于进行生产过程的控制，也适用于教学。

3. PC

PC 可以实现各种计算、数据处理及信息管理等。PC 可分为台式个人计算机（简称台式机）和便携式个人计算机。台式机需要放置在桌面上，它的主机、键盘和显示器都是相互独立的，通过电缆和插头连接在一起。便携式个人计算机又称笔记本电脑，它把主机、硬盘驱动器、键盘和显示器等部件组装在一起，可以用可充电电池供电，便于随身携带。

当 PC 运行单片机等微处理器开发环境的软件时，可以方便地实现对单片机等微处理器芯片进行编程、编译、代码下载及调试，这时的 PC 通常称为上位机。

另外，智能手机、平板电脑、嵌入式系统等也属于微型计算机。

1.3.2 微型计算机的常用术语及性能指标

本节以衡量计算机的工作性能为出发点，主要介绍计算机硬件的常用术语及性能指标。

1. 常用术语

（1）位

位（bit）是计算机能表示的最小数据单位，即一个二进制数的位（其值只能为 0 或 1）。对于 8 位二进制数，可记为 8bit。

（2）字节

字节（byte）由 8 个二进制位组成，字节的单位可用 byte 或 B 表示，即 1byte=8bit。在计算机中，存储器的容量通常是以字节为单位来度量的。

（3）字长

字长是微处理器一次可以直接处理的二进制代码的位数，字长越长，计算精度越高。

字长通常取决于微处理器内部通用寄存器的位数和数据总线的宽度。微处理器的字长有 8 位、16 位、32 位和 64 位。

（4）主频

主频也称为时钟频率（工作频率），用来表示微处理器的运行速度。一般说来，一个时钟周期完成的操作是固定的，因此主频越高，表明微处理器运行越快，主频常见的单位是 MHz 和 GHz。

（5）外频与倍频系数

外频就是系统外部总线的工作频率，外频常见的单位为 MHz；倍频系数是微处理器的主频与外频之间的相对比例系数。

早期微处理器的主频与外部总线频率相同，从 80486DX2 开始，则有：

主频=外部总线频率×倍频系数

外频越高，说明微处理器与系统内存交换数据的速度越快，因而，微型计算机的运行速度也越快。

通过提高外频或倍频系数，可以使微处理器工作在比标称主频更高的主频上，这就是所谓的超频。

（6）MIPS

百万条指令每秒（Millions of Instruction Per Second，MIPS）用来表示微处理器的性能，即每秒计算机能执行多少百万条指令。

由于执行不同类型的指令所需时间不同，因此 MIPS 通常是根据不同指令出现的频率乘不同的系数求得的统计平均值。例如，主频为 25MHz 的 80486，其性能大约是 20MIPS；主频为 400MHz 的 Pentium Ⅱ的性能约为 832MIPS。

（7）iCOMP 指数

iCOMP 指数是 Intel 公司为评价其 32 位微处理器的性能而编制的一种指标，它是根据微处理器的各种性能指标在微型计算机中的重要性来确定的。iCOMP 指数包含的指标有整数数学计算、浮点数数学计算、图形处理及视频处理等，这些指标的重要性与它们在应用软件中出现的频率有关，因此，iCOMP 指数说明了微处理器在微型计算机中应用的综合性能。

（8）微处理器的生产工艺

在硅材料上生产微处理器时内部各元器件间连接线的宽度，一般以 μm 和 nm 为单位，其数值越小，生产工艺越先进，微处理器的功耗和发热量越小。目前微处理器的生产工艺已经达到 7nm 以下。

（9）微处理器的集成度

微处理器的集成度指微处理器芯片上集成的晶体管的密度。早期的 Intel 4004 的集成度约为 2300 个晶体管，而 Pentium Ⅲ的集成度已经达到 750 万个晶体管以上，集成度提高了 3000 多倍。

2. 性能指标

从硬件的角度来说，微型计算机的主要性能指标如下。

① CPU 字长：指处理器内寄存器、运算器等部件同时处理二进制数据的宽度（位数）。CPU 字长有 8 位、16 位、32 位和 64 位。位数越多，计算精度越高，一般单片机字长为 8 位或 16 位，PC 字长为 32 位或 64 位。

② CPU 速度：指计算机每秒能执行的指令（如加法指令）条数。

③ 主存容量与存取速度：主存容量指计算机主存中能够存储的字节数；存取速度是指存储器一次读写操作所需要的时间。

④ 高速缓冲存储器缓存性能：缓存可以提高 CPU 的运行效率，由 CPU 内置的缓存（一级缓存）和外加的缓存（二级缓存）组成，其容量可为几百千字节以上，存取速度应与 CPU 主频匹配。

⑤ 硬盘存储器性能：硬盘存储器的主要技术指标为存储容量和平均访问时间。

⑥ 系统总线的传输速率：指每秒传输二进制数据的字节数，一般以 MB/s 为单位。

⑦ 系统的可靠性：指系统的平均无故障时间和平均故障修复时间。

⑧ 多核超线程：多核处理器，即单个芯片中包含 2 个或更多的处理器核心（也叫作 cores）。在这种情况下，单个芯片有时也被称作"sockets"。超线程（Hyper-threading）是指同时多线程（Simultaneous Multi-threading），是允许一个 CPU 执行多个控制流的技术。

综合评测微型计算机系统的性能是一项复杂的工作，还涉及所运行的软件等方面的问题，这里就不再详述。

1.3.3 微型计算机的发展

微型计算机的发展是以微处理器的发展来表征的，摩尔定律指出微处理器的集成度每隔 18 个月就会翻一番，芯片的性能也随之提高一倍。

（1）第 1 代微处理器

1971 年，美国 Intel 公司研究并制造了 Intel 4004 微处理器。它能同时处理 4 位二进制数，集成了约 2300 个晶体管，主频小于 1MHz，每秒可进行约 6 万次运算，成本约为 200 美元。它是世界上第一个微处理器芯片，以它为核心组成的 MCS-4 计算机标志着世界第一台微型计算机的诞生。

（2）第 2 代微处理器

1974 年，Intel 公司推出 Intel 8080 微处理器。该微处理器集成了约 4500 个晶体管，主频为 2MHz。

（3）第 3 代微处理器

1978 年，Intel 公司推出 8086 微处理器。该微处理器采用 3μm 工艺，集成了约 29 000 个晶体管，主频为 5MHz、8MHz、10MHz。它的寄存器和数据总线均为 16 位，地址总线为 20 位，从而使寻址空间达 1MB。同时，微处理器的内部结构也有很大的改进——采用了流水线结构，并设置了可以存放 6B 指令的队列流。

1981 年，IBM 公司推出以 8086 为核心的世界上第一台 16 位微型计算机 IBM 5150，即著名的 IBM PC。

1982 年，80286 微处理器诞生。80286 采用 1.5μm 工艺，集成了约 134 000 个晶体管，主频为 20MHz。80286 的数据总线仍然为 16 位，但是地址总线增加到 24 位，使存储器的寻址空间达到 16MB。

1985 年，IBM 公司推出以 80286 为核心的微型计算机 IBM PC/AT，并制定了一个新的开放系统总线结构，这就是工业标准结构（Industry Standard Architecture，ISA）。该结构提供了一个 16 位、高性能的 I/O 扩展总线。

从 20 世纪 80 年代中期到 20 世纪 90 年代初，80286 一直是微型计算机的主流微处理器。

（4）第 4 代微处理器

1985 年，80386 微处理器诞生。80386 是第一个实用的 32 位微处理器，采用 1.5μm 工艺，集成了约 275 000 个晶体管，主频达到 16MHz。80386 的内部寄存器、数据总线和地址总线都是 32 位的。通过 32 位的地址总线，80386 的可寻址空间达到 4GB。

1989 年，80486 微处理器诞生。80486 采用 1μm 工艺，集成了约 120 万个晶体管，主频范围为 25MHz～66MHz。80486 微处理器由 3 个部件组成：一个 80386 体系结构的主处理器、一个与 80386 兼容的数字协处理器和一个 8KB 容量的高速缓冲存储器（简称高速缓存）。80486 在 80386 的基础上对内部硬件结构进行了修改，大约有 50%的指令可以在一个时钟周期内执行完成，80486 的处理速度比 80386 快 2～3 倍。

（5）第 5 代微处理器

1993 年，奔腾（Pentium）微处理器诞生，之后其制作工艺、主频、集成度等不断提高。1999 年诞生的 Pentium Ⅲ微处理器的制作工艺为 0.18μm、主频为 1GHz，集成了约 750 万个晶体管，采用二级高速缓存、二级超标量流水线结构，一个时钟周期可以执行 3 条指令。

2006 年，经过多次升级的 Pentium 4 微处理器的制作工艺已达到 65nm，主频达到 3.6GHz，支持 64 位计算，能稳定超频至 4.5GHz；多功能性、超线程技术可提供卓越的性能和多任务处理的优势，从而提高了工作效率和效益；64 位内存扩展技术可支持系统提供的 4GB 以上的虚拟内存和物理内存，从而改进了系统性能。

2021 年，Intel 公司发布的 12 代酷睿（Core）微处理器的制作工艺达到 10nm，引入大小核混合架构，最多拥有 14 个核心（6 个性能核和 8 个能效核），能显著提高控制处理器整体功耗的能力，降低低功耗使用时的发热情况；支持 DDR5 内存及 PCIe 5.0 标准，带来更高的带宽速度，以及更快速的视频和数据传输；端口配置扩展性得到了较大提升，支持 WiFi 6，提高了无线性能、响应速度和可靠性。

在 Intel 80x86 微处理器不断更新换代的推动下，微型计算机系统也在不断地推陈出新。微处理器性能的不断提高及大容量存储器的广泛配置，使得微型计算机的整体性能进一步提高。

在应用需求的强力推动下，计算机未来的发展趋势主要集中在以下几个方面。

① 提高计算机处理速度是计算机发展的主要目标。

② 在提高性能指标的前提下，计算机继续朝着微型化方向发展。

③ 计算机价格的下降趋势还在持续。

④ 计算机的信息处理功能更加多媒体化。

⑤ 网络通信更加完善、广泛。

⑥ 计算机智能化可以模拟人的感觉、行为、思维过程的机理，使计算机尽量具备和人一样的思维和行为能力。

1.4　微型计算机系统

从广义上来看，微型计算机系统包括硬件系统（微型计算机硬件）和软件系统。

微型计算机的硬件系统组成可以分为 3 个层次：微处理器、微型计算机基本结构组成和微型计算机系统结构组成。软件系统主要包括系统软件、应用软件及各种数据库资源。

1.4.1　微处理器的典型结构

微处理器是微型计算机的核心控制部件。

微处理器主要包括运算器、控制器和寄存器阵列，由内部总线将它们连接在一起。具有原始意义的微处理器的典型结构如图 1-7 所示。

如果把一台计算机比作一个加工厂，微处理器就是这个加工厂的总调度和核心加工车间。

（1）运算器

运算器包括算术逻辑单元 ALU、标志寄存器等部件，可以用来对数据进行各种算术运算和逻辑运算，存放运算结果的一些特征位信息，运算器也称为执行单元。

（2）控制器

控制器主要由定时与控制电路组成。控制器是微处理器的指挥中心，主要功能是依次从存储器中取出指令代码并进行译码，根据计算机指令的功能发出一系列操作命令，控制计算机各个元器件自动、协调一致地工作。

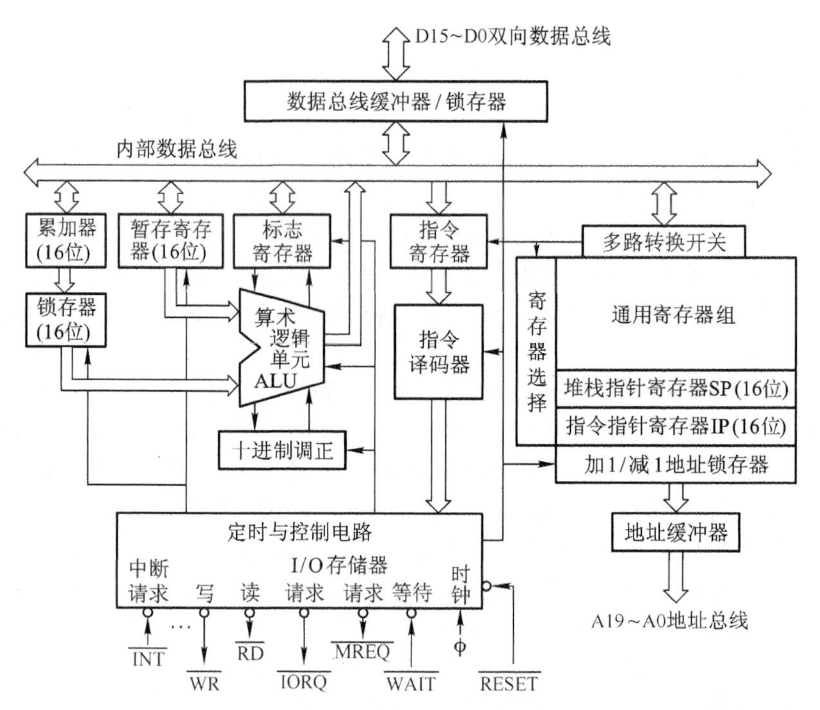

图 1-7　具有原始意义的微处理器的典型结构

（3）寄存器阵列

寄存器阵列包括通用寄存器和专用寄存器。通用寄存器用来临时存放 CPU 当前运算所需的频繁使用的数据、地址及状态信息，以提高 CPU 的工作速度。专用寄存器中的指令指针寄存器 IP 用于指向下一条需要执行的指令在存储器中的存放地址。

微处理器内部各个部件之间的信息交换是通过总线实现的，这样的总线称为片内总线或内部总线。内部总线是由微处理器生产厂家设计的。

1.4.2　微型计算机基本结构组成

微型计算机的硬件指有形的物理设备，是微型计算机系统中所有的实际物理装置的总称。

1. 微型计算机硬件的基本结构

微型计算机硬件的基本结构主要包括微处理器、存储器、接口电路等模块，由内部总线把它们连接在一起，其基本结构如图 1-8 所示。

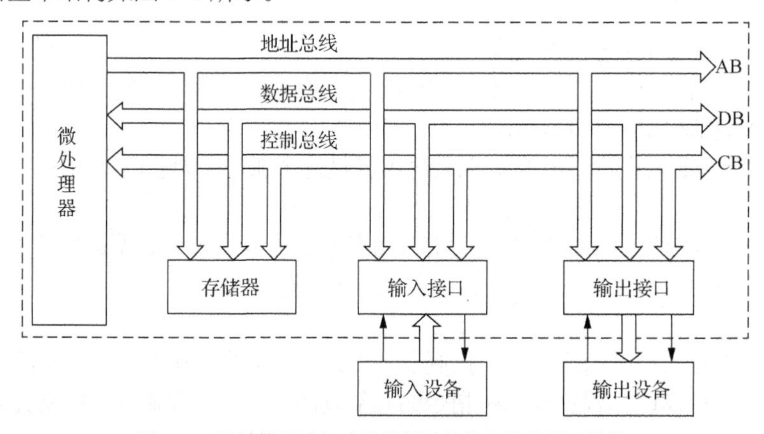

图 1-8　以总线形式构成的微型计算机硬件的基本结构

2. 存储器

计算机中的存储器具有记忆功能，用来存放数据和程序。

存储器可以分为两类：主存储器（内存）和辅助存储器（外存）。微处理器直接控制的是主存储器。

（1）主存储器

主存储器简称主存或内存，主要有随机存储器和只读存储器两种。

随机存储器一般用来存放程序运行过程中的中间数据，计算机掉电时数据不再保存。只读存储器一般用来存放程序，计算机断电时信息不会丢失。

主存的存取速度快而容量相对较小，它直接与 CPU 相连接，受 CPU 直接控制。计算机中正在运行的程序与数据都必须存放在主存中。

（2）辅助存储器

辅助存储器（通常为外部设备）也叫外存储器，简称外存。外存必须通过接口电路（适配器卡）与计算机进行通信。外存的存取速度慢但容量相对较大，具有永久记忆功能，它存放着计算机系统中绝大多数的信息。但外存中的信息必须调入内存才能被 CPU 使用。

外存主要由磁表面存储器（硬盘）、闪存（U 盘）和光盘存储器等设备组成。常用的硬盘容量大（一般在 500GB 以上），存取速度相对较快，是目前主要的外存设备。U 盘即 USB 盘的简称，最大的特点是小巧便于携带、存储容量大、价格便宜。现在常用的 U 盘容量有 16GB、32GB 等。光盘在计算机中得到了广泛的应用，因其成本低、存储容量大，深受欢迎。

存储器的容量常以字节为单位，表示如下。

千字节（KB）　1KB =1024B　（2^{10}=1024）
兆字节（MB）　1MB=1024KB　（2^{20}=1M）
吉字节（GB）　1GB=1024MB　（2^{30}=1G）
太字节（TB）　1TB = 1024GB　（2^{40}=1T）

若存储器内存容量为 1GB，即表示其容量为：

$$
\begin{aligned}
1\text{GB} &= 1024\text{MB} \\
&= 1024\times1024\text{KB} \\
&= 1024\times1024\times1024\text{B}
\end{aligned}
$$

3. 输入输出接口

CPU 通过接口电路与外部输入输出（I/O）设备交换信息，如图 1-8 所示。

由于外部设备的种类、数量较多，而且各种参数（如运行速度、数据格式及物理量）不尽相同，因此 CPU 为了实现选取目标外部设备并与其交换信息，必须借助接口电路。一般情况下，接口电路通过地址总线、控制总线和数据总线与微处理器连接；通过数据线、控制线和状态线与外部设备连接。在微型计算机系统中，常常把一些通用的、复杂的 I/O 接口电路制成统一的、遵循总线标准的电路适配器卡，CPU 通过电路适配器卡与 I/O 设备建立物理连接，使用十分方便。

4. 外部设备

外部设备（简称外设）可以是输入设备、输出设备和输入输出并存的设备。I/O 设备是系统中运行速度最慢的部件。

（1）输入设备

输入设备是指用来向微型计算机输入数据、程序及操作命令等信息的部件。输入设备类型很多，常用的有命令输入设备（鼠标、触摸板等）、数字和文字输入设备（键盘、写字板等）、图形输入设备（扫描仪、数码相机等）、声音输入设备（传声器、MIDI 演奏器等）、视频输入设备（摄像机）和数据采集输入设备等。

（2）输出设备

输出设备一般是指微型计算机输出数据处理结果的信息设备。常用的有显示器、打印机、绘图仪等。在计算机控制系统中，输出设备一般是指执行部件。

外部设备可以是另一台计算机或由计算机控制的设备，当微型计算机与其通信时，既有输入信息也有输出信息。

5. 总线

微处理器与存储器芯片、I/O 接口芯片等部件的连接和通信，以及微型计算机底板与适配器卡的连接和通信，乃至计算机与外部设备和各计算机之间的连接和通信，都是通过总线来实现的。

微型计算机通过总线实现各部件的信息交换，可灵活机动、方便地改变计算机的硬件配置，使计算机物理连接结构大大简化。由于总线是信息的公共通道，各种信息相互交错，工作非常繁忙。总线主要包括地址总线（Address Bus，AB）、控制总线（Control Bus，CB）和数据总线（Data Bus，DB）。

（1）地址总线

CPU 根据指令实现的功能需要访问某一存储器单元或外部设备时，其地址信息由地址总线输出，然后经地址译码单元输出信号，选择相应的存储单元或外部设备。地址总线为 20 位时，可寻址范围为 2^{20}B=1MB，地址总线的位数决定了所寻址存储器容量或外部设备数量的范围。在任一时刻，地址总线上的地址信息是唯一对应某一存储单元或外部设备的。

（2）控制总线

由 CPU 产生的控制信号是通过控制总线向存储器或外部设备发出控制命令的，以使在传送信息时协调一致地工作。CPU 还可以接收由外部设备发来的中断请求信号和状态信号，所以控制总线可以是输入、输出或双向的。

（3）数据总线

CPU 是通过数据总线与存储单元或外部设备交换数据信息的，故数据总线应为双向总线。在 CPU 进行读操作时，存储单元或外部设备的数据信息通过数据总线传送给 CPU；在 CPU 进行写操作时，CPU 把数据通过数据总线传送给存储单元或外部设备。

为了使计算机与各个部件及外部设备连接标准化、通用化、系列化，需要确定总线的功能规范、机械结构规范及电气信号（高低电平、动态转换时间、负载能力），这样的总线称为标准总线。标准总线为计算机系统中各模块或计算机之间的互连和通信提供了标准“界面”。该界面对界面两侧的模块而言都是透明的，界面任一方只需根据标准总线的要求实现接口的功能即可，而不必考虑另一方的接口方式。采用标准总线，可以为计算机接口的软硬件设计提供方便，使各模块的接口芯片设计相对独立，为接口软件的模块化设计带来便利。

1.4.3 微型计算机系统结构组成

通用意义上的微型计算机系统结构如图 1-9 所示。

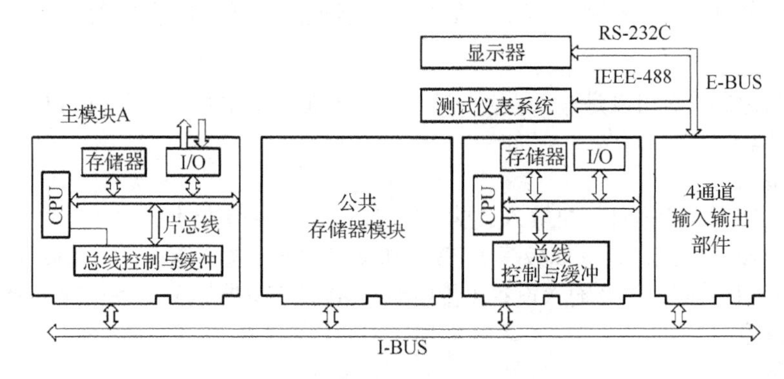

图 1-9 微型计算机系统结构

在图 1-9 中，微型计算机（底板）包括基本结构主模块 A，公共存储器模块、基本结构控制模块及 I/O 接口模块。外部设备包括输出设备 CRT 显示器、具有输入和输出信息的测试仪表系统。该系统所有模块分别通过片总线、系统总线（I-BUS）和外总线（E-BUS）这 3 类总线互连在一起，构成有一定规模的微型计算机系统。

1. 片总线

把微处理器芯片、存储器芯片、I/O 接口芯片等部件通过一组通用的信号线连接在印制电路板上，这样的总线称为片总线，也称局部总线。片总线实现微型计算机基本结构的连接和通信。

2. 系统总线

通过一组通用的标准信号线把微型计算机的底板上的基本结构主模块及各个适配器卡连接在一起，这样的总线称为系统总线，系统总线也称内总线，是微型计算机内部扩展总线，用于微型计算机系统各板卡之间的连接和通信。

常见的系统总线标准有 EISA 总线、VESA 总线、PCI 总线和 PCI Express 总线。

3. 外总线

外总线又称通信总线，是微型计算机系统与外部设备之间，以及微型计算机各系统之间进行信息传输的通路。按数据传送方式，外总线有串行总线和并行总线。

常用的串行总线标准有 USB、EIR-RS-232C、I^2R、IEEE 1394、RJ45 总线等。常用的并行总线标准有 IDE、SCSI 及 IEEE 488 等。

PC 主板配置的与外部设备连接的标准总线及接口如图 1-10 所示。

其中，“1”为键盘和鼠标接口，“2”为并行接口，“3”为 RS-232 串行接口，“4”为 IEEE1394 接口，“5”为 USB 接口，“6”为 RJ45 接口，“7”为声卡 I/O 接口。

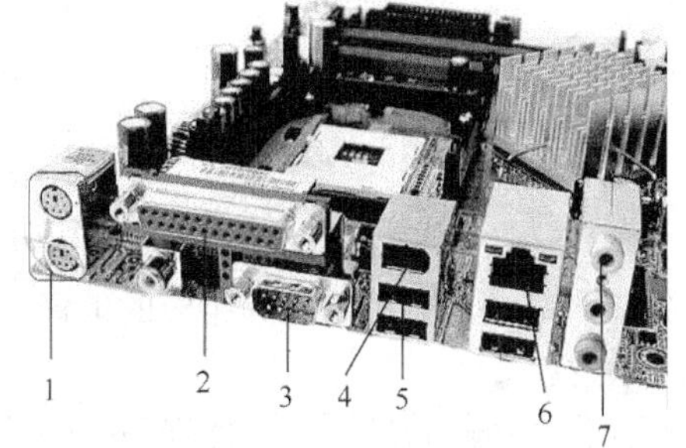

图 1-10　PC 主板配置的与外部设备连接的标准总线及接口

1.4.4　软件系统

计算机软件指在硬件上运行的程序和相关的数据文档。计算机的工作过程就是执行程序的过程，计算机所做的各种工作都是执行程序的结果，数据是程序处理的对象。

软件系统就是计算机上运行的各种程序、管理的数据和有关文档的集合。

微型计算机软件系统的功能主要有以下几个方面。

① 控制、管理计算机硬件资源，提高资源的利用率，协调计算机各组成部分的工作。

② 提供友好的人机交互界面。

③ 为程序员提供开发应用软件的工具和环境。

④ 完成特定应用信息的处理功能。

根据功能的不同，软件系统可分为系统软件和应用软件。

1. 系统软件

系统软件是指使用和管理计算机的软件，包括操作系统、各种语言处理程序（如汇编程序）、数据管理系统与工具软件等。系统软件一般由商家提供给用户。

（1）操作系统

操作系统（Operating System，OS）是直接运行在计算机上的最基本的系统软件，它负责对计算机系统中各类资源进行统一控制、管理、调度和监督，合理地组织计算机的工作流程。其目的是提高各类资源的利用率，方便用户使用，提供友好的人机交互界面。常见的操作系统有 Windows、 macOS、Linux 等。

（2）程序设计语言及其处理程序

程序设计语言又称计算机语言，即计算机能识别的语言。任何软件或者计算机执行的任何操作都必须用计算机语言进行描述，这就是所谓的程序设计。

计算机语言是实现程序设计以便人与计算机进行信息交流的必备工具，又称程序设计语言。

计算机语言可分为 3 类：机器语言、汇编语言、高级语言。

① 机器语言（又称二进制目标代码）是 CPU 硬件唯一能够直接识别的语言，在设计 CPU 时就已经确定其代码的含义。人们要计算机执行的各种操作，最终都必须转换为相应的机器语言，由 CPU 识别、控制执行。CPU 不同，通常其机器语言代码的含义也不同。

② 汇编语言使用便于人们记忆的符号来描述与之相应的机器语言，机器语言的每一条指令都对应一条汇编语言的指令。但是，用汇编语言编写的源程序必须翻译为机器语言，CPU 才能执行。把用汇编语言编写的源程序翻译为机器语言的工作由“汇编程序”完成，整个翻译过程称为“汇编”。

用汇编语言编写的程序运行速度快、占用存储单元少、效率高，但程序设计者必须熟悉计算机内部资源等硬件设施。

③ 高级语言是一种接近人们使用习惯的程序设计语言，它用人们所熟悉的文字、符号及数学表达式来编写程序，使程序的编写和操作都显得十分方便。由高级语言编写的程序称为“源程序”。在计算机内部，源程序同样必须翻译为 CPU 能够识别的二进制代码所表示的“目标程序”，具有这种翻译功能的程序称为“编译程序”。源程序的编译过程如图 1-11 所示。

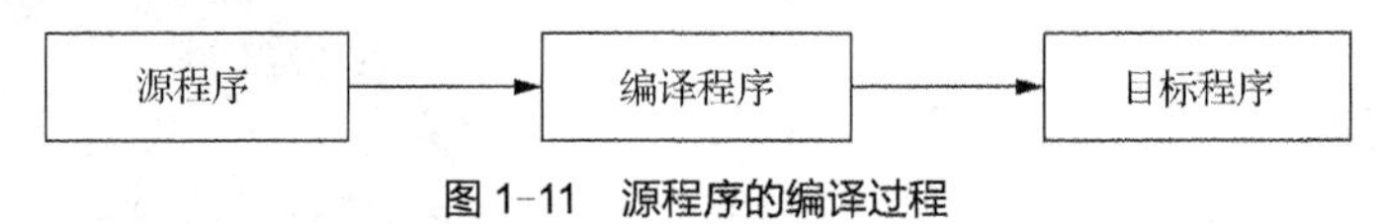

图 1-11 源程序的编译过程

每一种高级语言都有与其相应的编译程序，通过编译程序可以把源程序翻译成相应的机器语言的目标程序。

在操作系统的管理下，目标程序必须通过连接装配程序（link.exe）连接成可执行程序。目标程序和可执行程序都以文件（文件扩展名有“obj”“exe”“hex”）的方式存放在磁盘上。可执行文件一旦生成，即可独立运行。

（3）数据库管理系统

在众多的计算机应用中，有一类主要的计算机应用称为数据密集型应用，它涉及的数据量大，一般需要放在外存中，使用它需要开发一种以统一管理数据和共享数据为主要特征的数据系统。在数据库系统中，数据不再仅服务于某个程序或用户，而是看作一个单位的共享资源，它由一个叫作数据库管理系统（Database Management System，DBMS）的软件统一管理。

（4）实用程序与软件工具

实用程序是指一些日常使用的具有辅助性、工具性的程序。它们能满足用户使用的要求。

软件工具是指一类对软件开发特别有用的工具程序，它们可以用来帮助用户对其他程序进行开发、修复或者优化性能等。

2. 应用软件

应用软件是由用户在计算机系统软件资源的平台上，为解决实际问题而编写的应用程序。在计算机硬件已经确定的情况下，为了让计算机解决各种不同的实际问题，需要编写相应的应用程序。随着市场对软件的需求膨胀和软件技术的飞速发展，常用的应用软件已经标准化、模块化、商品化，用户在编写应用程序时可以通过指令直接调用。

应用软件主要包括以下两大类。

① 在许多行业和部门中广泛使用的应用软件（如 Office 办公软件、Proteus 仿真软件等）。

② 为用户解决具体应用问题而设计的应用软件。

1.4.5　微型计算机的基本工作过程

前已述及，计算机产生的结构思想是"二进制存储信息"和"存储程序（自动执行程序）"。

"存储程序"的概念是理解计算机工作过程的基石。人们需要计算机执行的操作必须通过计算机能够识别的指令来实现，一条条指令的有序集合就是程序。编写好的程序通过输入设备传送到存储器中保存起来。

微型计算机的工作过程就是在 CPU 的控制下，不断地从存储单元中读取指令、分析指令和执行指令。

下面以微型计算机执行第 N 条指令的工作过程来说明其工作原理。

（1）取指令的过程

① 指令指针寄存器中存放的是当前第 N 条指令在存储器中的存放地址，CPU 将其通过地址总线传送到存储器的地址译码器并锁存，同时选中第 N 条指令所在的存储单元。

② CPU 通过控制总线向存储器发出读取数据的控制信号。

③ 在读控制信号的控制下，存储器中被选中的存储单元的内容（第 N 条指令）传送到数据总线上，CPU 通过数据总线读入该指令代码，送到 CPU 内部的指令寄存器暂存。

④ 指令指针寄存器的地址数据自动递增，指向下一条（第 N+1 条）指令的存储地址，为执行下一条指令做好准备。

（2）分析、执行指令的过程

① CPU 读取指令代码后，在其控制单元中对该指令进行译码，译出该指令对应的微操作指令（微指令）。

② CPU 根据微操作指令发出为完成此指令所对应的控制信号，执行指令所规定的操作。

完成上述操作后，CPU 根据存储器中下一条指令的存储地址，重复以上操作。

1.5　一个简单的微型计算机应用仿真示例

下面在 8086 CPU 仿真电路的基础上，实现一个十分简单的示例，从整体上初步认识、理解微型计算机的应用和系统组成。

（1）设计要求

控制一个发光二极管（Light Emitting Diode，LED）闪光。

（2）硬件设计

可直接由 8086 输出端口 AD0 通过接口电路控制一个发光二极管，在 PC 上运行仿真软件 Proteus ISIS（使用方法见本书电子资源），建立 8086 CPU 仿真电路，如图 1-12 所示。本书的 Proteus ISIS 仿真电路图中的部分电子元器件符号受软件环境的限制，与我国的国家标准不太一致，读者可参看相关手册识别相应的符号。

在图 1-12 中，被控对象是一个发光二极管（D1），阳极接电源 VCC，阴极由 74HCT373 锁存器（U5）的 Q0 端控制。

若 U5 的 Q0 输出为"0"（低电平），发光二极管的阴极为低电平，则该发光二极管加正向电压被点亮发光；若 U5 的 Q0 输出为"1"，发光二极管的阴极为高电平，则发光二极管因截止而熄灭。

8086 在执行程序时，通过地址总线、控制总线和数据总线与接口电路实现对发光二极管的控制。

地址总线：在程序的控制下，20 位地址线 AD0～AD19 通过 74273 锁存器输出部分地址线将数据输入给 74 LS138 译码器（U4）。

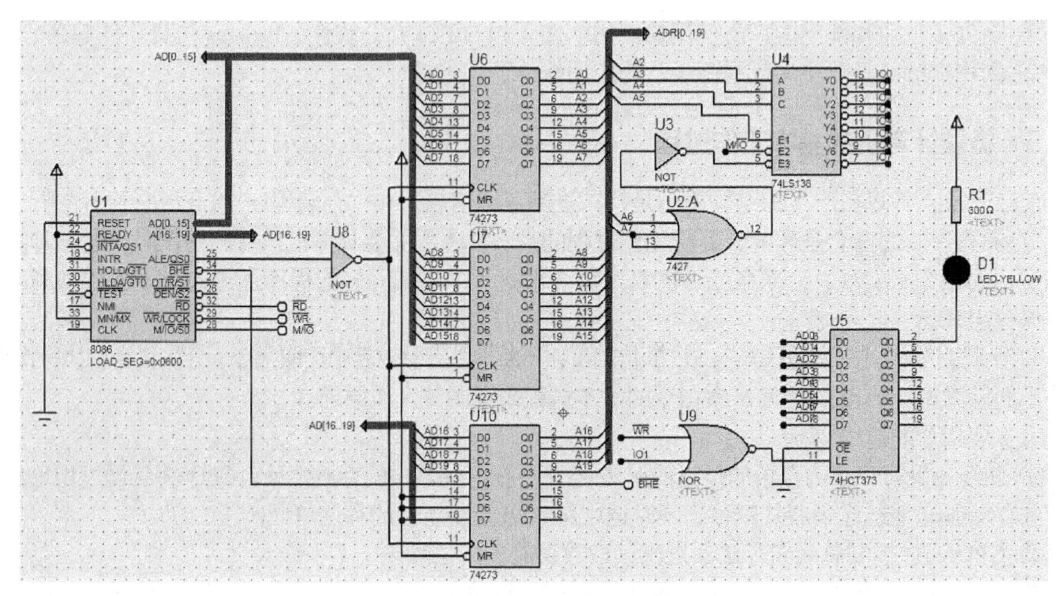

图 1-12　8086 CPU 仿真电路

控制总线：在执行写指令时，控制总线写指令与 U4 的输出端 Y1（IO1）作为或非门 U9 的输入控制信号，U9 的输出信号控制锁存器 74HCT373 锁存使能端 LE。

数据总线：复用数据线 AD0～AD7 作为 74HCT373 的 8 位数据输入线，这里仅使用 AD0。

在程序的控制下，当 AD0=0 时，74HCT373 的 Q0 输出 0，点亮发光二极管；当 AD0=1 时，74HCT373 的 Q0 输出 1，发光二极管熄灭。反复循环，实现发光二极管闪光。

（3）编辑源程序

汇编语言编程就是面向硬件电路编写控制程序，根据以上分析，8086 汇编语言源程序如下。

```
CODE      SEGMENT
          ASSUME  CS:CODE
START:
          MOV  DX,00100100B           ;端口地址
          MOV  AL,01H                 ;送 D1 熄灭数据
          OUT  DX,AL                  ;输出
          MOV  CX,2000                ;延时
 HERE:    LOOP  HERE
          MOV  AL,00H                 ;点亮 D1 数据
          OUT  DX,AL                  ;输出
          MOV  CX,2000                ;延时
HERE1:    LOOP  HERE1
          JMP  START                  ;反复循环
  CODE    ENDS
          END  START
```

运行汇编程序仿真软件 EMU8086（使用方法见本书电子资源），选择菜单命令“new”，在弹出的编辑窗口中输入源程序，如图 1-13 所示。保存该程序，文件名设为 first.asm。

（4）编译产生可执行文件

在 EMU8086 中选择命令“compile”，如果程序没有语法错误，产生可执行文件 first.exe。

（5）加载可执行文件

在 Proteus ISIS 仿真电路中单击 8086，选择并加载可执行文件 first.exe，如图 1-14 所示。

图 1-13　EMU8086 源程序编辑窗口

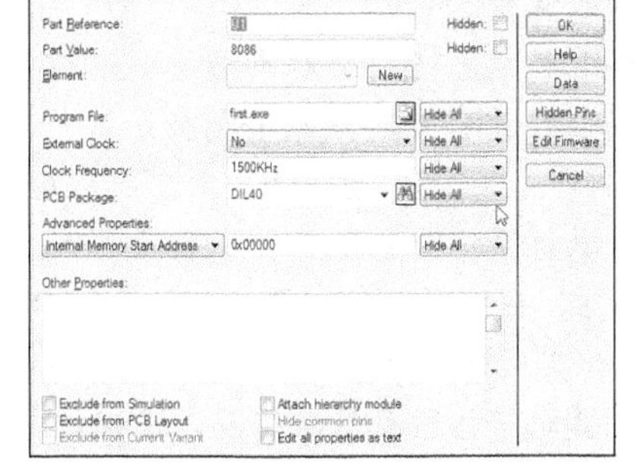

图 1-14　选择并加载可执行文件

（6）仿真调试

在 Proteus ISIS 中单击仿真调试按钮，仿真结果如图 1-15 所示。可以看出，当 AD0 为低电平时，U5 的输出端 Q0 也为低电平，D1 被点亮。

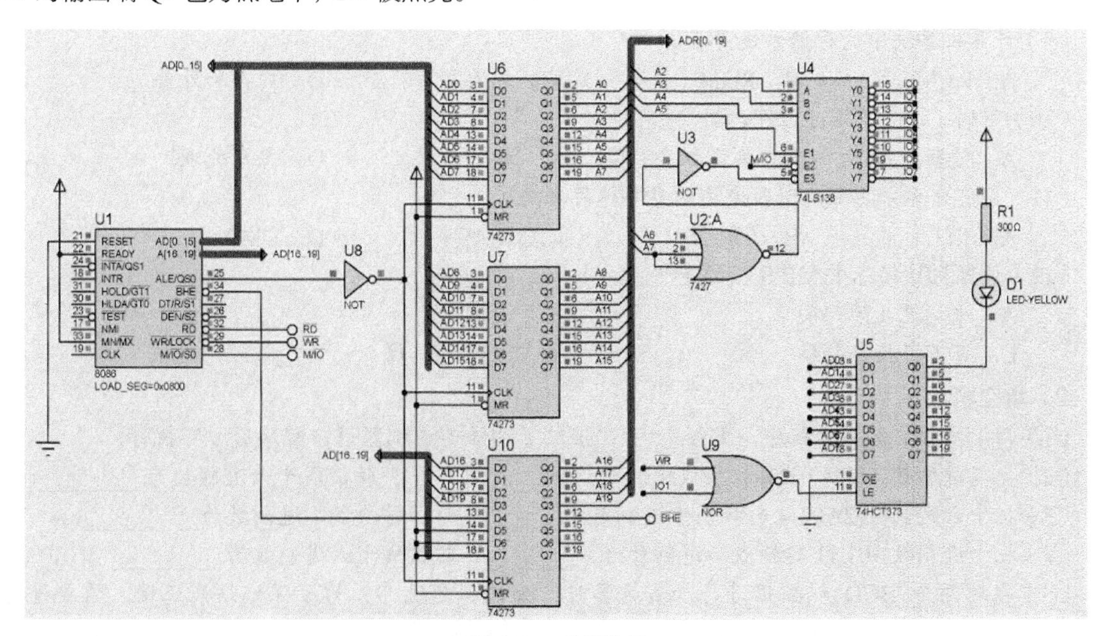

图 1-15　仿真结果

1.6　习题

1. 选择题

（1）将十进制数 147.625 转换成二进制数为（　　）。

A. 10010011.101　B. 11000100.001　C. 10000100.110　D. 10011111.001

（2）8 位二进制补码数 80H 所表示的真值是（　　）。

A. 0　B. –0　C. –128　D. 128

（3）计算机的主存储器一般由（　　）组成。

A. ROM 和 RAM　B. RAM 和 A:\磁盘

C. RAM 和 CPU　D. RAM

（4）计算机经历了从元器件角度划分的 4 代发展历程，但从系统结构来看，至今绝大多数计算机仍是（　　）式计算机。

A. 实时处理　B. 普林斯顿　C. 并行　D. 冯・诺依曼

（5）将十六进制数93H转换成八进制数是（　　）。

A. 223O　B. 233O　C. 323O　D. 333O

（6）完整的计算机系统应包括（　　）。

A. 运算器、存储器、控制器　B. 外部设备和主机

C. 主机和实用程序　D. 配套的硬件设备和软件系统

（7）至今，计算机中的所有信息仍以二进制数表示的理由是（　　）。

A. 节约元件　B. 运算速度快

C. 物理器件性能所致　D. 信息处理方便

（8）代码41H能表示的信息为（　　）。

A. 字符'A'　B. 字符'A'或41D或二进制数或指令代码

C. 字符'A'或41D　D. 字符'A'或41D或指令代码

（9）计算机系统中的存储系统是指（　　）。

A. RAM　B. ROM　C. 内存　D. 内存和外存

（10）下列（　　）属于应用软件。

A. 诊断程序　B. 编译程序　C. 操作系统　D. 文本处理

（11）目前大部分的微处理器使用的半导体技术为（　　）。

A. TTL　B. CMOS　C. DSP　D. DMA

（12）计算机性指标中MIPS指的是（　　）。

A. 平均无故障时间　B. 兼容性

C. 百万条指令每秒　D. 主频的单位

2. 填空题

（1）用汇编语言编写的程序，需经_______汇编（翻译）成机器语言程序后方可执行。

（2）把二进制数$(10111.011)_2$转换成十进制数为___________，转换成十六进制数为_________。

（3）把十六进制数$(2A02)_{16}$转换成十进制数为__________，转换成二进制数为_________。

（4）把十进制数101.11转换成二进制数为_________，转换成十六进制数为_________。

（5）在对两个BCD码数据进行加法运算时，如果和超过9，为了保证结果正确，需要进行__________。

（6）字符“A”的ASCII码为41H，因此，字符“F”的ASCII码为_______H，前面加上偶校验位后的代码为______H。

（7）110.101B=_______H=_______D。

（8）在计算机中，有符号数是以_______形式存储的。

（9）–127的补码若表示成8位二进制数为_______，若表示成16位二进制数为_________________。

（10）已知一个数的补码为11111001B，其真值为________________。

（11）已知一个数的补码为1111111111111001B，其真值为________________。

（12）计算机某字节存储单元的内容为10000111，若解释为无符号整数，则真值为______；若解释为有符号整数，则真值为________；若解释为BCD码，真值为________；若用十六进制数表示，则为_____H。

（13）某字节数据为01100100B，若解释为无符号整数，则真值为________；若解释为有符号整数，则真值为________；若解释为BCD码，则真值为________；若用十六进制数表示，则为_____H。

（14）在计算机中，无符号整数常用于表示_______。

（15）正数的补码与原码________。

（16）8 位二进制数作为无符号数所表示的数据范围为______，作为有符号数所表示的数据范围为______。

（17）最基本的逻辑电路有________、________、________。

（18）微型计算机是指以________、________、________、________、________及系统总线构成的硬件系统。

（19）计算机软件指在硬件上运行的_____和相关的________，计算机的工作过程就是_________的过程。

（20）__________是 CPU 硬件唯一能够直接识别的语言，在设计 CPU 时就已经确定其代码的含义。人们要计算机执行的各种操作，最终都必须转换为相应的_________由 CPU 识别、控制执行。

3. 名词解释

补码　BCD 码　ASCII 码　字节　字长　主频　MIPS　单片机　PC　I/O 接口　机器语言　编译程序　高级语言

4. 计算题

已知 A=1011 1110B，B=1100 1100B，求下列运算的结果。

（1）算术运算：A+B，A–B。

（2）逻辑运算：A AND B，A OR B，A XOR B。

5. 问答题

（1）冯·诺依曼计算机的设计思想和方案是什么？

（2）简述微处理器、微型计算机、微型计算机系统的含义及联系。

（3）什么是总线？简述片总线、系统总线和外总线的作用及区别。

（4）为什么说计算机所执行的各种操作都是执行程序的结果？

02 第 2 章　微处理器及其体系结构

微处理器（以下均使用 CPU 指代微处理器）是微型计算机中的核心部件，其功能决定了微型计算机的主要性能指标。本章重点介绍 16 位 8086 CPU 体系结构、编程资源及总线时序，在此基础上介绍 32 位 80x86 和 Pentium 系列 CPU，以及 64 位 CPU 体系结构等内容。

2.1　8086 CPU

8086 是 Intel 公司推出的最早应用到 PC 上的 CPU，随着科学技术的飞速发展，在 8086 的基础上，相继出现了增强型 80x86 及 Pentium 系列等更高档的 PC，它们都兼容 8086。本节主要介绍 8086 的基本结构、功能、引脚分布、对存储器的管理及一般工作过程等内容。

2.1.1　8086 CPU 的内部结构和功能

8086 是 Intel 公司推出的第三代 16 位 CPU，其最大主频为 10MHz，是 40 脚双列直插封装（Dual In-Line Package，DIP）的芯片。8086 有 16 位数据总线、20 位地址总线，最大可寻址空间为 1MB（即 2^{20}B）存储单元，支持 64K 个输入输出（I/O）端口寻址。在结构设计上，8086 分为功能独立的两个逻辑部件，即总线接口部件（Bus Interface Unit，BIU）和执行部件（Execution Unit，EU）。8086 的 BIU 和 EU 的并行操作使 8086 的工作效率及速度显著提高，同时降低了对存储器存取速度的要求。8086 的内部结构如图 2-1 所示。

1. 总线接口部件

CPU 要处理的各种信息必须存放在存储单元或 I/O 端口中。总线接口部件负责 CPU 内部与存储器或 I/O 接口之间的信息传递，为执行部件提供数据信息和控制命令。

总线接口部件由地址加法器、寄存器、地址总线和总线控制逻辑电路组成。其中，寄存器又可分为段寄存器（CS、DS、ES、SS 共 4 个）、指令指针寄存器（IP）和指令队列缓冲器。总线接口部件主要实现以下功能。

① 根据段寄存器和指令指针寄存器或执行部件传递过来的 16 位有效地址，在地址加法器中形成 20 位物理地址。

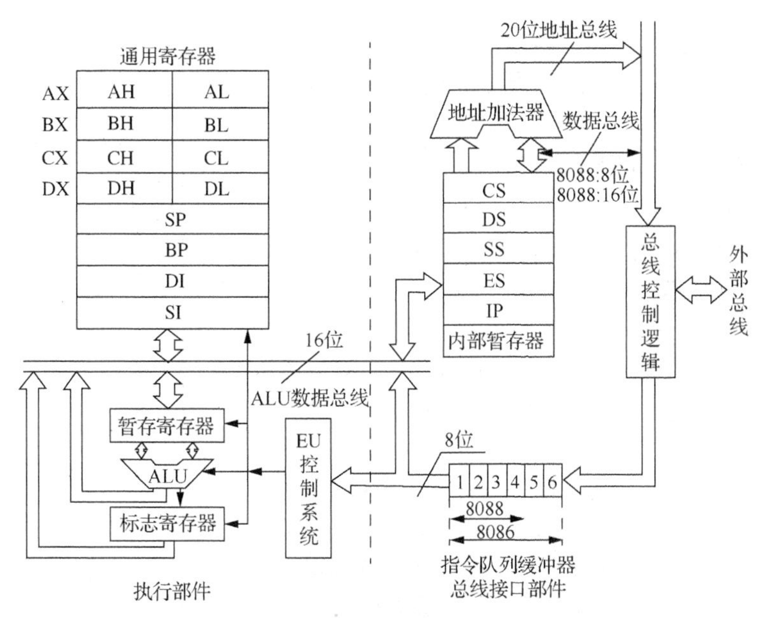

图 2-1　8086 的内部结构

② 根据物理地址所确定的存储单元，取出指令或数据（可以保持 6B 预先取出的指令队列），并按顺序送至执行部件执行。若遇转移类指令，指令队列立即清除，总线接口部件重新开始从内存中取出需要转移到目标处的指令代码送往指令队列。

③ 负责传送在执行部件执行指令过程中需要的中间数据和执行部件运行的结果。

④ 总线控制逻辑电路是 CPU 同外部引脚的接口电路，它负责执行总线周期，并在每个周期内把相应的信号线同相应芯片的引脚接通，完成 CPU 同存储器及 I/O 设备之间的信息传递。

2. 执行部件

执行部件由通用寄存器、暂存寄存器、算术逻辑部件（Arithmetic and Logic Unit，ALU）、标志寄存器和 EU 控制系统组成。

执行部件负责指令的执行并产生相应的控制信号，主要包括以下功能。

① 通过 EU 控制系统自动连续地从指令队列中获取指令，并对指令进行译码。

② 根据指令译码所得的微操作指令，向算术逻辑部件及相关寄存器发出控制信号，完成指令的执行。对数据信息的各种处理都是通过算术逻辑部件来完成的。

③ 8 个 16 位通用寄存器和 1 个标志寄存器，主要用于暂存运算数据、结果特征，确定指令和操作数的寻址方式以及控制指令的执行等。根据寄存器中的数据及指令中提供的偏移量计算有效地址（即偏移地址），然后送至总线接口部件产生物理地址。

3. 流水线技术

在 8086 中，总线接口部件和执行部件是两个独立部件，它们可以并行工作，即执行部件在执行当前指令的同时总线接口部件可以取下一条指令，为此引入流水线作业的概念。引入流水线作业后，大大提高了 CPU 的工作速度和效率。

2.1.2　8086 CPU 的编程结构

寄存器组是 CPU 的主要组成部分。8086 可以用来编程的有 14 个 16 位寄存器。按用途可以将其分为 4 类，即通用寄存器、指令指针寄存器、标志寄存器和段寄存器。它们通过不同的操作方式实现暂存 CPU 运行时所需的临时数据和信息。

由于寄存器组对 CPU 编程是可见的，故用汇编指令的程序设计在执行程序时可直接控制 CPU 对其操作，这不仅使 CPU 运行起来更方便、快速，同时也便于理解和掌握 CPU 的工作原理及程序的执行过程。

8086 内部寄存器的结构如图 2-2 所示。

AX	AH	AL	累加器
BX	BH	BL	基址寄存器
CX	CH	CL	计数寄存器
DX	DH	DL	数据寄存器
	SP		堆栈指针寄存器
	BP		基址指针寄存器
	SI		源变址寄存器
	DI		目标变址寄存器
	CS		代码段寄存器
	DS		数据段寄存器
	SS		堆栈段寄存器
	ES		附加段寄存器
	FLAG		标志寄存器
	IP		指令指针寄存器

图 2-2　8086 内部寄存器的结构

1. **通用寄存器**

通用寄存器一共有 8 个，通常将其分为 3 类：数据寄存器、指针寄存器和变址寄存器。

（1）数据寄存器

AX、BX、CX、DX 是一组 16 位通用数据寄存器，通常用于暂存计算过程中的操作数、计算结果或其他信息，具有良好的通用性。

每个寄存器可以拆成两个 8 位寄存器使用，低 8 位寄存器是 AL、BL、CL、DL，高 8 位寄存器是 AH、BH、CH、DH，作为 8 位字节寄存器使用时，只能存放数据，不能存放地址。作为 16 位字节寄存器使用时，既可以用来存放数据，又可以用来存放地址。

大多数算术和逻辑运算指令都可以使用这些数据寄存器。一般情况下，编程时各寄存器的专门用途如下。

AX、AL（Accumulator）：累加器，这是运算器中最活跃的寄存器，也是程序设计中最常用的数据寄存器。它们还被指定作为进行十进制调整、乘除法运算以及 I/O 等操作的专用寄存器。

BX（Base）：在间接寻址中用作基址寄存器，用于存放数据段内存空间的基址。

CX（Count）：计数寄存器，在串操作指令和 LOOP 指令中用作计数寄存器，用于存放字符串处理和循环操作的计数控制数值。

DX（Data）：数据寄存器，用于在进行乘除法运算时扩展累加器，以及在进行 I/O 操作时提供间接端口地址。该类寄存器既可以用来存放操作数，又可以用来存放操作结果。

（2）指针寄存器和变址寄存器

SP、BP、SI 和 DI 是一组只能按字访问的 16 位寄存器，主要为访问内存时提供 16 位偏移地址。其中 SI、DI、BP 也可以用来暂存运算过程中的操作数。

一般情况下，编程时各寄存器的专门用途如下。

SP（Stack Pointer）：堆栈指针寄存器，用于确定堆栈在内存中的栈顶的偏移地址（唯一用途）。

BP（Base Pointer）：基址指针寄存器，用来提供堆栈中某指定单元的偏移地址并将其作为基址使用。

SI（Source Index）：源变址寄存器，在进行串操作时提供 DS 段中指定单元的偏移地址，也可用来存放变址地址。

DI（Destination Index）：目标变址寄存器，在进行串操作时提供 ES 段中指定单元的偏移地址，也可存放变址地址。

通用寄存器除了具有上述功能外，还具有一些隐含用法，详细情况见附录 B。

2. **指令指针寄存器**

指令指针寄存器（Instruction Pointer，IP）是一个 16 位专用寄存器，该寄存器的内容为当前需要执行指令的第一字节在存储器代码段内的地址。当该字节取出后，IP 自动加 1，即指向下一个指令字节。IP 的内容又称偏移地址或有效地址，程序员不能对该指针进行存取操作，要改变该指针的值，可以通过程序中的转移指令、返回指令或中断处理来完成。

3. 标志寄存器

标志寄存器（Flag Register，FR）是一个 16 位的专用寄存器，如图 2-3 所示。在该标志寄存器中有意义的有 9 位，其中 OF、SF、ZF、AF、PF、CF 为状态标志位。状态标志表示执行某种（指令）操作后算术逻辑部件所处的状态，这些状态将会影响或控制某些后续指令的执行。DF、IF 和 TF 为控制标志位，控制标志是通过程序设置的，每个控制标志对某种特定的功能起控制作用。

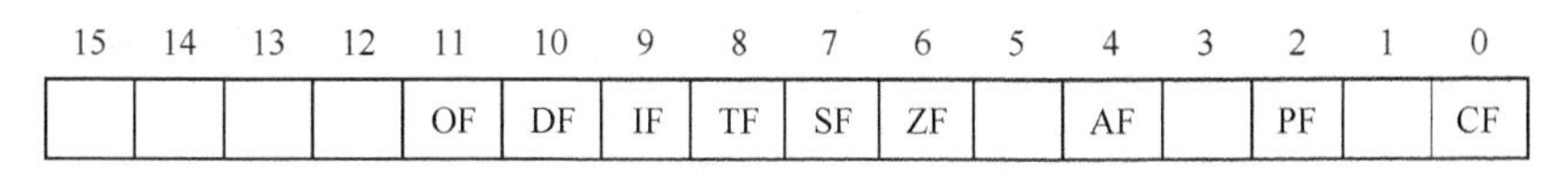

图 2-3 标志寄存器

（1）状态标志位

① 进位标志（Carry Flag，CF）。进位标志位反映指令执行后是否在最高位产生进位或借位。若产生进位或借位，则 CF=1，否则 CF=0。该标志主要用于多字节的加法或减法运算，各种移位指令和逻辑指令也会改变 CF 的状态。

② 奇偶校验标志（Parity Flag，PF）。奇偶校验标志位反映运算结果低 8 位的奇偶性。若低 8 位所含 1 的个数为偶数，则 PF=1，否则 PF=0。该标志可用于检查数据传送过程中是否发生错误。

③ 辅助进位标志（Auxiliary Carry Flag，AF）。在 8 位加减操作中，辅助进位标志位反映指令执行后低 4 位是否向高 4 位产生进位或借位，若产生进位或借位，则 AF=1，否则，AF=0。该标志用于 BCD 码加减法运算结果的调整。

④ 零标志（Zero Flag，ZF）。零标志位反映运算结果是否为 0。若运算结果为 0，则 ZF=1，否则 ZF=0。

⑤ 符号标志（Sign Flag，SF）。符号标志位用于带符号数的运算。若运算结果为负，则 SF=1，否则 SF=0。SF 的取值与运算结果的最高位（符号位）取值一致。

⑥ 溢出标志（Overflow Flag，OF）。溢出标志位用于带符号数的算术运算，当运算结果超出机器所能表示的范围，即字节运算结果超出−128～127 或字运算结果超出−32768～32767 时，产生溢出，置 OF=1，否则 OF=0。在实际使用中，为了便于判断 OF 的状态，可以根据运算结果的最高位进位位与次高位进位位的“异或”值判断是否溢出。若异或值为 1，则溢出，置 OF=1，否则不溢出，置 OF=0。

（2）控制标志位

① 方向标志（Direction Flag，DF）。方向标志位用来决定数据串（也简称串）操作时变址寄存器中的内容是自动增量还是自动减量。若 DF=0，则变址寄存器自动增量；若 DF=1，则变址寄存器自动减量。该标志位可用 STD 指令置 DF=1，用 CLD 指令置 DF=0。

② 中断允许标志（Interrupt Enable Flag，IF）。中断允许标志位表示系统是否允许响应外部的可屏蔽中断。IF=1，表示允许中断；IF=0，表示禁止中断。中断允许标志位可用 STI 和 CLI 指令分别置 1 和置 0。该标志对中断请求以及内部中断不起作用。

③ 陷阱标志（Trap Flag，TF）。陷阱标志位用来控制单步操作。若 TF=1，则 CPU 工作于单步执行指令工作方式。CPU 每执行一条指令就会自动产生一个内部中断，并转去执行中断处理程序，借以检查每条指令的执行情况。陷阱标志位没有对应的指令操作，只能通过堆栈操作改变它的状态。

4. 段寄存器

在 8086 中，存储着 3 类信息，即指令代码信息、数据信息和堆栈信息。指令代码信息表示 CPU 可以识别并执行的操作；数据信息包括字符和数值，是程序处理的对象；堆栈信息保存着返回地址和中间结果。8086 要求不同信息必须分别存放在存储器不同的存储段中。

8086 可直接寻址 1MB 的存储空间，需要 20 位地址线，但 CPU 内部寄存器是 16 位的，因此采用分段技术来解决。把 1MB 的存储空间分成若干个存储段，每个存储段的最大存储空间为 64KB，而段的起始地址可以通过以下 4 个 16 位段寄存器进行设置。

① 代码段寄存器（Code Segment，CS）。代码段寄存器用来存放当前执行程序所在段的起始地址的高 16 位（亦称代码段地址）。

② 堆栈段寄存器（Stack Segment，SS）。堆栈段寄存器用来存放当前堆栈段起始地址的高 16 位（亦称堆栈段地址）。

③ 数据段寄存器（Data Segment，DS）。数据段寄存器用来存放当前数据段起始地址的高 16 位（亦称数据段地址）。

④ 附加段寄存器（Extra Segment，ES）。附加段寄存器用来存放当前附加段起始地址的高 16 位（亦称附加段地址），通常也用来存放数据。

2.1.3 8086 CPU 的引脚分布与工作模式

8086 采用 40 个引脚的双列直插式封装，各引脚分布如图 2-4 所示。

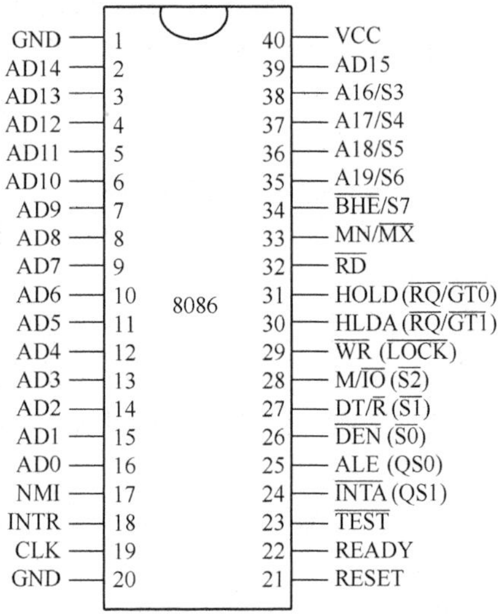

1. 引脚分布

各引脚编号从开有半圆标志的左端开始，按逆时针方向标注。

图 2-4 中圆括号标注的是最大工作模式下相应引脚的功能定义。

信号	引脚	8086	引脚	信号
GND	1		40	VCC
AD14	2		39	AD15
AD13	3		38	A16/S3
AD12	4		37	A17/S4
AD11	5		36	A18/S5
AD10	6		35	A19/S6
AD9	7		34	$\overline{BHE}$/S7
AD8	8		33	MN/$\overline{MX}$
AD7	9		32	$\overline{RD}$
AD6	10		31	HOLD ($\overline{RQ}$/$\overline{GT0}$)
AD5	11		30	HLDA ($\overline{RQ}$/$\overline{GT1}$)
AD4	12		29	$\overline{WR}$ ($\overline{LOCK}$)
AD3	13		28	M/$\overline{IO}$ ($\overline{S2}$)
AD2	14		27	DT/$\overline{R}$ ($\overline{S1}$)
AD1	15		26	$\overline{DEN}$ ($\overline{S0}$)
AD0	16		25	ALE (QS0)
NMI	17		24	$\overline{INTA}$ (QS1)
INTR	18		23	$\overline{TEST}$
CLK	19		22	READY
GND	20		21	RESET

图 2-4 8086 各引脚分布

CPU 功能强大，片内信号线较多、外部引脚却很有限，为了满足封装要求，提高引脚利用率，对部分引脚采用分时复用技术（即同一引脚在不同时刻连接不同的内部信号线）。

8086 的引脚信号线按功能可以分为 4 类：地址总线、数据总线、控制总线和其他（时钟与电源）。地址总线由 CPU 发出，用来确定 CPU 要访问的内存或 I/O 端口的地址信号；数据总线用来在 CPU 与内存或 I/O 端口之间交换数据信息；控制总线用来在 CPU 与内存或 I/O 端口之间传送控制信息。

下面分 3 部分详细介绍各引脚的具体定义。

（1）地址/数据总线

① AD15～AD0（输入或输出，三态）为分时复用地址/数据信号线，在执行存储器读/写或 I/O 操作时，在总线周期的 T1 状态（一个总线周期由几个时钟周期组成，这里的时钟周期也称 T 状态）作为地址总线 A15～A0 使用。在其他时刻作为双向数据总线 D15～D0 使用。

② A19/S6、A18/S5、A17/S4 和 A16/S3 为分时复用地址/状态信号线，在进行存储器读/写操作的 T1 状态输出高 4 位地址 A19～A16；对 I/O 操作时 4 个引脚全为低电平。在其他状态输出状态信息时，S6 始终为低电平；S5 为中断允许标志位 IF 的当前状态；S4、S3 表示当前使用的段寄存器，所表示的段寄存器如表 2-1 所示。

表 2-1 S4、S3 表示的段寄存器

S4	S3	段寄存器
0	0	ES
0	1	SS
1	0	CS
1	1	DS

（2）控制总线

控制总线有 16 根，其中 8 根有固定意义，另外 8 根随工作模式的不同而有不同的意义。

有固定意义的总线对应引脚功能说明如下。

① MN / $\overline{\text{MX}}$（输入，引脚 33）——工作模式控制线。

接+5V 电源为最小工作模式；接地时为最大工作模式。

② $\overline{\text{RD}}$（输出，三态，引脚 32）——读控制信号。

低电平有效，有效时表示 CPU 正在执行读操作。

③ INTR（输入，引脚 18）——中断请求信号。

高电平有效，当该引脚为高电平，并且中断标志位 IF 为“1”时，CPU 在执行完现行指令后，将控制转移到相应的中断处理程序。若中断标志位 IF 为“0”，CPU 不响应中断请求，继续执行下一条指令。

④ NMI（输入，引脚 17）——不可屏蔽的中断请求信号。

上升沿有效，不响应软屏蔽，当一个上升沿到来时，CPU 在执行完现行指令后，立即进行中断处理，不受中断允许标志位 IF 的影响。

⑤ RESET（输入，引脚 21）——复位信号。

高电平有效，当有效时，CPU 停止正在运行的程序，转而清除指令指针寄存器 IP、数据段寄存器 DS、附加段寄存器 ES、堆栈段寄存器 SS、标志寄存器 FR 和指令队列的值，使其值均为“0”，并置代码段寄存器 CS 为 FFFFH。该信号结束后，CPU 从地址为 CS:IP=FFFFH:0000H 开始的存储单元执行指令。

⑥ READY（输入，引脚 22）——输入准备好的信号。

高电平有效，CPU 在总线周期的 T3 状态开始检测该信号，当有效时，下一个时钟周期将数据放置到数据总线上或从总线上读取；若无效，CPU 自动插入一个或若干个等待状态 T_W，直到该信号有效才进入 T4 状态，完成数据传输。

⑦ $\overline{\text{TEST}}$（输入，引脚 23）——测试信号。

低电平有效，当 CPU 执行 WAIT 指令时，每隔 5 个时钟周期对该引脚采样，若为高电平，CPU 继续处于等待状态，直到出现低电平时，CPU 才开始执行下一条指令。

⑧ $\overline{\text{BHE}}$ /S7（输出，三态，引脚 34）——分时复用信号线。

在总线周期 T1 状态输出 $\overline{\text{BHE}}$ 信号，$\overline{\text{BHE}}$ 低电平有效，有效时使用高 8 位数据线 AD15～AD8，无效时使用低 8 位数据线 AD7～AD0。S7 目前尚未定义。

不同工作模式下的引脚功能说明如表 2-2 所示。

表 2-2　不同工作模式下的引脚功能说明

<table>
<tr><th>引脚号</th><th>最小工作模式</th><th colspan="2">最大工作模式</th></tr>
<tr><td>24</td><td>$\overline{\text{INTA}}$（输出）：CPU 发向中断控制器的中断响应信号</td><td>QS1</td><td rowspan="2">指令队列状态输出线，用来提供 8086 内部指令队列的状态</td></tr>
<tr><td>25</td><td>ALE（输出）：地址锁存允许信号，高电平有效</td><td>QS0</td></tr>
<tr><td>26</td><td>$\overline{\text{DEN}}$（输出，三态）：数据允许信号，低电平有效</td><td>S0</td><td rowspan="3">状态信号输出线，它们的组合表示 CPU 当前总线周期的操作类型</td></tr>
<tr><td>27</td><td>DT/ $\overline{\text{R}}$（输出，三态）：数据收/发信号</td><td>S1</td></tr>
<tr><td>28</td><td>M / $\overline{\text{IO}}$（输出，三态）：用于区分是访问存储器还是访问 I/O 端口</td><td>S2</td></tr>
<tr><td>29</td><td>$\overline{\text{WR}}$（输出，三态）：低电平有效，表示 CPU 向存储器或向 I/O 端口写信息</td><td colspan="2">$\overline{\text{LOCK}}$（输出，三态）：总线锁定信号，低电平有效，输出此信号时不允许其他设备占用总线</td></tr>
<tr><td>30</td><td>HLDA（输出）：总线应答信号，高电平有效，当 CPU 让出总线使用权的时候发出该信号</td><td colspan="2">$\overline{\text{RQ}}$ / $\overline{\text{GT1}}$（输入或输出）：总线授权信号，用于连接不同 CPU</td></tr>
<tr><td>31</td><td>HOLD（输入）：总线申请信号，高电平有效，使 CPU 让出总线控制权，直到该信号撤销为止</td><td colspan="2">$\overline{\text{RQ}}$ / $\overline{\text{GT0}}$（输入或输出）：总线请求信号，用于连接不同 CPU</td></tr>
</table>

（3）其他信号线

① GND——地线。

引脚 1、20 为接地端，双线接地。

② VCC——电源线。

引脚 40 为电源输入端，电源要求为正电源 VCC（5V±10%）。

③ CLK——时钟信号输入端。

引脚 19 为 CLK，由 8284 提供所需的主频，占空比要求为 33%（高电平占 2/3 周期、低电平占 1/3 周期），这样可以提供最佳的内部时钟信号。不同型号的 CPU 使用的主频也不同，8086 使用的主频为 5MHz，8086-1 使用的主频为 10MHz。

2. 工作模式

8086 根据 MN / $\overline{MX}$ 引脚的不同连接形式，其工作模式可分为最小工作模式和最大工作模式。

（1）最小工作模式

当 MN / $\overline{MX}$ 引脚接+5V 电源时，8086 工作在最小工作模式。在最小工作模式下整个系统只有一个能执行指令的 CPU，系统总线始终被该 CPU 控制，但允许系统中的 DMA（Direct Memory Access，直接存储器访问）控制器（DMAC）临时占用总线。该方式适用于小系统的情况，最小工作模式下的片总线结构和 8086 系统配置如图 2-5 所示。

从图 2-5（a）可以看出，最小工作模式由 8086 通过接口电路 Intel 8282（或 8 位地址锁存器 74LS373）、Intel 8286（或 8 位双向数据总线缓冲器 74LS245）及控制信号“产生”地址总线、数据总线和控制总线（片总线）。其中 AD0～AD15 为地址、数据复用总线。在执行读/写指令时，AD0～AD15 先传送存储器单元的地址信息，并通过 Intel 8282 锁存起来，与 AD16～AD19 共同形成 20 位地址总线。然后 AD0～AD15 再传送数据信息，经 8286 作为 16 位数据总线。

图 2-5（b）所示为由片总线连接的存储器和接口电路，形成最小工作模式下的系统配置。

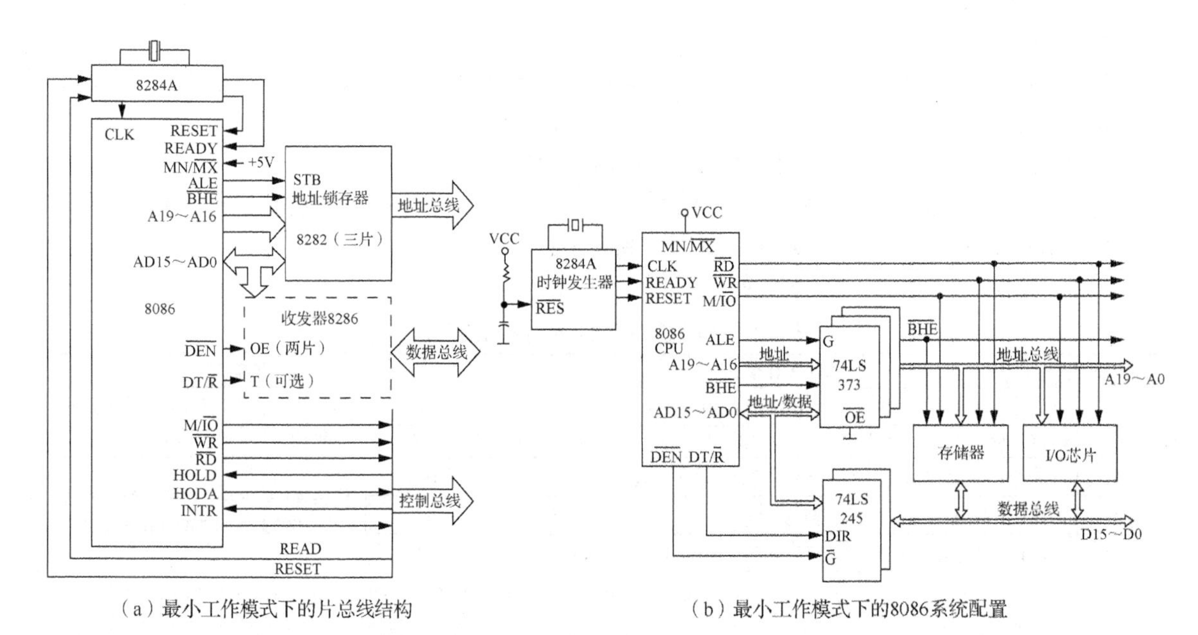

（a）最小工作模式下的片总线结构　　（b）最小工作模式下的8086系统配置

图 2-5　8086 最小工作模式

（2）最大工作模式

当 MN / $\overline{MX}$ 引脚接地时，8086 工作在最大工作模式。在最大工作模式下系统增加一片总线控制器 8288，用于产生一些新的控制信息，控制总线由 8086 和 8288 共同形成。8288 总线控制器的引脚及内部结构如图 2-6 所示。

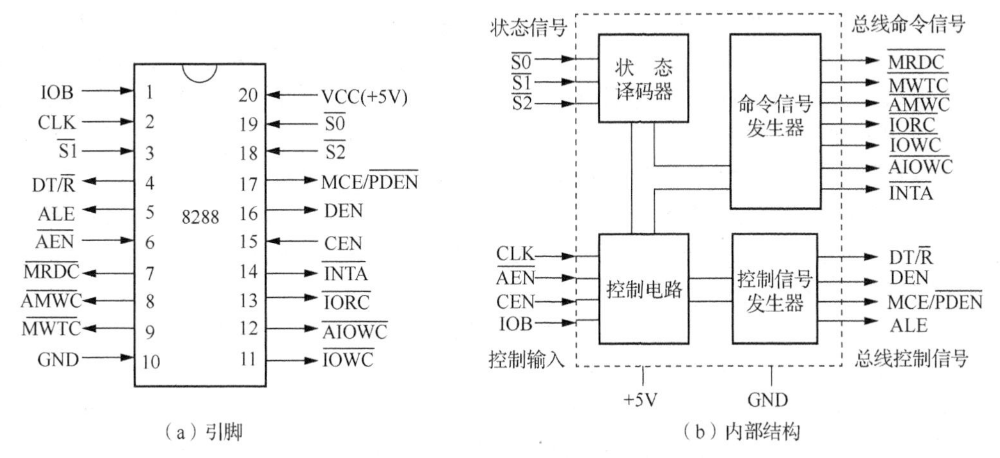

（a）引脚　　（b）内部结构

图 2-6　8288 总线控制器的引脚及内部结构

最大工作模式允许有多个能够执行指令功能的 CPU，系统总线由多个 CPU 共有。在最大工作模式下存在总线竞争问题，通常还需要 8087 协处理器的协调。8086 最大工作模式下的片总线结构和系统配置如图 2-7 所示。

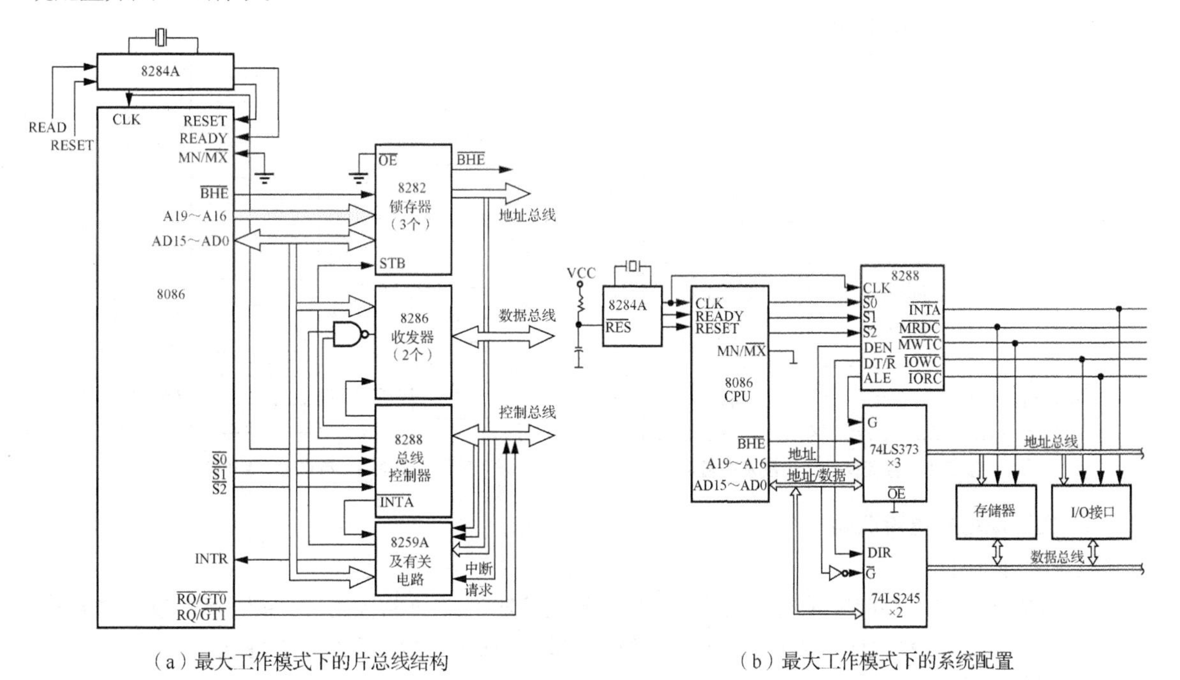

（a）最大工作模式下的片总线结构　　（b）最大工作模式下的系统配置

图 2-7　8086 最大工作模式

2.1.4　8086 CPU 对存储器的管理

1. 存储器的组织

存储器是由许多连续的存储单元组成的，每个存储单元可根据硬件电路被分配唯一的单元编码，即存储单元地址，由软件通过指令对存储单元进行读/写操作。

8086 有 20 位地址线，最大的寻址空间为 1MB（2^{20}B=1MB），其地址范围为 00000H～FFFFFH（用 5 位十六进制数可表示 20 位二进制地址线）。8086 将存储空间分为两个 512KB 的存储体，一个由奇地址构成，另一个由偶地址构成，由地址位 A0 区分，存储体地址分配及存储数据如图 2-8 所示。

一般情况下，每个存储单元的长度为一个字节（8 个二进制位），亦称字节单元。8086 的数据线为 16 位，由于 CPU 内部的 16 位通用寄存器 AX、BX、CX 和 DX 可以拆分为两个 8 位寄存器使用，因此 8086 既可以进行 8 位数据（字节单元）的操作，也可以进行 16 位数据（字单元）的操作。在进行 16 位数据的操作时，使用存储器的两个字节单元组成字单元，字单元的低 8 位数据存放在低地址字节单元中，而高 8 位数据存放在高地址字节单元中。为了提高读写速度，字单元地址必须为偶数。

在图 2-8 中，字节地址 20000H、20001H、20002H、20003H 单元的数据分别为 43H、12H、56H 和 78H；字地址 20000H 单元的内容为 1243H。

由于 8086 最大的寻址空间为 1MB，而 CPU 内部编址寄存器只有 16 位，只能寻址 64KB 寻址空间，为了实现 16 位地址对 1MB 寻址空间的寻址，8086 引入了分段技术。

分段技术就是用两个 16 位的寄存器形成一个 20 位的地址。把 1MB 的存储空间分成若干个逻辑段，每个逻辑段的起始地址由 16 位段寄存器的数据决定。每个逻辑段的存储容量不大于 64KB（2^{16}B），段内每个存储单元的地址是连续的，这样 16 位地址也可以表示段内的每个存储单元。

8086 指定的逻辑段为数据段、代码段、堆栈段和附加段。每个段在存储器中的分布地址既可以完全独立，也可以和其他段相互重叠，既可以分别寻址，也可以单独寻址。这样每个存储单元的地址取决于所在段的 16 位段地址和 16 位段内地址（即偏移地址）。

存储器分段结构如图 2-9 所示。

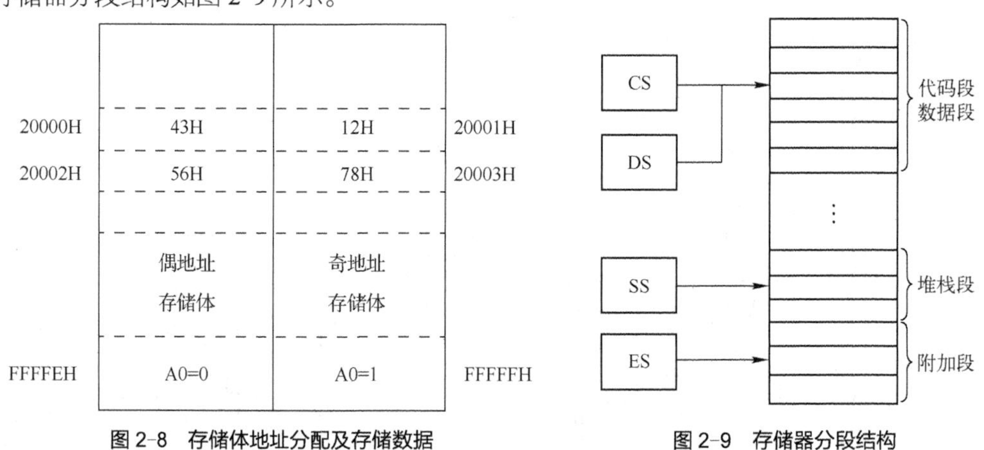

图 2-8　存储体地址分配及存储数据　　图 2-9　存储器分段结构

2. 物理地址和逻辑地址

（1）物理地址

在 8086 中，每个存储单元被分配唯一的地址编码（20 位二进制代码），称为物理地址。物理地址就是存储单元的实际地址。CPU 与存储器交换数据时所使用的地址就是物理地址。

（2）逻辑地址

在编写程序时使用的 16 位地址编码称为逻辑地址，逻辑地址由 16 位段地址和 16 位偏移地址组成。逻辑地址是在编程的时候使用的一种虚拟地址，使用逻辑地址可以让程序员在编写程序时，不必关心自己的数据存放的物理位置，只需要按照 16 位地址信息编写就可以了。在程序运行时，CPU 内部的总线接口部件将自动完成 16 位段地址和 16 位偏移地址向 20 位物理地址的转换。

在 8086 中，16 位段地址必须存放在段寄存器中，它决定一个逻辑段第 1 个字节的起始地址，亦可称为段基址，它实际上是 20 位物理地址的高 16 位。为了便于管理，每个段的起始地址应能被 16

整除，也就是说，它的 20 位地址中低 4 位应该为 0，各个段的“段基址”分别存放在 16 位段寄存器 CS、DS、SS 或 ES 中。偏移地址为段内存储单元与所在段的起始地址之间的偏移量。若存储单元是该段的起始单元，则认为偏移量为 0，段内的最大偏移量为 $2^{16}-1$=FFFFH。偏移地址可分别由寄存器、存储单元的数据以及指令中所提供的偏移量及其组合确定。这样就可以通过编写程序指出段地址及段内偏移地址，访问任一段中的任一存储单元。

图 2-10 所示为逻辑地址与物理地址之间的关系。

（3）逻辑地址向物理地址的转换

段内任一单元的地址常用逻辑表达式“段地址:偏移地址”描述。

例如，逻辑地址 0035H:0000H，表示段地址为 0035 H，偏移地址为 0000H。

图 2-11 所示为物理地址的形成过程。可以看出，存储单元的 20 位物理地址是通过将 16 位的“段地址”左移 4 位后再加上 16 位的“偏移地址”形成的。逻辑地址和物理地址的转换关系为：

物理地址=段地址×10H（左移 4 位）+偏移地址

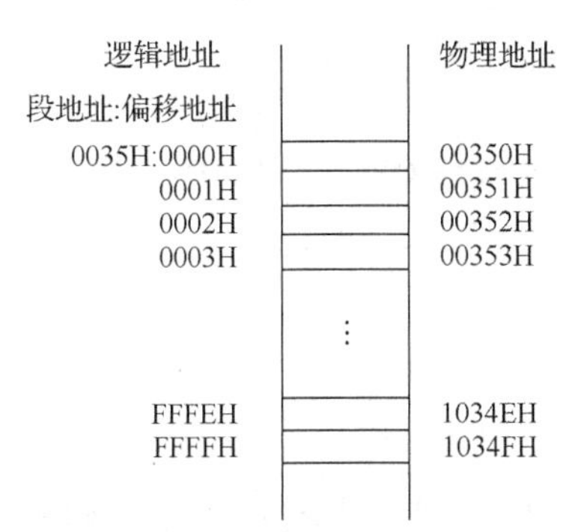

图 2-10　逻辑地址与物理地址之间的关系

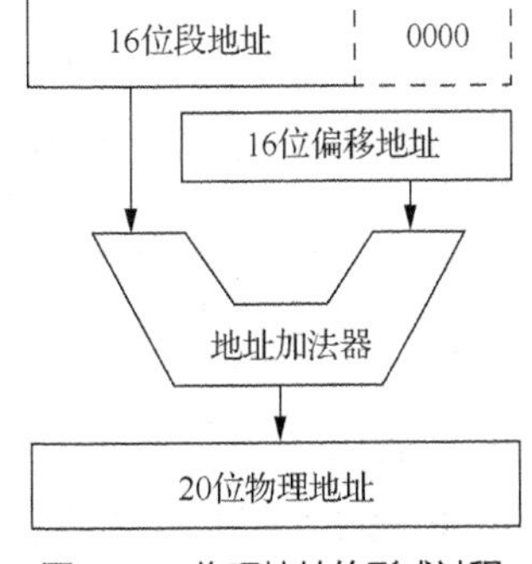

图 2-11　物理地址的形成过程

例如，在图 2-10 中，逻辑地址 0035H:0001H，表示段地址为 0035H，偏移地址为 0001H，则其物理地址为：

物理地址=0035H×10H+0001H
=00350H+0001H
=00351H

分段技术给编程寻址存储单元及存储器管理提供了便利，在实际使用时必须注意段地址与偏移地址的配合关系。表 2-3 所示为 8086 CPU 约定的段寄存器与偏移地址的结合方式。

表 2-3　8086 CPU 约定的段寄存器与偏移地址的结合方式

存储器存取方式	约定段地址	可替换段地址	偏移地址
取指令	CS	无	IP
堆栈操作	SS	无	SP
访问一般数据	DS	CS、ES、SS	有效地址 EA
源字符串	DS	CS、ES、SS	SI
目的字符串	ES	无	DI
BP 作基址寄存器	SS	CS、ES、DS	有效地址 EA

由表 2-3 可以看出以下内容。

① 当进行取指令操作时，8086 会自动选择代码段寄存器 CS 的值并左移 4 位后作为段基址，再加上由指令指针寄存器 IP 提供的偏移地址，可形成当前要执行的指令在存储器中的物理地址。

② 当进行堆栈操作或堆栈指针寄存器 BP 作基址寄存器时，8086 会自动选择堆栈段寄存器 SS

的值并左移 4 位后作为段基址，再加上由 SP 或 BP 提供的偏移地址可形成物理地址。

③ 当进行操作数存取操作时，8086 会自动选择数据段寄存器 DS 的值并左移 4 位后作为段基址，再加上 16 位偏移地址可形成物理地址。16 位的偏移地址可以由指令直接提供，也可以由寄存器或者指令中的偏移量等信息组成的寻址方式产生。

2.1.5 8086 CPU 的工作过程

在计算机执行程序（指令）前，必须将程序连续地存储在存储单元中。CPU 的工作过程就是在硬件基础上不断执行指令的过程。虽然计算机的程序千变万化，功能不尽相同，但它们在计算机中的执行过程具有相同的规律。

为了方便地描述 CPU 的工作过程，下面通过一个简单的例子说明指令的执行过程。

设 8086 CPU 汇编语言程序段如下。

```
MOV AL,09H    ; 双字节指令，把指令第 2 字节的立即数 09H 送入累加器 AL
ADD AL,12H    ; 双字节指令，AL 中的内容与立即数 12H 相加，结果存入累加器
HLT           ; 单字节指令，暂停指令执行
```

CPU 不能直接识别汇编语言指令，必须把汇编指令汇编成 CPU 能识别的机器码，机器码是 CPU 能唯一识别的代码，查阅相关 CPU 技术资料，可得它们的对照关系为：

```
MOV AL,09H  ──→  10110000B
                 00001001B
ADD AL,12H  ──→  00000100B
                 00010010B
HLT         ──→  11110100B
```

设 3 条指令在内存中的起始逻辑地址为 2000H:1000H，则起始物理地址为 21000H，存放形式如表 2-4 所示。

表 2-4 3 条指令在内存中的存放形式

段地址（CS）	IP 地址（偏移地址）	物理地址	存储单元内容
2000H	1000H	21000H	10110000
2000H	1001H	21001H	00001001
2000H	1010H	21010H	00000100
2000H	1011H	21011H	00010010
2000H	1100H	21100H	11110100
2000H	1101H	21101H	××××××××
2000H	1110H	21110H	××××××××
2000H	1111H	21111H	××××××××

该段程序（指令）的执行过程如下。

① 总线接口部件自动取出代码段寄存器 CS 中的 16 位段地址 2000H，然后取出指令指针寄存器 IP 中的 16 位偏移地址 1000H（取出后 IP 内容自动加 1 为 1001H），经地址加法器产生 20 位地址信息 21000H，通过外部 20 位地址总线输出 21000H，经存储器芯片译码后选定相应的存储单元。

② CPU 发出读命令，从选定的 21000H 存储单元中首先取出指令代码“10110000”，通过外部数据总线传送到总线接口部件的指令队列缓冲器中。这时，执行部件可以从指令队列缓冲器中取出指令代码，总线接口部件可以同时并行地继续从存储器中读取下一个存储单元的指令代码，IP 的内容也自动指向下一个存储单元。

③ 执行部件从总线接口部件指令代码的队列中按“先进先出”方式取出指令代码，经执行部件控制器分析（译码）产生一系列相应的控制命令。由于第一字节指令的功能是把该指令第二字节地

址 1001H 单元的内容 09H 传送给累加器 AL，在控制器发出的控制命令作用下，执行部件从指令队列缓冲器取出数据 09H，经内部数据总线送入累加器 AL。至此，第一条指令执行完毕。

④ 执行部件继续从总线接口部件的指令队列中取第二条指令，经执行部件控制器分析产生一系列相应的控制命令，类似第一条指令的执行过程，完成累加器 AL 的内容 09H 加 12H，将和送给累加器 AL。

⑤ 执行第三条指令，其功能为程序暂停执行。

在执行部件执行指令的过程中，指令队列缓冲器中的指令字节在不断出队的同时，总线接口部件可以并行地从存储单元不断地取出指令字节加入指令队列缓冲器，直至队列满为止，这就是所谓的取指令和执行指令的并行操作，从而大大提高 CPU 的工作速度和效率。

2.2　8086 CPU 的总线周期和操作时序

计算机在运行时必须有严格的时序控制各种微操作。在时序的控制下，才能保障操作有序进行。计算机中常用的时序控制信号有时钟周期、总线周期和指令周期，并在此基础上形成与总线操作有关的几种基本操作时序。

2.2.1　时钟周期、总线周期和指令周期

1. 时钟周期

时钟周期是 CPU 的时间基准，是 CPU 运行时的最小时间单位。8086 在统一的时钟信号控制下，按节拍有序地工作。

时钟周期由 CPU 的主频决定，主频越高，时钟周期越短，计算机运行速度越快。例如，某 CPU 主频为 2GHz，则其时钟周期为 5×10^{-10}s。

2. 总线周期

CPU 对存储器或 I/O 接口的访问是通过总线来完成的。通常，将一次访问总线所需的时间称为一个总线周期，或称为机器周期。每当 CPU 要从存储器或 I/O 端口存取一个字节或字就需要一个总线周期，一个总线周期由若干个时钟周期组成。

在 8086 中，总线周期通常由 4 个时钟周期（T1、T2、T3、T4）组成，处于时钟周期中的总线称为 T 状态。

一个总线周期完成一次数据传送，至少要有传送地址和传送数据两个过程。传送地址在时钟周期 T1 内完成。传送数据必须在时钟周期 T2、T3、T4 内完成。在时钟周期 T4 后，将开始下一个总线周期。

3. 指令周期

每条指令都要经过取指令、指令译码和执行等操作过程，完成一条指令执行过程所需的时间称为指令周期，指令不同，执行周期也不尽相同。

一个指令周期由若干个总线周期组成。时钟周期、总线周期和指令周期的关系如图 2-12 所示。

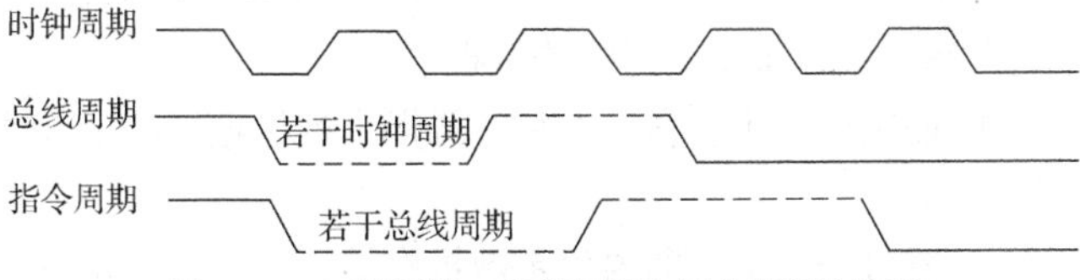

图 2-12　时钟周期、总线周期和指令周期的关系

2.2.2 基本的总线时序

总线时序就是 CPU 通过总线进行操作时，总线上各信号在时间上的配合关系。CPU 在总线上进行的操作，是指令译码器输出的微操作命令在外部时钟信号时序控制联合作用下的执行过程。

常见的基本操作时序有读总线周期时序、写总线周期时序、中断响应操作时序、总线保持与响应时序和系统复位时序等。

1. 最小工作模式下的读总线周期时序

8086 完成从存储器或 I/O 端口读一个数据的操作是由读总线周期控制的。最小工作模式下的读总线周期时序如图 2-13 所示。

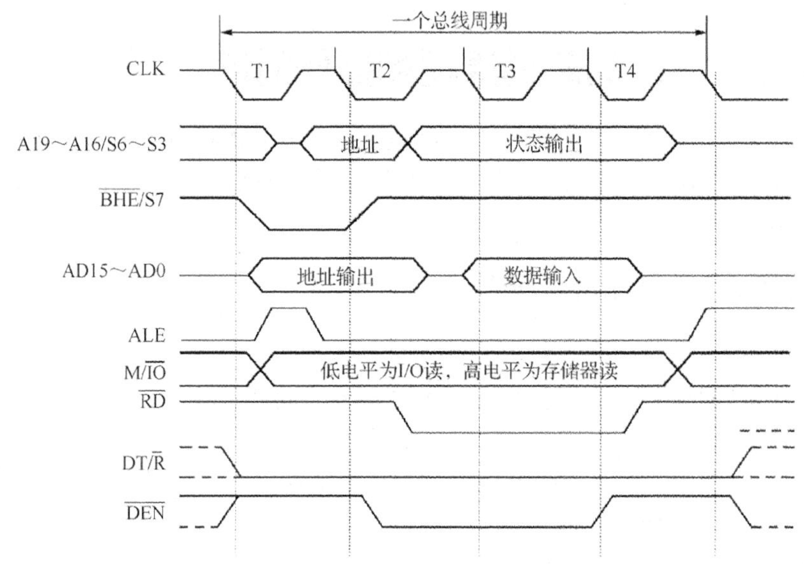

图 2-13 最小工作模式下的读总线周期时序

读总线周期由 4 个时钟周期（T1～T4）组成，在 CPU 的读总线周期内，有关总线信号的变化如下。

① M/$\overline{IO}$：在 T1 周期开始有效，直到总线周期结束，读存储器时 M/$\overline{IO}$ 为高电平；读 I/O 端口时 M/$\overline{IO}$ 为低电平。

② A19～A16/S6～S3：T1 周期内输出存储器单元或 I/O 端口的高 4 位地址，T2～T4 周期内输出状态信息 S6～S3。

③ $\overline{BHE}$/S7：在 T1 周期内，$\overline{BHE}$ 为低电平，表示高 8 位数据线上的信息可以使用。T2～T4 周期内输出高电平。

④ AD15～AD0：在 T1 周期内，用来作为地址总线的低 16 位；T2 周期内为高阻态；T3～T4 周期内，用来作为 16 位数据总线，可以从总线接收数据；若在 T3 周期内不能将数据送到数据总线上，则在 T3～T4 周期内插入等待状态 Tw，直到数据送入数据总线上，进入 T4 周期；在 T4 周期开始的下降沿，CPU 采样数据总线。

⑤ ALE：系统中的地址锁存器利用该脉冲的下降沿锁存 20 位地址信息及 $\overline{BHE}$。

⑥ $\overline{RD}$：读取选中的存储单元或 I/O 端口中的数据。

⑦ DT/$\overline{R}$：在 T1 周期内输出低电平，表示本总线周期为读周期，在接有数据总线收发器的系统中，用来控制数据传输方向。

⑧ $\overline{DEN}$：低电平有效，在 T2～T3 周期内表示数据有效，在接有数据总线收发器的系统中，用来实现数据的选通。

2. 最小工作模式下的写总线周期时序

8086 在对存储器或 I/O 端口写入一个数据时，进入写总线周期。最小工作模式下的写总线周期时序如图 2-14 所示。

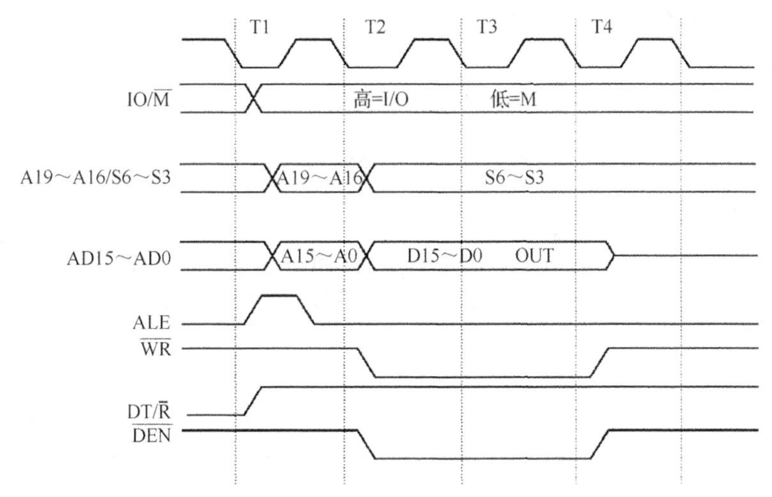

图 2-14　最小工作模式下的写总线周期时序

写总线周期时序与读总线周期时序很相似，大部分信号和读操作的信号类似，不同之处如下。

AD15～AD0：在 T2～T4 周期内没有高阻态。

$\overline{\text{WR}}$：低电平有效，向选中的存储器或 I/O 端口写入数据。

DT/$\overline{\text{R}}$：高电平有效，在总线周期内保持为高电平，表示写周期，在接有数据总线收发器的系统中，用来控制数据传输方向。

3. 中断响应操作时序

CPU 在执行中断响应操作时，需要经过两个总线周期，由硬件完成响应操作，然后才能转入中断处理程序执行。中断响应操作时序如图 2-15 所示。

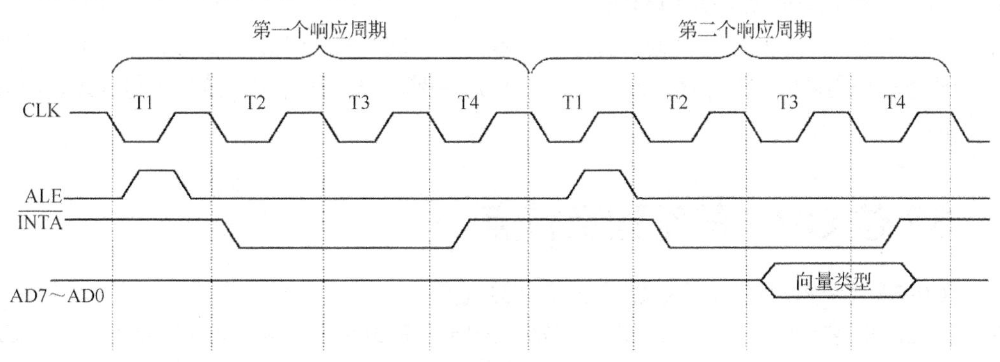

图 2-15　中断响应操作时序

4. 总线保持与响应时序

在系统中的其他设备请求使用总线时，会向 CPU 发出请求信号 HOLD，当 CPU 收到 HOLD 有效信号后，会在总线周期的 T4 或下一个总线周期的 T1 的下降沿输出保持信号 HLDA，接着在下一个时钟周期开始，CPU 将让出总线控制权。当外设的 DMA 传送结束时，HOLD 信号变为低电平，则在下一个时钟周期的下降沿使 HLDA 信号变为无效信号。图 2-16 所示是总线保持与响应时序。

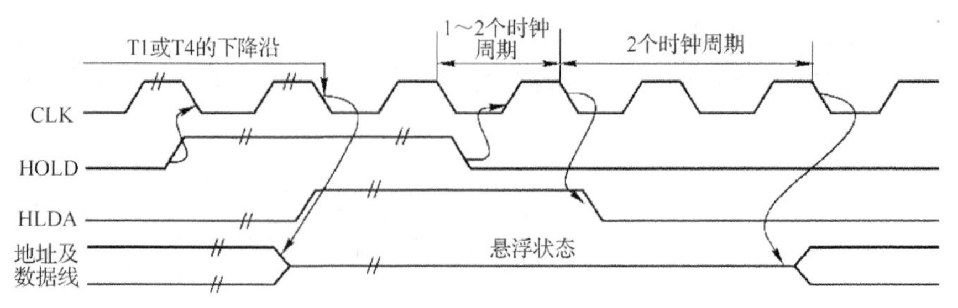

图 2-16　总线保持与响应时序

5. 系统复位时序

8086 的 RESET 引脚可以用来启动或复位系统。当 CPU 在 RESET 引脚检测到一个脉冲上升沿时，它将停止正在进行的所有操作，维持在复位状态，系统复位时序如图 2-17 所示。

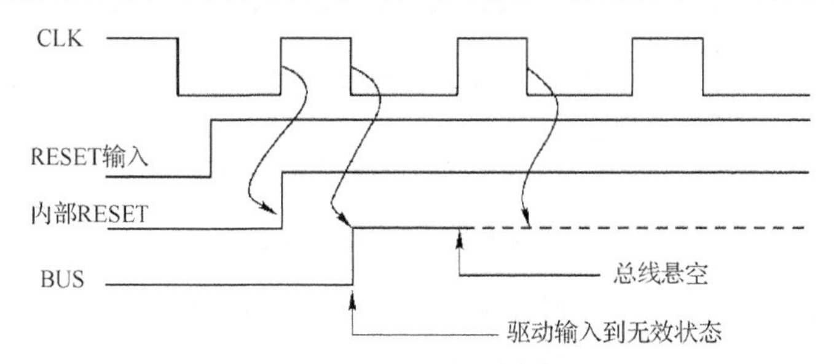

图 2-17　系统复位时序

① 在复位状态，除代码段寄存器 CS 被置为 FFFFH 外，CPU 内部寄存器（包括指令指针寄存器）连同指令队列均被清 0。当 RESET 信号变为高电平时，再过一个时钟周期，所有三态输出线都被置为高阻态，直到 RESET 信号变为低电平。

② 当 RESET 信号由高电平变为低电平时，CPU 内部复位逻辑电路经过 7 个 CLK 时钟周期之后，CPU 自动恢复正常。开始执行第一条指令的逻辑地址为 CS:IP=FFFFH:0000H，其物理地址为 0FFFF0H。

6. 最大工作模式下的读/写总线周期

最大工作模式下的读/写总线周期与最小工作模式下的读/写总线周期有许多相似之处，其主要不同点在于读/写总线周期的信号（读存储器还是读 I/O）引脚标识有所不同，这里不再详述，读者可参考相关手册。

2.3　32 位 CPU 的结构及特点

32 位 CPU 是指 CPU 处理一次数据的宽度为 32 位。

随着大规模集成电路的发展，Intel 公司先后推出了 80386、80486、Pentium 等 32 位 CPU。本节重点介绍从 16 位 CPU 到 32 位 CPU 的技术发展，32 位 CPU 的结构与特点、编程资源及工作模式。

2.3.1　从 80286 到 80386 的技术发展

1. 80286

1982 年 2 月，Intel 公司在 8086 的基础上推出了 80286 CPU。80286 的官方名称为 iAPX 286，是 Intel 公司的一款 x86 系列 CPU。80286 集成了约 13.4 万个晶体管，机器字长为 16 位，主频由最初的

6MHz 逐步提高到后来的 20MHz。其内部和外部数据总线皆为 16 位，地址总线为 24 位。与 8086 相比，80286 寻址空间达到了 16MB，可以使用外部存储设备模拟大量存储空间，从而大大扩展了 80286 的工作范围，还能通过多任务硬件控制使 CPU 在各种任务间来回快速切换，实现同时运行多个任务，其速度比 8086 提高了 5 倍甚至更多。

80286 被广泛应用在 20 世纪 80 年代中期到 20 世纪 90 年代初期的 PC 中。这些 PC 被称为“286 计算机”，有时也简称“286”。

80286 有两种工作模式：实模式和保护模式。

实模式下，80286 与 8086 的工作方式一样，相当于一个快速 8086。80286 可直接访问的内存空间被限制在 1MB，更多内存空间需要通过 EMS 或 XMS 内存机制进行映射才能进行访问。

保护模式下，80286 提供了虚拟存储管理和多任务的硬件控制，能直接寻址 16MB 内存和 1GB 的虚拟存储器，具有异常处理机制，这为后来 Microsoft 公司的多任务操作系统准备了条件。

2. 80386

80386 CPU 将 PC 从“16 位时代”带入了“32 位时代”。80386 被广泛应用在 20 世纪 80 年代中期到 20 世纪 90 年代中期的 PC 中。这些 PC 被称为“386 计算机”，有时也简称“386”。

（1）80386 基本结构

80386 兼容 8086 和 80286，是为多用户及多任务操作系统设计的一种高集成度芯片。80386 的数据线、内部寄存器结构和操作均为 32 位，具有 32 位的外部地址线，能直接寻址 4GB（2^{32}B）的物理地址空间，其虚拟存储空间为 64TB（2^{64}B）。80386 基本结构如图 2-18 所示。

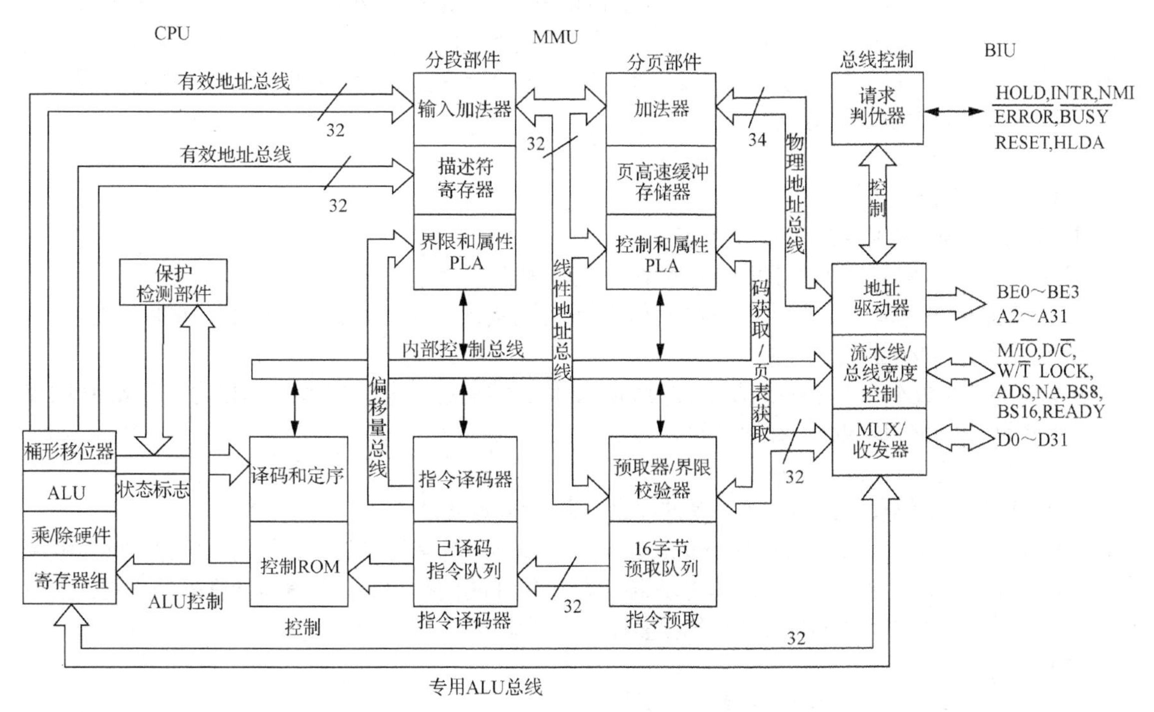

图 2-18　80386 基本结构

80386 的强大运算能力使 PC 的应用领域得到巨大扩展，商业办公、科学计算、工程设计、多媒体处理等应用领域也得到迅速发展。

（2）32 位 CPU 的编程结构

在 80386 及其以后的 80x86 CPU 中，CPU 内部通用寄存器扩展为 32 位，这些寄存器可以用来编程，在功能上和 8086 基本相似，如图 2-19 所示。

① 通用寄存器：累加器 EAX、基址寄存器 EBX、计数寄存器 ECX、数据寄存器EDX、基址指针EBP、堆栈指针ESP、源变址寄存器 ESI、目的变址寄存 EDI，这些寄存器的低 16 位与 8086 兼容，支持 1 位、8 位、16 位和 32 位操作数编程，既可以作为 32 位寄存器使用，也可以作为兼容 8086 规定的 16 位或 8 位寄存器使用。

② 专用寄存器：32 位的指令指针寄存器 EIP（8086 中为 16 位的指令指针寄存器 IP）指向要执行的指令的偏移地址；32 位的标志寄存器 EFLAGS（8086 中为 16 位的标志寄存器 FLAGS）包含当前的状态标志和控制标志。

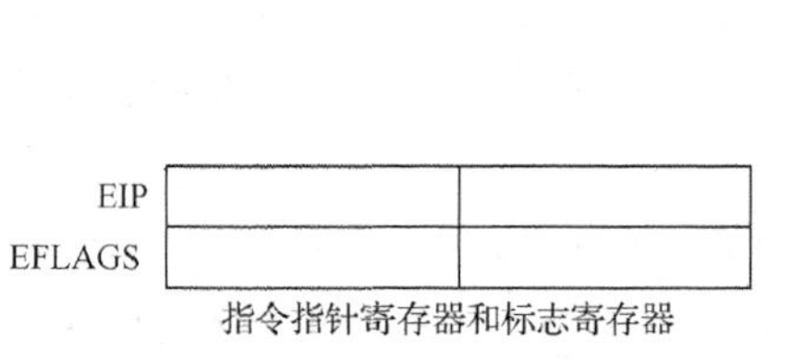

图 2-19　32 位 CPU 的编程结构

③ 段寄存器：段寄存器 CS、DS、SS、ES 仍然为 16 位，用来存放存储器的段基址，每个存储段的存储容量为 64KB。增加了数据段寄存器 FS 和 GS。当 80386 工作在实模式和虚拟 86 模式时，段寄存器存放 16 位段基址，与 8086 兼容。在保护模式下，段寄存器中存放的不是段基址，而是段选择子的指示器。段的全部信息存放在段描述符中，包括段基址、段的长度范围及段的各种属性，以实现对 4GB 程序存储器的寻址。

（3）80386 的特点

80386 的特点如下。

① 首次在 x86 CPU 中实现 32 位系统。

② 可配合使用 80387 数学辅助 CPU 增强浮点运算能力。

③ 首次采用高速缓存（外置）解决内存运行速度的瓶颈问题。由于这些设计，80386 的运算速度比其前代产品 80286 提高了几倍。

④ 80386 DX 版本的内部和外部数据总线是 32 位，地址总线也是 32 位，可以寻址到 4GB 内存空间，并可以管理 64TB 的虚拟存储空间。

（4）工作模式

80386 有 3 种工作模式：实模式、保护模式、虚拟 86 模式。

实模式为磁盘操作系统（Disk Operating System，DOS）的常用模式，直接访问内存空间被限制在 1MB；保护模式下，80386 DX 版本可以直接访问 4GB 的内存空间，并具有异常处理机制；虚拟 86 模式可以同时模拟多个 8086 CPU 来加强多任务处理能力。

（5）分类

为了满足不同的人群，80386 发布了多个版本。

① 80386 DX：主流版本。内部和外部数据总线及地址总线都是 32 位。

② 80386 SX：1988 年末推出的廉价版本。外部数据总线为 16 位，地址总线为 24 位，与 80286 相同，从而方便 80286 计算机的升级。由于内部的 32 位结构及其他优化设计，80386 SX 的性能仍大大优于 80286，而价格只相当于 80386 DX 的 1/3，因此很受市场的欢迎。与之匹配的数学辅助 CPU 型号为 80387 SX。

③ 80386 SL：1990 年推出的低功耗版本，基于 80386 SX 结构。增加了系统管理方式（SMM）工作模式，具有电源管理功能，可以自动降低运行速度，甚至进入休眠状态以实现节能。

④ 80386 DL：1990 年推出的低功耗版本，基于 80386 DX，与 80386 SL 相似。

初期推出的 80386 DX 集成了大约 27.5 万个晶体管，主频为 12.5MHz。此后，80386 主频逐步提高到 20MHz、25MHz、33MHz 直至 40MHz。

2.3.2　80486 CPU

1. 80486 CPU 概述

几经变迁，Intel 公司推出了 80486 CPU，其内部通用寄存器、标志寄存器、指令寄存器、地址总线和外部数据总线都是 32 位的。与以前的 CPU 相比，80486 在性能上有了很大改进，主要表现在以下几点。

① 把浮点数字协处理器和一个 8KB 的高速缓存首次集成到 CPU 内部，减少了外部数据传输环节，大大提高了微型计算机的运行速度。

② 指令系统首次采用精简指令集计算机（Reduced Instruction Set Computer，RISC）设计思想，使 80486 既具有复杂指令集计算机（Complex Instruction Set Computer，CISC）类 CPU 的特点，又具有 RISC 类 CPU 的特点，采用该技术后，其核心指令在 1 个时钟周期内就可完成。

③ 在总线接口部件中设有突发式总线控制和缓存控制电路，支持突发式总线周期中从内存或外部缓存高速读取指令或数据。

④ 将 CPU 内部通用寄存器和专用寄存器扩展为 32 位。

这些改进使 80486 成为一款高性能的 32 位 CPU，对多任务处理及先进存储管理方式的支持更加完善、可靠。

2. 80486 基本结构

80486 基本结构如图 2-20 所示，与以往 CPU 比较，除某些功能有了进一步改进外，内部新增了浮点运算部件和高速缓存部件。前者用于完成协处理器的功能，后者用于存放 CPU 最近使用的程序和数据。当 CPU 要访问存储器时，先访问缓存部件，只有要访问的数据不在缓存内时，才去访问存储器。这一改进明显提高了 CPU 的访问速度。

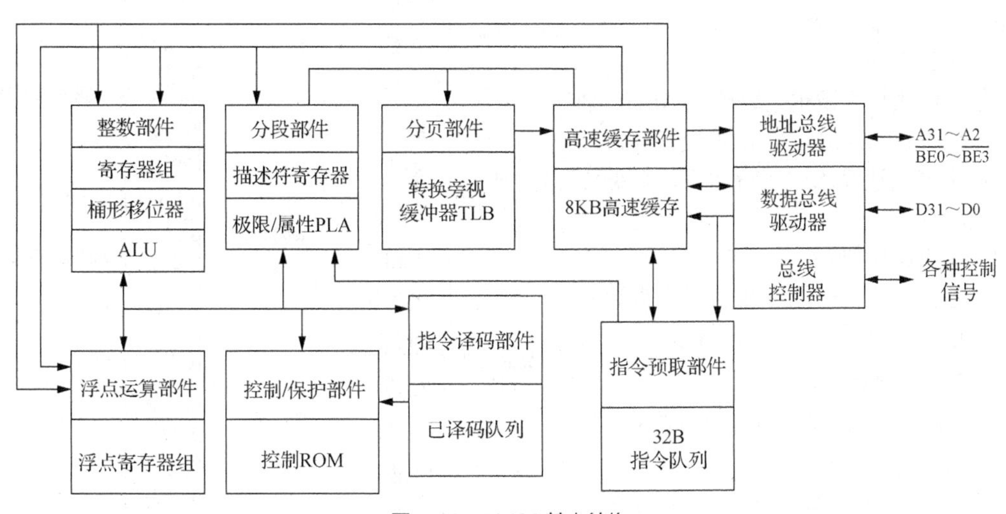

图 2-20　80486 基本结构

80486 由总线接口部件、指令预取部件、指令译码部件、控制/保护部件、算术与逻辑整数运算部件、浮点运算部件、分段部件、分页部件和 8KB 高速缓存部件等组成。

这些部件既可以独立工作，也可以并行工作。在取指令和执行指令时，每个部件完成一项任务或某一个操作步骤，这样既可以同时对不同的指令进行操作，又可以对同一指令的不同部分进行并行处理。各部件的功能如下。

（1）总线接口部件

总线接口部件是 CPU 与外部设备的通路，负责完成 CPU 与主存、外部设备等部件进行数据传送的任务。

（2）分段部件

在 80486 中设有 6 个 16 位段寄存器，用来实现对主存分段管理。在实地址方式下，用来存放段基址，其内容左移 4 位与偏移地址形成 20 位物理地址；在保护地址方式下，段寄存器作为选择器使用，用来存放选择符以指示相应的段描述符在其段描述表中的地址。分段部件通过段描述符把逻辑地址转换成 32 位线性地址。

（3）分页部件

分页部件是分段部件之后的下一级存储管理部件。若禁止分页，则线性地址就是物理地址；若允许分页，则由分页部件将线性地址转换成 32 位物理地址。通过分页管理，80486 可寻址 4GB 的物理地址内存空间。通过分段、分页管理可实现 64TB 虚拟存储器的映像管理。

（4）高速缓存部件

片内 8KB 高速缓存部件采用 4 路相连映像方式，用来存储待执行的程序数据，也就是作为外部主存储器的副本。它通过 16 位的总线与指令预取部件连接，使指令和数据的传输时间缩短。它通过 64 位数据线与整数部件、浮点运算部件和分段部件相连，并与外部设备采用突发式传输方式来提高数据传输速率。为了保持与主存的一致性，片内缓存部件采用“写贯穿”方式进行写入操作。

（5）指令预取部件

指令预取部件一次可从片内缓存部件取出 16 位指令代码，送入指令队列排队，等候执行。

（6）指令译码器

指令译码器从指令队列获取指令代码，并对其译码。而后由微程序控制器 ROM 输出代码序列，并控制该指令执行，同时由控制/保护部件进行保护检查。

（7）整数部件

整数部件由算术逻辑运算单元 ALU、桶形移位器和寄存器组成。ALU 中设有高速加法器，可实现高速算术或逻辑运算、数据传输等功能。

（8）浮点运算部件

浮点运算部件 FPU 可实现各种浮点数值运算、跨越/非跨越函数运算等功能。

3. 80486 引脚信号

80486 外部引脚分布如图 2-21 所示。

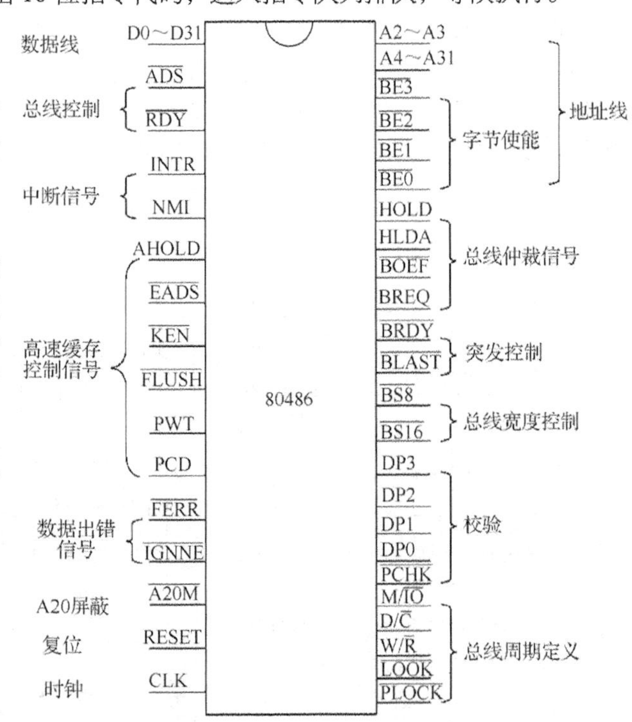

图 2-21　80486 外部引脚分布

（1）32 位数据总线

功能单一的 32 位数据总线（D31～D0），双向，三态。借助 $\overline{BS16}$、$\overline{BS8}$ 两个输入信号能够完成总线宽度控制，使数据总线可以用来传输 32 位、16 位、8 位 3 种宽度的数据。

（2）32 位地址总线

32 位地址总线（A31～A2，$\overline{BE3}$～$\overline{BE0}$），输出，三态。该总线提供物理存储器地址或 I/O 端口地址。80486 为了实现 32 位、16 位、8 位数据访问，设有 4 位允许输出信号 $\overline{BE3}$～$\overline{BE0}$，用来控制不同存储体的数据宽度。高 30 位地址线（A31～A2）与 4 位允许输出信号 $\overline{BE3}$～$\overline{BE0}$（4 位输出相对于 2 位地址线）形成 32 位地址总线。该信号由 80486 根据指令类型产生。低 2 位地址（A1 和 A0）没有相应的输出线。

（3）总线控制信号

$\overline{ADS}$：地址状态信号，输出，低电平有效，表示总线周期中地址信号有效。

$\overline{RDY}$：非突发式传送准备好信号，输入，低电平有效。当该信号有效时，表示存储器或 I/O 设备已经准备好数据输出。

（4）总线周期定义信号

它用来定义正在执行的总线周期类型。

W/$\overline{R}$：表示写/读周期。

D/$\overline{C}$：表示数据/控制周期。

M/$\overline{IO}$：表示访问存储器或 I/O 接口。

$\overline{LOCK}$：总线锁定信号，低电平有效，用来表示是锁定总线周期还是开启总线周期。

$\overline{PLOCK}$：伪总线锁定信号，低电平有效，表示现行总线的处理需要多个总线周期。

（5）总线宽度控制信号

$\overline{BS16}$：16 位总线宽度控制信号，输入，低电平有效。

$\overline{BS8}$：8 位总线宽度控制信号，输入，低电平有效。

（6）总线仲裁信号

HOLD：总线保持请求信号，输入，高电平有效。该信号有效时，表示 80486 以外的某些设备控制总线。

HLDA：总线保持相应信号，输出，高电平有效。该信号有效时，表示 80486 已经响应 HOLD 信号，并且让出总线控制权，进入总线保持状态。

$\overline{BOEF}$：总线占用信号，输入，低电平有效。该信号有效时，强制总线为高阻悬空状态。

BREQ：总线请求信号，输出，高电平有效。该信号有效时，表示 80486 需要一个总线周期。

（7）突发式总线控制信号

$\overline{BRDY}$：突发式传送准备好信号，输入，高电平有效。有效时可以进行突发式数据传送。

$\overline{BLAST}$：最后数据传送信号，输出，低电平有效。有效时表示正在进行本批数据的最后数据传送。

（8）中断信号

INTR：可屏蔽中断请求信号，输入，高电平有效。

NMI：非屏蔽中断请求信号，输入，高电平有效。

RESET：复位信号，输入，高电平有效。

（9）高速缓存控制信号

$\overline{KEN}$：缓存允许信号，输入，低电平有效。有效时表示可以将存储器中的数据复制到片内缓存中。

$\overline{FLUSH}$：缓存刷新信号，输入，低电平有效。用来通知 80486 将缓存内容全部清空。

AHOLD 及 $\overline{EADS}$：AHOLD 为地址保持信号，输入，低电平有效，修改主存内容后，发出该信号，使地址总线悬空至高阻态；$\overline{EADS}$ 为外部地址有效信号，输入，低电平有效，有效时表示地址线上已经有有效地址。

PWT 和 PCD：PWT 为页贯穿信号，输出，高电平有效，有效时，表示在修改缓存的同时将修改写回主存中的相应单元；PCD 为页式缓存禁止信号，输出，高电平有效。

（10）数据出错信号

$\overline{\text{FERR}}$：浮点数据出错处理信号，输出，低电平有效。

$\overline{\text{IGNNE}}$：忽略数值处理器出错信号，输入，低电平有效。

（11）奇偶校验信号

DP3～DP0：奇偶校验信号，双向。写数据时，系统会随之加入 4 个偶校验位 DP3～DP0，每个校验位对应数据总线的 1B；读数据时，系统也会对每个数据字节进行偶校验。

$\overline{\text{PCHK}}$：奇偶校验状态信号，输出，低电平有效。有效时，表示发生了奇偶校验错误。

（12）地址 A20 屏蔽信号

$\overline{\text{A20M}}$：地址 A20 屏蔽信号，输入，低电平有效。该信号只适用于实地址方式，有效时，80486 在总线上查找内部缓存或进入某存储周期之前屏蔽 A20。

4. 功能模式

（1）实地址方式

80486 在上电开机或复位时，被初始化为实地址方式。在此方式下，它和 8086 具有相同的存储空间和管理方式，最大寻址空间为 1MB，物理地址等于段地址左移 4 位与偏移地址相加所得的值。

（2）保护地址方式

80486 在保护地址方式下能支持 4GB 的物理内存空间及 64TB 的虚拟存储空间，使程序可在 64TB 的虚拟存储器中运行。在保护地址方式下，80486 先进的存储器管理部件及相应的辅助保护机构，为现代多任务操作系统的顺利运行提供了强大的硬件基础。

在保护地址方式下，80486 的基本结构保持不变，实地址方式下的寄存器结构、指令和寻址方式仍然有效。从程序员的角度看，保护地址方式和实地址方式的主要区别是地址空间和寻址机构不同。

在保护地址方式下，48 位的逻辑地址由 16 位的段选择子和 32 位的段内偏移量组成。与实地址方式不同的是，在保护地址方式下，某个段寄存器中的内容不是段基址。

为了加快由线性地址向物理地址的转换过程，80486 内置了一个页描述符高速缓冲存储器，也称为转换旁视缓冲器（Translate Look Side Buffers，TLB）。TLB 中存放着经常用到的线性地址的高 20 位及其对应的页表项。

（3）虚拟 8086 方式

80486 的虚拟 8086 方式是实地址方式和保护地址方式的结合。在虚拟 8086 方式下，80486 的段寄存器的用途与实地址方式的相同，并且允许执行以前 8086 的程序。在虚拟 8086 方式下执行 8086 应用程序时，可以充分利用 80486 的存储保护机制。

2.3.3 Pentium 系列 CPU

Pentium 系列 CPU 由 Intel 公司于 1993 年 3 月开始推出，根据生产的时间不同，可以分为 Pentium、Pentium Pro（高能奔腾）、Pentium MMX（多能奔腾）以及 Pentium Ⅱ、Pentium Ⅲ和 Pentium 4（简称 P4）等。

1. Pentium CPU 简介

Pentium CPU 在结构上比 80486 有较大的改进，内部采用 32 位结构，其内部寄存器仍然是 32 位，不过其 64 位的外部数据总线及 64 位、128 位、256 位宽度可变的内部数据通道使 Pentium 的内外数据传输能力增强很多。它的地址总线仍为 32 位，因此，物理寻址范围仍为 4GB。Pentium 内部采用了超标量流水线结构，拥有两个 ALU，能同时执行两条流水线，从而使 Pentium 在一个时钟周期内能执行两条指令。在软件方面，它兼容了 80486 的全部指令且有所扩充。

（1）Pentium 的组成

Pentium 的组成包括总线接口部件、分页部件、片内 16KB 缓冲存储器、浮点部件、控制部件、执行部件以及分支目标缓冲器等。Pentium 内部结构如图 2-22 所示。

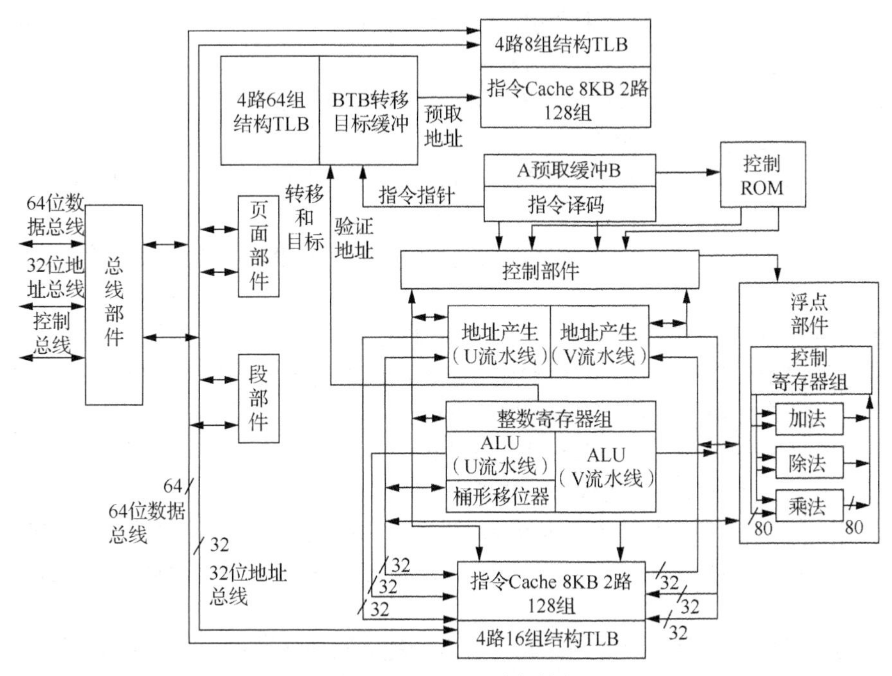

图 2-22　Pentium 内部结构

① 总线接口部件

它用于与外部系统总线的连接，以实现数据的高速传输。其中数据总线 64 位，地址总线 32 位。

② 分页部件

它用于实现主存分页管理等功能。

③ 片内缓存

16KB 的片内缓存分为两个 8KB 且相互独立的代码 Cache 和数据 Cache。代码 Cache 和数据 Cache 分开，可减少二者之间的冲突，提高命中率，从而提高系统的整体性能。

④ 控制部件

控制部件包括预取缓冲器、指令译码器、控制 ROM 及控制逻辑电路。它的功能是控制指令的预取、译码和执行。

⑤ 执行部件

执行部件主要由整数寄存器组、ALU 流水线、地址流水线和桶形移位器组成。它的功能是在控制部件的控制下执行指令序列。

⑥ 浮点部件

浮点部件在 80486 的基础上改进了很多，速度大大提高。

⑦ 分支目标缓冲器

分支目标缓冲器也称分支预知部件，用来判断程序各分支的走向，确定下一条指令能否并行执行。

（2）Pentium 的特点

Pentium 的特点如下。

① 超标量技术：Pentium 通过内置多条流水线同时执行多条指令。在 Pentium 中，它由 U 流水

线、V 流水线和一条浮点流水线组成。两条整数指令流水线结构独立，功能不尽相同。U 流水线既可以执行精简指令，也可以执行复杂指令，而 V 流水线只能执行精简指令。

② 超流水线技术：超流水线技术是通过细化流水、提高主频，使得在一个机器周期内能同时完成多个操作。Pentium 的每条整数流水线都分为四级流水，即指令预取、译码、执行、写回结果。而浮点流水线分为八级流水，前四级为指令预取、译码、执行、写回结果，后四级包括两级浮点操作、一级四舍五入与写回浮点运算结果、一级出错报告。

③ 分支预测：为了防止流水线断流，Pentium 内置了一个分支目标缓存器，用来动态预测程序分支转移情况，从而提高流水线的吞吐率。

④ 双缓存结构：Pentium 内有两个 8KB 的超高速缓存，可把指令和数据分开缓存，大大提高了搜寻的命中率。

⑤ 固化常用指令：在 Pentium 内用硬件来实现一些常用的指令，从而使指令的运行速度大大提高。

⑥ 增强的 64 位数据总线：Pentium 的内部总线采用 32 位，但与存储器之间的外部总线改为 64 位，提高了指令与数据的供给能力。它还使用了总线周期通道技术，能在一个周期完成之前就开始下一周期，从而为子系统争取更多的时间对地址进行译码。

⑦ 采用 PCI 标准局部总线：Pentium 采用先进的 PCI 标准局部总线，从而能够容纳更先进的硬件设计，支持多处理、多媒体以及大数据量的应用。

⑧ 错误检测及功能冗余校验技术：Pentium 具有内部错误检测功能和冗余校验功能，可在内部多处设置偶校验，以保证数据正确传送；通过双工系统的运算结果比较，判断系统是否出现异常操作，并报告错误。

⑨ 内建能源效率：当系统不工作时，自动进入低耗电的睡眠模式。只需毫秒级的时间系统就能恢复到全速状态。

⑩ 支持多重处理：多重处理指多 CPU 系统，它是高速并行处理技术中常用的体系结构之一。

（3）工作模式

一般说来，Pentium 有 3 种工作模式：实地址模式、保护虚地址模式和虚拟 8086 模式。

① 实地址模式

CPU 上电或复位时均处于实地址模式。在此模式下，CPU 的存储管理、中断控制以及应用程序的运行环境等都与 8086 的相同。在此模式下，高性能的 CPU 只相当于一个快速的 8086，只能处理 16 位数据。

② 保护虚地址模式

保护虚地址模式简称保护模式。所谓“保护”，是指 CPU 进行多任务操作时，对不同任务使用的虚拟存储器空间进行完全隔离，以保护每个任务顺利执行。

保护模式是 80286 以上的 CPU 常用的工作模式。在保护模式下，存储器空间采用逻辑地址、线性地址和物理地址进行描述。逻辑地址就是通常所说的虚拟地址，它是应用程序所使用的地址，不能直接映射到存储器空间。为此，必须把逻辑地址变为线性地址，才有可能对存储空间进行访问。

③ 虚拟 8086 模式

虚拟 8086 模式是保护模式下的一种工作模式，简称虚拟 86 模式。在虚拟 86 模式下，CPU 类似 8086，可寻址的地址空间是 1MB；段寄存器的内容作为段地址解释，20 位存储单元地址由段地址乘 16 加偏移量构成。在虚拟 86 模式下，代码段总是可写的，这与实地址模式相同。同理，数据段也是可执行的，只不过可能会发生异常。因此，在虚拟 86 模式下，可以运行 DOS 及以其为平台的软件。但虚拟 86 模式毕竟是虚拟 8086 的一种模式，因此不完全等同于 8086。

8086 程序可以直接在虚拟 86 模式下运行，而虚拟 86 模式受到被称为虚拟 86 监控程序的控制。

虚拟 86 监控程序和在虚拟 86 模式下的 8086 程序构成的任务被称为虚拟 8086 任务，或者简称虚拟 86 任务。虚拟 86 任务形成一个由 CPU 硬件和属于系统软件的监控程序组成的“虚拟 8086 机”。虚拟 86 监控程序控制虚拟 86 外部界面、中断和 I/O。硬件提供该任务最底端 1MB 线性地址空间的虚拟存储空间，包含虚拟寄存器的 TSS，并执行处理这些寄存器和地址空间的指令。

CPU 把虚拟 86 任务作为与其他任务具有同等地位的任务。它可以支持多个虚拟 86 任务，每个虚拟 86 任务是相对独立的。因此，通过虚拟 86 模式运行 8086 程序可充分发挥 CPU 的能力和充分利用系统资源。

2. Pentium 4 CPU 简介

2000 年，Intel 公司推出了 IA-32 结构的 Pentium 4 CPU。Pentium 4 在结构设计上没有沿用 Pentium Ⅲ的架构，而采用了全新的设计理念，包括等效于 400MHz 的前端总线（100×4）、SSE2 指令集、256～512KB 的二级缓存、全新的超管线技术及 NetBurst 架构等技术。

Pentium 4 集成了约 4200 万个晶体管，改进版的 Pentium 4 更是集成了高达约 5500 万个晶体管，并且开始采用 0.18μm 技术进行制造，初始频率达到 1.5GHz。

第一代 Pentium 4 采用 Willamette 内核，采用 Socket 423 插座，集成 256KB 二级缓存，支持更强大的 SSE2 指令集，多达 20 级的超标量流水线，搭配 i850/i845 系列芯片组，这使 CPU 的性能大幅度提高。随后，Intel 公司陆续推出了 1.4～2.0GHz 的 CPU，但后期的 CPU 均使用了引脚更多的 Socket 478 插座。

第二代 Pentium 4 采用 Northwood 内核，采用更精细的 0.13μm 技术，集成 512KB 二级缓存，主频超过 3GHz，性能有了大幅提高。其后，Intel 公司不断改进系统总线技术，推出了 FSB533、FSB800 的规格，且该 CPU 支持双通道 DDR 技术，使内存与 CPU 的传输速度得到很大的提高。加上 Intel 公司的推广和主板芯片厂家的支持，Pentium 4 成为当时很受欢迎的中高端 CPU。

Pentium 4 还提供了 SSE2 指令集，这套指令集增加了 144 个全新的指令。例如，进行 128 位数据压缩时，在 SSE 指令集上执行，仅能以 4 个单精度浮点值的形式处理，而在 SSE2 指令集上执行，能采用多种数据结构处理，即 4 个单精度浮点数（SSE）可对应 2 个双精度浮点数（SSE2），对应 16 字节（SSE2），对应 8 个字，对应 4 个双字数（SSE2），对应 2 个四字数（SSE2），对应 1 个 128 位长的整数（SSE2）等。

用户使用基于 Pentium 4 的计算机，可以创建具有专业品质的影片，通过因特网传递电视品质的影像，实时进行语音、影像通信、实时 3D 渲染及快速进行 MP3 编码解码运算，在连接因特网时运行多个多媒体软件等。

Pentium 4 还引入了 NetBurst 架构，该架构的优点如下。

① 较快的系统总线。

② 高级传输缓存。

③ 高级动态执行：包含执行追踪缓存、高级分支预测。

④ 超长管道处理技术。

⑤ 快速执行引擎。

⑥ 高级浮点及多媒体指令集（SSE2）。

2.4　64 位 CPU 的结构与特点

64 位 CPU 是指 CPU 处理一次数据的宽度为 64 位，且具有 64 位的指令集。

随着计算机技术的飞速发展和市场需求，21 世纪初，Intel 公司推出采用 IA-64 结构的 Itanium（安腾）CPU 和与 IA-32 指令集兼容的 64 位 CPU 体系结构 EM64T，AMD 公司也推出了采用 x86-64

结构的 64 位 CPU。

2.4.1 EM64T 与 x86-64 CPU 体系

EM64T 和 x86-64 都是 IA-32 的增强版本，可实现 1TB（40bit）的物理内存寻址和 256TB（48bit）的虚拟内存寻址，并且通过 64 位扩展指令来实现兼容 32 位和 64 位的运算，支持现有 32 位 x86 代码的执行。

EM64T 和 x86-64 的设计本质仍是基于 32 位的 x86 指令集的，继续保持对 32 位代码的良好兼容，只是 Intel 和 AMD 公司分别采用不同的技术手段对 x86 指令集进行扩展，从而实现对 64 位的支持。

EM64T 和 x86-64 要同时运行 32 位及 64 位程序，会针对不同的需要运行于不同的操作模式，因此引入传统模式、兼容模式和纯 64 位模式的切换。

① 在传统模式下，64 位 CPU 能没有障碍地执行现有的 32 位和 16 位程序，实际上就是 32 位“x86 时代”的 IA-32 模式，此时现有 x86 程序无须做任何改变，与 32 位环境没有差别。

② 在兼容模式下，允许 64 位操作系统良好地运行 32 位和 16 位程序，此时 32 位程序无须重编译即可以在保护模式下运行，而 16 位程序要依赖于操作系统和驱动程序是否支持保护模式，情况类似32位环境下的IA-32虚拟实模式。与传统模式相同，兼容模式允许程序利用物理内存扩展实现64GB 的物理内存寻址，但这并非纯 64 位模式的准 64 位寻址。

③ 在纯 64 位模式下，需要纯 64 位环境的支持，包括 64 位操作系统和 64 位应用程序。在 64 位操作系统和相应驱动程序的支持下，系统和应用程序能够访问 EM64T 所支持的最大容量的扩展内存，这时 CPU 平台的性能可得到充分发挥，当然针对运行于此模式下的程序，需要修改其微代码以便支持 64 位指令操作。

无论是 EM64T 还是 x86-64，均只能实现比 32 位指令集更大内存空间的寻址，而无法真正实现纯 64 位指令集的 1PB（50bit）和 16EB（64bit）的物理内存寻址及虚拟内存寻址。

2.4.2 Itanium CPU 简介

2000 年，Intel 公司推出 64 位的 Itanium CPU。Itanium 是与以往其他 CPU 完全不同的 64 位 CPU，具有全新的结构，其核心技术是显式并行指令计算（Explicitly Parallel Instruction Computing，EPIC）。EPIC 主要包括断定执行、推测装入、高级装入等关键技术。在硬件支持下，EPIC 使用新型指令集，采用全新设计的编译器实现显式并行计算。

Itanium 是构建在 IA-64（Intel Architecture 64）上的，IA-64 与 x86 不同，它专门用于高端企业级 64 位计算环境中，用于对抗基于 IBM Power、HP PA-RISC、SUN UltraSparc-Ⅲ及 DEC Alpha 的服务器。64 位只是 Itanium 的一个技术特征，对应的是高端企业市场。但是经过 20 多年的努力，Itanium 始终无法形成足够的市场影响力，2021 年 7 月，Intel 公司停止 Itanium 发货。

（1）Itanium

Itanium 是 Intel 公司 64 位 CPU 家族的第一位成员，它可使客户以更经济的成本（相比专用技术而言）获得针对高端 64 位服务器和工作站的更广泛的平台和应用选择。基于 Itanium 的系统通过诸多产品和体系结构的创新，能够为客户提供一流的性能和可靠性。

Itanium 的显式并行指令计算设计，在万亿字节数据（Terabytes of Data）处理、高速安全在线购物和交易及复杂计算处理方面都取得了突破性成果。这些特性能够满足数据通信、存储、分析和安全等日益增长的需求，同时与专有的产品相比，它具有更高的性价比、可扩充性和可靠性。Itanium 的应用领域包括大型数据库、数据挖掘、电子商务安全处理、计算机辅助设计、机械工程及高性能科学计算等。

与专用 RISC 系统相比，基于 Itanium 系统的性能可提升 12 倍。Itanium 的体系结构还包括独特的可靠性设计，它是通过增强机器校验架构（Enhanced Machine Check Architecture，EMCA）来实现的，可以进行错误的检测、修改和记录，还具有错误修改指令（Error-Correcting Code，ECC）和奇偶校验的特性。Itanium 具有 2MB 或 4MB 的三级高速缓存，主频为 800MHz。

（2）Itanium 2

2002 年，Itanium 2 诞生，支持 32 位 Intel 架构（即 IA-32）应用。它可以提供比原有 Itanium 高出 30%～50%的性能，具有大量执行资源，主频为 1.5GHz。

Itanium 2 得到了广泛的技术支持，这些支持包括由 40 多家硬件厂商制定的可扩充的开放标准 64 位解决方案，如 Windows Server、HP-UX 和 Linux 等操作系统，以及数百种应用和工具。此外，Itanium 2 还为现有的 Intel Itanium 架构软件提供了出色的二进制兼容性，进而可使用户获得强大的投资保护。

此架构提供 128 个整数寄存器、128 个浮点数寄存器、64 个单比特预测器与 8 个分支寄存器。浮点数寄存器的长度高达 82bit，能够提供精确的运算结果。带有 9MB 三级高速缓存的 Itanium 2 具有出色的并行计算能力、可扩充性和可靠性，全面支持数据库、企业资源规划、供应链管理、业务智能以及诸如高性能计算等其他数据密集型应用。

Itanium 总线的速度会因新 CPU 的发布而显著提升。总线在每个周期传输 2×128bit，200MHz 总线的传输速率可达 6.4 GB/s，而 533MHz 总线的传输速率可达 17.056 GB/s。

2.5　多核微处理器简介

多核微处理器（Multi-Core Microprocessor）也就是多核 CPU，是将多个处理器核心集成在同一个芯片上，整个芯片作为一个统一的结构对外提供服务。

多核 CPU 是单枚芯片（也称为“硅核”），能够直接插入单一的 CPU 插槽中，但操作系统会利用所有相关的资源，将每个执行内核作为分立的逻辑处理器。通过在两个执行内核之间划分任务，多核 CPU 可在特定的时钟周期内执行更多任务。多核架构能够使软件更出色地运行，并创建一个促进未来的软件编写更趋完善的架构。多核 CPU 技术已成为 CPU 应用技术的主流，广泛应用于笔记本电脑、服务器、移动装置等领域。

下面以 Intel 公司的 Core i7（酷睿 i7）为例介绍多核 CPU。

Core i7 是 Intel 公司于 2008 年发布的 64 位四核 CPU，沿用 x86-64 指令集，并以 Intel Nehalem 微架构为基础，取代 Intel Core 2 系列 CPU。

Core i7 是面向中高端用户的 CPU 系列产品，性能卓越且价格更容易被接受。Core i7 发展至今，已经经历了 12 代，包括多款子系列 CPU。

目前最新的 12 代 Core i7，拥有 8 大核（性能核，主攻单核性能）+ 4 小核（效能核，主攻多线程优化）的设计，共有 12 个核心和 20 个线程，性能核最高频率达 5.0GHz，效能核最高频率为 3.8GHz，配备 25MB 三级高速缓存，如图 2-23 所示。

图 2-23　Core i7

2.6　习题

1. 填空题

（1）8086/8088 主要由________、________两大部件组成。

（2）8086 的地址总线为________位，可直接寻址空间为________字节。

（3）在总线周期，8086 与外设需交换________、________、________。

（4）8086 用__________和__________引脚信号来确定是访问内存还是访问外设。

（5）8086 用__________和__________引脚信号来确定是写操作还是读操作。

（6）8086 用__________和__________引脚信号来确定当前操作是读存储器数据。

（7）8086 用__________和__________引脚信号来确定当前操作是写存储器数据。

（8）8086 用__________和__________引脚信号来确定当前操作是写入外部设备端口数据。

（9）8086 用__________和__________引脚信号来确定当前操作是读取外部设备端口数据。

（10）8086 引脚 AD15～AD0 称为____________线，其功能为________________。

（11）8086 引脚 ALE 的作用是__________。

（12）数据段、代码段、堆栈段及附加段地址分别存放在______、_______、_________及________中；段内地址可以由_______、_________、_________提供。

（13）逻辑地址是指__________，物理地址是指__________。

（14）逻辑地址为 2000H:1200H，段地址为________，有效地址为________，物理地址为_________。

（15）一个数据的有效地址是 2140H、(DS)=1016H，则该数据所在内存单元的物理地址为________。

（16）执行当前指令所在的存储段为_______，偏移地址为________，物理地址为_________。

（17）引脚 DT/$\overline{\text{R}}$ 在低电平时，表示总线周期为_______，在接有数据总线收发器的系统中，用来控制数据的传输方向。

（18）当 8086 主频为 5MHz 时，其总线周期___________。

（19）常见的基本操作时序有________、_________、_________、__________及____________。

（20）系统中的地址锁存器利用 ALE 脉冲的_______沿来锁存 20 位地址信息及 $\overline{\text{BHE}}$。

（21）地址总线的作用是____________，控制总线的作用是______________，数据总线的作用是____________。

（22）Pentium、Pentium Pro、Pentium MMX 这 3 种 CPU 的中文名分别是________、________、_________。

（23）80486 和 Pentium 为_____位 CPU，内部通用寄存器都是______位，这些寄存器的低 16 位和_________通用寄存器兼容使用，其中_____________寄存器也可以分别作为两个 8 位寄存器使用。

（24）Pentium 有 3 种工作模式：_________、__________、____________。

（25）Pentium 内部采用了__________结构，拥有______ALU，能同时执行______流水线，使 Pentium 在一个时钟周期内能完成_____指令。在软件方面，它兼容了_________的全部指令且有所扩充。

（26）微型计算机中，CPU 反复执行的基本操作是________、_________、________。

2. 问答题

（1）8086 由哪两部分组成？它们的主要功能分别是什么？

（2）8086 有哪些寄存器？其主要作用分别是什么？

（3）举例简述 CPU 执行程序（指令）的工作过程。

（4）状态标志位和控制标志位有何不同？8086/8088 的状态标志位和控制标志位有哪些？

（5）在 8086/8088 系统中，何为分时复用总线？其优点何在？试举例说明。

（6）什么是时钟周期、总线周期、指令周期？它们之间有什么关系？

（7）试比较读总线周期和写总线周期的差别。

（8）80x86 相对于 8086 来说有哪些主要变化？

（9）Pentium 的特点是什么？

（10）Pentium 的虚拟 8086 模式的含义是什么？

03 第 3 章　微型计算机指令系统

指令是计算机完成某一特定操作的命令，指令系统是 CPU 能够识别并执行的全部指令的集合。计算机所进行的全部操作都是执行程序的结果，而程序是一条条指令的有序集合。指令系统是 CPU 功能的具体体现，也是学习 CPU 工作原理及过程的重要内容。

本章从应用的角度出发，重点介绍 8086 CPU 的指令系统、指令的寻址方式、应用示例及汇编指令 EMU8086 仿真调试。在此基础上，介绍 80x86 指令系统的寻址方式及扩展指令。

3.1　8086 指令及寻址方式

3.1.1　指令及指令系统

计算机处理的各种问题，都必须转换为计算机能够识别和执行的操作命令，将这些命令用计算机与程序设计员都能识别的信息表示出来，就称为指令。

1. 机器指令和汇编指令

在计算机系统中，指令一般有机器指令和汇编指令两种形式。

（1）机器指令

机器指令是以二进制代码的形式表示的，也称目标代码。机器指令在设计 CPU 时由其硬件电路根据输入逻辑电平（高电平为“1”，低电平为“0”）所实现的功能定义。因此，CPU 能够直接执行机器指令，执行速度最快。但是，机器指令在使用时非常烦琐、费时，且不易阅读和记忆。

（2）汇编指令

汇编指令是在机器指令的基础上，用英文单词或英文单词缩写及数字等符号表示的机器指令。汇编指令实际上是符号化的机器指令，一条汇编指令必有一条机器指令与之对应。由于汇编指令既具有易读、便于记忆、编程方便等优点，又具有机器指令的功能，因此，通过汇编指令学习指令系统既方便又实用。但是，用助记符号表示的汇编指令，CPU 是不能直接识别和执行的，汇编指令必须经汇编程序的汇编（翻译），转换为机器指令，CPU 才能执行。

2. 指令系统

CPU 的主要功能必须通过它的指令系统来实现。每条指令的功能与 CPU 的一种基本操作相对应，计算机所做的全部工作都必须转换为与之对应的指令序列交由 CPU 执行。不同系列的 CPU 有不同的指令系统，但是指令的基本格式、操作数的寻址及指令功能具有共同的特征。

必须认识到，指令系统中的命令是离 CPU 最近的命令，也称为低层命令或低层软件，采用任何计算机语言编写的任何程序都必须转换为指令系统中相应机器指令代码的有序集合，CPU 才能执行。

3. 指令格式

（1）机器指令格式

机器指令一般由操作码（指令助记符）和操作数两部分组成，其基本格式如图 3-1 所示。

操作码	操作数

图 3-1　机器指令的基本格式

操作码用来指示指令所要完成的操作，操作数指示指令执行过程中所需要的数据。

在计算机中，任何信息都是以数据形式存储的，因此，实现指令功能的主要方式就是对数据的处理。只有一个操作数的指令称为单操作数指令。有两个操作数的指令，一个称为源操作数，另一个称为目的操作数。而有些指令可以没有操作数。

（2）汇编指令格式

汇编指令由以下几个部分组成：

```
[标号：]  操作码 [目的操作数] [,源操作数] [;注释]
```

例如：

```
LOOP:  MOV  AL, 20H ; A←20H
```

其中，[ ]中的项表示可选项。

标号：又称指令地址符号，一般由 1～6 个字符组成，标号是以字母开头的字母-数字串，它与操作码之间用英文冒号分隔。

操作码：由助记符表示的指令要完成的操作功能，任何指令都必须具有操作码。

操作数：指参加操作的数据或数据的地址。操作数与操作码之间必须用空格分隔，操作数与操作数之间必须用英文逗号分隔。

注释：为该条指令所做的说明，以便于阅读，注释部分不产生目标代码。

操作码是指令的核心，不可缺少。其他几项（方括号内的）根据指令、程序的要求不同为可选项。

在指令系统中，指令功能不同，操作数的个数也不同。指令可以分为双操作数指令、单操作数指令和无操作数指令。

传送类指令大多有两个操作数，写在前面的称为目的操作数（表示操作结果存放的寄存器或存储器单元地址），写在后面的称为源操作数（指出操作数的来源）。

例如：

```
MOV  AX,  1234H         ;双操作数传送指令
INC  SI                 ;单操作数加 1 指令
HLT                     ;无操作数暂停指令
```

3.1.2　指令中的操作数

计算机对任何问题的处理都可以归结为对数据的处理，指令在执行过程中所需要操作的数据称为操作数。

在 8086 指令系统中，操作数分为两大类：数据操作数和转移地址操作数。

1. 数据操作数

数据操作数是计算机需要处理的真实数据。根据在计算机中的存放位置，数据操作数可分为以下 4 种。

（1）立即数操作数

立即数操作数（简称立即数）是指指令中要处理的数据就在指令中（一般为多字节指令），其存

放位置在指令操作码的下一个存储单元，CPU 对立即数的处理速度最快。

（2）寄存器操作数

寄存器操作数是指指令中要处理的中间数据临时存放在 CPU 内部的寄存器中，这样可以提高计算机处理数据的速度。

（3）存储器操作数

存储器操作数是指指令中要处理的数据存放在指定的存储器中。

（4）输入、输出操作数

输入操作数是指输入指令中由指定输入设备端口提供的数据，输出操作数是指输出指令中传送给输出设备端口的数据。

2. 转移地址操作数

转移地址操作数是转移指令操作的数据，该数据用来表示地址。转移地址操作数决定了 CPU 执行下一条指令要转移的地址或相对地址。

3.1.3　8086 数据寻址方式

寻址方式是指指令中寻找或获得操作数的方式，可由不同的寻址方式指定需要传送或运算的操作数或操作数的地址。寻址方式是指令系统中最重要的内容之一，寻址方式越多样，计算机处理问题的功能越强，灵活性越大。

8086 数据操作数的寻址方式有以下 5 种类型。

1. 立即寻址

立即寻址是指操作数直接存放在指令中，即操作数就存放在操作码之后的存储单元中。这种操作数称为立即数。立即数可以是 8 位或 16 位。对于 16 位立即数，低字节存放在低地址单元，高字节存放在高地址单元，即低位在前，高位在后。80386 以上的 CPU，其立即数可为 32 位。立即寻址方式常用于程序中需要寄存器处理的数据，可以给寄存器赋初值。立即寻址只能作源操作数，不能作目的操作数。

① 8 位立即数只能传送给 8 位寄存器和字节存储单元。

例如：

```
MOV AL,23H          ;执行后，(AL)=23H，立即数 23H 作为源操作数赋给寄存器 AL
MOV BH,0FFH         ;执行后，(BH)=0FFH，立即数 0FFH 作为源操作数赋给寄存器 BH
```

② 16 位立即数只能传送给 16 位寄存器和字存储单元。

例如：

```
MOV AX,1234H        ;执行后，立即数 1234H 作为源操作数赋给寄存器 AX
                    ; (AH)=12H，(AL)=34H
```

该指令的执行过程如图 3-2 所示。

该指令的机器码为“B8H 34H 12H”，指令第 1 字节为操作码“B8H”，第 2、3 字节为 16 位立即数“34H”“12H”。

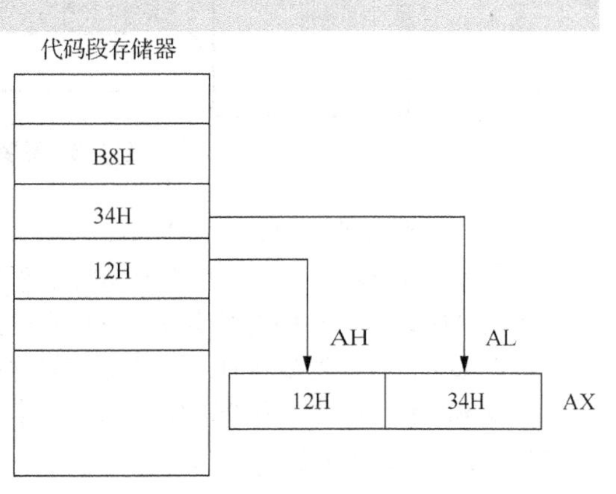

图 3-2　16 位立即数寻址方式的执行过程

2. 寄存器寻址

寄存器寻址是指操作数就在 8 位或 16 位通用寄存器中。例如：

```
MOV AL,CL           ; 8 位寄存器 CL 的内容为源操作数传送给目的寄存器 AL，即 AL←(CL)
MOV AX,BX           ; 16 位寄存器 BX 的内容为源操作数传送给目的寄存器 AX，即 AX←(BX)
```

CPU 执行指令时，用立即寻址方式和寄存器寻址方式寻找操作数的操作均在 CPU 内进行，因此，执行速度较快。

3. 存储器寻址

存储器寻址是指操作数就在存储器的数据区中。

当 CPU 需要访问某一存储单元时，应首先确定段地址，然后根据指令中提供的偏移量形成物理地址，才能对它进行读/写操作。偏移量可以直接在指令中给出，也可以间接通过其他方式经汇编程序对其汇编（计算）实现。通常，经过计算得到的段内偏移量称为有效地址（Effective Address，EA）。

8086 的存储器寻址方式如下。

（1）直接寻址

直接寻址是指存储器操作数的有效地址在指令中，通过指令中提供的地址寻找操作数。操作数的有效地址以 8 位、16 位偏移量的形式作为指令的一部分，与操作码一起存放在代码段中。直接寻址时，操作数的段基址默认为 DS（即数据段）。该操作数在存储器中的物理地址为操作数所在段的数据段寄存器 DS 的内容左移 4 位再加上有效地址 EA。

物理地址=(DS)×10H+EA

直接寻址所确定的物理地址可以是字节数据单元，也可以是字数据单元，可根据目标寄存器的位数确定。

例如，直接寻址字节单元。

```
MOV  AL, [1234H]        ; 1234H 为源操作数字节存储单元的偏移量
```

该指令中，为了与立即数区别，地址码前后加方括号。由于目标寄存器 AL 为 8 位数据，因此，源操作数也必须为 8 位数据。假设数据段寄存器 DS 的内容为 2000H，则源操作数的物理地址为 2000H×10H+1234H=21234H，执行过程如图 3-3 所示。执行结果为：(AL)=68H。

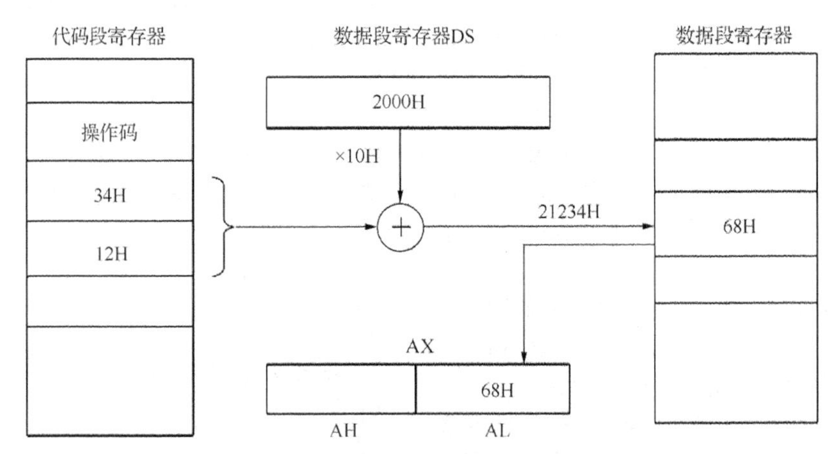

图 3-3 直接寻址字节单元执行过程

例如，直接寻址字单元。

```
MOV  AX, [1234H]        ; 1234H 为源操作数字存储单元的偏移量
```

该指令中，由于目标寄存器 AX 为 16 位数据，因此，源操作数也必须为 16 位数据。假设数据段寄存器 DS 的内容为 2000H，则源操作数的物理地址为 2000H×10H+1234H= 21234H，源操作数存放在 21234H 和 21235H 两个连续存储单元中（低位在前，高位在后），执行过程如图 3-4 所示。执行结果为：(AX)=9F68H。

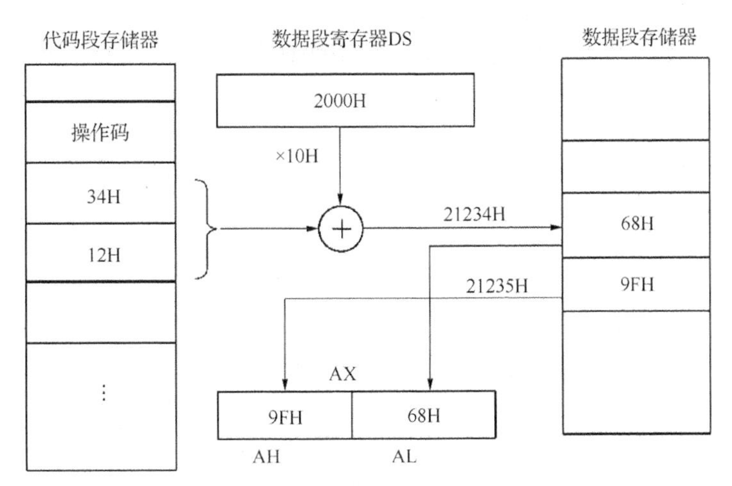

图 3-4　直接寻址字单元执行过程

若要对代码段、堆栈段或附加段中的数据进行直接寻址，应在指令中增加段跨越前缀。

例如，段跨越直接寻址。

```
MOV  AX, ES:[2000H]  ; 把附加段段内地址为 2000H 单元的内容传送给 AX
```

该操作数在存储器中的物理地址为附加段寄存器的内容左移 4 位再加上有效地址 EA，即物理地址为(ES)×10H+EA。

假设附加段寄存器的内容为 3000H，则源操作数的物理地址为：

$$3000H×10H+2000H=32000H$$

在汇编语言指令中，直接寻址的操作数可以用伪指令定义的变量形式给出，该变量称为符号地址。

例如，符号地址直接寻址。

```
DATA  DB  36H          ; 伪指令定义存储器字节变量 DATA 单元的内容为 36H
MOV   AL, DATA         ; 表示把变量名为 DATA 的存储单元数据 36H 送到寄存器 AL
```

或

```
MOV   AL, [DATA]       ;与上一条指令的功能完全等价
```

（2）寄存器间接寻址

寄存器间接寻址是指存储器操作数的有效地址在寄存器中。

在寄存器间接寻址方式中，使用基址寄存器 BP 进行间接寻址时，操作数的段地址为 SS（即堆栈段），而使用其他寄存器进行间接寻址时，操作数的段地址一律默认为 DS（即数据段）。所在的段内有效地址必须存放在 16 位寄存器中，这些寄存器可以是：

- 基址寄存器 BX 或 BP；
- 变址寄存器 SI 或 DI；
- 一个基址寄存器和一个变址寄存器中的内容之和。

若单独使用基址寄存器或变址寄存器，则分别称为基址寄存器寻址或变址寄存器寻址；若同时使用基址寄存器和变址寄存器，则称为基址加变址寄存器寻址。

寄存器间接寻址有以下形式。

① 基址寄存器寻址。

例如：

```
MOV  AX, [BX] ; 基址寻址，将 BX 的内容作为地址的存储单元数据送入 AX，即 AX←((BX))
```

该指令中，由于目标寄存器 AX 为 16 位数据，因此，源操作数也必须为 16 位数据。

假设数据段寄存器 DS 的内容为 2000H，BX 的内容为 1000H，则源操作数的物理地址为 2000H×10H+1000H=21000H，源操作数存放在 21000H 和 21001H 两个连续存储单元中。执行过程如图 3-5 所示。

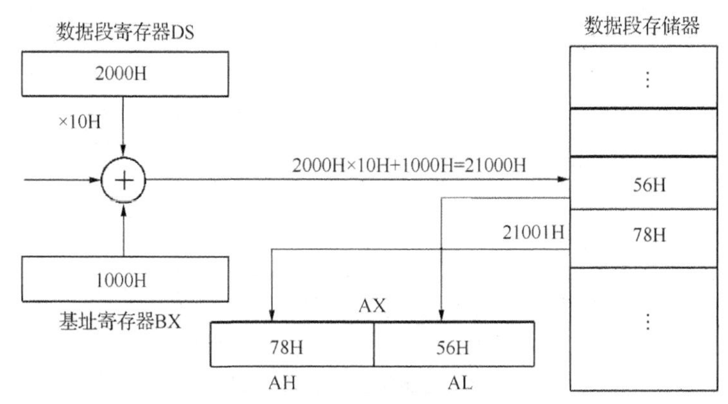

图 3-5　寄存器间接寻址字单元（DS）执行过程

执行结果为：(AX)=7856H。

例如：

```
MOV  AX, [BP]       ;基址寻址，将 BP 的内容作为地址的存储单元数据送入 AX，即 AX←((BP))
```

该指令中，由于目标寄存器 AX 为 16 位数据，因此，源操作数也必须为 16 位数据。基址寄存器 BP 间接寻址时操作数所在的段为堆栈段 SS，假设堆栈段寄存器 SS 的内容为 3000H，BP 的内容为 2000H，则源操作数的物理地址为 3000H×10H+2000H=32000H，源操作数存放在 32000H 和 32001H 两个连续存储单元中。执行过程如图 3-6 所示。

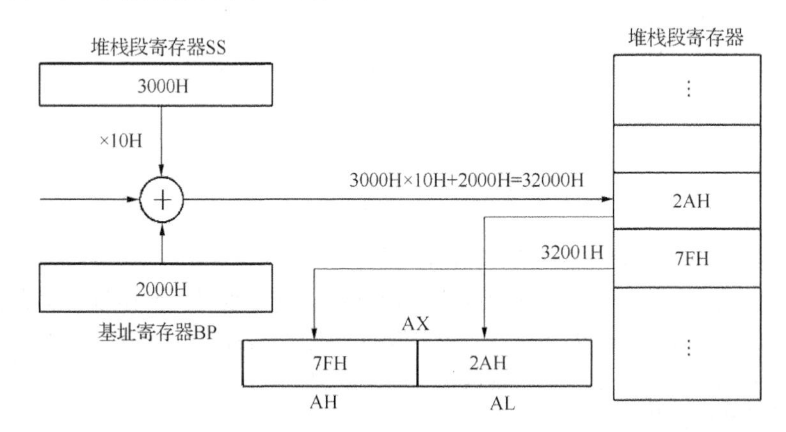

图 3-6　寄存器间接寻址字单元（SS）执行过程

执行结果为：(AX)=7F2AH。

② 变址寄存器寻址。

例如：

```
MOV  AX, [SI]       ; 变址寻址，将 SI 的内容作为地址的存储单元数据送入 AX，即 AX←((SI))
MOV  AX, [DI]       ; 变址寻址，将 DI 的内容作为地址的存储单元数据送入 AX，即 AX←((DI))
```

该指令中，假设数据段寄存器 DS 的内容为 2000H，DI 的内容为 2000H，则源操作数的物理地址为：

$$2000H\times10H+2000H=22000H$$

源操作数存放在 22000H 和 22001H 两个连续的存储单元中。

③ 基址加变址寄存器寻址。

例如：

```
MOV  AX, [BX][SI]        ;基址加变址寄存器寻址，AX←((BX)+(SI))
```

或

```
MOV  AX,[BX+SI]
```

以上两条指令完全等价。假设数据段寄存器 DS 的内容为 2000H，BX 的内容为 1000H，SI 的内容为 200H，则源操作数的物理地址为：

2000H×10H+(1000H+200H)=21200H

源操作数存放在 21200H 和 21201H 两个连续的存储单元中。

在使用寄存器间接寻址时，必须注意以下问题。

① 基址加变址的寻址方式中，只能是基址寄存器和变址寄存器相加，而不能是两个基址寄存器相加或两个变址寄存器相加。

例如，指令 MOV AX,[SI][DI] 是错误的。

对于 80386 以上 32 位 CPU 的寻址方式，由于基址寄存器和变址寄存器已经不局限于 BX 和 BP，因此，下面指令所示的寻址方式是合法的。

```
MOV  DX, [EBX+EBP]
```

② 若以 BP、SP 为基址进行间接寻址，默认（约定）的段基址在 SS 中；而采用其他通用寄存器作为基址进行间接寻址时，默认的段基址在 DS 中。

③ 可以采用加段跨越前缀的方法对其他段进行寻址。

表 3-1 给出了在存储器操作数进行寻址时存储器存取约定段及段超越的要求和关系。

表 3–1　存储器存取约定段及段超越的要求和关系

存储器存取方式	约定段	可超越使用段	偏移量
取指令	代码段 CS	无	IP
堆栈操作	堆栈段 SS	无	SP
串操作中源字符串	数据段 DS	CS/ES/SS	SI
串操作中目的字符串	附加段 ES	无	DI
使用 BP 作基址	堆栈段 SS	CS/ES/DS	有效地址 EA
通用寄存器间接寻址/直接寻址	数据段 DS	CS/ES/SS	有效地址 EA

由表 3-1 可以看出，取指令时约定段必须为代码段 CS，段内偏移量指定为指令指针寄存器 IP；进行通用数据读写操作时，约定段为数据段 DS，但允许使用段跨越前缀选择代码段 CS 或堆栈段 SS 或附加段 ES。

【例 3-1】 执行 MOV AX, [BX] 后，AX 的内容是什么？

设(DS)=2000H，(BX)=1000H，(21000H)=3412H，则源操作数的物理地址为：

(DS) ×10H+(BX)=2000H×10H+1000H

=20000H+1000H

=21000H（字地址）

指令执行后，(AX)=3412H。

（3）寄存器相对寻址

寄存器相对寻址是指存储器操作数的有效地址为寄存器的内容与偏移量之和。在这种寻址方式中，存储器操作数的有效地址可以是基址寄存器或变址寄存器的内容与指令中指定的偏移量之和，分别称为基址相对寻址或变址相对寻址；也可以是基址寄存器加变址寄存器的相对寻址。

例如：

```
MOV  AX, [BX+64H]        ; 基址相对寻址，AX←((BX)+64H)
```

或

```
MOV  AX, 64H[BX]
```

以上两条指令完全等价。该指令中，假设数据段寄存器 DS 的内容为 2000H，BX 的内容为 1000H，偏移量为 64H，则源操作数的物理地址为 2000H×10H+1000H+64H=21064H，操作数存放在 21064H 和 21065H 两个连续的存储单元中，执行过程如图 3-7 所示。

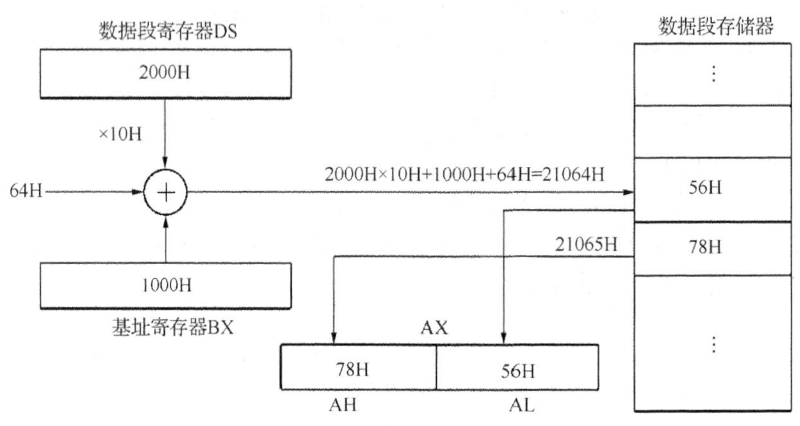

图 3-7　基址相对寻址字单元（DS 段）执行过程

执行结果为：(AX)=7856H。

例如：

```
MOV   AX,  [SI+16H]          ;变址相对寻址
```

或

```
MOV   AX,  16H[SI]
```

以上两条指令完全等价。

例如：

```
MOV   AX, [BX+SI+16H]        ;基址加变址的相对寻址
```

或

```
MOV   AX, 16H[BX][SI]
```

以上两条指令完全等价。

例如：

```
MOV   AX, [BP+SI]            ;基址加变址寻址
```

【例 3-2】 执行 MOV AL, 80H[BP] 后，AL 的内容是什么？

设(BP)=2040H，(SS)=2000H，(220C0H)=56H，则源操作数的物理地址为：

$$
\begin{aligned}
&(SS)\times 10H+(BP)+80H=2000H\times 10H+2040H+80H\\
&=20000H+20C0H=220C0H
\end{aligned}
$$

指令执行后，(AL)=56H。

4. I/O 端口寻址

计算机在与外部设备交换信息时，需要通过 I/O 指令访问外部设备。8086 对外部设备采用独立编址 I/O 端口，每个端口可以是 8 位字节数据单元，也可以是 16 位字数据单元，并设有专用的可以访问 I/O 端口的指令，其最大访问空间为 2^{16}B=64KB 端口或 32×1024 个字端口。

在寻址外部设备端口时，8086 提供了以下两种寻址方式。

（1）直接端口寻址

在 I/O 指令中以 8 位立即数的形式直接给出端口地址。直接端口寻址简单、方便，可访问的端口地址为 00H～0FFH（共 2^8=256 个）。

例如：

```
IN   AL,20H                  ;读取端口地址 20H 单元的字节数据到寄存器 AL 中
OUT  21H,AL                  ;将寄存器 AL 的内容输出到端口地址为 21H 字节单元中
                             ;20H、21H 在 I/O 指令中是端口地址，不是立即数
```

（2）寄存器间接端口寻址

当端口地址大于 255 时，需要使用 16 位数据表示端口地址，则必须用寄存器（DX）间接寻址方式，即将 16 位地址数据存放在寄存器 DX 中，通过 DX 间接访问外部设备端口。

例如：

```
MOV  DX,200H                 ;将立即数（端口地址）200H 传送给寄存器 DX
IN   AL,DX                   ;读取端口地址为 200H 单元的字节数据到寄存器 AL 中
```

```
MOV  DX,300H                 ;将立即数（端口地址）300H 传送给寄存器 DX
OUT  DX,AL                   ;将寄存器 AL 的内容输出到端口地址为 300H 的字节单元中
```

5. **隐含寻址**

在 8086 中，有些指令形式没有给出操作数的任何说明，但 CPU 可以根据操作码确定要操作的数据，这些指令采用的寻址方式称为隐含寻址。

例如，在后面要介绍的 8086 指令系统中的指令：

```
AAA                          ;十进制调整指令隐含对 AL 的操作
XLAT                         ;换码指令隐含对 AL、BX 的操作
MOVSB                        ;字节串操作指令隐含对 SI/DI/CX 的操作
LOOP 标号                    ;隐含对寄存器 CX 的操作
```

3.1.4　8086 转移地址寻址方式

在 8086 指令系统中，改变程序执行顺序的指令有控制转移指令和调用指令。这两类指令的操作数表示的是转移地址或者调用地址的提供方式，一般也称为指令地址的寻址方式。8086 转移地址寻址方式有以下 4 种。

1. **段内直接寻址**

段内直接寻址是由转移指令（机器指令）直接给出一个补码表示的 8 位或 16 位偏移量，要转移的地址（即下一条要执行的指令地址）为当前指令指针寄存器 IP 的内容加上偏移量（即相对于 IP 的地址变化），因此又称相对寻址。指令所在段仍为代码段 CS。

当偏移量为 8 位数据时，其相对于当前指令的跳转范围为–128～127，称为相对短转移。在条件转移指令中，必须使用此种寻址方式。

当偏移量为 16 位数据时，其相对于当前指令的跳转范围为–32768～32767，称为相对近转移。

在汇编指令中，转移指令要转移的地址通常是通过符号地址（标号）表示的，使用起来非常方便，程序员只需要确定采用相对近转移还是相对短转移，不需要计算偏移量（偏移量的计算由汇编程序完成）。

例如：

```
JMP  SHORT  LOP1             ;相对短转移符号地址 LOP1 为下一条要执行指令的地址
JMP  LOP5                    ;符号地址 LOP5 为下一条要执行指令的地址
```

2. 段内间接寻址

段内间接寻址是指转移指令要转移的 16 位地址存放在寄存器或存储器中。指令执行后，存放在寄存器或存储器中的地址直接送入 IP 中。指令所在段仍为代码段 CS。

例如：

```
JMP  BX                    ;BX 的 16 位数据作为转移有效地址
```

3. 段间直接寻址

段间直接寻址是在转移指令中直接给出要转移的 16 位段基址和 16 位段内偏移地址（可称为 32 位地址）。指令执行后，指令提供的段基址和段内偏移地址分别送入 CS 与 IP，即下一条要执行指令的地址为 CS:IP。

4. 段间间接转移

段间间接转移是指由转移指令提供的 32 位地址必须存放在存储器中连续的 4 个字节单元中，两个低地址单元的内容作为偏移量送入 IP，两个高地址单元作为段基址送入 CS，即下一条要执行指令的地址为 CS:IP。

综上所述，寻址方式是指令系统的重要组成部分，是指令中寻找数据的表现方式，不同的寻址方式所寻址的存储空间是不同的，其寻址时间也不相同。正确地使用寻址方式不仅取决于寻址方式的形式，而且取决于寻址方式所对应的存储空间，从而有利于以最快的执行速度完成指令的功能。

3.2 8086 指令系统

8086 指令系统有 100 多种指令助记符，它们与寻址方式结合，构成具有不同功能的指令。这些指令按功能可分为 6 种类型：数据传送指令、算术运算指令、逻辑运算及移位指令、串操作指令、控制转移指令、处理器控制指令等。

在学习汇编指令时，要注重以下几方面内容。

① 指令的功能及操作数的个数、类型。

② 操作数的寻址方式。

③ 指令对标志位的影响或标志位对指令的影响。

④ 指令的执行周期，对可完成同样功能的指令要选用执行周期短的指令（可查阅附录 B）。

3.2.1 数据传送指令

数据传送指令用于寄存器、存储单元或 I/O 端口之间传送数据或地址。

（1）MOV 指令

指令格式：

```
MOV  DST, SRC
```

指令功能：DST ← (SRC)。

该指令为双操作数指令，其中 MOV 为指令助记符；DST 表示某一特定寻址方式所确定的目的操作数（下同），如寄存器、存储单元等；SRC 表示某一特定寻址方式所确定的源操作数（下同）。MOV 指令的功能是把源操作数传送到目的操作数，指令执行后，源操作数的内容不变，目的操作数原来的内容被源操作数的内容覆盖。

MOV 指令用来在以下限定的范围内传送数据。

① 在寄存器和寄存器之间相互传送字或字节数据。

② 在寄存器和存储器之间相互传送字或字节数据。

③ 将一个立即数传送到寄存器或存储单元中。

例如：

```
MOV  AL,05H                 ;将 8 位立即数送入寄存器 AL
MOV  DX,1234H               ;将 16 位立即数送入寄存器 DX
MOV  DATA1,20H              ;将立即数送入符号地址（变量）DATA1 存储器的字节单元
MOV  AL,BL                  ;AL←(BL)即将 8 位寄存器 BL 的字节内容传送给寄存器 AL
MOV  BX,AX                  ;将 16 位寄存器 AX 的字内容传送给寄存器 BX
MOV  DS,AX                  ;将寄存器 AX 的内容传送给数据段寄存器 DS
MOV  CL,[BX+80H]            ;将存储器操作数传送给寄存器 CL
MOV  [BP+5AH],AL            ;将源操作数寄存器 AL 的内容传送给存储器
```

在使用 MOV 指令时应注意以下几点。

① 两个段寄存器之间不能直接传送数据。

② 两个存储单元之间不能直接传送数据。

③ 立即数和代码段寄存器 CS 不能作为目的操作数，立即数也不能直接传送到段寄存器。

④ 源操作数和目的操作数的类型及长度必须一致，数据在有效范围内（无溢出）。

例如，下列指令是非法的。

```
MOV  DS,CS                  ;段寄存器之间不能直接传送数据
MOV  [BP], [DI]             ;两个存储单元之间不能直接传送数据
MOV  2000H, AX              ;立即数不能作为目的操作数
MOV  CS, AX                 ;代码段寄存器 CS 不能作为目的操作数
MOV  DS, 2000H              ;立即数也不能直接传送到段寄存器
MOV  BL, 28AH               ;源操作数和目的操作数的长度不一致
```

【例 3-3】 执行下列指令段后，指出各寄存器和有关存储单元的内容。

```
MOV AX,20A0H                ;AX←20A0H(AL←0A0H,AH←20H)
MOV DS,AX                   ;DS←20A0H
MOV BX,1000H                ;BX←1000H
MOV AL,12H                  ;AL←12H
MOV [BX],AL                 ;(DS)×10H+(BX)←12H
MOV DX,5678H                ;DX←5678H
MOV [BX+100H],AX            ;(DS)×10H+1000H+100H←2012H
```

执行完该指令段后，AX=2012H，DS=20A0H，BX=1000H，(21A00)=12H，DX=5678H，(21B00H)=12H，(21B01H)=20H。

（2）XCHG 指令

指令格式：

```
XCHG  OPR1, OPR2
```

该指令为双操作数指令，其中 XCHG 为指令助记符，OPR1、OPR2 分别表示操作数 1 和操作数 2。

XCHG 指令的功能：在操作数 OPR1 和操作数 OPR2 之间交换数据。

XCHG 指令用来在以下限定的范围内交换数据。

① 必须有一个操作数在寄存器中。

② 寄存器和寄存器之间。

③ 寄存器和存储器之间。

例如：

```
XCHG  AL, CL            ;字节交换
XCHG  BX, SI            ;字交换
```

```
XCHG  AX, [BX+SI]        ;寄存器和存储器之间交换数据
```

在使用 XCHG 指令时应注意以下方面。

- 指令的操作数可以是寄存器或存储单元，但不能是段寄存器或立即数。
- 不能同时为两个存储器操作数。

（3）PUSH 和 POP 指令

PUSH 和 POP 指令是 8086 进行堆栈操作的指令。所谓堆栈，就是以“先进后出”方式进行数据操作的存储器中某一地址连续的存储块。堆栈只有一个数据出入口，称为栈顶。CPU 内部的堆栈指针寄存器 SP 始终指向栈顶存储单元，SP 可由指令设置。进行堆栈操作时，栈底单元的位置（即存储单元的地址）是不变的；而栈顶位置随数据入栈操作向低地址方向变化（即 SP 内容递减），随出栈操作向高地址方向变化（即 SP 内容递增）。

堆栈常用于程序在执行过程中存储需要保护的现场数据和子程序断点。

① PUSH 指令：PUSH 指令又称压栈指令。

指令格式：

```
PUSH SRC
```

PUSH 指令的功能：先将堆栈指针 SP 的内容减 2，再将源操作数 SRC（即字）压入 SP 所指向的堆栈的栈顶存储单元（低 8 位在前，高 8 位在后）。

例如：

```
PUSH  AX            ;SP←(SP)- 2，将 AX 的内容压入堆栈，SP 指向栈顶
```

② POP 指令：POP 指令又称出栈指令。

指令格式：

```
POP DST
```

POP 指令的功能：先将 SP 所指向的堆栈的栈顶存储单元的内容（即字）“弹”至目的操作数 DST，再将 SP 的内容加 2。

例如：

```
PUSH  AX            ;(AX)最先入栈
PUSH  BX
PUSH  CX            ;保护现场，最后入栈的栈顶元素是 CX
…
POP   CX            ;将栈顶元素最先弹出到 CX，然后 SP←(SP)+2
POP   BX
POP   AX            ;恢复现场，最先入栈的(AX)最后弹出到 AX
```

使用 PUSH 和 POP 指令时应注意以下方面。

- PUSH 和 POP 指令只对 16 位操作数执行进栈和出栈操作。
- 不允许立即数入栈，目的操作数 DST 不能为立即数或代码段寄存器 CS。
- PUSH 和 POP 指令不影响标志位。

（4）XLAT 指令

XLAT 指令又称查表指令。

指令格式：

```
XLAT
```

该指令的寻址方式是隐含寻址。

XLAT 指令的功能：把寄存器 BX 的内容与累加器 AL 的内容相加形成有效地址，将该有效地址存储单元的内容传送到 AL 中。可表示为如下形式。

有效地址：EA=(BX)+(AL)。

指令功能：AL←((BX)+(AL))。

该指令可用于查表，也可用于换码。表的首地址存在BX中，根据AL设置的偏移地址，可以将该有效地址存储单元的内容传送到AL中，从而达到将代码转换为另一种代码的目的。

【例3-4】 设(DS)=2000H，(BX)=1000H，(21001H)=31H，(21002H)=32H。

指令段为：

```
MOV  AL, 2H
XLAT
```

执行指令后，AL的内容是什么？

在执行XLAT时，源操作数的物理地址为：

$$
\begin{aligned}
(DS)\times 10H+(BX)+(AL) &= 2000H\times 10H+1000H+2H \\
&= 20000H+1000H+2H \\
&= 21002H
\end{aligned}
$$

执行指令后，(AL)=32H。

可以看出，本例中第一条指令执行后AL的内容为数值2H，执行XLAT后，AL的内容变为32H。在ASCII码中，32H表示字符“2”。

（5）IN/OUT（输入/输出）指令

在8086系统中，所有外部设备的I/O端口与CPU之间的数据传送都是由IN和OUT指令完成的。

用IN/OUT指令对I/O端口进行访问时，只能使用直接寻址或寄存器间接寻址。

① IN（输入指令）。

指令格式：

```
IN  AL,  PORT            ;直接寻址，输入字节操作
IN  AX,  PORT            ;直接寻址，输入字操作
IN  AL,  DX              ;间接寻址，输入字节操作
IN  AX,  DX              ;间接寻址，输入字操作
```

指令功能：将端口数据传送给累加器AL或AX。

当端口地址小于2^8（即256）时，可采用直接寻址方式。在指令中指定8位端口地址PORT；当端口地址大于或等于256时，必须采用间接寻址方式，16位端口地址应先存入寄存器DX中，然后使用IN指令实现端口数据输入操作。指令中必须用AL或AX接收数据，若用AL接收数据，则读取外设端口的8位字节数据；若用AX接收数据，则读取外设端口的16位字数据。

例如：

```
IN   AX, 18H             ;直接寻址，从地址为18H的端口读入一个字到AX
MOV  DX, 12CH            ;把端口地址12CH传送到DX
IN   AL,  DX             ;间接寻址，从地址为12CH的端口读入一个字节到AL
```

② OUT（输出指令）。

指令格式：

```
OUT  PORT,AL          ;直接寻址，输出字节操作
OUT  PORT,AX          ;直接寻址，输出字操作
OUT  DX,AL            ;间接寻址，输出字节操作
OUT  DX,AX            ;间接寻址，输出字操作
```

指令功能：将累加器AL或AX的内容传送至端口。

该指令端口地址的寻址方式的确与IN指令相同，输出的数据必须用AL或AX发送。若用AL发送数据，则输出到外设端口的为字节数据；若用AX发送数据，则输出到外设端口的为字数据。

例如：

```
OUT  15H,AL           ; 直接寻址，把AL的字节内容输出到端口地址为15H的单元中
MOV  DX,2000H         ; 将端口地址送入DX
OUT  DX,AX            ; 间接寻址，把AX的字内容输出到端口地址为2000H的字单元中
```

（6）目标地址传送指令

目标地址传送指令的功能是将目标地址传送到指定的寄存器内。该类指令有以下 3 条。

① LEA 指令。

指令格式：

```
LEA  DST, SRC
```

LEA 指令的功能：将源操作数 SRC 的有效地址传送给目的操作数 DST。源操作数必须是一个存储器地址，目的操作数是任意一个 16 位通用寄存器。

例如：

```
MOV   BX, 2000H
LEA   SI, [BX]          ; (SI)=2000H
```

【例 3-5】 设(DS)=2000H，(BX)=1000H，(21000H)=30H，(21001H)=31H。指出下列各指令的功能。

```
MOV       AX, [BX]                ;AX←3130H
LEA       AX, [BX]                ;AX←1000H
MOV       SI, OFFSET BUFFER       ;变量 BUFFER 的段内地址→SI
```

第一条指令是将以 1000H 为有效地址的字存储单元的内容 3130H 传送给 AX。

第二条指令是将存储单元的有效地址 1000H 传送给 AX。

第三条指令中的源操作数将在第 4 章中详细介绍。

② LDS 指令。

指令格式：

```
LDS  DST, SRC
```

LDS 指令的功能：把源操作数指定的 4 个连续存储单元中存放的 32 位地址指针传送到两个 16 位寄存器中，其中 2 个低位字节（地址偏移量）送入 16 位通用寄存器 DST，而 2 个高位字节（段地址）送入数据段寄存器 DS。

例如：

```
DATA  DD  10A02000H
LDS   SI, DATA
```

执行上面指令后，(DS)=10A0H，(SI)=2000H。

③ LES 指令。

指令格式：

```
LES  DST, SRC
```

LES 指令的功能：该指令与 LDS 指令都是取 32 位地址指针指令，不同之处是该指令把源操作数指定的 4 个连续存储单元中存放的 32 位地址指针的 2 个高位字节送入段寄存器 ES 中，而不是 DS 中。

在使用目标地址传送指令时有以下规定。

- 指令中指定的目的寄存器不能使用段寄存器。
- 源操作数必须使用存储器寻址方式。
- 该类指令不影响标志位。

（7）标志传送指令

标志传送指令是专门用于对标志寄存器进行操作的指令。8086 指令系统提供了以下 4 条标志传送指令。

① LAHF 指令：将标志寄存器的低 8 位送入 AH。

② SAHF 指令：将 AH 中的内容送入标志寄存器的低 8 位。

③ PUSHF 指令：将标志寄存器的内容压入堆栈。

④ POPF 指令：将栈顶的内容弹出到标志寄存器。

【例 3-6】 设置标志寄存器中的 TF 位（TF=1，CPU 以单步方式执行指令）。

由于 CPU 没有直接设置 TF 的操作指令，因此必须通过堆栈操作改变其状态。

指令段如下：

```
PUSHF                       ;标志寄存器的内容进栈
POP AX                      ;标志寄存器的内容弹至 AX
OR  AX, 0100H               ;将 AX 中对应 TF 位置 1
PUSH  AX                    ;将 AX 的内容压入堆栈
POPF                        ;将栈顶 AX 的内容送入标志寄存器，TF←1
```

3.2.2　算术运算指令

8086 的算术运算指令可实现 8 位/16 位二进制数的加、减、乘、除基本运算，可用于有符号数、无符号数及 BCD 码的各种算术运算。

1. 加法指令

（1）ADD（Addition）

指令格式：

```
ADD  DST,  SRC
```

ADD 指令的功能：DST ← (DST)+(SRC)。

ADD 指令是一条双操作数加法指令，它将源操作数 SRC（字节或字）和目的操作数 DST（字节或字）进行二进制数相加，结果存放在 DST 中，SRC 不变。该指令执行后，影响状态标志位 AF、CF、PF、OF、ZF、SF。

在使用 ADD 指令时应注意以下原则。

① 参与运算的两个操作数的类型（编码）和长度必须一致，应该同时为有符号数、无符号数或 BCD 码，其运算结果也必须与操作数的类型和长度一致。

② 该指令不能识别数据类型，只能对二进制数进行按位相加。对于有符号数，若两个操作数符号相同时，有可能发生溢出（置 OF=1）。程序员必须根据编程时所定义的数据编码类型，对运算结果做相应的处理。

③ 该指令的操作数可以是通用寄存器或基址、变址寄存器或存储器数，但不能同时为存储器数；立即数只能作源操作数，不能作目的操作数；操作数不能是段寄存器。

例如：

```
ADD  AL,  12H
ADD  AX,  BX
ADD  DX,  [BP]
ADD  AL,  [SI+BX]
ADD  SI,  0FFF0H
ADD  AX,  DATA[BX]
ADD  AX,  [BP+DI+100H]
```

【例 3-7】 设(AL)=0A4H，(BL)=5CH。

执行 ADD　AL, BL 指令：

```
            AL        1010 0100
           +BL        0101 1100
      ----------------------------
      向高位进位 ⟶  1 0000 0000
```

指令执行后，(AL)=0，OF=0，SF=0，ZF=1，AF=1，PF=1，CF=1。

（2）带进位加法指令 ADC（ADD with Carry）

指令格式：

```
ADC  DST,  SRC
```

ADC 指令的功能：DST ← (DST)+(SRC)+CF。

ADC 指令是带进位的加法指令，其操作是在 ADD 指令的功能的基础上再加上状态标志位 CF，该指令应用于多字节加法运算。

【例 3-8】 编写指令段实现 4 字节数（32 位数双字）20008A04H+23459D00H 相加，高位字存放在寄存器 DX 中，低位字存放在累加器 AX 中。

指令段如下：

```
MOV      DX, 2000H
MOV      BX, 2345H
MOV      AX, 8A04H                  ;AX←8A04H
ADD      AX, 9D00H                  ;AX←8A04H+9D00H，进位置 CF=1
ADC      DX, BX                     ;DX←2000H+2345H+CF
```

本指令段执行后，DX 中存放着被加数的两个高位字节，AX 中存放着被加数的两个低位字节。ADD 指令实现低位字节相加，相加后(AX)=2704H，CF=1。ADC 指令实现高位字节相加，且将 CF 加至 DX，使 DX 的内容为 4346H。

（3）增量指令 INC（Increment）

指令格式：

```
INC  OPR
```

该指令为单操作数指令，OPR 既作为源操作数，又作为目的操作数。

INC 指令的功能：OPR 作为源操作数加 1 后，其结果仍然返回 OPR。该指令执行后，影响状态标志位 AF、PF、OF、ZF、SF。注意：CF 的状态不受影响。

【例 3-9】 编写指令段实现将 2000H 单元和 2001H 单元的内容之和送入 AL。

指令段如下：

```
MOV SI, 2000H
MOV AL, [SI]
INC SI              ; SI=(SI)+1
ADD AL, [SI]        ; (AL)为 2000H 单元和 2001H 单元内容之和
```

（4）BCD 码加法调整指令

CPU 中的算术逻辑单元对所有算术运算都是以二进制数进行的。在执行 ADD 指令后，当操作数是 BCD 码且 BCD 码某一位的运算结果超过 9，就得不到正确的 BCD 码结果。为此，必须进行 BCD 码调整，才能得到正确的十进制数结果。

BCD 码加法调整指令有如下两条。

- 非压缩 BCD 码调整指令 AAA。
- 压缩 BCD 码调整指令 DAA。

所谓压缩 BCD 码，是用 1 个字节表示 2 位 BCD 码。非压缩 BCD 码是用 1 个字节的低 4 位表示 1 位 BCD 码，其高 4 位为 0。

DAA 和 AAA 指令格式无操作数，采用隐含寻址方式，需要调整的数据必须在累加器中。

① AAA 指令的功能（在 AAA 指令前，应该已使用 ADD、ADC 或 INC 指令）。

将累加器 AL 的内容调整为一位非压缩 BCD 码。该指令首先检查 AL 的低 4 位是否为合法的 BCD 码（0~9），若合法，就清除 AL 的高 4 位以及 AF 和 CF 标志，不需要进行调整；若 AL 的低 4 位表示的数大于 9 或者 AF=1 时，则为非法的 BCD 码，其调整操作为：

AL←(AL)+6

AH←(AH)+1

AF← “1”

CF←AF

AL←AL∧0FH（清除 AL 的高 4 位）

任何一个 A～F 的数加上 6 以后，都会使 AL 的低 4 位产生 0～9 的数，从而达到十进制加法的调整目的。

【例 3-10】 非压缩 BCD 码 00000111（7D）与 00001000（8D）相加，结果存放在 1000H 单元。

指令段如下：

```
MOV  AX,0007H           ; AL←00000111B, AH←0
MOV  BL,08H             ; BL←00001000B
ADD  AL,BL              ; AL←(AL)+(BL)=00001111B
AAA                     ; AL←(AL)+0110B
MOV  [1000H], AL
```

本例为 1 位 BCD 码相加，正确结果应为 7+8=5。但在执行"ADD AL,BL"后，AL=00001111=0FH，显然为非法 BCD 码。执行 AAA 指令后，AL←(AL)+6=0001 0101，清除 AL 的高 4 位后，得正确结果：AL=0000 0101（5D）。

② DAA 指令的功能（在 DAA 指令前，应该已使用 ADD 或 ADC 或 INC 指令）。

加法的十进制调整指令，它的作用是将 AL 的内容调整为两位压缩的 BCD 码（即一个字节内存放两位 BCD 码）。调整方法与 AAA 指令类似，不同的是 DAA 指令要分别考虑 AL 的高 4 位和低 4 位，若 AL 的低 4 位为非法 BCD 码（大于 9 或者 AF=1），则 AL←(AL)+6，并置 AF=1；如果 AL 的高 4 位为非法 BCD 码（大于 9 或者 CF=1），则 AL←(AL)+60H。

2. **减法指令**

（1）SUB（Subtract）

指令格式：

```
SUB  DST,  SRC
```

SUB 指令的功能：DST←(DST)-(SRC)。

SUB 是一条双操作数减法指令，它将目的操作数 DST 减去源操作数 SRC，结果存入目的操作数 DST 中，源操作数 SRC 的内容不变。该指令执行后，影响状态标志位 AF、CF、PF、OF、ZF、SF。

在使用 SUB 指令时应注意以下方面。

① 参与运算的两个操作数的类型（编码）和长度必须一致，应该同时为有符号数、无符号数或 BCD 码，其运算结果也必须与操作数的类型和长度一致。

② 该指令不能识别数据类型，只能以二进制数进行按位相减。对于有符号数，若两个操作数的符号相反时，有可能发生溢出（置 OF=1）。程序员必须根据编程时所定义的数据编码类型，对运算结果进行相应的处理。

③ 该指令的操作数可以是通用寄存器或基址、变址寄存器或存储器数，但不能同时为存储器数。立即数只能作源操作数，不能作目的操作数。

例如：

```
SUB  AL, 12H            ;AL←(AL)-12H
SUB  BX, 1234H          ;BX←(BX)-1234H
SUB  AL, [2000H]        ;AL←(AL)-[2000H]
SUB  AX,  DX            ;AX←(AX)-(DX)
SUB  [2000H], BL        ;2000H←[2000H]-BL
```

下列指令是错误的：

```
SUB  AX, 12H            ;源操作数为 8 位，目的操作数为 16 位，数据长度不一致
SUB  [BX], [2000H]      ;源操作数和目的操作数均为存储器数
SUB  DS,  AX            ;操作数不能是段寄存器
```

（2）带借位减法指令 SBB

指令格式：

```
SBB DST, SRC
```

SBB 指令的功能：带借位的减法指令。其操作与 SUB 指令的基本相同，它不仅要将目的操作数 DST 减去源操作数 SRC，还要减去借位位 CF 的值，将结果存入目的操作数 DST 中。

（3）减 1 指令 DEC（Decrement）

指令格式：

```
DEC OPR
```

该指令为单操作数指令，OPR 既作为源操作数，又作为目的操作数。

DEC 指令的功能：OPR 作为源操作数减 1 后，其结果仍然返回 OPR。该指令执行后，影响状态标志位 AF、PF、OF、IF、SF。

（4）求补指令 NEG（Negative）

指令格式：

```
NEG OPR
```

NEG 指令的功能：单操作数（有符号数）求补指令，即对操作数的各位取反，末位加 1，将结果送回目的操作数。该指令执行的实质是：已知一个补码表示的操作数，求这个数的相反数的补码。

【例 3-11】 指令 NEG　AL 的功能是对 AL 的内容求补码。

指令段如下：

```
MOV  AL,  13H      ;AL←00010011B（即 13H=(+19D)=00010011B）
NEG  AL            ;AL←11101100B+1B=11101101B=0EDH
```

执行后，(AL)=0EDH=11101101B（即−19 的补码）。

（5）比较指令 CMP（Compare Two Operands）

指令格式：

```
CMP DST, SRC
```

CMP 指令的功能：用于操作数 DST 与 SRC 的比较。该指令的操作与 SUB 指令的操作相同，但不传送运算结果。其实现方法是：用目的操作数 DST 减去源操作数 SRC，影响标志位，两个操作数保持原值不变。CMP 指令后一般设有条件转移指令，根据 CMP 指令对状态标志位的影响，为转移指令提供条件判断依据。

例如，判断累加器 AL 的内容是否为 30H（字符“0”）。若是“0”，则跳转到标号 LOP 处执行，否则按顺序执行。

指令段如下：

```
      CMP  AL, 30H
      JZ   LOP
      ...
      ...
LOP:  ...
      ...
```

（6）BCD 码减法调整指令

BCD 码的减法运算与加法指令类似，也需要进行调整，以便得到正确的 BCD 码所表示的结果。BCD 码减法调整指令有如下两条。

① 非压缩 BCD 码调整指令 AAS。

② 压缩 BCD 码调整指令 DAS。

3. 乘法指令

（1）无符号数乘法指令 MUL（Multiply，Unsigned）

指令格式：

```
MUL SRC （隐含目的操作数 AL/AX/DX）
```

MUL 指令的功能：执行两个无符号数的乘法操作。被乘数隐含在累加器 AL/AX 中，乘数由 SRC 确定。

（2）有符号数乘法指令 IMUL（Integer Multiply，Signed）

指令格式：

```
IMUL SRC （隐含目的操作数 AL/AX/DX）
```

IMUL 指令的功能：执行两个有符号数的乘法操作。被乘数隐含在累加器 AL/AX 中，乘数由 SRC 确定。

指令中的源操作数 SRC 可以是通用寄存器、指针和变址寄存器或存储器数，但不能是立即数。

MUL 和 IMUL 都规定累加器的内容与指定的源操作数 SRC 相乘。

① 如果指令中源操作数是 8 位字节数据，则与 AL 中的内容相乘，乘积为 16 位字数据，存放在 AX 中（高 8 位在 AH 中，低 8 位在 AL 中）。

② 如果指令中的源操作数是 16 位字数据，则与 AX 中的内容相乘，乘积为 32 位双字长，存放在寄存器 DX 和 AX 中（高位字在 DX 中，低位字在 AX 中）。

例如：

```
MUL    CL                ; AL 与 CL 中的无符号数之积送入 AX
MUL    BX                ; AX 与 BX 中的无符号数之积送入 DX-AX
IMUL   SI                ; AX 与 SI 中的有符号数之积送入 DX-AX
```

乘法指令影响状态标志位 CF 和 OF。

（3）非压缩 BCD 码乘法调整指令 AAM（ASCII Adjust for Multiplication）

AAM 指令的功能：用于将两个非压缩 BCD 码的乘积存放在 AX 中，结果调整成两个非压缩 BCD 码存放在 AH（高位）和 AL（低位）中。

【例 3-12】 计算 6×9，乘积以非压缩 BCD 码存放在 AH 和 AL 中，指令段如下：

```
MOV   BL, 6             ;BL←0000 0110B
MOV   AL, 9             ;AL←0000 1001B
MUL   BL                ;AX←6×9=54D=0036H
AAM                     ;AX ←0504H
```

执行 MUL 指令后，AX 的内容为 0036H（6×9=54 的二进制代码）；执行 AAM 指令后，AX 的内容被调整为两个非压缩 BCD 码 0504H（AH=05H，AL=04H）。

需要指出：AAM 指令是唯一的十进制乘法调整指令。因此，在进行乘法操作需要调整时，必须转换为非压缩 BCD 码相乘后送入 AX，由于乘积不大于“9×9=81”，有效结果仅需存入 AL，故 AAM 指令只需对 AL 的内容进行调整，得到两个非压缩 BCD 码送入 AH 和 AL 中。

4. 除法指令

（1）无符号数除法指令 DIV（Division，Unsigned）

指令格式：

```
DIV  SRC （隐含目的操作数 AX、DX）
```

DIV 指令的功能：执行两个无符号数的除法操作。被除数隐含在累加器 AX 或 DX-AX 中，除数由 SRC 确定。

指令中的源操作数 SRC 可以是通用寄存器、指针和变址寄存器或存储器数，但不能是立即数。

若除数为 8 位，则被除数必须在 16 位 AX 中，所得整数商送入 AL，余数送入 AH。

若除数为 16 位，则被除数必须为 32 位数据且存放在 DX-AX 中，所得整数商送入 AX，余数送入 DX。

（2）有符号数除法指令 IDIV（Integer Division，Signed）

指令格式：

```
IDIV  SRC （隐含目的操作数AX、DX）
```

IDIV 指令的功能：执行有符号数的除法操作，被除数隐含在 AX 或 DX-AX 中，由除数 SRC 确定。执行操作及对数据的要求同 DIV 指令。

① 若商超过指令所规定的寄存器能存放的最大值，系统产生 0 号类型中断，并且商和余数均不确定。

② 若被除数及除数是 8 位数据，则应把被除数送入 AL 后执行符号扩展指令 CBW，将其符号位扩展到 AH 中（使被除数为 16 位数据），以符合除法指令对数据格式的要求。

③ 若被除数及除数是 16 位数据，则应把被除数送入 AX 后执行 CWD 指令，将其符号位扩展到 DX 中（使被除数为 32 位），以符合除法指令对数据格式的要求。

【例 3-13】 求 16 位数 1001H 与 8 位数 20H 的商。

指令段如下：

```
MOV  AX, 1001H          ; 1001H（相当于十进制数 4097）送入 AX
MOV  CL, 20H            ; 20H（相当于十进制数 32）送入 CL
DIV  CL                 ; (AX)与(CL)相除，商 128 送入 AL，余数 1 送入 AH
```

5. **符号扩展指令**

CBW 指令的功能：将 AL 中数据的符号扩展到 AH 中，即将 AL 中的 8 位字节数据扩展为 16 位字数据（正数扩展位补“0”，即 AH=00H；负数扩展位补“1”，即 AH=0FFH）。

CWD 指令的功能：将 AX 中数据的符号扩展到 DX 中，即将 AX 中的 16 位字数据扩展为 32 位双字数据 DX-AX（正数扩展 DX=0000H，负数扩展 DX=0FFFFH）。

这两条指令是为解决不同长度的数据进行算术运算而设计的。

【例 3-14】 求 8 位数 32H 与 0FH 的商。

指令段如下：

```
MOV BL, 0FH             ;BL←0FH=15D
MOV AL, 32H             ;AL←32H=50D
CBW                     ;AX←0032H
IDIV  BL                ;AL←3,AH←5
```

3.2.3 逻辑运算及移位指令

1. **逻辑运算指令**

逻辑运算指令用来对字或字节操作数进行按位操作。8086 系统提供了逻辑与、逻辑或、逻辑非、逻辑异或及测试运算指令。

（1）逻辑与指令 AND

指令格式：

```
AND  DST, RSC       ;DST←(DST)∧(RSC)
```

AND 指令的功能：进行逻辑“与”操作的双操作数指令。当两个操作数的对应位都为 1 时，目的操作数的对应位置 1，否则置 0。

操作数可以是通用寄存器、基址或变址寄存器、存储器数；立即数只能作为源操作数，不能作为目的操作数；两个操作数不能同时为存储单元；段寄存器不能作为操作数使用。

该指令影响标志位 PF、SF、ZF，置 CF=0，OF=0。

该指令可借助某个给定的操作数屏蔽另一个操作数的某些位，并把其他位保留下来。

【例 3-15】 设(AL)=10111111B，屏蔽 AL 的低 4 位，保留高 4 位。

执行指令：

```
AND  AL, 0F0H
```

AL	1011 1111
∧ 0F0H	1111 0000
AL ←	1011 0000

运行结果：(AL)=10110000B。

（2）逻辑或指令 OR

指令格式：

```
OR  DST, RSC        ;DST←(DST)∨(RSC)
```

OR 指令的功能：进行逻辑“或”操作的双操作数指令。当两个操作数的对应位中有一个是 1 或两个都是 1 时，目的操作数的对应位置 1。

该指令对操作数的要求及对状态标志位的影响同 AND 指令。

【例 3-16】 设(AL)=00101111B，使 AL 的最高位为 1，其余各位不变。

执行指令：

```
OR  AL, 80H
```

AL	0010 1111
∨ 80H	1000 0000
AL←	1010 1111

运行结果：(AL)=10101111B。

（3）逻辑非指令 NOT

指令格式：

```
NOT  OPR            ;OPR←( OPR )
```

（注：第二个 OPR 上方有横线，表示取反）

NOT 指令的功能：单操作数 OPR 的取反指令，该指令将操作数的每一位取反后，将结果返回对应位。

该指令对操作数的要求同 AND 指令。

该指令不影响状态标志位。

【例 3-17】 设(AL)=00101111B，对 AL 的各位求反。

执行指令：

```
NOT  AL
```

AL	0010 1111
求反	
AL ←	1101 0000

运行结果：(AL)=11010000B。

（4）逻辑异或指令 XOR

指令格式：

```
XOR  DST, RSC       ;DST←(DST)⊕(RSC)
```

XOR 指令的功能：进行逻辑“异或”操作的双操作数指令。若两个操作数中对应位的值不同时，目的操作数的对应位置 1，否则置 0。

对操作数的要求及对状态标志位的影响同 AND 指令。

该指令常用于改变指定位的状态、累加器及 CF 清 0 等。

【例 3-18】 设(AL)=00101111B，使 AL 的最高位不变，对其余各位求反。

执行指令：

```
XOR  AL, 7FH
```

AL	0010 1111
⊕7FH	0111 1111
AL ←	0101 0000

可以看出，AL 中的各位与 1 异或，本位取反；与 0 异或，本位不变。

运行结果：(AL)=01010000B。

该指令可对通用寄存器实现自身相异或，使其清 0，且置 CF 为 0。

例如：

```
XOR  AX,  AX        ;AX 和 CF 清 0
ADD  AX,  BX
ADD  AX,  BX        ;AX←(BX)×2
```

（5）测试指令 TEST

指令格式：

```
TEST OPR1, OPR2
```

TEST 指令的功能：双操作数的测试指令。对两个操作数的对应位进行“与”操作，并根据结果设置状态标志位，本指令与 AND 指令的不同之处是不改变原操作数的值。

该指令对操作数的要求同 AND 指令。

该指令可以在不改变操作数的情况下，利用 OPR2 的设置来检测 OPR1 某一位或某几位是 0 还是 1，将运算结果对状态标志位的影响作为条件转移指令的判断依据。

【例 3-19】 设 AL 中为有符号数，测试该数是正数还是负数。由于负数的最高位为 1，正数的最高位为 0，可用 TEST 指令测试 AL 的最高位来判别。

执行指令：

```
TEST  AL, 80H
```

```
                AL        xxxx xxxx
                ∧         1000 0000
            ---------------------------
影响状态标志位   ←         x000 0000
```

可以看出，测试 AL 的最高位，可设置源操作数为 80H=10000000B。如果运算结果为全 0，则 AL 的最高位必为 0，置状态标志位 ZF=1，表示该数为正数。否则，AL 的最高位为 1，置状态标志位 ZF=0，则表示该数为负数。可将 ZF 位的状态作为转移指令的判断依据。

【例 3-20】 测试 AL 的第 7、5、3、1 位是否为 0。若全为 0，则 ZF=1，否则 ZF=0。

设(AL)=00100101B，根据测试要求，OPR2 应设为 0AAH。

执行指令：

```
TEST  AL, 0AAH
```

```
            AL        0010 0101
        ∧  0AAH       1010 1010
        ------------------------
影响标志位   ←         0010 0000
```

由于 AL 中的第 5 位不为 0，测试结果非 0，置 ZF=0。

在以上 5 种逻辑运算指令中，仅 NOT 指令不影响状态标志位。其他指令执行后，均使 OF=CF=0，ZF、DF 和 SF 的状态则根据运算结果的特征确定，AF 为不定状态。

2. 移位指令

移位指令用来对操作数进行二进制数的移位操作，主要包括以下几种指令。

（1）逻辑左移指令 SHL

指令格式：

```
SHL  DST,  CL/1    ;CL/1 表示移位次数可以放在 CL 中或移位 1 次
```

SHL 指令的功能：将 DST 中的二进制位进行逻辑左移，移位次数放入 CL 中（若移位 1 次可直接在指令中给出）。每次移位，操作数依次左移 1 位，最低位补 0，最高位进入状态标志位 CF。逻辑左移指令 SHL 的操作示意如图 3-8 所示。

图 3-8　逻辑左移指令 SHL 的操作示意

DST 可以是除了立即数寻址以外的任一寻址方式，操作数可以是 8 位数据，也可以是 16 位数据。该指令影响标志位 CF、OF、PF、SF 和 ZF。

由 SHL 指令的功能可以看出，若 DST 为无符号数，则该指令执行 1 次，可实现对 DST 进行乘 2 的操作。

【例 3-21】 设(SI)=1234H，将 SI 的内容扩大 4 倍。

已知(SI)=0001 0010 0011 0100B，将其左移 2 位，即可实现乘 4 操作。

指令段如下：

```
MOV  CL, 2
SHL   SI, CL
```

指令执行后，(SI)左移 2 位，(SI)=0100 1000 1101 0000B=48D0H。

（2）逻辑右移指令 SHR

指令格式：

```
SHR  DST,  CL/1      ; CL/1 表示移位次数可以放在 CL 中或移位 1 次
```

SHR 指令的功能：将 DST 中的二进制位进行逻辑右移，移位次数放入 CL 中（若移位 1 次可直接在指令中给出）。每次移位，操作数依次右移 1 位，最高位补 0，最低位进入状态标志位 CF。逻辑右移指令 SHR 的操作示意如图 3-9 所示。

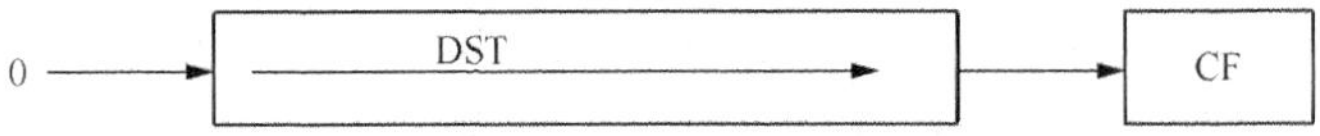

图 3-9　逻辑右移指令 SHR 的操作示意

DST 可以是除了立即数寻址以外的任一寻址方式，操作数可以是 8 位数据，也可以是 16 位数据。该指令影响状态标志位 CF、OF、PF、SF 和 ZF。

由 SHR 指令的功能可以看出，若 DST 为无符号数，则该指令执行 1 次，可实现对 DST 进行除以 2 的操作。

【例 3-22】 设(SI)=1234H，将 SI 的内容缩小至原来的 1/4。

已知(SI)=0001 0010 0011 0100B，将其右移 2 位即可实现除以 4 操作。

指令段如下：

```
MOV  CL, 2
SHR    SI, CL
```

指令执行后，(SI)右移 2 位，(SI)=0000 0100 1000 1101B=048DH。

（3）算术左移指令 SAL

指令格式：

```
SAL  DST,  CL/1    ; CL/1 表示移位次数可以放在 CL 或移位 1 次
```

SAL 指令的功能：将 DST 中的二进制位进行算术左移，移位次数放入 CL 中（若移位 1 次可直接在指令中给出），每次移位，操作数依次左移，最高位移至 CF，最低位补 0。

SAL 指令与 SHL 指令执行的操作完全相同，常用作有符号数乘 2 的操作，每次左移后，若 CF 位与最高位的值相同，置 OF=0，表示结果没有溢出，否则，表示结果错误。

【例 3-23】 实现(AX) ×5/2 的运算。

```
MOV  DX, AX
SAL  AX, 1                ; AX 的内容左移 1 位，相当于 AX 乘 2 后传送给 AX
SAL  AX, 1                ; AX 再乘 2
ADD  AX, DX               ; AX=(AX) ×5
SAR  AX, 1                ; AX 的内容右移 1 位，相当于 AX/2 传送给 AX
```

（4）算术右移指令 SAR

指令格式：

```
SAR  DST,  CL/1    ; CL/1 表示移位次数可以放在 CL 或移位 1 次
```

SAR 指令的功能：将 DST 中的二进制位进行算术右移，移位次数放入 CL 中（若移位 1 次可直接在指令中给出），每次移位，操作数依次右移，最低位进入状态标志位 CF，最高位保持不变。算术右移指令 SAR 的操作示意如图 3-10 所示。

图 3-10　算术右移指令 SAR 的操作示意

DST 可以是除了立即数寻址以外的任一寻址方式，操作数可以是 8 位数据，也可以是 16 位数据。该指令影响状态标志位 CF、OF、PF、SF、ZF。

由 SAR 指令的功能可以看出，若 DST 为有符号数，则该指令右移 1 次，符号位没有改变，可实现对 DST 进行除以 2 的操作。

（5）循环左移指令 ROL

指令格式：

```
ROL  DST,  CL/1      ; CL/1 表示移位次数可以放在 CL 或移位 1 次
```

ROL 指令的功能：将 DST 中的二进制位进行循环左移，移位次数放入 CL 中（若移位 1 次可直接在指令中给出），每次移位，操作数依次左移，最高位进入状态标志位 CF 和最低位。循环左移指令 ROL 的操作示意如图 3-11 所示。

图 3-11　循环左移指令 ROL 的操作示意

DST 可以是除了立即数寻址以外的任一寻址方式，操作数可以是 8 位数据，也可以是 16 位数据。该指令影响状态标志位 CF 和 OF。

由 ROL 指令的功能可以看出，若指令执行使操作数循环左移 4 次，可实现对 DST 的高 4 位与低 4 位数据交换，若指令执行使操作数循环左移 8 次，可实现对 DST 的循环复位的操作。

例如，(AL)=00110011B。

指令为：

```
ROL  AL,1
```

执行后，CF=0，AL=01100110B。

（6）循环右移指令 ROR

指令格式：

```
ROR  DST,  CL/1      ; CL/1 表示移位次数可以放在 CL 或移位 1 次
```

ROR 指令的功能：将 DST 中的二进制位进行循环右移，移位次数放入 CL 中（若移位 1 次可直接在指令中给出），每次移位，操作数依次右移，最低位进入状态标志位 CF 和最高位。循环右移指令 ROR 的操作示意如图 3-12 所示。

图 3-12　循环右移指令 ROR 的操作示意

DST 可以是除了立即数寻址以外的任一寻址方式，操作数可以是 8 位数据，也可以是 16 位数据。该指令影响状态标志位 CF 和 OF。

由 ROR 指令的功能可以看出，若指令执行使操作数循环右移 4 次，可实现对 DST 的高 4 位与低 4 位数据交换，若指令执行使操作数循环右移 8 次，可实现对 DST 的循环复位的操作。

例如，(AL)=10111001B。

指令为：

```
MOV  CL, 4
ROL  AL, CL
```

执行后，CF=1，AL=10011011B。

（7）带进位位的循环左移指令 RCL

指令格式：

```
RCL  DST,  CL/1      ; CL/1 表示移位次数可以放在 CL 或移位 1 次
```

RCL 指令的功能：将 DST 中的二进制位与 CF 串联在一起进行循环左移，移位次数放入 CL 中（若移位 1 次可直接在指令中给出），每次移位，操作数依次左移，状态标志位 CF 的内容移至 DST 的最低位，最高位进入 CF。带进位位的循环左移指令 RCL 的操作示意如图 3-13 所示。

图 3-13　带进位位的循环左移指令 RCL 的操作示意

DST 可以是除了立即数寻址以外的任一寻址方式，操作数可以是 8 位数据，也可以是 16 位数据。该指令影响状态标志位 CF 和 OF。

（8）带进位位的循环右移指令 RCR

指令格式：

```
RCR  DST,  CL/1      ; CL/1 表示移位次数可以放在 CL 或移位 1 次
```

RCR 指令的功能：将 DST 中的二进制位与 CF 串联在一起进行循环右移，移位次数放入 CL 中（若移位 1 次可直接在指令中给出），每次移位，操作数依次右移，状态标志位 CF 的内容移至 DST 的最高位，最低位进入 CF。带进位位的循环右移指令 RCR 的操作示意如图 3-14 所示。

图 3-14　带进位位的循环右移指令 RCR 的操作示意

DST 可以是除了立即数寻址以外的任一寻址方式，操作数可以是 8 位数据，也可以是 16 位数据。该指令影响状态标志位 CF 和 OF。

3.2.4　串操作指令

数据串是指存储器中连续存储的字节串或字串，可以是数值型数据，也可以是字符型（如 ASCII 码）数据。8086 系统对数据串的处理提供了实用的串操作指令及与之配合使用的重复前缀，使用它们的简单组合可以对数据串序列进行连续操作，从而大大提高编程效率。

1. **串操作指令及特征**

串操作指令可由基本串操作指令和重复串操作助记符组成，见表 3-2。

表 3-2　串操作指令

指令类型	指令格式	指令功能	Flags 状态	备注
			ODITSZAPC	
基本串操作指令	MOVSB	字节串传送	---------	[ES:DI]←[DS:SI]，并修改 SI、DI
	MOVSW	字串传送	---------	[ES:DI]←[DS:SI]，并修改 SI、DI
	CMPSB	字节串比较	s---sssss	[DS:SI]-[ES:DI]，并修改 SI、DI
	CMPSW	字串比较	s---sssss	[DS:SI]-[ES:DI]，并修改 SI、DI
	SCASB	字节串搜索	s---sssss	AL-[ES:DI]，并修改 DI
	SCASW	字串搜索	s---sssss	AX-[ES:DI]，并修改 DI
	LODSB	取字节串	---------	AL←[DS:SI]，并修改 SI
	LODSW	取字串	---------	AX←[DS:SI]，并修改 SI
	STOSB	存字节串	---------	[ES:DI]←AL，并修改 DI
	STOSW	存字串	---------	[ES:DI]←AX，并修改 DI
重复前缀	REP	无条件重复	---------	CX←CX-1，直到 CX=0
	REPE/REPZ	当相等/为 0 时重复	---------	CX←CX-1，直到 CX=0 或 ZF=0
	REPNE/REPNZ	当不相等/不为 0 时重复	---------	CX←CX-1，直到 CX=0 或 ZF=1

注：“-”表示不影响此标志，“s”表示根据结果设置此标志。

尽管串操作指令的功能有所不同，但它们在确定操作数的寻址方式等方面却具有共同特点，具体如下。

① 串操作指令助记符最后一个字母为“B”，表示该指令为字节操作；最后一个字母为“W”，表示该指令为字操作。

② 所有串操作指令的操作数都可以采用隐含寻址。

源操作数必须在数据段 DS，由源变址寄存器 SI 指向段内地址。

目的操作数必须在附加段 ES，由目的变址寄存器 DI 指向段内地址。

因此，在使用串操作指令前，必须对 DS、ES、SI 和 DI 进行设置。如存储器某一数据段名为 DATA，在本段内进行串操作，则应如下设置：

```
MOV AX,  DATA
MOV DS,  AX              ;DATA 段为数据段
MOV ES,  AX              ;DATA 段又为附加段
```

③ 基本串操作指令每执行一次后，就自动改变源变址指针 SI 和目的变址指针 DI，其变化方向取决于标志寄存器中的方向标志位 DF。若使 DF 清 0（可执行指令 CLD），则地址指针 SI 和 DI 的内容变化方向为增量方向（操作数为字节时，地址指针增加 1；操作数为字时，地址指针增加 2）。若使 DF 置 1（可执行指令 STD），则地址指针 SI 和 DI 的内容变化方向为减量方向（操作数为字节时，地址指针减少 1；操作数为字时，地址指针减少 2）。当源串与目的串在出现数据区域重叠的情况下，设置方向标志位还可以解决可能出现的数据传送或存放错误的问题。在图 3-15（b）中，源串在目的串的上部且两者有重叠，在数据串传送时，应该从串尾向串首按照地址递减的方向传送；在图 3-15（c）中，应该从串首向串尾按照地址递增的方向传送；图 3-15（a）中源串和目的串没有重叠，则两种传送方向均可。

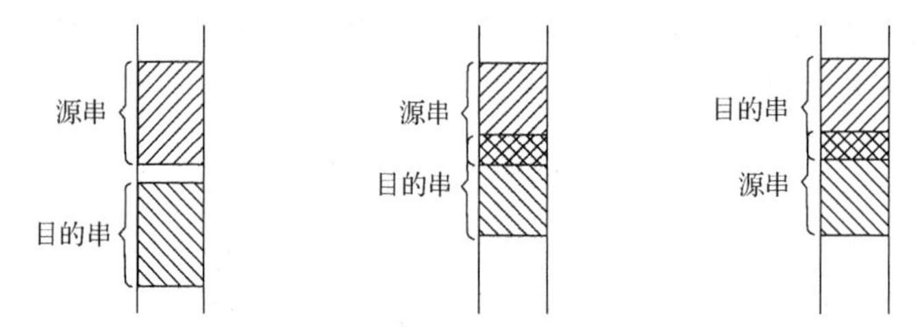

（a）源串与目的串不重叠　（b）源串与目的串下重叠　（c）源串与目的串上重叠

图 3-15　源串和目的串存放示意图

④ 能重复操作的串指令可加重复前缀 REP，重复次数由寄存器 CX 给出。

2. 基本串操作指令

基本串操作指令按其功能可分为 5 种：串传送指令（MOVS）、串比较指令（CMPS）、串搜索指令（SCAS）、串存储指令（STOS）和取串中元素指令（LODS）。

（1）串传送指令（MOVS）

① 串传送字节操作指令的格式：MOVSB。

MOVSB 指令的功能：实现数据串字节传送。

该指令首先执行操作：

```
ES:(DI) ← (DS:(SI))
```

即将 DS:SI 指向的字节（源操作数）传送到 ES:DI 指向的内存区（目的操作数）。

然后执行操作：

当 DF=0 时，SI ← (SI)+1，DI ← (DI)+1；

当 DF=1 时，SI ← (SI)−1，DI ← (DI)−1。

该指令可以使用重复前缀实现字节数据串的块传送。

② 串传送字操作指令的格式：MOVSW。

MOVSW 指令的功能：实现数据串字传送。

该指令首先执行操作：

```
ES:(DI) ← (DS: (SI))
```

即将 DS:SI 指向的字（源操作数）传送到 ES:DI 指向的内存区（目的操作数）。

然后执行操作：

当 DF=0 时，SI ← (SI)+2，DI ←(DI)+2；

当 DF=1 时，SI ← (SI)−2，DI ←(DI)−2。

该指令可以使用重复前缀实现字数据串的块传送。

【例 3-24】 将数据段地址为 2000H 单元的字节数据传送到附加段段内地址 1000H 单元中。

用一般传送指令实现：

```
MOV  AL,   [2000H]
MOV  ES:[1000H],  AL
```

用串传送指令实现：

```
MOV   SI,   2000H
MOV   DI,   1000H
MOVSB
```

若使用重复前缀 REP，可将数据段起始地址 2000H 单元开始连续的 100B 存储单元的数据，传送到附加段段内起始地址 1000H 开始的连续存储单元中。指令段只需做如下变化：

```
MOV  CL,   64H
CLD
MOV  SI,   2000H
MOV  DI,   1000H
REP  MOVSB
```

【例 3-25】 将数据段地址为 2000H 单元的字数据传送到附加段段内地址 1000H 单元中。

用一般传送指令实现：

```
MOV  AX,    [2000H]
MOV  ES:[1000H],  AX
```

用串传送指令实现：

```
MOV SI,  2000H
MOV DI,  1000H
MOVSW
```

（2）串比较指令（CMPS）

① 串比较字节操作指令的格式：CMPSB。

CMPSB 指令的功能：实现数据串字节比较。

执行操作：

```
(DS:(SI))-(ES:(DI))            ;源操作数减去目的操作数的结果影响状态标志位
                               ;比较结果相同，置 ZF=1，操作数不改变
```

当 DF=0 时，SI ← (SI)+1，DI ←(DI)+1；

当 DF=1 时，SI ← (SI)−1，DI ←(DI)−1。

指令执行后，影响标志位 SF、ZF、AF、CF、PF、OF。

该指令可以使用重复前缀实现字节数据串的比较。

② 串比较字操作指令的格式：CMPSW。

CMPSW 指令的功能：实现数据串字比较。

执行操作：

```
(DS:(SI))- (ES:(DI))           ;源操作数减去目的操作数的结果影响状态标志位
```

```
                        ;比较结果相同，置 ZF=1，操作数不改变
```

当 DF=0 时，SI ← (SI)+2，DI ←(DI)+2；

当 DF=1 时，SI ← (SI)−2，DI ←(DI)−2。

指令执行后，影响状态标志位 SF、ZF、AF、CF、PF、OF。

该指令可以使用重复前缀实现字数据串的比较。

【例 3-26】 设字符串 1 存储在数据段内起始地址为 2000H 开始的连续 100 个字节单元中，字符串 2 存储在附加段内起始地址为 1000H 开始的连续 100 个字节单元中。比较两个字符串是否相等，若相等，置 AL=00H，否则置 AL=0FFH。

指令段如下：

```
        MOV  SI,  2000H
        MOV  DI,  1000H
        MOV  CX,  64H
        CLD
LOP1:   CMPSB
        JNZ  EXIT
        DEC  CX
        JNZ  LOP1
        MOV  AL, 00H
        JMP  NEXT           ;无条件转移到标号 NEXT 处执行
EXIT:   MOV  AL, 0FFH
NEXT:  ...
```

（3）串搜索指令（SCAS）

① 串搜索字节操作指令的格式：SCASB。

SCASB 指令的功能：实现搜索关键字(AL)字节。

执行操作：

```
(AL)-(ES:(DI))          ;隐含操作数(AL)减去(ES:(DI))的结果影响状态标志位
                        ;搜索结果相同，置 ZF=1，操作数不改变
```

当 DF=0 时，DI ←(DI)+1；

当 DF=1 时，DI ←(DI)−1。

指令执行后，影响状态标志位 SF、ZF、AF、CF、PF、OF。

该指令要搜索的关键字存放在 AL 中，指令执行后，通过状态标志位 ZF 判断 ES:(DI)所指向的存储单元的内容是否与关键字相同。该指令可以使用重复前缀实现字节数据串的搜索。

例如，判断 ES:(DI)所指向的连续 COUNT（符号常量）个字节存储单元的内容是否含关键字“0”（字符 0），若有，则转到标号 LOP2 处执行，否则按顺序执行。

指令段如下：

```
        MOV  CX, COUNT
        MOV  AL, '0'
        CLD
LOP1:   SCASB
        JZ  LOP2                ;搜索到关键字“0”则转 LOP2
        DEC CX
        JNZ  LOP1
        MOV  AX, 2000H          ;未搜索到关键字“0”则按顺序执行
        ...
LOP2:   ...
```

② 串搜索字操作指令的格式：SCASW。

SCASW 指令的功能：实现搜索关键字(AX)。

执行操作：

```
(AX)-(ES:(DI))          ;隐含操作数(AX)减去(ES:(DI))的结果影响状态标志位
                        ;搜索结果相同，置 ZF=1，操作数不改变
```

当 DF=0 时，DI ←(DI)+2；

当 DF=1 时，DI ←(DI)−2。

指令执行后，影响状态标志位 SF、ZF、AF、CF、PF、OF。

该指令要搜索的关键字存放在 AX 中，指令执行后，通过状态标志位 ZF 判断 ES:(DI)所指向的存储单元的内容是否与关键字相同。该指令可以使用重复前缀实现字数据串的搜索。

（4）串存储指令（STOS）

① 串存储字节操作指令的格式：STOSB。

STOSB 指令的功能：实现对(AL)进行存储。

执行操作：

```
ES:(DI) ←(AL)            ;隐含将操作数(AL)传送到 ES:(DI)存储单元中
```

当 DF=0 时，DI ←(DI)+1；

当 DF=1 时，DI ←(DI)−1。

该指令执行后不影响状态标志位。

② 串存储字操作指令的格式：STOSW。

STOSW 指令的功能：实现对(AX)进行存储。

执行操作：

```
ES:(DI) ← (AX)            ;隐含将操作数(AX)存入 ES:(DI)单元
```

当 DF=0 时，DI ←(DI)+2；

当 DF=1 时，DI ←(DI)−2。

该指令执行后不影响状态标志位。

该指令可以使用重复前缀实现数据串的存储。

（5）取串中元素指令（LODS）

① 取串中元素字节操作指令的格式：LODSB。

LODSB 指令的功能：实现从串中取出字节元素。

执行操作：

```
AL ← (DS:(SI))
```

当 DF=0 时，SI ← (SI)+1；

当 DF=1 时，SI ← (SI)−1。

该指令执行后不影响状态标志位，一般情况下不使用重复前缀。

② 取串中元素字操作指令的格式：LODSW。

LODSW 指令的功能：实现从串中取出字元素。

执行操作：

```
AX  ← (DS:(SI))
```

当 DF=0 时，SI ← (SI)+2；

当 DF=1 时，SI ← (SI)−2。

该指令执行后不影响状态标志位，一般情况下不使用重复前缀。

3. 重复串操作助记符

重复串操作助记符可作为重复前缀，与基本串操作指令配合，可以多次重复执行基本串操作指令，从而完成对数据串序列的操作。

重复串操作助记符不能单独使用，执行重复前缀指令不影响标志位。重复执行的次数预置在寄存器 CX 中。

（1）重复操作前缀 REP

格式：

```
REP   MOVSB/MOVSW  （或 STOS，LODS）
```

REP 的功能：重复执行串操作指令，直到计数寄存器 CX（80386 以上为 32 位寄存器 ECX）的内容等于 0 为止。

执行的步骤如下。

① 检查当前 CX 的内容，若 CX=0，则退出当前指令；若 CX≠0，则执行步骤②。

② 修改重复次数：CX ←(CX)–1。

③ 执行一次其后的串操作指令。

④ 重复执行步骤①～③，直到 CX=0 时结束。

与 REP 配合的串操作指令可以是 MOVS、STOS、LODS。

【例 3-27】 将内存首地址为 DS 段 SRC 单元开始的源字符（字节）串传送到 ES 段 DST 单元为首地址的内存区，字符串长度为 100。

比较下面 3 种实现方法的指令段。

方法 1：不使用串操作指令。

```
        LEA   SI,  SRC
        LEA   DI,  DST
        MOV   CX,  64H
        CLD
LOP1:   MOV   AL,  [SI]
        MOV   ES:[DI], AL
        INC   SI
        INC   DI
        DEC   CX
        JNZ   LOP1                    ;未传送完转到 LPO1 继续传送
        ...
```

方法 2：使用串操作指令 MOVSB。

```
        LEA   SI,  SRC
        LEA   DI,  DST
        MOV   CX,  64H
        CLD
LOP2:   MOVSB
        DEC CX
        JNZ   LOP2                    ;未传送完转到 LPO2 继续传送
        ...
```

方法 3：使用重复前缀的“REP+MOVSB”指令。

```
CLD                      ;DF=0，增量方向
LEA   SI,  SRC           ;字符串首地址送入 SI
LEA   DI,  ES:DST        ;目标地址送入 DI
MOV   CX,  64H           ;字符串长度 100 送入 CX
REP   MOVSB              ;重复字符串传送直到 CX=0
...
```

由以上 3 种方法的指令段可以看出，使用重复前缀的“REP+MOVSB”指令可实现传送效率最高。

（2）相等/为 0 重复操作前缀 REPE/REPZ

格式：

```
REPE/REPZ   CMPS（或 SCAS）  ;REPE 和 REPZ 功能完全相同
```

REPE/REPZ 的功能：当 CX≠0 并且 ZF=1（即对于串操作指令 CMPS，表示比较相等）时，重复执行串操作指令。

执行的步骤如下。

① 检查当前 CX 的内容和标志位 ZF，若 CX=0 或 ZF=0（即某次比较的结果是两个操作数不等）则退出当前指令；若 CX≠0 并且 ZF=1（即某次比较的结果是两个操作数相等），则执行步骤②。

② 修改重复次数：CX ←(CX)−1。

③ 执行一次其后的串操作指令。

④ 重复执行步骤①～③，直到 CX=0 或 ZF=0 结束。

与 REPE/REPZ 配合的串操作指令可以是 CMPS、SCAS。

（3）不相等/不为 0 重复操作前缀 REPNE/REPNZ

格式：

```
REPNE/REPNZ   CMPS（或 SCAS）  ; REPNE 和 REPNZ 的功能完全相同
```

REPNE/REPNZ 的功能：当 CX≠0 并且 ZF=0（即对于串操作指令 CMPS，表示比较不相等）时，重复执行串操作指令。

执行的步骤如下。

① 首先检查当前 CX 的内容和标志位 ZF，若 CX=0 或 ZF=1（即某次比较的结果是两个操作数相等），则退出当前指令。若 CX≠0 且 ZF=0（即某次比较的结果是两个操作数不相等），则执行步骤②。

② 修改重复次数：CX ←(CX)−1。

③ 执行一次其后的串操作指令。

④ 重复执行步骤①～③，直到 CX=0 或 ZF=1 结束。

与 REPNE/REPNZ 配合的串操作指令可以是 CMPS、SCAS。

【例 3-28】 在首地址为 ES:DST 的存储单元中存放着 COUNT 个字节的字符串，搜索是否有字符“X”，若有“X”，则置 AL=00H，否则置 AL=0FFH。

指令段如下：

```
        LEA  DI,  DST           ;将目标地址送入 ES:DI
        MOV  CX,  COUNT         ;字符串长度
        MOV  AL,  'X'           ;将搜索字符送入 AL
        CLD                     ;DF=0，增量方向
        REPNE  SCASB            ;重复搜索字符串是否有字符“X”
        JZ  LOP1                ;ZF=1（搜索到）则转到 LOP1 执行，否则按顺序执行
        MOV  AL, 0FFH
        JMP  NEXT
LOP1:   MOV  AL, 00H
NEXT:   ...
```

以上指令段中，若串扫描指令 SCASB 在字符串中没有搜索到“X”，则一直重复执行，直至(CX)=0 转入下一条指令（JZ LOP1）继续执行。一旦搜索到“X”，则 SCASB 指令立即停止执行，并影响状态标志位 ZF=1 后，转入下一条指令（JZ LOP1）继续执行。

综上所述，为了能够实现串操作，在程序设计时应掌握以下 4 个要点。

① 利用方向标志位 DF 设定串操作中地址修改的方向：DF=0 为递增，DF=1 为递减。

② 利用 DS:SI 和 ES:DI 设定源串和目标串的首地址。

③ 利用 CX 设定被处理数据串的字节个数或字个数。

④ CMPS 和 SCAS 指令常与 REPE/REPZ、REPNE/REPNZ 配合使用。而 MOVS、LODS 和 STOS 指令与 REP 配合使用。

3.2.5 控制转移指令

一般情况下，程序中的指令是按顺序执行的，但为了实现不同的功能，往往需要改变指令的执行顺序，转去执行某一指令（段），实现这种功能的指令称为控制转移指令。

8086 系统由代码段寄存器 CS 和指令指针寄存器 IP 决定当前要执行指令的地址，控制转移指令通过改变 CS 和 IP 的值，实现程序执行顺序的改变。

8086 系统提供的控制转移指令包括无条件转移指令、条件转移指令、循环指令等。

1. 无条件转移指令

无条件转移指令的一般格式：

```
JMP  DST
```

DST 为要转移的目标地址，一般情况下，DST 应设计为指令地址符号，使程序清晰，便于阅读。

JMP 指令的功能：无条件转移到 DST 所指向的目标地址执行（程序）。该指令既可以在段内转移，也可以在段与段之间转移。

该类指令不影响标志位。

无条件转移指令的目标地址 DST 的属性和寻址方式可以不同，但可以使用相同的指令格式，即 JMP DST，由系统自动识别 DST。

（1）段内转移指令

段内转移指令的转移范围限定在指令所在段内，即只改变指令指针寄存器 IP 的内容，代码段寄存器 CS 的内容不变。

① 段内直接短转移指令的格式：

```
JMP  SHORT  DST
```

执行操作：IP ← (IP)+8 位偏移量，CS 的内容不变。

DST 为指令控制的转移目标地址，指令中一般使用符号地址（也称标号）。SHORT 是汇编语言（第 4 章介绍）规定的地址属性运算符，用于指示汇编程序将符号地址汇编成目标代码的 8 位偏移量（有符号数，其补码表示范围为−127～128），该指令执行后，要转移的目标地址是当前 IP 的内容与指令中 8 位偏移量之和，又称相对转移。

例如，设转移指令 JMP SHORT LOP1 存放在 CS 段，对应的段内地址为 1000H 和 1001H，标号 LOP1 的地址为 1064H。当 IP=1000H 时，在给出取指令地址 IP 的内容后，当前 IP 的内容立即自增 2（IP ← 1000H+2）指向下一条指令。因此，指令中偏移量应为目标地址 1064H 减去 IP 的当前值 1002H，即偏移量为 62H。该指令执行后，IP 的内容为 1064H。

以上操作是系统自动完成的，程序员只需要确定标号 DST 所在的位置不超出转移范围即可。

例如：

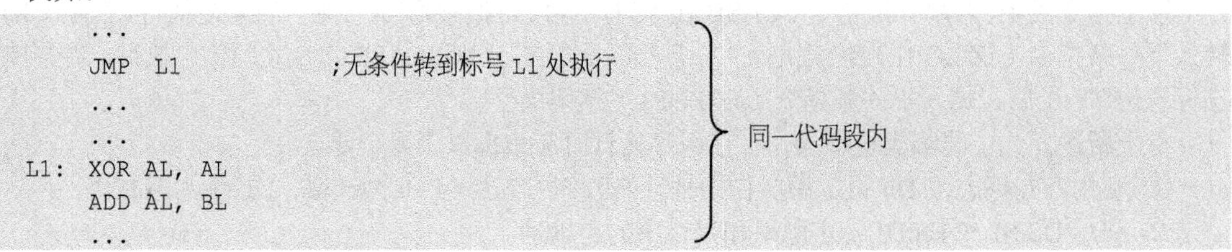

② 段内直接近转移指令的格式：

```
JMP NEAR PTR  DST
```

执行操作：IP← （IP）+ 16 位偏移量，CS 的内容不变。

该指令中 NEAR PTR 是汇编语言规定的地址属性运算符，用于指示汇编程序将符号地址 DST 汇编成目标代码的 16 位偏移量（有符号数，其补码表示范围为-32767～32768），其执行情况与 JMP SHORT DST 指令类同。

③ 段内间接转移指令的格式：

```
JMP  WORD PTR  DST
```

执行操作：IP← EA（DST 不能为标号），CS 的内容不变。

由 DST 的寻址方式决定有效地址 EA 的内容。WORD PTR 为汇编操作符，指出转向地址是一个字的有效地址。DST 仅限定为 16 位寄存器寻址或存储器寻址（即除了立即数寻址以外的任何一种寻址方式）取得的数据，并用这些数据直接作为有效地址 EA 送入 IP。这种方式又称绝对转移。

例如，设(BX)=2000H。执行指令 JMP BX 后，(IP)=2000H，CS 的内容不变。

例如，设(BX)=1000H，(DS)=2000H，数据段物理地址为 DS:BX=2000H:1000H=21000H，(21000H)=12H，(21001H)=34H。则执行指令 JMP WORD PTR[BX]后，(IP)=3412H，CS 的内容不变。

（2）段间转移指令

① 段间直接转移指令的格式：

```
JMP   FAR PTR DST
```

执行操作：IP ← 标号 DST 所在的段内偏移地址；CS ← 标号 DST 所在段的段地址。

该指令中 FAR PTR 是汇编语言规定的地址属性运算符，用于指示汇编程序的符号地址 DST 为直接寻址且不在同一段内。指令执行后，将 DST 所在段的偏移量送入 IP，DST 所在的段地址送入 CS，从而实现段间转移。

例如：

② 段间间接转移指令的格式：

```
JMP DWORD PTR DST
```

执行操作：IP←DST 寻址存储器低字数据；CS←DST 寻址存储器高字数据。

该指令中 DWORD PTR 是汇编语言规定的地址属性运算符，用于指示汇编程序的符号地址 DST 为间接寻址且不在同一段内。由它所寻址的目标地址代码存放在数据段存储器（双字）中。指令执行后，将存储器双字的低位字送入 IP，将存储器双字的高位字送入 CS，从而实现段间转移。

2. 条件转移指令

条件转移指令是根据运算或比较结果对状态标志位的影响，来决定下一条要执行指令的目标地址。条件转移指令的目标地址属于段内短转移类型，相对偏移量必须在-128～127 的范围内。

条件转移指令有以下 3 类。

① 基于状态标志位的条件转移指令。

② 基于无符号数的条件转移指令。

③ 基于有符号数的条件转移指令。

条件转移指令的转移条件及运算结果见表 3-3。

表 3-3　条件转移指令的转移条件及运算结果

序号	条件转移指令	转移条件（状态标志位）	运算结果
1	JC label	CF=1	有进位/错位
2	JNC label	CF=0	无进位/错位
3	JE/JZ label	ZF=1	相等/等于 0
4	JNE/JNZ label	ZF=0	不相等/不等于 0
5	JS label	SF=1	是负数
6	JNS label	SF=0	是正数
7	JO label	OF=1	有溢出
8	JNO label	OF=0	无溢出
9	JP/JPE label	PF=1	有偶数个“1”
10	JNP/JPO label	PF=0	有奇数个“1”
11	JA/JNBE label	CF=0 且 ZF=0	无符号数比较：大于转移
12	JAE/JNB label	CF=0 或 ZF=1	无符号数比较：大于等于转移
13	JB/JNAE label	CF=1 且 ZF=0	无符号数比较：小于转移
14	JBE/JNA label	CF=1 或 ZF=1	无符号数比较：小于等于转移
15	JG/JNLE label	SF 与 OF 同号且 ZF=0	有符号数比较：大于转移
16	JGE/JNL label	SF 与 OF 同号或 ZF=1	有符号数比较：大于等于转移
17	JL/JNGE label	SF 与 OF 异号且 ZF=0	有符号数比较：小于转移
18	JLE/JNG label	SF 与 OF 异号或 ZF=1	有符号数比较：小于等于转移
19	JCXZ	(CX)=0	CX 的内容为 0 时转移

条件转移指令的一般格式：

```
JXX  label（标号）
```

其中 XX 为条件助记符，如 JZ、JNZ 等。

图 3-16 所示为条件转移指令的操作流程。

JXX 指令的功能：所有条件转移指令都是以状态标志位的状态或者以状态标志位的逻辑运算结果作为转移依据的。如果满足转移条件，则程序转移到标号所指示的目标地址处执行指令；否则，顺序执行下一条指令。

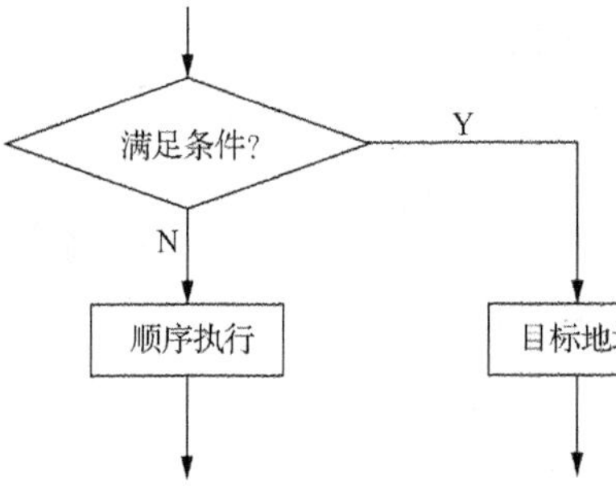

满足条件?
Y
N
顺序执行
目标地址

图 3-16　条件转移指令的操作流程

（1）单标志位条件转移指令

单标志位条件转移指令是指根据某一状态标志位的现行状态确定程序流向，见表 3-3 中第 1～10 条指令。

该类指令一般适用于测试某种运算结果，并根据不同的状态标志位决定程序是否转移，以便进行不同的处理。

例如，指令段：

```
      ADD  AX, BX
      JC   LP                ;若加法有进位（即 CF=1），转至 LP 处理，否则按顺序执行
      SUB  AX, BX
      JNZ  ZERO              ;若减法结果不为 0（即 ZF=0），转至 ZERO 处理，否则按顺序执行
LP:   …
      …
ZERO: …
```

再如，指令段：

```
     SUB  AX, BX
     JNS  LP                 ;若减法结果为正数（即 SF=0），转至 LP 处理，否则按顺序执行
     NEG
LP:  …
     …
```

（2）无符号数比较结果条件转移指令

该类指令根据两个无符号数进行减法或比较操作，再根据其结果对状态标志位 CF 和 ZF 的影响

决定是否转移，见表 3-2 中的第 11～14 条指令。

例如，比较无符号数 0AFH 和 80H 的大小，显然 0AFH>80H，执行下面的指令。

```
        MOV  AL, 0AFH
        CMP  AL, 80H      ;比较两个数，0AFH>80H，PF=0，ZF=0，CF=0
        JA   ABOVE        ;作为无符号数 0AFH>80H，程序转至 ABOVE 处执行
        …
        …
ABOVE: ADD  AL, AL
        …
        …
```

运行结果：转移到 ABOVE 处继续执行指令。

（3）有符号数比较结果条件转移指令

该类指令根据两个有符号数相比较所产生的状态标志位 CF 和 ZF 决定是否转移，见表 3-3 中的第 15～19 条指令。

例如，比较有符号数 0AFH 和 80H 的大小。

已知有符号数 0AFH=10101111B，80H=10000000B，在机器中 0AFH 和 80H 均为负数的补码表示，其真值分别为–81 和–128。显然，–81>–128。

指令段如下：

```
       MOV   AL, 0AFH
       CMP   AL, 80H      ;比较两个数，执行结果，SF=0，OF=0，ZF=0，有符号数 0AFH>80H
       JG    LP           ;对于有符号数，AL>80H，则转至标号 LP 处执行，否则按顺序执行
       ADD   AL, 12H
LP:   …
```

以上指令在执行“CMP AL, 80H”时，并不能识别操作数是否为有符号数，该指令的功能只是按位相减后进行比较，比较结果影响状态标志位。在执行下一条指令（即 JG　LP）时，由该指令判断状态标志位是否符合转移条件。但是作为程序员，仅需考虑只要有符号数 0AFH 大于 80H 就符合转移条件，程序转至 LP 所指定的目标地址执行，否则，按顺序执行下一条指令。

由此可见，虽然 JG（Jump on Greater than）和 JA（Jump on Above）都是以“比较大于”作为转移条件的，在指令前都要执行比较指令 CMP，但必须区分 JG 比较的两个数是有符号数，而 JA 比较的两个数是无符号数。

（4）JCXZ 指令

JCXZ 指令不影响 CX 的内容，此指令在(CX)=0 时，控制转移到目标标号，否则按顺序执行 JCXZ 指令的下一条指令。

3. 循环指令

循环指令可以实现某一程序（指令）段的重复执行，8086 系统的循环指令以寄存器 CX 的内容为循环次数计数器，根据 CX 的内容以及状态标志位的测试结果决定程序是循环执行还是退出循环（顺序执行下一条指令）。其控制流程如图 3-17 所示。

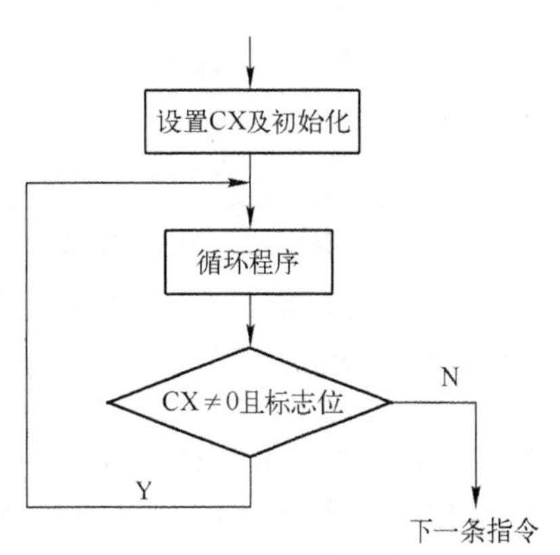

图 3-17　循环指令的控制流程

循环指令中以标号 DST 为循环控制的目标地址，其属性为段内直接短转移（转移范围在–128～128）。

按控制循环的方式，循环指令有以下 3 种。

（1）循环控制指令 LOOP

循环控制指令的格式：

```
LOOP  DST
```

执行操作：CX ← (CX)−1。

若 CX≠0，转标号 DST 所指定的目标地址执行（程序）；若 CX=0，则按顺序执行。

（2）为 0/相等时循环控制指令 LOOPE/LOOPZ

为 0/相等时循环控制指令的格式：

```
LOOPE/LOOPZ  DST
```

执行操作：CX ← (CX)−1。

若 CX≠0 且 ZF=1，转标号 DST 所指定的目标地址执行（程序）；否则按顺序执行。

（3）不为 0/不相等循环控制指令 LOOPNE/LOOPNZ

不为 0/不相等循环控制指令的格式：

```
LOOPNE/LOOPNZ  DST
```

执行操作：CX ← (CX)−1。

若 CX≠0 且 ZF=0，转标号 DST 所指定的目标地址执行（程序）；否则按顺序执行。

不难看出，LOOP 指令与 REP 指令有近似相同的控制形式，在程序设计中极为灵活、方便。

【例 3-29】 使用多重循环构成延时程序。

指令段如下。

```
        MOV     BX, 8FH        ; 外循环的次数在 BX 中预置
L1:     MOV     CX, 10         ; 内循环的次数存放在 CX 中
L2:     LOOP    L2
        DEC     BX
        JNZ     L1
```

为了方便、及时地学习和理解汇编指令设计的源程序（或指令段）的执行过程和执行结果，可以使用 Windows 环境下的 8086 汇编指令 EMU8086 软件（使用方法见本书电子资源）对程序进行仿真调试。

使用 EMU8086 对源程序进行仿真调试的方法步骤如下。

① 启动 EMU8086，在启动窗口单击“new”按钮，弹出选择对话框，选择“empty workspace”后，进入编辑窗口，输入本题源程序，如图 3-18 所示。

② 单击工具栏上的“compile”按钮，对源程序进行编译，输入文件名存盘后返回。

③ 单击“emulate”按钮弹出仿真窗口。

在仿真窗口单击“single step”按钮，单步调试程序，可以观察每一条指令仿真执行的结果。单步执行完前两条指令的仿真结果如图 3-19 所示，可以看出仿真结果的段基址 CS=0100H、指令指针 IP=0006H、BX=8FH、CX=0AH，下一条执行指令为循环指令 LOOP。

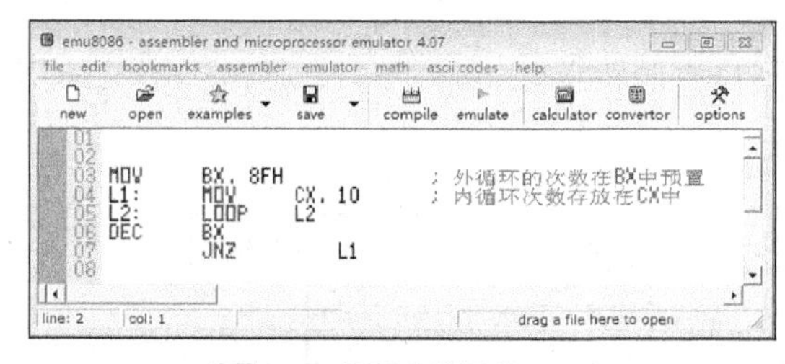

图 3-18 源程序编辑窗口

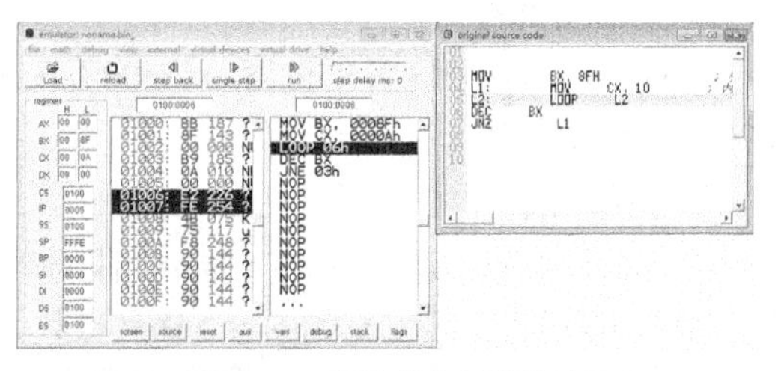

图 3-19 单步执行的仿真结果

在仿真窗口单击“run”按钮，循环程序连续执行完毕（延时结束），并显示仿真结果，如图 3-20 所示。可以看出仿真结果的段基址 CS=0100H、指令指针 IP=001FH、BX=00H、CX=00H。

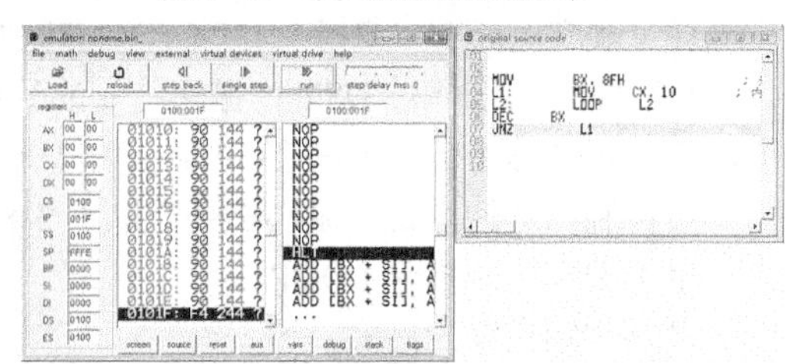

图 3-20 连续执行的仿真结果

【例 3-30】 求 BUFF 数据区中的第一个 0 元素之前的各字节之和，并将求和结果存入 SUM 变量。该数

据区有 10 个元素且首地址的元素不为 0。

① 完整的汇编语言源程序如下。

```
DATA    SEGMENT
BUFF    DB  38H,28H,0Fh,5H,05H,0,16H,3H,0,20H
SUM     DW  ?
DATA    ENDS    …
CODE    SEGMENT
        ASSUME DS;DATA,CS:CODE
START:  MOV AX, DATA
        MOV DS, AX                ;以上为汇编语言程序要求的格式（第 4 章介绍）
        XOR AX, AX                ;以下为循环程序段
        MOV SI, OFFSET BUFF       ;将 BUFF 数据区的起始地址送入 SI
        MOV CX, 0AH
AGAIN:  ADD AL, [SI]              ;循环入口，将 SI 所指向的数据送入 AL（第一次数据为 38H）
        ADC AH,  0
        INC  SI                   ;SI←(SI+1)，使 SI 指向下一个数据单元
        CMP  BYTE PTR[SI],  0
        LOOPNZ   AGAIN            ;CX←(CX-1)，CX 不为 0，且 CMP 指令使 ZF=0，转至
                                  ;标号 AGAIN 重复执行
        MOV SUM, AX               ;保存结果
        MOV AH, 4CH               ;以下为汇编语言程序要求的格式（第 4 章介绍）
        INT 21H
CODE    ENDS
        END  START
```

② 程序分析。通过循环指令 LOOPNZ 对 BUFF 数据区第一个 0 元素之前的各字节求和，应为：

38H+28H+0FH+5H+05H=79H

③ 仿真调试。在 EMU8086 仿真环境中进行调试。

源程序编辑窗口如图 3-21 所示。

单步执行的仿真结果如图 3-22 所示，下一条执行指令为：

```
XOR AX,AX
```

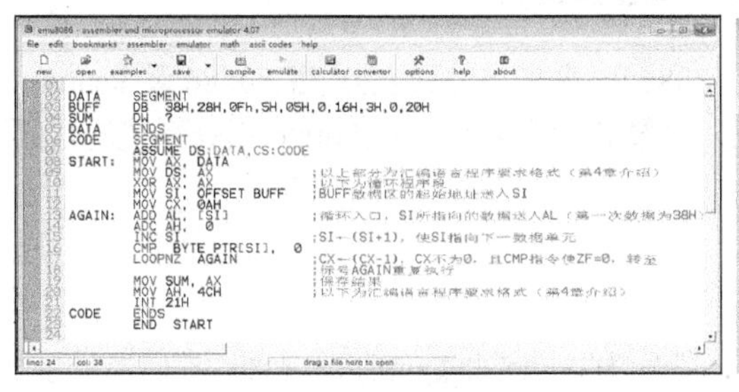

图 3-21　源程序编辑窗口

图 3-22　单步执行的仿真结果

连续执行的仿真结果如图 3-23 所示，可以看到 AX=4C79H，其中 AL=79H，与分析结果相同。

控制转移指令除了以上介绍的三种外，还有在控制类程序中使用频繁的子程序调用、返回指令和中断指令，这些内容在后续章节中将详细介绍。

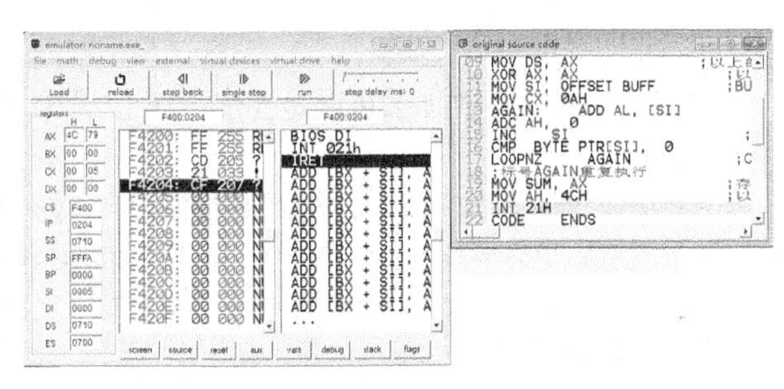

图 3-23　连续执行仿真结果

3.2.6 处理器控制指令

处理器控制指令用于控制处理器的某些动作和标志寄存器位的设置等。

1. 标志寄存器位的设置指令

标志寄存器位的设置指令可以直接设置标志位的状态，主要应用在算术运算、串操作及中断控制程序中。

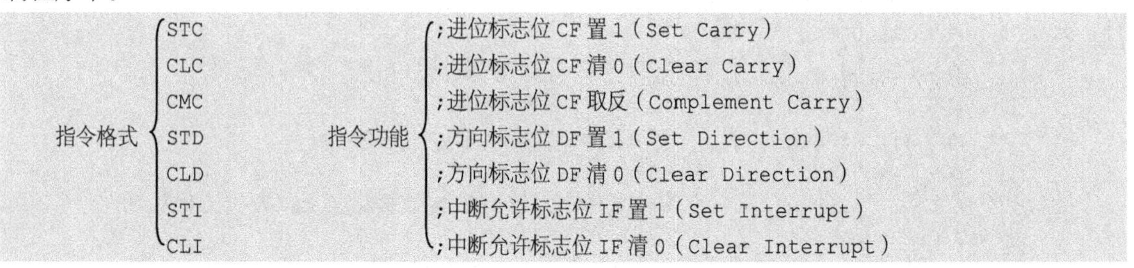

指令格式 / 指令功能

```
STC    ;进位标志位 CF 置 1 (Set Carry)
CLC    ;进位标志位 CF 清 0 (Clear Carry)
CMC    ;进位标志位 CF 取反 (Complement Carry)
STD    ;方向标志位 DF 置 1 (Set Direction)
CLD    ;方向标志位 DF 清 0 (Clear Direction)
STI    ;中断允许标志位 IF 置 1 (Set Interrupt)
CLI    ;中断允许标志位 IF 清 0 (Clear Interrupt)
```

2. 外部同步指令

该类指令不影响状态标志位。

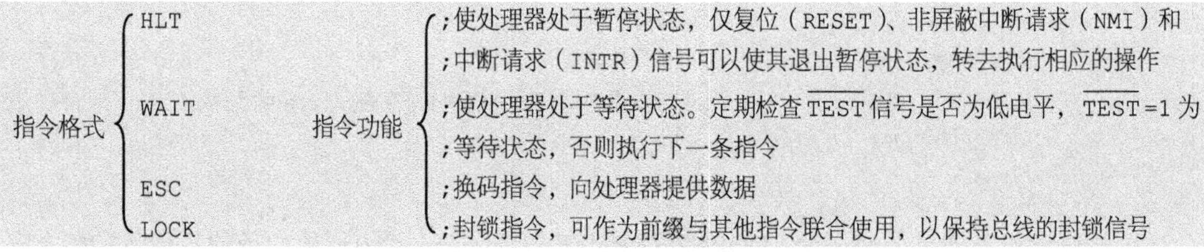

指令格式 / 指令功能

```
HLT    ;使处理器处于暂停状态，仅复位(RESET)、非屏蔽中断请求(NMI)和
       ;中断请求(INTR)信号可以使其退出暂停状态，转去执行相应的操作
WAIT   ;使处理器处于等待状态。定期检查 TEST 信号是否为低电平，TEST=1 为
       ;等待状态，否则执行下一条指令
ESC    ;换码指令，向处理器提供数据
LOCK   ;封锁指令，可作为前缀与其他指令联合使用，以保持总线的封锁信号
```

（注：TEST 上有上划线，即 $\overline{TEST}$。）

3. 空操作指令 NOP

NOP 指令的功能是执行空操作（执行时在 8086 中需要 3 个指令周期，在 Pentium 中需要 1 个指令周期）后，接着执行下一条指令。

3.3 从 8086 到 80x86 指令系统的变化

随着计算机技术和大规模集成电路技术的发展，在 8086 的基础上，又相继出现 80x86 及 Pentium 等 CPU。80386 以上及 Pentium 内部寄存器是 32 位的，本节介绍在兼容 16 位 8086 指令系统的基础上，80x86 系统扩展增加的寻址方式和指令。

3.3.1 80x86 系统的寻址方式

80x86 系统的寻址方式的分类和 8086 系统的一样，可分为立即寻址、寄存器寻址、存储器寻址、I/O 端口寻址等。

1. 立即寻址

立即寻址方式下立即数可以是 8 位、16 位或 32 位二进制数（低位在前，高位在后）。

例如：

```
MOV AX, BX              ;16 位数据传送，兼容 8086 系统的所有指令
MOV EAX, 12345678H      ;执行后，(AX)=5678H，1234H 在 EAX 的高 16 位中
ADD EAX, 80H            ;(AX)=56F8H
```

2. 寄存器寻址

寄存器寻址方式下操作数在 8 位、16 位或 32 位通用寄存器中。

例如：

```
MOV EAX, EBX          ;将 32 位寄存器 EBX 的内容传送给 EAX
MOV ESP, EBP          ;将 32 位寄存器 EBP 的内容传送给 ESP
```

3. **存储器寻址**

在 80x86 中，存储器的物理地址由段基址及段内偏移量组成。段内偏移量（即有效地址 EA）可以由以下 4 种地址分量组合而成。

① 基址：用来指示某局部存储区的起始位置，可以是 8 个 32 位通用寄存器（EAX / EBX / ECX / EDX / ESP / EBP / ESI / EDI）。

② 变址：可以方便地访问数组或字符串，可以是除 ESP 以外的 32 位通用寄存器。

③ 偏移量：8 位、16 位或 32 位二进制数。

④ 比例因子：专为 32 位寻址方式设置的一种地址分量，取值为 1、2、4 或 8。

计算 80x86 有效地址的一般方法如下：

EA=基址+(变址×比例因子)+偏移量

这里，对于有效地址的 4 个地址分量的取值，16 位寻址方式和 32 位寻址方式存在差异，其使用规定见表 3-4。

表 3-4　有效地址中 4 个地址分量的使用规定

地址分量	16 位寻址方式	32 位寻址方式
基址寄存器	BX、BP	任何 32 位通用寄存器
变址寄存器	SI、DI	除 ESP 以外的任何 32 位通用寄存器
偏移量	0、8 或 16	0、8 或 32
比例因子	1	1、2、4 或 8

80x86 中几种存储器寻址方式如下。

（1）直接寻址

操作数的有效地址以 8 位、16 位或 32 位偏移量的形式作为指令的一部分，与操作码一起存放在代码段中。操作数的段基址默认为 DS（即数据段）。例如：

```
MOV  EAX, [2000H]          ;2000H 为 32 位操作数的有效地址
```

（2）寄存器间接寻址

例如：

```
MOV   CL,  [EDX]           ;32 位寄存器间接寻址，传送 8 位字节数据
MOV   AX,  [EDX]           ;32 位寄存器间接寻址，传送 16 位字数据
MOV   EAX,  [EDX]          ;32 位寄存器间接寻址，传送 32 位双字数据
MOV   SP, ES: [ECX]        ;段跨越在附加段的 32 位寄存器间接寻址，传送 16 位字数据
```

对于 32 位寻址方式，由于基址寄存器和变址寄存器已经不局限于 BX 和 BP，因此，下面的指令仍然是有效的。

```
MOV  DX, [EBX+EBP]
```

若以 EBP、ESP 为基址进行间接寻址，默认的段基址在 SS 中；而采用其他通用寄存器作为基址进行间接寻址时，默认的段基址在 DS 中。同样，可以采用加段跨越前缀的方法对其他段进行寻址。

（3）寄存器相对寻址

例如：

```
MOV  ECX, [BX+16H]         ;基址相对寻址
MOV  EAX, [SI+16H]         ;变址相对寻址
```

（4）基址加变址寻址

基址加变址寻址方式下，存储器操作数的有效地址为一个基址寄存器和一个变址寄存器的内容之和。

例如：

```
MOV EDX, [EBX+ESI]
```

（5）基址加变址相对寻址

基址加变址相对寻址方式下，存储器操作数的有效地址为一个基址寄存器和一个变址寄存器的内容之和再加上偏移量。例如：

```
MOV  EDI,  [ESP+EBP+1000H]       ;基址加变址相对寻址
MOV  EAX,  16H[BX][SI]           ;基址加变址相对寻址
```

（6）寄存器比例寻址

寄存器比例寻址可分为以下几种。

① 比例变址方式，即变址寄存器的内容乘比例因子，再加上偏移量。

② 基址比例变址方式，即变址寄存器的内容乘比例因子，再加上基址寄存器的内容。

③ 相对基址比例变址方式，即变址寄存器的内容乘比例因子，再加上基址寄存器的内容和偏移量。

例如：

```
MOV  EAX,  X[EDI*4]              ; EA=(EDI)×4+X，其中 X 是 8 位或 32 位偏移量
MOV  EAX,  EBX[EDI*8]            ; EA=(EDI)×8+(EBX)
MOV  EAX,  X[ESI*4][EBP]         ; EA=(ESI)×4+(EBP)+X，其中 X 是 8 位或 32 位偏移量
```

4. I/O 端口寻址

80x86 和 8086 对于 I/O 端口的寻址范围是相同的，最大寻址范围为 0～65535，I/O 端口按字节编址。可以按地址连续的字节端口的个数定义 16 位字端口和 32 位双字端口。

80x86 的 I/O 端口寻址方式同 8086。

3.3.2 80x86 增强和扩展指令

下面仅介绍 80386 以上增强和扩展的部分指令，指令中与 8086 系统相应指令的相同部分不再说明。

1. 数据传送扩展指令

（1）带符号扩展传送指令

```
MOVSX  DST, SRC          ;带符号扩展传送指令
```

该指令的源操作数可以是 8 位或 16 位寄存器数或存储器数，目的操作数必须为 16 位或 32 位寄存器。

该指令的功能：源操作数的符号位扩展到目的操作数。

（2）带 0 扩展传送指令

```
MOVZX  DST, SRC          ;带 0 扩展传送指令
```

该指令对操作数的要求同 MOVSX，其差别只是 MOVZX 令高位扩展 0。

（3）所有寄存器进栈指令

```
PUSHA/PUSHAD             ;所有寄存器进栈指令
```

PUSHA 指令的功能：16 位通用寄存器按序（AX、CX、DX、BX、SP、BP、SI、DI）依次进栈，然后执行 SP←(SP)−16。

PUSHAD 指令的功能：32 位通用寄存器按序（EAX、ECX、EDX、EBX、ESP、EBP、ESI、EDI）依次进栈，然后执行 SP←(SP)−32。

（4）所有寄存器出栈指令

```
POPA/POPAD                    ;所有寄存器出栈指令
```

POPA 指令的功能：16 位通用寄存器按序（DI、SI、BP、SP、BX、DX、CX、AX）依次出栈，然后执行 SP←(SP)+16。

POPAD 指令的功能：32 位通用寄存器按序（EDI、ESI、EBP、ESP、EBX、EDX、ECX、EAX）依次出栈，然后执行 SP←(SP)+32。

（5）交换指令

```
BSWAP         ;交换指令
```

它是 80486 扩充的指令，其功能是对指定的 32 位通用寄存器，以字节为单位将其 31～24 位与 7～0 位、23～16 位与 15～8 位进行交换。

2. 加法扩展指令

（1）交换且相加指令 XADD

指令格式：

```
XADD  DST,  SRC
```

执行操作：TEMP←(SRC)+(DST)，TEMP 为一个中间变量。

SRC←(DST)

DST←(TEMP)

该指令是 80486 增加的指令，操作数可以是 8 位、16 位或 32 位寄存器数或存储器数。DST 操作数传送给 SRC 操作数；DST 操作数与 SRC 寄存器数相加，其结果传送给 DST 操作数。

（2）比较并交换指令 CMPXCHG

指令格式：

```
CMPXCHG   DST,  SRC
```

执行操作：(累加器)=(DST)，若相等，则 DST←(SRC)，否则，(累加器)←(DST)。

累加器可以是 AL、AX、EAX。

该指令是 80486 增加的指令，操作数可以是 8 位、16 位或 32 位寄存器数或存储器数。DST 操作数与累加器的内容进行比较，若相等，置 ZF=1，并将存放 SRC 寄存器中的源操作数送到 DST 目的操作数；否则，ZF=0，并将 DST 操作数的内容送到相应的累加器。

3. 位测试及位扫描指令

（1）位测试指令 BT

指令格式：

```
BT  DST,   SRC
```

执行操作：将 DST 中由源操作数 SRC 所指定的位送入状态标志位 CF。

例如，若(AX)=1234H=0001001000110100，则执行指令：

```
BT   AX, 4       ;测试 AX 中的第 4 位
```

执行结果：CF=1。

（2）正/反向位扫描指令 BSF/BSR

指令格式：

```
BSF/BSR   REG,  SRC
```

执行操作：从低位/高位到高位/低位扫描 SRC 确定的各个位，若各位都为 0，则置中断允许标志位 IF=1；否则置 IF=0，并且把扫描到的第一个 1 的位号送入寄存器 REG 中。

4. 串操作指令

（1）串输入指令 INS

指令格式：

```
INS  ES:DI,  DX
INSB（字节）
INSW（字）
INSD（双字）（386以上）
```

执行操作:将DX的内容为地址的I/O端口数据传送到附加段由变址寄存器所指向的存储单元中。

（2）串输出指令 OUTS

指令格式:

```
OUTS  DX,  DS:SI
```

指令操作：将源变址寄存器所指向的存储单元的数据传送到 DX 所指向的 I/O 端口中。

（3）指令 MOVSD

将 DS:SI 指向的双字源操作数传送到 ES:DI 指向的目标存储单元中。

5. Cache 操作指令

（1）INVD

INVD 是 80486 增加的指令，其功能为使 Cache 的内容无效。

执行操作：刷新内部 Cache，并分配一个专用的总线周期刷新外部 Cache。执行该指令不会将外部 Cache 中的数据写回主存。

（2）WBINVD

WBINVD 是 80486 增加的指令，其功能类同 INVD 指令，先刷新内部 Cache，并分配一个专用总线周期，外部 Cache 的数据写回主存，并在此后的一个专用总线周期刷新外部 Cache。

6. Pentium 增强和扩展部分指令

（1）INVLPG

INVLPG 是 Pentium 增加的指令，该指令将页式管理机构内的高速缓冲器 TLB 中的某一项作废。如果 TLB 含有一个存储器操作数映像的有效项，则该 TLB 项被标记为无效。

（2）CMPXCHG8B

CMPXCHG8B 是 Pentium 增加的指令，其功能与 CMPXCHG 类似，不同之处只是该指令为 64 位比较交换指令，并且规定目的操作数必须为内存变量，源操作数和累加器分别为 ECX:EBX 和 EDX:EAX。

（3）RDMSR

RDMSR 是 Pentium 增加的指令,其功能是将 ECX 指示的实模式描述寄存器内容读入 EDX:EAX 中。

（4）WRMSR

WRMSR 是 Pentium 增加的指令，其功能是将 EDX:EAX 中的值写入 ECX 指示的实模式描述寄存器中。

（5）RSM

RSM 是 Pentium 增加的指令，其功能是恢复系统管理方式。

（6）CPUID

CPUID 是 Pentium 增加的指令，其功能是读出 CPU 的标识码等信息。

（7）RDTSC

RDTSC 是 Pentium 增加的指令，其功能是把时间戳读入 EDX:EAX 中。

3.4 汇编指令 EMU8086 仿真软件及调试示例

EMU8086 是 Windows 环境下运行的 8086 汇编仿真软件，是学习汇编指令编程十分方便的工具。

3.4.1　EMU8086 仿真软件简介

EMU8086 是一个可在 Windows 环境下运行的 8086 汇编仿真软件，是一款学习汇编语言编程的组合语言模拟器（虚拟机器）工具。它集成了文本编辑器、编译器、反编译器、仿真调试、虚拟设备和驱动器，并具有在线使用指南。

汇编语言源代码可以在模拟器中单步或连续地编译成机器代码并执行，其可视化的工作环境让用户更容易操作。用户可以在程序执行过程中查看寄存器、标志和存储器相关单元的内容。模拟器在虚拟机器中执行程序，可以使程序与实际硬件（如磁盘等）相隔离，仅在虚拟机器上执行组合程序，使程序纠错变得更加容易。EMU8086 特别适用于初学汇编语言的读者，是一个十分有用的工具。EMU8086 兼容 Intel CPU，包括 Pentium Ⅲ、Pentium 4 的指令。

EMU8086 操作过程见本书电子资源。

3.4.2　汇编指令仿真调试示例

本节通过几个汇编指令程序段执行结果分析，对照给出 EMU8086 仿真调试结果。

分析下列指令段的功能，求出寄存器 AX、BX 及标志位 CF、SF、ZF 和 OF 的内容，并通过 EMU8086 仿真调试比较结果。

（1）加法指令求和示例

在 EMU8086 编辑窗口输入如下指令段：

```
ORG 100H
MOV AL,5EH
MOV BL,3CH
ADD AL,BL
END
```

分析以上指令，执行结果为 AL=9AH、BL=3CH，状态标志位 ZF=0，SF=OF=PF=AF=IF=1。

在 EMU8086 编辑窗口中输入指令段，编译成功会产生可执行文件，仿真调试结果如图 3-24 所示，与分析结果相同。

（2）逻辑移位指令示例

在 EM8086 编辑窗口输入如下指令段：

```
ORG 100H
START:
MOV AH,0EH
MOV AL,10001010B
MOV CL,03H
SHR AL,CL
MOV BX,2000H
MOV DS:[BX],AL
RET
```

分析以上指令，执行结果为：AL=11H，DS:[2000h]=11H。

EMU8086 仿真调试结果如图 3-25 所示，与分析结果相同。

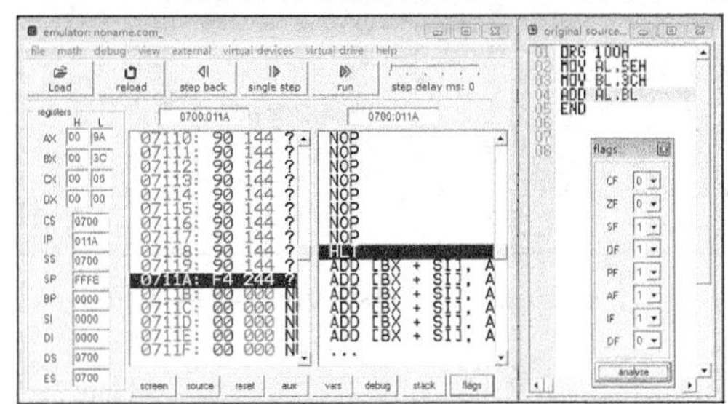

图 3-24　EMU8086 仿真调试结果（1）

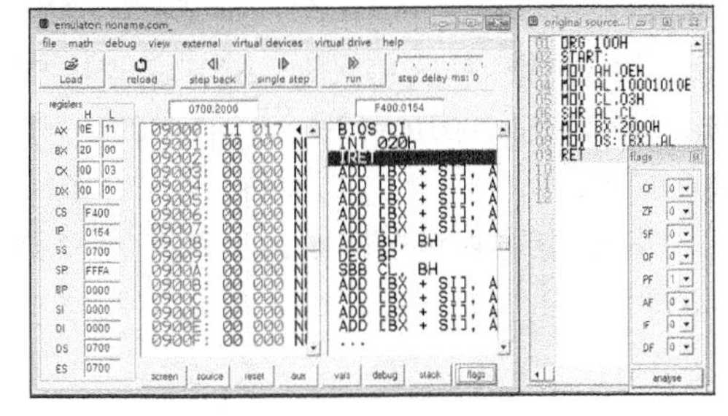

图 3-25　EMU8086 仿真调试结果（2）

（3）乘法指令示例

在 EM8086 编辑窗口输入如下指令段：

```
ORG 100H
START:
MOV AL,0EAH
MOV BL,0DCH
MUL BL
MOV BX,2000H
MOV DS:[BX],AL
RET
```

分析以上指令，执行结果为：AX=C918H，DS:[2000h]=18H。

EMU8086 仿真调试结果如图 3-26 所示，与分析结果相同。

（4）除法指令示例

在 EM8086 编辑窗口输入如下指令段：

```
ORG 100H
MOV  BL, 04H
MOV  AL, 26H
CBW
IDIV  BL
```

分析以上指令，执行结果为：AL=09H，AH=02H。

EMU8086 仿真调试结果如图 3-27 所示，与分析结果相同。

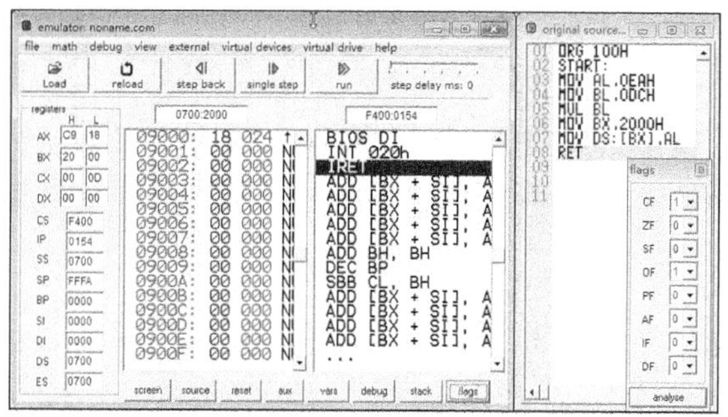

图 3-26　EMU8086 仿真调试结果（3）

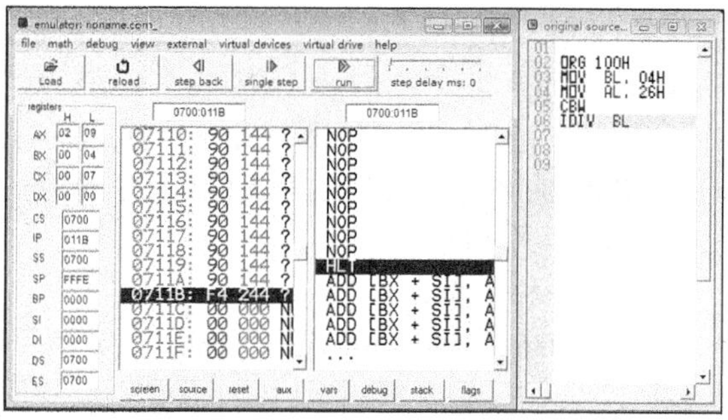

图 3-27　EMU8086 仿真调试结果（4）

（5）串操作指令示例

在 EM8086 编辑窗口输入如下指令段：

```
ORG 100H
MOV  AX,1234H
MOV  [2000H],AX
MOV  SI,2000H
MOV  DI,2020H
MOVSW
```

分析以上指令，执行结果为：AX=1234H，DS:[2000h]=34H，DS:[2001h]=12H，DS:[2020h]=34H，DS:[2021h]=12H。

EMU8086 仿真调试结果如图 3-28 所示，与分析结果相同。

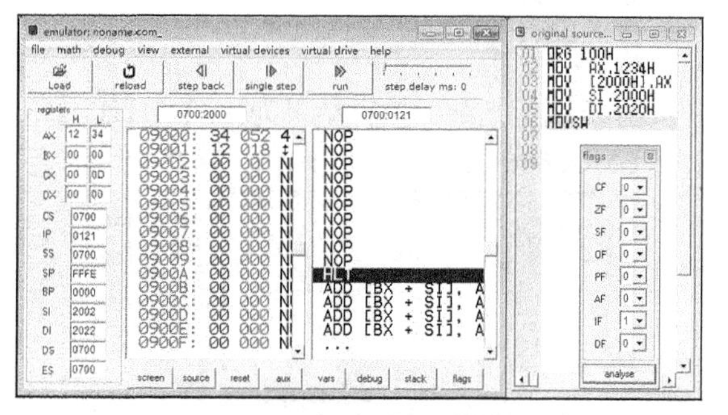

图 3-28　EMU8086 仿真调试结果（5）

3.5 习题

1. 指出下列指令中操作数的寻址方式及指令的功能

（1）MOV CL, 64H

（2）MOV AX, [2000H]

（3）MOV AL, 100H[SI+DI]

（4）XLAT

（5）XCHG AX,BX

（6）PUSH AX

POP DS

（7）ADC AX, [BX]

（8）SUB AL, [BP+20H]

（9）DEC BYTE PTR[BX+SI]

（10）AND AX, 00FFH

（11）TEST AL, 80H

（12）CMPSB

（13）SAL AL, CL

（14）MOV DX, 2000H

IN AL, DX

（15）LOOPNZ LOP

（16）JZ LOP1

2. 选择题

（1）指令 MOV AL,[2000H]中，源操作数的物理地址为（ ）。

A. CS×16+2000H B. DS×16+2000H C. SS×16+2000H D. ES×16+2000H

（2）在 8086 指令系统中，不可以用来访问存储器操作数的是（ ）。

A. 直接寻址方式 B. 寄存器间接寻址方式

C. 寄存器寻址方式 D. 寄存器相对寻址方式

（3）下列 80x86 指令中，不合法的指令是（ ）。

A. ADD AL, 378H B. MOV BL, AL

C. MOVSB D. SHL AX, 1

（4）设(AL)=0E0H，(CX)=3，执行 RCL AL,CL 指令后，CF 的内容为（ ）。

A. 0 B. 1 C. 不变 D. 变反

（5）8086 当前指令存放的地址在（ ）中。

A. DS:BP B. SS:SP C. CS:PC D. CS:IP

（6）指令 ADD CX,[SI+10H]中源操作数的寻址方式是（ ）。

A. 相对的变址寻址 B. 基址寻址

C. 变址寻址 D. 基址和变址寻址

（7）下列指令中，不影响标志位 SF 的指令是（ ）。

A. RCL AX, 1 B. SUB AX, 1 C. AND BL, 0FH D. ADC AX, SI

（8）下列指令中，不影响标志位的指令是（ ）。

A. SUB AX, BX B. ROR AL, 1 C. JNC LABLE D. INT n

（9）下列指令中，不合法的指令是（ ）。

A. PUSH AL B. ADC AX, [SI] C. INT 21H D. IN AX, 03H

（10）指令 MOV AL,[BP+10H]中，源操作数的物理地址为（ ）。

A. CS×16+BP+10H B. DS×16+BP+10H

C. SS×16+BP+10H D. ES×16+BP+10H

（11）完成将 BX 清 0，并使标志位 CF 清 0，下面指令错误的是（ ）。

A. SUB BX, BX B. XOR BX, BX C. MOV BX, 00H D. AND BX, 00H

（12）在程序运行过程中，确定下一条指令的物理地址的计算表达式是（ ）。

A. CS×16+IP B. DX×16+DI C. SS×16+SP D. ES×16+SI

（13）对于指令段：

```
LOP: MOV AL, [SI]
     MOV ES:[DI], AL
     INC  SI
     INC  DI
     LOOP  LOP
```

具有同样功能的指令为（　　）。

A. REP　MOVSB　　B. REP　SCASB

C. REP　MOVSW　　D. REP　STOSB

（14）条件转移指令 JNE 的测试条件是（　　）。

A. ZF=1　　B. CF=0　　C. ZF=0　　D. CF=1

（15）表示一条指令所在的存储单元的符号地址称为（　　）。

A. 标号　　B. 变量　　C. 偏移量　　D. 类型

（16）设 AL、BL 中都是有符号数，当(AL)≤(BL)时转至 NEXT 处，在 CMP AL, BL 指令后应选用的正确的条件转移指令是（　　）。

A. JBE　　B. JNG　　C. JNA　　D. JNLE

3. 填空题

（1）在 MOV　AL, [1234H]指令的机器代码中，最后一个字节是_______。

（2）假设(SP)=0100H，(SS)=2000H，执行 PUSH　BP 指令后，栈顶的物理地址是______。

（3）假定(AL)=26H，(BL)=55H，依次执行 ADD AL, BL 和 DAA 指令后，(AL)= _______。

（4）对于乘法、除法指令，其目的操作数存放在______或______中，而其源操作数可以用除______以外的任一种寻址方式。

（5）条件转移指令的目标地址应在本条件转移指令的下一条地址的______字节范围内。

（6）执行下列程序段后，(DX)=______。

```
    MOV  CX, 5
    MOV  DX, 12
LP: ADD  DX, CX
    DEC  CX
    JNZ  LP
    ...
```

（7）如果执行指令前，(DS)=1000H，(10100H)=00H，(10101H)=02H，(10102H)=00H，(10103H)=20H，则执行 LDS SI, [100H]指令后，(DS)=_______。

（8）执行以下程序段后，(AL)=______。

```
MOV   AL, 10
SHL   AL, 1
MOV   BL, AL
SHL   AL, 1
SHL   AL, 1
ADD   AL, BL
```

（9）执行以下程序段后，(AX)=______H。

```
MOV  AL, 87H
MOV  CL, 4
MOV  AH, AL
AND  AL, 0FH
OR   AL, 30H
SHR  AH, CL
OR   AH, 30H
```

（10）执行以下程序段后，(AL)=_____。

```
BUF   DW  2152H, 3416H, 5731H, 4684H
      LEA  BX,  BUF
      MOV AL,   3
      XLAT
```

（11）执行以下程序段后，(AX)=_____。

```
      MOV      CX, 5
      MOV      AX, 50
NEXT:SUB      AX, CX
      LOOP     NEXT
      HLT
```

4. 阅读并指出各指令段的功能

（1）

```
      MOV AX, 2000H
      MOV DS, AX
      MOV BX, 2000H
      MOV AX, 0
      MOV CX, 1
 LP:  ADD AX, CX
      INC CX
      CMP CX, 64H
      JBE  LP
      MOV [BX], AX
      ...
```

（2）

```
      LEA  SI,  BUFFER
      MOV  CX, 20
      MOV  AL, 0
      DEC  SI
   LP: INC  SI
      CMP  AL,  [SI]
      LOOPZ  LP
      JZ  NEXT
      MOV  ADDRES,  SI
NEXT: ...
```

5. 编写程序段

（1）实现(AL)*10/32。

（2）将数据段内地址为 1000H 的存储单元的连续 100 个字数据传送到段内地址为 2000H 的存储单元中。

（3）搜索数据段由寄存器 DI 所指向的数据区（连续 100 个字节存储单元）是否有关键字 0H，若有，则把该单元的数据 0 改写为 30H。

（4）将数据 00000001B 循环左移，最高位移至最低位，连续循环。每左移一次，将该数据输出给外设端口 20H。

04 第4章 80x86汇编语言及程序设计

本章首先介绍 80x86 汇编语言的语法基本知识、常用伪指令、增强和扩展伪指令及汇编语言源程序结构。然后，通过汇编语言程序实例介绍结构化程序及子程序设计技术。最后介绍汇编语言程序上机过程及程序仿真调试示例。

4.1 汇编语言的基本语法

本节在介绍汇编语言基本概念的基础上，详细说明汇编语言数据、表达式形式、语句组成及源程序的完整结构。

4.1.1 汇编语言概述

1. 汇编语言及特征

汇编语言是一种采用助记符表示机器指令的语言，即用助记符来表示指令的操作码和操作数，用标号或符号代表地址、常量或变量。助记符一般是英文单词的缩写，因此，相对于机器语言来说，使用汇编语言编写的程序便于记忆、阅读，使用方便。

用汇编语言编写的程序，产生的目标代码短、执行速度快，可以直接控制系统硬件，具有高级语言不可替代的作用。学习汇编语言也是理解和掌握计算机工作原理和过程的主要途径。但使用汇编语言编写程序，程序员必须熟悉系统硬件结构，且其功能描述不如高级语言直观，编程效率较低。

汇编语言作为一种计算机语言，必然由程序员和计算机都能识别的符号、功能代码及语法约定来描述。

汇编语言主要包括指令语句、伪指令语句和词法（语法）。

（1）指令语句

指令语句是指第 3 章介绍的由汇编指令构成的语句，是计算机可以执行的语句。

一条指令语句必产生一条相应的目标代码，在用汇编语言编写的源程序中，程序的主要功能是通过指令语句来实现的。

（2）伪指令语句

伪指令语句是指为了方便用户设计程序，由伪指令提供给汇编程序完成的一些操作。

伪指令又称汇编控制指令，它是控制汇编过程的一些命令，即程序员通过伪指令设置汇编程序进行汇编时的一些操作，主要包括源程序存放的起始地址、定义存储段及过程等。因此，伪指令不产生机器语言的目标代码，它是汇编语言程序中的不可执行语句。

（3）词法

词法用于规定程序中允许使用的符号、运算符、表达式及程序的结构要求等。程序员必须按照词法约定编写程序。

2. 汇编程序

用汇编语言编写的程序称为源程序。源程序必须翻译成用机器语言表示的目标代码（亦称目标程序），计算机才能执行。其编译工作可由汇编程序自动完成。汇编程序的功能就是将用汇编语言编写的源程序翻译成用机器语言表示的目标程序，这一过程称为汇编。汇编过程如图 4-1 所示。

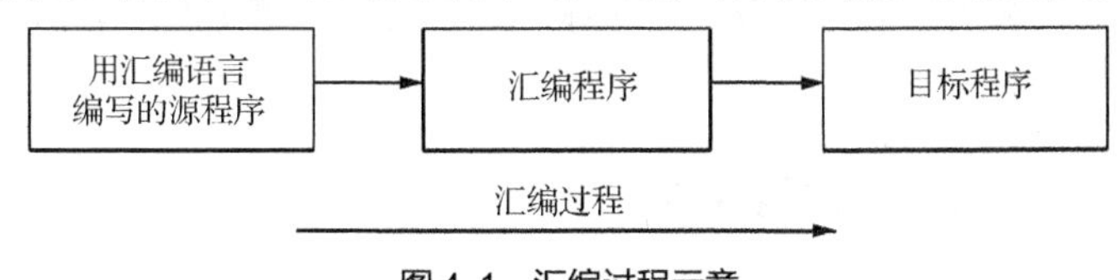

图 4-1　汇编过程示意

必须说明的是，汇编过程和程序的执行过程是两个不同的概念。

① 汇编过程是指汇编程序将源程序翻译成机器语言目标代码，此代码按照伪指令的安排存入存储器中。

② 程序的执行过程是指 CPU 从存储器中逐条取出目标代码并逐条执行，完成程序设计的主要功能。

80x86 系统的汇编程序完全兼容。目前，普遍使用的汇编语言程序编译和开发环境主要有以下两个版本。

① Microsoft 公司发布的宏汇编程序 MASM。

② 国外的 MASM 爱好者自行整理和编写的软件包 MASM32 SDK。

用户可以方便地在汇编程序 MASM 中对源程序进行汇编生成目标程序，然后目标程序经连接程序 LINK 生成可执行文件。

对于 8086 系统的汇编语言程序，可以使用 EMU8086 仿真软件进行编译并产生目标文件和可执行文件。

3. 汇编语言语句

语句是程序的基本组成部分，汇编语言源程序中主要包括指令语句、伪指令语句和宏指令语句。

（1）指令语句

指令语句格式由以下几个部分组成：

```
[标识符:]  操作码  [目的操作数]  [,源操作数]  [; 注释]
```

例如：

```
LOP:    MOV  AL, DATA1          ;双操作数指令，标号 LOP 为指令地址
        ADD  AL, [2000H]        ;双操作数指令
        DEC  AL                 ;单操作数指令
        NOP                     ;无操作数指令
```

一条语句应在一行内完成。

（2）伪指令语句

伪指令语句格式：

```
[标识符]  伪操作符  [操作数]   [; 注释]
```

其中，[ ]中的项表示可选项。

标识符：根据伪指令作用的不同，可以是变量名、段名、过程名及符号常量等。

伪操作符：又称定义符/伪指令助记符，表示伪操作功能，如定义变量名、段名、过程名及符号常量等。标识符与伪操作符之间用空格分隔。

操作数：又称伪指令参数，根据不同的伪指令，可以有一个或多个。

例如：

```
DATA1    DB  30H, 31H, 32H       ;定义字节变量 DATA1 开始的 3 个连续存储单元
DATA2    DB  33H                 ;定义字节变量 DATA2 单元
         DW  1234H               ;定义字存储单元
         PI   EQU  3.14          ;定义符号常量
```

（3）宏指令语句

宏指令语句是由若干条指令语句形成的语句体。一条宏指令语句的功能相当于若干条指令语句的功能。

4.1.2 汇编语言的数据、标识符和表达式

数据是汇编语言语句中操作数的基本组成部分。汇编语言所能识别的数据有常量、变量和标识符，并通过不同的运算符组成表达式，以实现对数据的加工。

1. 常量

在程序中，数据固定不变的量称为常量。

（1）数值常量

数值常量的表示形式有二进制数、八进制数、十六进制数、十进制数，其后分别跟字母 B、O、H、D（十进制数可省略 D）。十六进制数以 A～F 开头时，前面加数字 0，以避免和操作码混淆。例如，0010111B、1234H、0FFFFH、121O。

常量可以是数值，也可以是名字。用名字表示的常量称为符号常量。在编程时，符号常量可使用伪指令“EQU”进行定义。

例如：

```
CNT    EQU    100            ;CNT 为符号常量，与 100 等值
```

（2）字符串常量

字符串常量是由包含在引号中的若干个字符组成的。字符串在计算机中存储的是相应字符的 ASCII 码。如“A”的值是 41H，“AB”的值是 4142H 等。

2. 变量

变量是在程序运行过程中可随时改变的量，它实际上是存储器的某一个数据存储单元。对变量的访问就是对这个存储单元的访问。在程序中是通过变量名的形式来实现对存储单元的操作的。变量名被称为存放数据的存储单元的符号地址。

变量有以下 3 个属性。

① 段属性：指变量所表示的存储单元所在段的段基址。

② 偏移地址属性：指变量所表示的存储单元地址与段基址之间的偏移量。

③ 类型属性：指变量占用存储单元的字节数。

变量可分为字节变量、字变量和双字变量。字节变量为 1 个字节单元，类型为 BYTE；字变量为 2 个字节单元，类型为 WORD；双字变量为 4 个字节单元，类型为 DWORD。

3. 标识符

标识符就是符号名称，标识符在源程序中可以表示标号、变量、常量、过程名、段名等。标识符必须是大小写英文字母、数字及一些特殊符号的组合。

指令语句中的标号表示该指令的符号地址，它可作为转移类指令的操作数，以确定程序转移的目标地址。

标号有以下 3 个属性。

① 标号所在段必定是代码段。

② 标号所在地址与段基址之间的偏移量为 16 位无符号数。

③ 当标号只允许作为段内转移或调用指令的目标地址时，类型为 NEAR；当标号可作为段间转移或调用指令的目标地址时，类型为 FAR。

伪指令语句中的标识符可作为常量、变量名等数据参加运算，也可作为段名及过程名等。

4. 运算符和表达式

用运算符把常量、变量或标识符组合起来的式子就是表达式，由汇编程序在汇编时对其进行运算，得到的是运算结果数据。

运算符主要包括算术运算符、逻辑运算符、关系运算符、分析运算符和属性运算符 5 种类型。

（1）算术运算符

算术运算符包括+（加）、-（减）、*（乘）、/（除）、MOD（模除），参加运算的数和运算结果均为整数。

例如，用汇编语言描述的程序为：

```
MOV  AL, 10H*2          ;在汇编时完成源操作数 10H*2
ADD  AL, 7 MOD 2        ;在汇编时完成 7 MOD 2=1
```

汇编后与机器指令对应的汇编指令为：

```
MOV  AL, 20H
ADD  AL, 1
```

（2）逻辑运算符

逻辑运算符包括 AND（与）、OR（或）、XOR（异或）、NOT（非），其作用是对操作数进行按位操作，其结果不影响标志位。

必须注意到，逻辑运算符与逻辑运算指令中的助记符完全相同，但由逻辑运算符组成的表达式只能作为指令的操作数部分，在汇编时完成逻辑运算，其结果自然不影响标志位；逻辑运算指令中，逻辑运算助记符出现在指令的操作码部分，在执行目标代码（指令）时完成逻辑运算，其结果影响状态标志位。

例如，分析指令：

```
AND  AL,  PORT AND  80H
```

该指令的功能为逻辑与，双（字节）操作数指令，目标操作数为累加器 AL，源操作数为逻辑表达式：PORT AND 80H（作用是保留 PORT 数据的 D7 位）。该表达式在汇编时运算产生的数据作为该指令的源操作数。

（3）关系运算符

关系运算符包括 EQ（相等）、NE（不等）、LT（小于）、GT（大于）、LE（小于或等于）、GE（大于或等于）共 6 种，该运算符可实现两个数据的比较运算。若关系成立，结果为全 1（逻辑真），否则为全 0（逻辑假）。

（4）分析运算符

分析运算符的运算对象必须为变量或标号，运算符总是加在运算对象之前。它可以将变量或标号的属性（如段、偏移量、类型）分离出来。

① SEG 运算符。根据 SEG 运算符组成的表达式可以得到该变量或标号所在段的段基址。

例如：

```
MOV  BX,  SEG  DATA
```

② OFFSET 运算符。根据 OFFSET 运算符组成的表达式可以得到该变量或标号在段内的偏移地址。

例如：

```
MOV  SI, OFFSET  SOURCE
```

在该例中，倘若变量 SOURCE 在数据段内的偏移地址是 1200H，则该指令执行的结果为(SI)=1200H。该指令与指令 LEA SI, SOURCE 等价。

③ TYPE 运算符。根据 TYPE 运算符组成的表达式可以得到该变量或标号的类型属性。当其加在标号之前时，可以得到这个标号的类型属性。TYPE 运算符返回值与属性的关系见表 4-1。

表 4-1　TYPE 运算符返回值与属性的关系

变量/标号属性		返回数值
变量	字节变量 BYTE	1
	字变量　WORD	2
	双字变量 DWORD	4
标号	标号 NEAR	-1
	标号 FAR	-2

例如：

```
DATA1 DB  10H, 20H, 30H, 40H
DATA2 DW  2000H
   ...
MOV  AL, TYPE DATA1              ;汇编后为 MOV AL, 1
MOV  BL, TYPE DATA2              ;汇编后为 MOV BL, 2
```

④ LENGTH 运算符。根据 LENGTH 运算符组成的表达式可以得到分配给变量的连续单元的个数（也称为数组）。该运算符只针对用 DUP 重复操作符定义的数组产生正确结果。

例如：

```
DATA1 DW  20H DUP(0)
MOV  AL,  LENGTH  DATA1          ;汇编后为 MOV AL, 20H
```

⑤ SIZE 运算符。根据 SIZE 运算符组成的表达式可以得到分配给变量所占有的总字节数。

例如：

```
DATA1 DW  20H DUP(0)
MOV  AL,  SIZE  DATA1            ; SIZE  DATA1=(LENGTH DATA1)*(TYPE DATA1)=40H
                                 ;汇编后为 MOV AL, 40H
```

（5）属性运算符

变量、标号或地址表达式的属性可以用一些运算符来修改。

① PTR 运算符。PTR 运算符用来指定或临时修改某个变量、标号或地址表达式的类型或距离属性，它们原来的属性不变。

类型可以是 BYTE、WORD、DWORD、NEAR 或 FAR。

例如：

```
DATA  DB 12H, 34H, 56, 78H
INC   BYTE PTR[DI]               ;指明目的操作数为字节类型
MOV   AX, WORD PTR DATA          ;临时修改 DATA 为字类型，(AX)=3412H
JMP   DWORD PTR[BX]              ;指明为段间转移
```

② 段前缀“:”运算符。该运算符的作用是指定变量、标号或地址表达式所在的段。

例如：

```
MOV  AX, ES:[BX]             ; 用附加段 ES 取代默认的数据段 DS
```

③ SHORT 运算符。SHORT 运算符用于说明转移指令的目标地址的属性，取值范围为-128～127。

例如：

```
JMP  SHORT  LP
```

另外，还有用于改变运算符优先级的圆括号运算符和用于变量下标或地址表达式的方括号运算符等。

4.1.3　伪指令语句

伪指令语句（又称指示性语句）通过各种伪操作命令为汇编程序提供一些信息，在汇编过程中实现数据定义、分配存储区、段定义、过程定义等功能。

使用伪指令语句的目的是正确地把可执行的指令语句翻译成相应的机器指令代码。本节介绍在汇编语言源程序中常用的一些汇编伪指令语句。

1. 符号定义伪指令语句

符号定义伪指令有“EQU”等值伪指令和“=”伪指令两种。

（1）“EQU”等值伪指令

格式：

```
符号名  EQU  表达式
```

功能：符号定义伪指令指给一个标识符号赋予一个常量、表达式或其他符号名，是一种等值伪操作命令。

例如：

```
HUNDER  EQU  100            ;定义符号常量 HUNDER 替代 100
NUM     EQU  HUNDER*2       ;定义 NUM 替代数值表达式 HUNDER*2
A       EQU  AX             ;定义符号 A 替代 AX
```

“EQU”等值语句只作为符号定义用，不产生目标代码，不占用存储单元，符号名不允许重新定义。

（2）“=”伪指令

功能同“EQU”，但它定义过的符号名允许重新定义。

例如：

```
DATA1=100
MOV AL, DATA1
DATA1=2000H
MOV DX, DATA1
```

2. 数据定义伪指令语句

数据定义伪指令的作用是为数据分配一定的存储单元，并为这些存储单元的起始单元定义一个变量名。

（1）定义字节变量伪指令

格式：

```
[变量名]  DB  表达式或数据项表
```

功能：将表达式或数据项表的数据按字节依次连续地存放到以[变量名]开始的存储单元中。存储单元的地址是递增的。

例如：

```
A    DB  30H,31H,32H,33H,34H        ;定义从变量 A 开始的连续 10 个字节单元（数组）
     DB  35H,36H,37H,38H,39H        ;A～A+9 单元依次存放 30H～39H
B    DB  100 DUP(?)                 ;定义从变量 B 开始的 100 个字节单元，内容不定
C    DB  64H                        ;定义变量 C 单元内容为 64H
S    DB  'ABCDEF '                  ;定义变量 S（数组 S）为连续 6 个字节单元，存放字符串
```

其中，(?)用来定义一个内容不确定的存储单元，以备使用；带 DUP 的表达式用来为若干个重复数据分配存储单元。

例如：

```
TAB1  DB  5H DUP(?)         ;分配从 TAB1 开始的连续 5H 个内容不确定的字节单元
```

（2）定义字变量伪指令

格式：

```
[变量名]  DW  表达式或数据项表
```

功能：将表达式或数据项表的数据按字依次连续地存放到以[变量名]开始的存储单元中。存储单元的地址是递增的。

例如：

```
D1  DW  4A00H                   ;定义变量 D1 单元内容为 4A00H
D2  DW  0035H,3678H,3700H       ;定义从变量 D2 开始连续的 3 个字单元，D2 单元存放 0035H,
                                ;D2+2 单元存放 3678H，D2+4 单元存放 3700H
```

（3）定义双字变量伪指令

格式：

```
[变量名]  DD  表达式或数据项表
```

功能：将表达式或数据项表的数据按 4 字节（双字）依次连续地存放到以[变量名]开始的存储单元中。存储单元的地址是递增的。

（4）定义 8B 变量伪指令 DQ 和 10B 变量伪指令 DT

使用方法与上面的类同。

【例 4-1】 下列伪指令：

```
STR  DB   'HELLO'
     DB   41H,42H
     DW   1234H
```

变量定义伪指令汇编后的内存分布如图 4-2 所示。

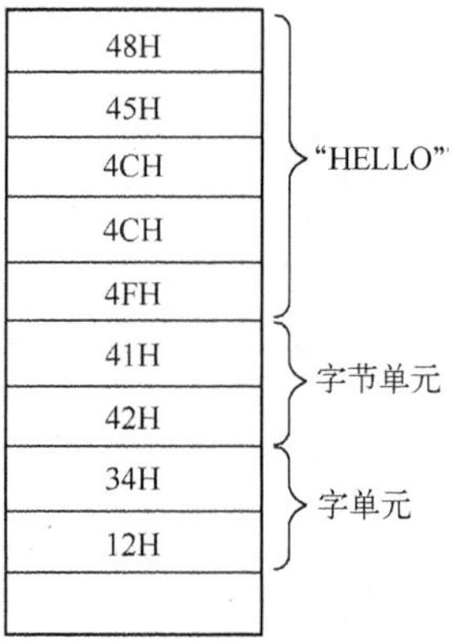

内存单元	说明
48H	"HELLO"
45H	
4CH	
4CH	
4FH	
41H	字节单元
42H	
34H	字单元
12H	

图 4-2　变量定义伪指令汇编后的内存分布

3. **程序分段定义伪指令语句**

（1）段定义伪指令

格式：

```
段名  SEGMENT [定位类型,][组合类型,][类别名]
    …
指令语句序列
    …
段名  ENDS
```

功能：定义数据段、代码段、堆栈段、附加段。

段名用来指出为该段分配的存储器起始地址。3 个参数任选，其作用解释如下。

① 定位类型。定位类型表示某段装入内存时，对段的起始边界的要求。

若定位类型为 BYTE，表示本段起始单元可以从任一地址开始，段间不留空隙。

若定位类型为 WORD，表示本段起始单元是一个偶地址。

若定位类型为 PARA，表示本段起始单元地址一定能被 16 整除（系统默认定位类型）。

若定位类型为 PAGE，表示本段起始单元地址一定能被 256 整除。

② 组合类型。组合类型表示多个程序模块连接时，本模块与其他模块的同名段的组合类型。

若组合类型为 NONE，表示本段与其他段无组合关系（系统默认组合类型）。

若组合类型为 PUBLIC，表示本段和其他同名同类段重新连接成一个新逻辑段。

若组合类型为 COMMON，表示把两个段设置成相同的起始地址。

若组合类型为 STACK，表示本段为堆栈段，把所有同名段连接成一个段，自动初始化 SS 和 SP。

③ 类别名。类别名是用单引号标识的字符串，连接时把类别名相同的所有段存放在连续的存储区内。

（2）ASSUME 段分配伪指令

格式：

```
ASSUME 段寄存器:段名, [段寄存器:段名,] [段寄存器:段名]
```

功能：通知汇编程序设置 CS、DS、SS、ES 为哪些段的段基址寄存器。

该指令只说明段名和段寄存器的关系，并未把段基址装入对应的寄存器。段寄存器 DS、ES、SS 的装入一般由程序实现，而 CS 的装入是系统自动完成的。

4. 定位操作伪指令语句

（1）定位伪指令

格式：

```
ORG  数值表达式
```

功能：指出 ORG 后面的指令语句或数据区从数值表达式（地址偏移量）所确定的存储单元开始存放。

例如：

```
CSEG SEGMENT
ORG   2000H                          ;从 2000H 开始存放“HELLO”
D1    DB  'HELLO'
CSEG ENDS
```

（2）当前位置计数器$

$表示当前地址，即在汇编时为程序分配下一个存储单元的偏移地址。它可以在表达式中使用。例如：

```
D1   DB   'abcdefghijk'
LEN  EQU  $-D1          ;LEN 为字符串长度
```

5. 程序模块的定义和通信

模块指独立的源程序。汇编语言可以把程序分成具有独立功能，可独立进行汇编和调试的模块。将各模块分别汇编后，再将它们连接成为一个完整的可执行程序。

（1）模块定义伪指令

格式：

```
[NAME  模块名 ]                      ;可省略
   …
END [标号]                           ;只有主模块允许有标号
```

模块名和伪操作命令 NAME 可以省略，此时源程序文件名即该模块名。

汇编程序处理到模块结束语句 END 为止。如果该模块就是主模块，END 语句后必须是一个标号，用于表示主模块内的程序启动地址。

（2）全局符号伪指令

格式：

```
PUBLIC  符号表
```

功能：说明该模块中定义了公共的常量、变量、标号及过程名，可以被其他模块引用。

（3）外部符号伪操作命令

格式：

```
EXTRN  符号表
```

功能：说明该模块中需要引用其他模块中已经定义并说明为 PUBLIC 的符号。

若符号为变量，类型可以是 BYTE、WORD 或 DWORD；若符号为标号或过程名，则类型是 NEAR 或 FAR。

4.1.4 宏指令

宏操作伪指令简称宏指令，其作用是把某一程序段定义成一条（宏）指令。在源程序中可以直接引用宏指令，对于重复出现的程序段，使用宏指令可以提高编程效率。宏指令具有比机器指令和伪指令更高的优先级。

宏操作分为 3 个过程：宏定义、宏调用和宏扩展。

1. **宏定义**

宏定义用伪指令 MACRO 和 ENDM 定义。

格式：

```
<宏指令名>  MACRO  [形参 1,形参 2,… ]
    <宏体>
   ENDM
```

从 MACRO 到 ENDM 之间的所有语句为宏体，若宏体中需要参数，可以以形式参数（形参）给出。宏指令必须先定义后调用。

2. **宏调用**

在源程序中引用宏指令名代替某一特定程序段的过程称为宏调用。

格式：

```
<宏指令名>  [实参 1,实参 2,… ]
```

实际参数（实参）可以是常量、寄存器、存储单元名以及用寻址方式得到的地址或表达式等。

调用宏指令时，实参要与形参的个数及类型一一对应。

3. **宏扩展**

当宏汇编程序在汇编期间扫描到源程序中的宏调用指令时，将其替换为宏体中的指令代码，并用实参对应地替代宏体中的形参，这一过程称为宏扩展。

【例 4-2】 用宏指令定义两个字操作数相加，其结果存入 RESULT 中。

宏定义：

```
ADDITION  MACRO  OPR1,OPR2,RESULT
          PUSH  AX
          MOV   AX,OPR1
          ADD   AX,OPR2
          MOV   RESULT,AX
          POP   AX
          ENDM
```

宏调用：

```
          ⋮
          ADDITION  CX,VAR,XYZ[BX]
          ADDITION  240,BX,SAVE
```

宏扩展：

```
          ⋮
         PUSH  AX
         MOV   AX,CX
         ADD   AX,VAR
         MOV   XYZ[BX],AX
         POP   AX
          ⋮
         PUSH  AX
         MOV   AX,240
         ADD   AX,BX
         MOV   SAVE,AX
         POP   AX
```

在 80x86 宏汇编语言中，还有如过程定义（见 4.3.5 节）、列表控制、输出控制、条件汇编以及在高级汇编技术中使用的记录和结构等伪指令，这里不再介绍，读者可参考相关资料。

4.1.5　完整的汇编语言源程序结构

下面给出的是一个简单的完整汇编语言源程序及程序注释。

源程序文件名为 ex1.asm。源程序如下。

```
DATA    SEGMENT                           ;定义数据段开始
A1      DW  0012H
A2      DW  0034H
SUM     DW  0H
DATA    ENDS                              ;数据段结束
STACK   SEGMENT PARA STACK'STACK'         ;定义堆栈段开始
        DB 100 DUP(?)
STACK   ENDS                              ;堆栈段结束
CODE    SEGMENT                           ;定义代码段开始
  ASSUME  CS:CODE,DS: DATA,SS:STACK       ;说明 CODE 为代码段，DATA 为数据段，STACK 为堆栈段
START:  MOV     AX, DATA
        MOV     DS, AX                    ;赋数据段基址
        MOV     AX, STACK
        MOV     SS, AX
        MOV     AX, A1                    ;功能指令段
        MOV     BX, A2
        MOV     CL, 8
        ROL     AX, CL
        ADD     AX, BX
        MOV     SUM, AX                   ;将和存入 SUM 单元
        MOV     AH, 4CH                   ;返回
        INT     21H
CODE    ENDS                              ;代码段结束
        END     START                     ;结束汇编
```

该程序的功能为将 A1 单元的低 8 位与 A2 单元的低 8 位装配在一起存入 SUM 单元。

完整的汇编语言源程序的一般结构如下。

① 汇编语言源程序必须以 SEGMENT 和 ENDS 定义段结构，整个程序是由存储段组成的。80x86 宏汇编语言规定，源程序至少包含一个代码段。一般情况下，源程序可根据需要由代码段、数据段、堆栈段和附加段组成。每个段在程序中的位置没有限制。

本例中，源程序定义了数据段（段名为 DATA）、堆栈段（段名为 STACK）、代码段（段名为 CODE）。

② 程序中需要处理和存储的数据应存储在数据段，指令存储在代码段。

③ 代码段内用 ASSUME 伪指令说明段寄存器为某一段的段基址，并通过传送指令填充数据段、附加段（需要时）基址。代码段基址由系统自动填充。

④ 代码段内第一条可执行指令应设置标号（这里为 START）。

⑤ 实现功能指令段从 MOV AX, A1 开始，至 MOV SUM, AX 结束。

⑥ 指令段最后两条指令为 DOS 系统功能调用（INT　21H），返回 DOS。

⑦ 源程序最后的 END 语句表示汇编程序到此为止，并指出该程序执行的启动地址从 START 开始。

4.2 80x86宏汇编伪指令语句的增强与扩充

在 MASM 5.0 版本以上的宏汇编语言中，增加了用.DATA、.CODE（注意，关键词前有一个小数点“.”）等伪指令简化对逻辑段的定义，称为模型方式编程格式。

1. **定义存储模式伪指令**

存储（内存）模式是指用户程序的数据和代码的存放格式，以及它们占用内存的大小，在使用简化段定义伪指令时，要先定义存储模式。

格式：

```
.MODEL  存储模式
```

功能：存储模式为 SMALL 时，表示所有的变量必须在一个数据段内，所有的代码必须在一个代码段内；存储模式为 MEDIUM 时，表示所有的数据变量必须在一个数据段内，代码段可以有多个；存储模式为 COMPACT 时，表示数据段可定义多个，代码段只有一个。

2. **简化段定义伪指令**

简化段定义伪指令在定义一个段开始的同时，也说明了上一段的结束；使用简化段定义，对于程序员来说，不必设置段名；若是程序中的最后一个段，则以 END 伪指令结束。

（1）定义代码段

格式：

```
.CODE
```

功能：说明其下程序为代码段内容。

（2）定义数据段

格式：

```
.DATA / .DATA? / .CONST
```

功能：说明其下程序（如变量定义）为数据段内容。在源程序中，可以多次使用.DATA 定义数据段；.DATA?表示其下程序是未进行初始化的数据段；.CONST 表示其下程序是常量数据段。

（3）定义堆栈段

格式：

```
.STACK[长度]
```

功能：说明其下程序为堆栈段。长度表示堆栈段的存储字节数，默认值为 1KB；若段中的数据不确定，则以 DUP(?)来定义。

3. **简化代码伪指令**

格式 1：

```
.STARTUP
```

功能：该伪指令位于代码段的开始，自动对 DS、SS、SP 进行初始化。

格式 2：

```
.EXIT 0
```

功能：该伪指令位于代码段的结束，用于返回 DOS。

该指令与下面指令的功能完全相同：

```
MOV AH,4CH
INT  21H
```

【例 4-3】 使用简化伪指令编写程序实现字单元 W1、W2 的无符号数相加，结果写入 W3 单元。

源程序如下：

```
.MODEL  SMALL
```

```
.DATA                           ;定义数据段
    W1  DW  0BFFH
    W2  DW  2800H
    W3  DW  ?                   ;数据段结束
.STACK  512                     ;定义堆栈段
.CODE                           ;定义代码段
.STARTUP                        ;初始化 DS、SS、SP
    MOV  AX, W1
    ADD  AX, W2
    MOV  W3, AX
.EXIT 0                         ;程序运行结束,返回系统
    END
```

4. 使汇编产生特定 CPU 指令的伪指令

格式：

```
.486 或 .586 等
```

功能：MASM 在默认情况下，只能汇编 8086/8088 处理器指令集和 8087 协处理器指令集，采用 .486 或 .586 等伪指令进行说明后，MASM 就能够汇编相应的处理器指令。该类伪指令一般放在源程序开头或 MODEL 伪指令后面。

例如：

```
.586P                       ;选择 Pentium 保护模式指令系统
.387                        ;选择 80387 数字处理器
```

5. 段定义伪指令的扩充与使用

（1）段定义类型的扩充

格式：

```
USE 类型
```

功能：说明段的寻址方式，它位于段定义中的“组合类型”和“类型名”之间。

若类型为 16（即 USE 16），则指示汇编程序令 80486、Pentium 使用 8086 实地址模式，段基址和偏移量均为 16 位。

若类型为 32（即 USE 32），则指示汇编程序令 80486、Pentium 使用 32 位指令模式，段基址为 16 位，偏移量为 32 位，段的最大空间为 4GB（2^{32}B）。

（2）等价名的使用

段等价名用@代替，即@DATA 代表 .DATA 定义的段名。

例如：

```
.MODEL  SMALL
.586                                ;选择 Pentium 指令系统
.DATA
A  DB  12H,0AAH
.CODE
START:   MOV  AX, @DATA             ;数据段的段基址
         MOV  DS, AX
         ...
         ...
         MOV AH, 4CH
         INT  21H
         END  START
```

4.3 汇编语言程序设计基础及应用

本节主要介绍汇编语言程序设计的一般步骤、编程技术要点、结构化程序设计方法和应用示例。

4.3.1 程序设计步骤及技术

汇编语言是面向 CPU 编程的语言。汇编语言程序设计除了应具有一般程序设计的特征外，还应具有其自身的特殊性。

1. 程序设计步骤

汇编语言程序设计一般经过以下步骤。

① 分析问题，明确任务要求。对于复杂的问题，还要将需解决的问题抽象成数学模型，即用数学表达式来描述。

② 确定算法，即根据实际问题和指令系统的特点，确定完成这一任务需经历的步骤。

③ 根据所选择的算法，确定内存单元的分配（使用哪些存储器单元，使用哪些寄存器，程序运行中的中间数据及结果存放在哪些单元），以利于提高程序的效率和运行速度。然后制定出解决问题的步骤和顺序，画出程序的流程图。

④ 根据流程图编写源程序。

⑤ 上机对源程序进行汇编、连接、仿真、调试、运行。

2. 程序设计技术

在进行汇编语言程序设计时，对于同一个问题，会有不同的编程方式，但都应按照结构化程序设计的要求编写，即程序应采用顺序、选择和循环 3 种基本结构。而实现基本结构的指令语句也有多种不同的形式，因此，在执行速度、所占内存空间、易读性和可维护性等方面有所不同。

在进行程序设计时，应注意以下事项和技巧。

① 把要解决的问题转化成一个个具有一定独立性的功能模块，各模块尽量采用子程序完成其功能。

② 力求少用无条件转移指令，尽量采用循环结构。

③ 对主要的程序段要精心设计。如果在一个重复执行 100 次的循环程序中多用了 2 条指令，或者每次循环执行时间多用了 2 个机器周期，则整个循环就可能要多执行 200 条指令或多执行 200 个机器周期，从而使整个程序运行速度大大降低。

④ 一般情况下，数据应定义在数据段，代码应定义在代码段。程序中应根据问题的复杂程度设置访问数据段的寻址方式。寻址方式越复杂，指令执行速度就越慢，但解决复杂问题的能力越强，用简单寻址方式能解决的问题，就不要用复杂寻址方式。

⑤ 能用 8 位数据解决的问题就不要使用 16 位数据。

⑥ 在中断处理程序中，要保护好现场（包括标志寄存器的内容），中断结束前要恢复现场。

⑦ 累加器是信息传递的枢纽，在调用子程序时，一般应通过累加器传送子程序的参数，通过累加器向主程序传送返回参数。若需保护累加器的内容，应先把累加器的内容推入堆栈或存入其他寄存器单元，再调用子程序。

⑧ 为了保证程序运行得安全可靠，应考虑使用软件抗干扰技术，如数字滤波技术、指令冗余技术、软件陷阱技术。用汇编语言程序实现这些技术，不需要增加硬件成本，可靠性高，稳定性好，方便灵活。

在用汇编语言编写程序的过程中，对于初学者来说是会遇到困难的，程序设计者只有通过实践，不断积累经验，才能编写出较高质量的程序。

汇编语言是结构化程序设计语言，程序结构有顺序结构、选择结构、循环结构和子程序结构。下面将分别举例介绍这 4 种结构的程序设计方法。

4.3.2　顺序结构程序设计

在所有的程序结构中，顺序结构是最简单的一种，表示在程序中按顺序依次执行语句，如图 4-3 所示。

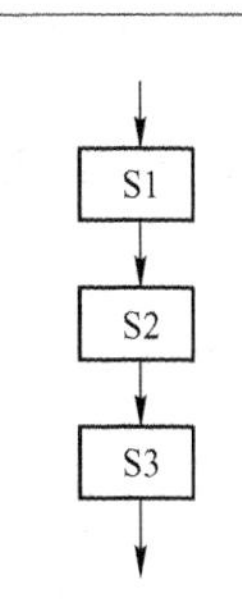

图 4-3　顺序结构流程图

【例 4-4】 设有多项式 $f(x)=5x^3+4x^2-3x+21$，编程计算自变量 $x=6$ 时，函数 $f(6)$的值。

可以把上式转化成 $f(x)=[(5x+4)x-3]x+21$ 的形式，以简化运算。

源程序如下。

```
DATA     SEGMENT
X        DW       6
RESU     DW       ?
DATA     ENDS
CODE     SEGMENT
    ASSUME CS:CODE, DS:DATA
START    MOV      AX,  DATA
         MOV      DS,  AX             ;设置 DS
         MOV      AX,  5
         MUL      X                   ; 5*X→DX, AX
         ADD      AX, 4               ; 5X+4→AX
         MUL      X                   ; (5X+4)X→DX,AX
         SUB      AX, 3               ; (5X+4)X-3→AX
         MUL      X                   ; ((5X+4)X-3)X→DX,AX
         ADD      AX, 21              ; ((5X+4)X-3)X+21→AX
         MOV      RESU, AX            ;保存运算结果
         MOV      AX,4C00H            ;返回系统
         INT      21H
CODE     ENDS
         END      START
```

采用模型方式编程格式实现同样功能的源程序如下。

```
.DATA
X        DW       6
RESU     DW       ?
.CODE
.STARTUP
         MOV      AX,  DATA
         MOV      DS,  AX             ;设置 DS
         MOV      AX,  5
         MUL      X                   ; 5*X→DX, AX
         ADD      AX, 4               ; 5X+4→AX
         MUL      X                   ; (5X+4)X→DX,AX
         SUB      AX, 3               ; (5X+4)X-3→AX
         MUL      X                   ; ((5X+4)X-3)X→DX,AX
         ADD      AX, 21              ; ((5X+4)X-3)X+21→AX
         MOV      RESU, AX            ;保存运算结果
.EXIT 0
         END
```

该程序中，执行 MUL 指令实现累加器 AX 与存储器操作数 X（无符号数）相乘，再执行 ADD 指令实现累加器 AX 与 21 相加，结果存入 RESU 单元。

4.3.3 选择结构程序设计

在设计程序时，有时要根据条件进行不同的处理，计算机可根据给定的条件，进行判断并转向相应的处理程序，这种程序结构称为选择结构。

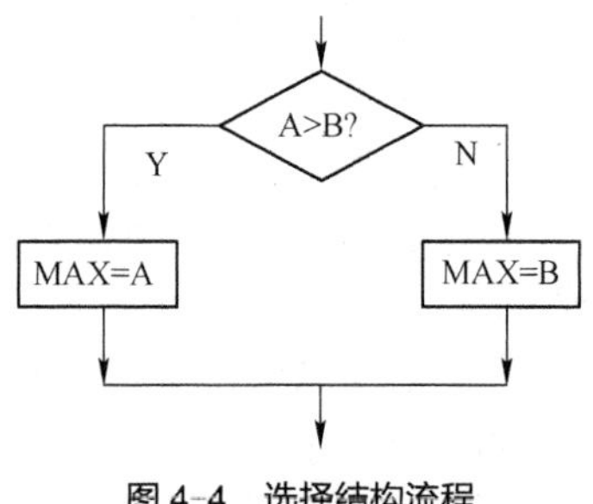

图 4-4 选择结构流程

【例 4-5】 比较两个无符号数（字节变量 A、B）的大小，将其大数存入 MAX 单元，流程如图 4-4 所示。

采用两操作数比较指令，根据指令执行结果对标志位 CF 的影响，判断数据的大小。

源程序如下。

```
DATA     SEGMENT
A        DB       89H
B        DB       98H
MAX      DB       ?
DATA     ENDS
CODE     SEGMENT
    ASSUME CS:CODE, DS:DATA
START:   MOV      AX,  DATA
         MOV      DS,  AX              ;设置 DS
         MOV      AL,  A
         CMP      AL,  B               ;A-B 影响标志位比较大小
         JNC      NEXT                 ;无借位转至 NEXT
         MOV      AL,  B
NEXT:    MOV      MAX, AL              ;大数存入 MAX
         MOV      AH,  4CH
         INT      21H
CODE     ENDS
         END      START
```

4.3.4 循环结构程序设计

在设计程序时，有时某一程序段要反复执行多次，可以通过循环结构实现其操作。计算机可根据循环操作的条件进行判断。若满足条件，继续执行循环程序，周而复始，直到条件不满足时，结束循环程序执行下一条语句。

循环结构程序一般包括以下 5 个部分。

① 初始化部分：设置循环初始值及循环体中使用的数据初始值等。

② 循环体部分：循环程序要实现的功能一般应重复执行多次。

③ 修改部分：对循环体中参加运算的数据或循环条件进行修改。

④ 控制部分：控制循环程序按设定的循环次数或条件进行正常循环或结束循环。

⑤ 结果处理：在需要时，对循环程序处理数据结果进行处理。

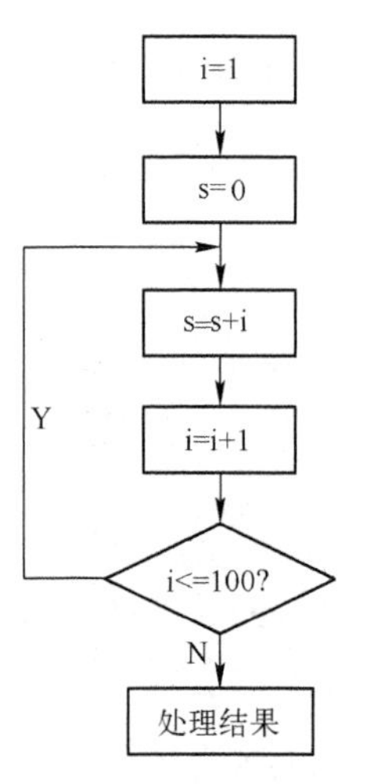

图 4-5 循环结构流程

【例 4-6】 要求用循环程序实现 s=1+2+3+4+…+100，将结果存入 RESULT 单元。

循环结构流程如图 4-5 所示。

源程序 1（使用转移指令实现循环）如下。

```
DATA     SEGMENT
RESULT   DW  ?
```

```
CN        EQU  100
DATA      ENDS
CODE      SEGMENT
    ASSUME   DS:DATA, CS:CODE
START:    MOV AX, DATA
          MOV DS, AX
          MOV AX, 0
          MOV CX, 1
      LP: ADD AX, CX
          INC CX
          CMP CX, CN
          JBE  LP             ;使用转移指令实现循环
          MOV RESULT, AX
          MOV AH, 4CH
          INT 21H
CODE      ENDS
          END START
```

源程序 2（使用循环指令实现循环）如下。

```
DATA  SEGMENT
 RESULT  DW  ?
DATA  ENDS
CODE  SEGMENT
   ASSUME  DS:DATA,CS:CODE
START:    MOV AX, DATA
          MOV DS, AX
          MOV AX, 0
          MOV SI, 1
          MOV CX, 100
      LP: ADD AX, SI
          INC SI
          LOOP  LP             ;循环指令:CX ← (CX)-1, 若 CX≠0, 则转至标号 LP
          MOV RESULT, AX
          MOV AH, 4CH
          INT 21H
CODE      ENDS
          END START
```

源程序 3（模型方式编程格式）如下。

```
.DATA
S    DW ?                      ;存放结果
CN EQU 100                     ;符号常量
.CODE
.STARTUP
          MOV AX, 0            ;累加器清 0
          MOV CX, 1            ;计数器置初值 1
LP:       ADD AX, CX
          INC CX
          CMP CX,CN
          JBE  LP              ;判断计数器计数是否达到 CN 定义的值 100
          MOV RESULT,AX        ;保存结果到存储器变量
.EXIT 0
          END
```

【例 4-7】 对数据段 STRING 单元的字符串，以“#”为结束标志，统计其长度并将结果存放在 LEN 单元。

源程序如下。

```
DATA      SEGMENT
STRING    DB   "ABCDEFG12345987689H# "
STR2 DB   'HELLO'
LEN       DW   ?
DATA      ENDS
CODE      SEGMENT
ASSUME    CS:CODE, DS:DATA
START:    MOV AX,  DATA
          MOV DS,  AX                  ;设置 DS
          MOV SI,  OFFSET  STRING
          MOV DX,  0
LOP:      MOV AL,  [SI]
          CMP AL,  '#'
          JZ  LOP1                     ;结束转至 LOP1
          INC DL
          INC SI
          JMP LOP                      ;无条件转至 LOP，判断下一个字符
LOP1:     MOV LEN, DX
          MOV AH, 4CH
          INT 21H
CODE      ENDS
          END START
```

【例 4-8】 对数据段 STRING 单元中以“#”为结束标志的字符串中数字字符的个数进行统计，将结果存放在 NUMLEN 单元中。

采用模型方式编程格式的源程序如下。

```
.DATA
STRING DB "ABCDEFG123459876    89H#"
NUMLEN DW ?
.CODE
.STARTUP
          MOV SI, OFFSET STRING        ;获取字符串的地址，SI 指向首字符
          MOV DX, 0                    ;对计数器清 0
LOP:      MOV AL, [SI]
          CMP AL, '#'
          JZ  NEXT                     ;遇到字符串结束符#，转至 NEXT
          CMP AL, '0'
          JB NOC                       ;遇到 0 以下的字符，不计数，转至 NOC
          CMP AL, '9'
          JA  NOC                      ;遇到 9 以上的字符，不计数，转至 NOC
          INC DX                       ;对 0～9 的字符计数，转至 NOC
NOC:      INC SI                       ;修改字符指针
          JMP LOP                      ;无条件转至 LOP，判断下一个字符
NEXT:     MOV NUMLEN, DX               ;存放结果
.EXIT 0
END
```

4.3.5 子程序设计

为了实现模块化程序设计，往往把具有某一功能的程序段设计成一个独立的程序模块。在需要使用该程序模块时，可由主程序或其他程序调用一次或多次，每次执行结束后再返回原来的程序继续执行，这样的程序模块称为子程序（或称过程）。

子程序可以由过程定义伪指令定义，子程序调用和返回可以通过指令系统的相关指令实现。

1. 过程定义伪指令

伪指令格式：

```
过程名  PROC  类型
        子程序体
        RET
过程名  ENDP
```

功能：用来定义一个过程并赋予过程名。若类型为 FAR，则为段间调用和段间返回，即调用程序和子程序不在同一代码段内；若类型为 NEAR（或默认），则为段内调用和段内返回，即调用程序和子程序在同一代码段内。

例如，在代码段内定义延时子程序：

```
DELAY     PROC      FAR              ;该子程序可以被段间调用
          MOV       CX, 8A00H
LOP:      MOV       AX, 2000H
LOP1:     DEC       AX
          NOP
          NOP
          JNZ       LOP1
          LOOP      LOP
          RET
DELAY     ENDP
```

一般情况下，调用程序正在使用的数据（如 AX 等）在子程序运行结束返回后仍需继续使用。为此，在调用子程序前需要对现场数据进行保护，返回时再恢复现场。这种操作可以在调用程序完成后进行，也可以在执行子程序体之前先将有关寄存器的内容推入堆栈，当子程序执行结束返回主程序之前，再将其内容弹入相应的寄存器中。

例如：

```
S1   PROC   NEAR
     PUSH   AX
     PUSH   CX
       子程序体
     POP    CX
     POP    AX
     RET
S1   ENDP
```

在定义子程序时应注意以下方面。

① 子程序可以在代码段内直接定义，应位于可执行指令段的最前或最后，但不能插在指令段中间。

② 若子程序为 NEAR 属性，则 RET 指令被汇编为段内返回指令，这样的子程序可以不用过程定义语句，而直接以标号作为子程序的入口。

2. 子程序调用与返回指令

在已定义子程序的基础上，程序中可以通过子程序调用指令调用该子程序。

（1）子程序调用指令

格式：

```
CALL 过程名
```

功能：将当前调用程序的断点 CS:IP 压入堆栈保存，然后将子程序地址送入 CS:IP，转去执行子程序。

（2）子程序返回指令

格式：

```
RET
```

功能：位于子程序的最后，恢复调用程序断点，返回到调用程序继续执行原来的程序。

例如：

```
CODEA  SEGMENT
       ...
       CALL  S1                      ;段内调用 S1 子程序
       CALL  S2                      ;段间调用 S2 子程序
       ...
       ...
   S1     PROC    NEAR
          PUSH     AX
          PUSH     CX
              子程序体
          POP  CX
          POP  AX
          RET
   S1     ENDP
CODEA     ENDP

CODEB     SEGMENT
   S2     PROC  FAR
          子程序体
          RET
   S2     ENDP
CODEB     ENDS
```

3. 子程序设计举例

【例 4-9】 在计算机通信中，往往需要对字符数据加校验位，以提高数据传输的正确性。设程序中有一字符串，要求调用子程序实现对每一个字符（ASCII 码）加偶校验位，然后调用另一子程序实现串行发送。

偶校验位即字符代码中“1”的个数为奇数，则最高位为 1，否则为 0，使整个字符代码中的“1”的个数为偶数。

程序利用寄存器进行调用程序和子程序之间的参数传递，这里，主程序通过 SI 向子程序传递字符串的地址，子程序通过 DI 向主程序返回偶校验处理后的字符串地址。

源程序如下：

```
DATA SEGMENT
STR           DB  "1234567ABCD9876FE0END"
CNT       DW  $-OFFSET  STR
STROUT    DB  200 DUP(?)
D1        DB   10 DUP(?)
DATA ENDS
STACK     SEGMENT PARA STACK 'STACK'
          DB  200 DUP(?)
STACK     ENDS
CODE      SEGMENT
          ASSUME  CS:CODE , DS:DATA, SS:STACK
START:    MOV       AX, DATA
          MOV       DS, AX
          MOV       AX, STACK
          MOV       SS, AX                       ;以上为源程序结构通用部分
;下面为主程序块
          LEA       SI, STR                      ;通过 SI 向子程序 PARI 传递参数
          LEA       DI, STROUT                   ;DI 作为子程序 PARI 的出口参数
          MOV       CX, CNT
```

```
        CALL    PARI                ;调用偶校验子程序 PARI
        NOP
        CALL    CHOUT               ;调用发送子程序（略），DI 作为入口参数
        MOV     AH, 1H              ;人-机之间缓冲，等待从键盘输入任一字符
        INT     21H
        MOV     AH, 4CH             ;返回系统
        INT     21H
;下面为子程序
PARI    PROC
LOP:    MOV     AL, [SI]            ;取一个字符
        AND     AL, AL
        JPE     LOP2                ;该字符的 ASCII 码为偶数个 1，则转至 LOP2
        ADD     AL, 80H             ;为奇数个 1，则最高位补 1
LOP2:   MOV     [DI], AL
        INC     SI
        INC     DI
        LOOP    LOP
        RET
PARI    ENDP
CODE    ENDS
        END     START
```

4.3.6　DOS 功能调用及应用示例

8086 可以处理 256 类中断，通过指令中的中断类型号 n 获取中断处理程序的地址，用户可以直接调用它们（详见第 7 章）。其中软中断指令 INT 21H（n=21H）为 DOS 功能调用，为程序员提供 80 多个常用子（功能）程序，每个子程序赋予一个功能号，在调用前将相应子程序的功能号送入累加器的高 8 位 AH 中。下面主要介绍 INT 21H 指令的功能和应用。

DOS 功能调用可在汇编语言程序中直接调用，调用步骤如下。

① 在 AH 寄存器中设置调用子程序的功能号，如 AH=4CH。

② 根据所调用的功能号设置入口参数到特定的寄存器中（部分调用不带参数）。

③ 执行系统功能调用 INT 21H 指令，转入子程序入口。

④ 子程序运行完毕后，得到出口参数。

部分 DOS 功能调用见表 4-2。

表 4-2　部分 DOS 功能调用

功能号	子程序功能	入口参数	出口参数
01H	从键盘输入一个字符，在显示器中显示，检查 Ctrl+Break		AL=输入字符
02H	显示单个字符	DL=显示字符的 ASCII 码	
09H	显示以“$”结束的字符串	DS:DX=字符串首地址	
0AH	输入字符串到内存缓冲区	DS:DX=缓冲区首地址	
25H	设置中断向量 （中断处理程序入口地址）	DS:DX=中断向量 AL=中断类型号	
35H	取中断向量	AL=中断类型号	ES:BX=中断向量
2AH	取日期		CX=年 DH:DL=月:日（二进制）
2BH	设置日期	CX:DH:DL=年:月:日	AL=0，设置成功；AL=FFH，无效
2CH	取时间		CH:CL=时:分 DH:DL=秒:1/100 秒
2DH	设置时间	CH:CL=时:分 DH:DL=秒:1/100 秒	AL=0，设置成功 AL=FFH，无效
4CH	程序终止	AL=返回码	

【例 4-10】 功能号 AH=02H，功能：将寄存器 DL 中的 ASCII 字符送至显示器显示。

入口参数：DL 的内容为字符的 ASCII 码。

指令段如下：

```
MOV     AH, 2
MOV     DL, 'A'                 ;欲显示字符
INT     21H                     ;显示器显示字符“A”
```

【例 4-11】功能号 AH=9，功能：将 DX 的内容为当前数据区起始地址的字符串送至显示器显示，字符串以“$”为结束标志。设字符串地址为 BUF。

入口参数：DS:DX 为字符串的首地址。

程序段如下。

```
MOV         AH, 9
LEA         DX, BUF             ; BUF 为字符串首地址
INT         21H
```

【例 4-12】 某中断源使用的类型号 n=60H，其中断处理程序入口地址为 INT 60H，把它设置在中断向量表中。

在 DOS 功能调用中将 AH=25H 的功能设置为中断向量表，其参数如下。

设置中断向量：AH=25H。

入口参数：AL=中断类型号；DS:DX=中断处理程序的入口地址（要求段地址存入 DS，偏移量存入 DX）。

程序段如下。

```
PUSH    DS
MOV         AH,25H
MOV     AX,SEG  INT60H                  ;将段基址送入 AX
MOV         DS,AX
MOV         DX,OFFSET  INT60H           ;将偏移地址送入 DX
MOV         AL,60H                      ;将中断类型号送入 AL
INT     21H                             ;25H 功能调用
POP     DS
```

有关 DOS 功能调用其他功能号的用法参考附录 C。

4.3.7 ROM BIOS 中断调用及应用示例

BIOS（Basic I/O System）即基本输入输出系统。在 80x86 微机系统中，BIOS 被固化在以 0FE000H 开始的 8KB 的 ROM 区，又称 ROM BIOS。

ROM BIOS 以中断方式向用户提供底层服务软件。

1. 主要功能

① 驱动系统中所配置的常用外设（即驱动程序），如显示器、键盘、打印机、磁盘驱动器、通信接口等。

② 开机自检，引导装入。

③ 提供时间、内存容量及设备配置情况等参数。

计算机上电时，BIOS 自动调入内存。

2. 调用方法

使用 BIOS 中断调用给用户编程带来很大便利，程序员不必了解 I/O 接口的结构和组成的细节，可直接用指令设置参数，通过指令 INT n 调用。

BIOS 中断处理程序的调用步骤如下。

① 将功能号送入寄存器 AH 中。

② 设置入口参数。

③ 通过 INT n 指令调用 BIOS 处理程序，n 为中断类型号。

④ 分析出口参数及状态。

部分 BIOS 中断调用见表 4-3。

表 4-3　部分 BIOS 中断调用

中断类型	功能	中断类型	功能
00H	除法错误	09H	键盘中断
01H	单步中断	10H	显示器 I/O 调用
02H	NMI 中断	16H	键盘 I/O 调用
03H	断点中断	17H	打印机 I/O 调用
04H	溢出中断	20H	程序结束运行，返回 DOS
05H	显示器输出中断	21H	系统功能调用
06H	保留	33H	鼠标中断功能调用
07H	保留	0BH	异步通信口 2 中断
08H	定时中断	0CH	异步通信口 1 中断

【例 4-13】 BIOS 中断调用 INT 16H 功能分析。

INT 16H 为键盘 I/O 调用，其中断处理程序有 3 种功能，功能号为 00、01、02。

① 00 号功能调用（从键盘读入 1 个字符）。

指令段如下：

```
MOV   AH,00H
INT   16H         ;等待（识别）键盘输入
```

② 01 号功能调用（读键盘缓冲区的字符）。

指令段如下：

```
MOV    AH,01H
INT    16H
```

执行后，若 ZF=0，表示有键按下，输入字符的 ASCII 码存放在 AL 中。

③ 02 号功能调用（读取特殊功能键的状态）。

指令段如下：

```
MOV    AH,02H
INT    16H
```

执行后，将特殊功能键的状态存放在 AL 中。

【例 4-14】 指令：INT 10H。功能号：AH=2。功能：将光标定在显示器的第 12H 行第 1 列。

入口参数：AH=2，BH=显示页号，DH=行，DL=列。

出口参数：无。

程序段如下：

```
MOV        AH, 02H              ;功能 2
MOV        BH, 0                ; 0 页
MOV        DH, 12H              ;第 12H 行
MOV        DL, 01H              ;第 1 列
INT        10H
```

【例 4-15】 指令：INT 16H，AH=0。功能：从键盘读入一个字符送入 AL。

入口参数：AH=0。

出口参数：AL。

指令段如下：

```
MOV     AH, 0           ;功能 0
INT     16H             ;从键盘输入一个字符，该字符的 ASCII 码送入 AL
```

【例 4-16】指令：INT 17H，AH=0。功能：将寄存器 AL 中的 ASCII 码表示的字符送至打印机打印。

入口参数：AH=0，AL 的内容为要打印字符的 ASCII 码，DX 为打印机号。

指令段如下：

```
MOV     AH, 0           ;功能 0
MOV     DX, 0           ;0 号打印机
INT     17H             ;打印 AL 寄存器中的 ASCII 码
```

有关 BIOS 的中断类型的功能用法参考附录 D。

4.4 汇编语言程序的上机过程及仿真调试

本节主要介绍汇编语言程序的上机过程及仿真调试示例。

4.4.1 上机过程及调试工具 DEBUG

汇编语言程序的上机过程要经过编辑源程序、汇编源程序、连接目标文件及调试或运行可执行文件，如图 4-6 所示。

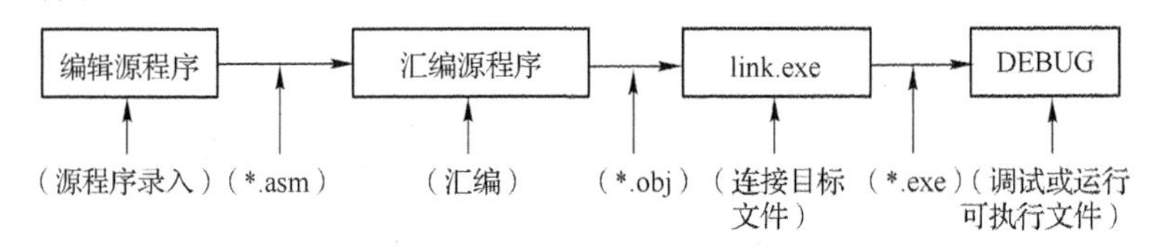

图 4-6 汇编语言程序的上机过程

1. 编辑源程序

汇编语言源程序可以用任何一种纯文本编辑工具输入、编辑，早期使用 DOS 环境下 EDIT 等编辑软件，后来出现了 PCEditor 及 Windows 环境下的编辑工具等软件。存储时源程序扩展名必须是.asm。

在编辑与修改汇编语言源程序时应注意以下几点。

① 由键盘输入完整的具有段定义的源程序，而不能仅输入某一程序段。

② 每行写一条语句，在换行时注释部分和代码部分不要串行。

③ 每一个标识符都必须有确定的含义。

④ 对于除字符以外的数据或代码，字母大小写等价。

⑤ 有些软件要求必须在英文输入格式下输入分隔符。

⑥ 不要将十六进制数前面的数字 0 误写成字母 O，也不要将代码中的字母 O 误写成数字 0。

2. 汇编源程序

运行 MASM 宏汇编程序，在 Windows 窗口下单击 MASM 可执行文件图标运行。

根据界面提示输入源程序文件名、欲生成的目标程序文件名等。当不需要某一文件时，按〈Enter〉键即可，该过程称为汇编。汇编后生成目标文件，扩展名为.obj。

在汇编过程中，若出现语法错误，汇编程序会给出错误原因，用户可根据提示进行修改，再重新汇编，反复进行，直至汇编成功。

3. 连接目标文件

运行连接程序 link.exe，对目标程序进行连接操作，生成可执行文件，如扩展名为.exe 的文件。

4. 运行可执行文件

若程序不存在问题，可以在操作系统下直接运行生成的可执行文件；也可以运行调试程序 DEBUG，通过 T 或 G 命令进行调试，发现逻辑错误，修改程序，直至运行成功。注意，每次修改后的程序必须重新进行保存、汇编、连接，才能再次调试运行。

5. 调试工具 DEBUG

利用调试工具 DEBUG 可以对扩展名为.exe 或.com 的文件进行调试、反汇编（即由可执行文件得出其指令代码）等操作。

DEBUG 启动后的提示符为“–”，其命令均为单字母形式。常用命令的形式和功能如下。

命令 R：显示 CPU 内部各寄存器当前内容。

命令 D[范围]：显示指定内存单元的内容。

命令 A：汇编命令。在该命令下，可以输入不含标识符的指令段并对其进行汇编。

命令 T [=地址]：从给定地址开始单步执行指令。

命令 G [=地址][断点]：从给定地址开始执行指令，到达断点结束指令执行。

命令 I：从端口输入。

命令 U [范围]：反汇编。显示机器码对应的汇编指令，常用于跟踪某程序。

命令 Q：退出 DEBUG。

在学习指令系统或验证程序段时，可以在 DOS 中直接输入“DEBUG”，进入 DEBUG 环境，在使用时应注意以下方面。

① 输入汇编命令 A，此时可以逐条输入汇编指令，按〈Enter〉键后，执行命令 T（T=xxxx:xxxx），对指令进行单步执行，利用命令 R、命令 D 观察寄存器和内存单元的内容，以增强对指令的理解。

② DEBUG 使用的所有数据和地址均为十六进制数，但其后不加 H。

③ 所有地址均表示为 xxxx:xxxx，即段地址:段内地址。

④ DEBUG 不是调试源程序，而是调试可执行的目标代码。因此，不能输入变量、标识符及伪指令等，必须直接输入它们的实际地址、数据、指令或指令段（可以手动汇编处理）。

4.4.2 EMU8086 汇编语言程序上机及仿真调试示例

本节通过示例介绍 EMU8086 汇编语言程序上机及仿真调试。

【例 4-17】 设一首地址为 BUF 的字数组，数组的长度为 N=8，编写程序使此数组中的数据按从大到小的次序排列。

（1）程序设计

数据排序算法，一般需要两个循环嵌套，外循环控制循环次数，内循环找出每次循环数据比较的最大值或最小值。源程序设计如下：

```
DATA SEGMENT
N  EQU 8
BUF  DW  1234H, 00AAH, 2200H, 0FF00H, 0A768H, 1FFH, 2000H, 0020H  ;字数组
DATA ENDS
CODE SEGMENT
ASSUME CS:CODE, DS:DATA
START:
      MOV AX, DATA
      MOV DS, AX              ;初始化数据段寄存器
      MOV BX, 0               ;BX 指向数组的首个字单元
      MOV CX, N               ;取个数
      DEC CX                  ;内循环次数
```

```
L1:    MOV DX, CX             ;外循环次数
L2:    MOV AX, BUF[BX]        ;取BUF[i]
       CMP AX, BUF[BX+2]      ;与BUF[i+2]比较
       JA  CON1               ;若大于，则转去CON1，不交换；否则，交换
       XCHG AX, BUF[BX+2]
       MOV BUF[BX], AX
CON1:  ADD BX, 2              ;指向下一个字
       LOOP L2                ;内循环
       MOV CX, DX
       MOV BX, 0              ;指向第一个字
       LOOP L1                ;外循环
CODE   ENDS
END  START
```

（2）上机操作

EMU8086 上机及仿真调试步骤如下。

① 编辑源程序。启动 EMU8086，在启动窗口单击“new”按钮，选择“empty workspace”后，在编辑窗口输入汇编源程序，如图 4-7 所示。

② 编译生成可执行文件。单击“compile”按钮，对源程序编译生成可执行文件 noname.exe 后存盘，如图 4-8 所示。该文件可以直接在操作系统的支持下运行。

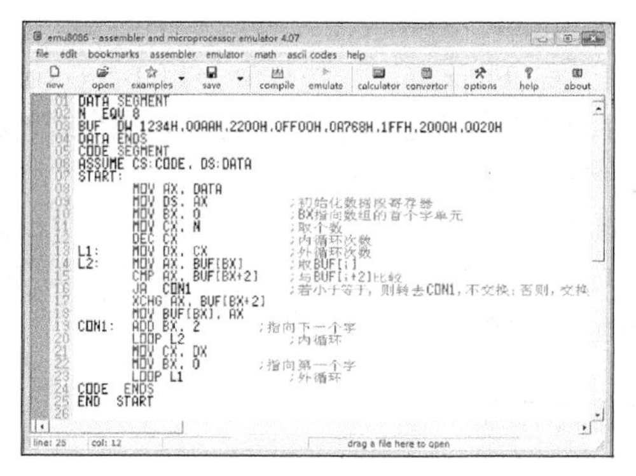
图 4-7　编辑源程序

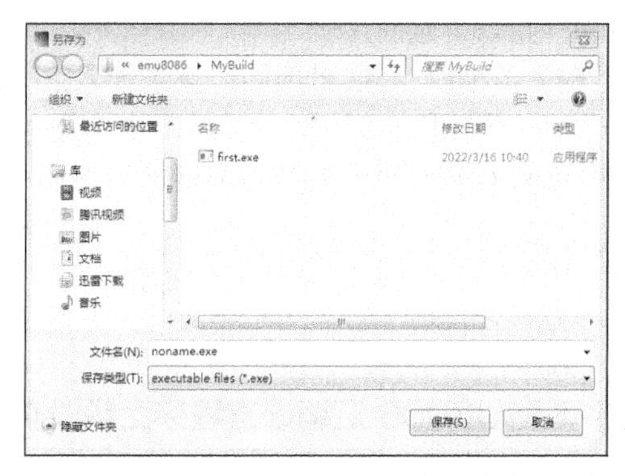
图 4-8　编译生成可执行文件

③ 仿真运行。单击“emulate”→“single step”按钮，单步调试，如图 4-9 所示。可以看出，在数据段 BUF 数组首地址 0710:0000（07100）开始的 8 个字单元（双字节高位在后、低位在前）的数组元素，图中显示已经单步执行完指令段的第 8、9 行，此时 AX=0710，DS=0710。

④ 单击“emulate”→“run”按钮连续执行，仿真结果如图 4-10 所示。可以看出，程序执行完后，数据段 BUF 数组中的数据按从大到小的顺序排列。

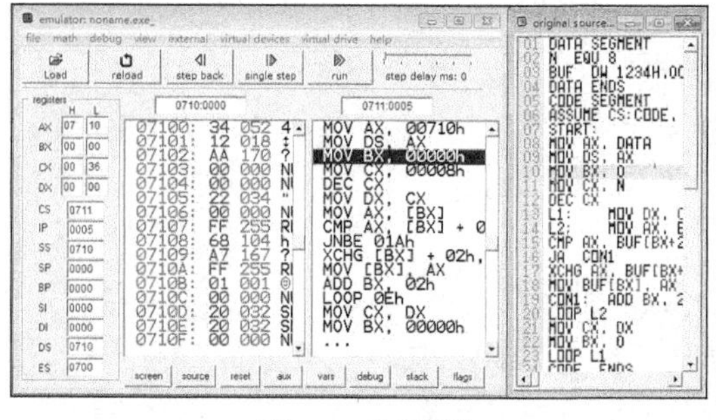
图 4-9　单步调试

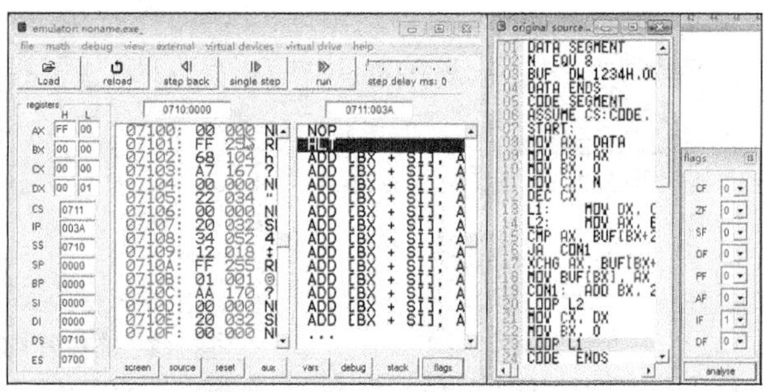
图 4-10　连续执行仿真结果

【例 4-18】 子程序调用 EMU8086 仿真示例。

设计程序，将存储器地址为 2200H～220FH 的单元置 0AH，2230H～223FH 的单元置 0BH，2250H～225FH 的单元置 55H。要求写出主程序和子程序。

① 程序设计。

源程序如下：

```
DATA     SEGMENT
BUF1     EQU 2200H
BUF2     EQU 2230H
BUF3     EQU 2250H
DATA     ENDS
STACK    SEGMENT
SP1      DB 20 DUP(0)
STACK    ENDS
CODE     SEGMENT
         ASSUME CS:CODE, DS:DATA, SS:STACK
START:
         MOV AX, 0
         MOV DS, AX
         MOV AX, STACK
         MOV SS, AX
         MOV BX, BUF1
         MOV AL, 0AH
         CALL  FMOV
         MOV BX, BUF2
         MOV AL, 0BH
         CALL  FMOV
         MOV BX, BUF3
         MOV AL, 55H
         CALL  FMOV
         MOV AH, 4CH
         INT 21H
FMOV:
         MOV CX, 16
FMOV_LOP:
         MOV [BX], AL
         INC BX
         LOOP  FMOV_LOP
         RET
CODE     ENDS
         END START
```

② 仿真调试。

打开 EMU8086，输入源程序，编译后保存文件。

单击“emulate”按钮后，再单击“single step”或“run”按钮进行仿真调试，观察寄存器或存储器的变化。

仿真运行结果如图 4-11 所示。可以看出存储地址 0000:2200H 到 0000:220FH 内容为 0AH，0000:2230H 到 0000:223FH 内容为 0BH，0000:2250H 到 0000:225FH 内容为 55H。

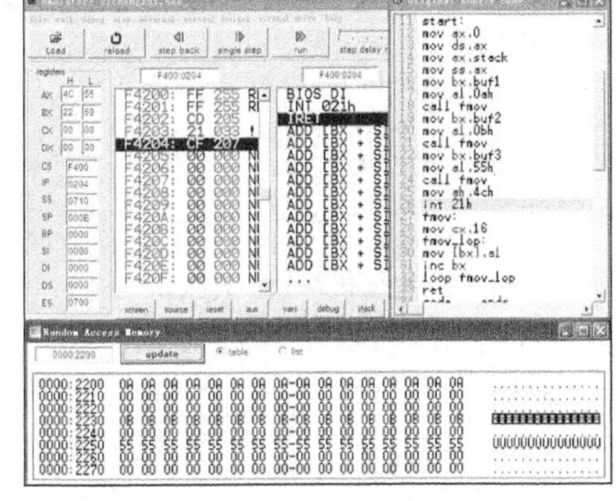

图 4-11　子程序调用示例的仿真运行结果

【例 4-19】 系统功能调用 EMU8086 仿真示例。

功能号 AH=9，将 DX 内容为当前数据区起始地址的字符串送显示器显示，字符串以“$”为结束标志。设字符串首地址为 BUF。

① 程序设计。

源程序如下：

```
DATA SEGMENT
   BUF DB 'Abcdefg123456$'
DATA ENDS
CODE SEGMENT
   ASSUME CS:CODE, DS:DATA
START:
    MOV AX, DATA
    MOV DS, AX          ;初始化数据段寄存器
    LEA DX, BUF         ;BUF 为字符串首地址
    MOV AH, 9
    INT 21H
CODE ENDS
    END START
```

② 仿真调试。

打开 EMU8086，输入源程序编译并保存。

单击“emulate”按钮后，再单击“single step”或“run”按钮进行仿真调试，观察寄存器或存储器的变化。

仿真运行结果如图 4-12 所示，显示器上显示“Abcdefg123456”。

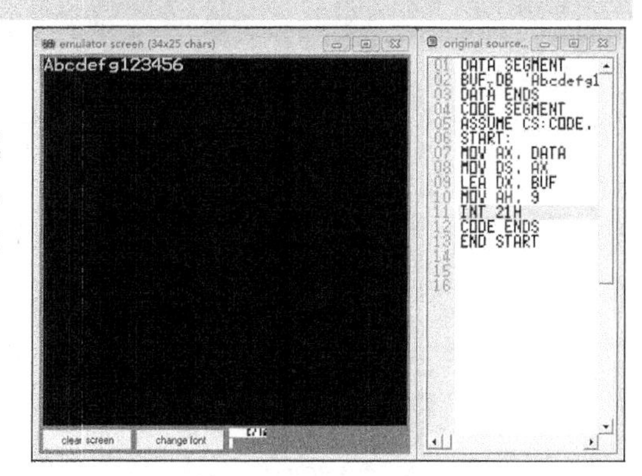

图 4-12　系统功能调用的仿真运行结果

4.5　习题

1. **名词解释**

汇编语言　汇编程序　变量　标号　子程序　宏定义　反汇编

2. **填空题**

（1）汇编语言源程序汇编后直接生成______文件。

（2）在 MOV　WORD　PTR[0072]，55AAH 指令的机器代码中，最后一个字节是_______。

（3）若定义 DATA　DW　1234H，执行 MOV　BL,BYTE PTR DATA 指令后，(BL)=_______。

（4）若定义 DAT　DW　'12'，则(DAT)和(DAT+1)两个相邻的内存单元中存放的数据是_______。

（5）设 VAR 为变量，指令 MOV　BX, OFFSET VAR 的寻址方式为__________。

（6）表示过程定义结束的命令是________；表示段定义结束的命令是_________；表示汇编结束的命令是__________。

（7）指令段如下：

```
STR1  DB  'AB'
STR2  DB 16 DUP (?)
CNT   EQU $-STR1
MOV   CX, CNT
```

该指令段汇编执行后，(CX)=___________。

（8）执行以下程序段后，(AL)=_________。

```
BUF  DW 2152H, 3416H, 5731H, 4684H
     MOV BX, OFFSET BUF
     MOV AL, 3
     XLAT
```

（9）对于伪指令语句：VAR　DW　1，2，$+2，5，6，若汇编时 VAR 分配的偏移地址是 0010H，则汇编后 0014H 单元的内容是______。

（10）执行下面的程序段后，(AX)=________。

```
TAB      DW 1, 2, 3, 4, 5, 6
ENTRY    EQU 3
MOV  BX, OFFSET  TAB
ADD  BX, ENTRY
MOV  AX, [BX]
```

（11）表示一条指令所在的存储单元的符号地址称________，定义起始数据存储单元的符号称________。

（12）执行调用子程序指令时，首先将______压入堆栈，然后将子程序的入口地址送入________。

（13）执行子返回指令时，返回地址来自__________。

（14）过程定义的位置应在__________。

3. 写出实现下列操作的伪指令语句

（1）将数据 30H,31H,32H,33H,34H,35H,36H,37H,38H,39H 存放在数据段字节 DATA1 单元。

（2）在数据段为缓冲区设置 200 个字单元。

（3）在数据段为字符串定义存储单元，对于任意长度的字符串，用伪指令定义符号常量表示其长度。

（4）将 AL 的内容与 DATA3 单元的内容相加后存入下一个单元。

4. 问答题

（1）设 D1、D2 为两个已经赋值的变量，指令语句 AND　AX,　D1 AND D2 中，两个 AND 分别在什么时间操作？

（2）比较 MOV　BX, OFFSET D1 和 LEA　BX, D1，它们哪些方面相同？哪些方面不同？

（3）子程序和宏操作有哪些异同？

5. 编程题

（1）编写源程序，屏蔽 AL 中的低 4 位，将 BL 中的低 4 位赋予 AL 的高 4 位。

（2）编写源程序，统计字节变量 Z 中有多少个“1”，存入变量 CNT 中。

（3）编写子程序，完成多字节减法。

设 SI、DI 分别指向被减数和减数的低字节地址，BX 指向结果地址，CX 存放被减数和减数的字节长度。

（4）编写源程序，将位于 AL 中的二进制数转换为 ASCII 码。

（5）编写源程序，通过调用子程序实现以下功能：

在长度为 100 的 BLOCK 字节数据单元中，检索其中是否有与 AL 中的关键字相同的字符，并将第一个与其关键字相同的数据单元的地址存入 DI 中。

05 第 5 章　存储器及应用技术

本章在介绍计算机存储系统结构、分类、技术参数及半导体存储器一般知识的基础上，讲述 RAM/ROM 的基本构成、存储芯片及其与 CPU 的接口等知识点，重点介绍存储系统组成、编址、存储器与 CPU 接口电路应用技术及设计实例，简述 80x86 系统的存储器结构、内存性能及选用、常用外存储器。最后通过 Proteus 仿真示例介绍简单存储系统的设计和调试过程。

5.1　存储器概述

存储器（Memory）是计算机系统中的“记忆”设备，用来存放程序和数据。

计算机中的全部信息，包括输入的原始数据、计算机程序、中间运行结果和最终运行结果，都保存在存储器中，可以通过控制器发出的命令对存储器进行读写操作。

5.1.1　主存储器及存储系统的层次结构

在高性能的计算机系统中，存储器是一个层次式的存储体系。

1. 主存储器的基本结构

主存储器的基本结构如图 5-1 所示，图中显示了主存储器与 CPU 的连接和信息流通的通道。

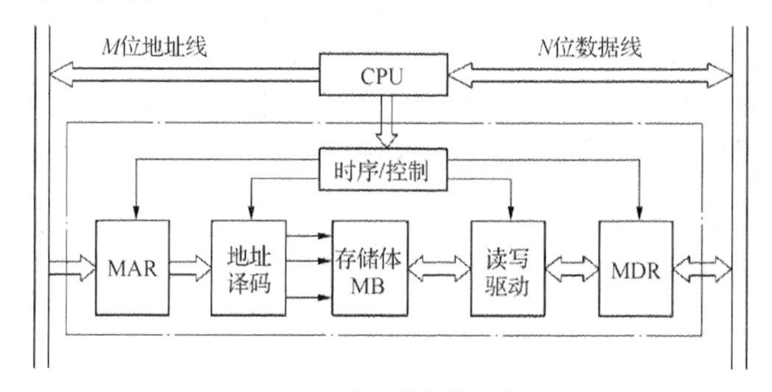

图 5-1　主存储器的基本结构

图 5-1 中点画线框内为主存储器。MB 为存储体，是存储单元的集合体，它可以通过 M 位地址线、N 位数据线和一些有关的控制线与 CPU 交换信息。M 位地址线用来指出所需访问的存储单元地址；N 位数据线用来在 CPU 与

主存储器之间传送数据信息；控制线用来协调和控制主存储器与 CPU 之间的读写操作。

2. 层次结构

现代微机系统中存储器的典型层次结构如图 5-2 所示。该图呈塔形，越向上，存储器的存取速度越快，访问频率越高；同时，存储器的价格也越高，系统容量越小。反之，访问频率低，存取速度慢，但容量较大。

微机系统一般采用内部寄存器组、高速缓冲存储器、主存储器和辅助存储器 4 级存储结构来组成整个存储系统，以满足各种软件对时间和空间的需求。CPU 中的寄存器位于顶端，它具有最快的存取速度，但数量极为有限，向下依次是 CPU 内部的高速缓冲存储器、主板上的高速缓冲存储器、主存储器、辅助存储器和大容量辅助存储器。位于底部的存储设备，其容量最大，价格最低，但速度最慢。

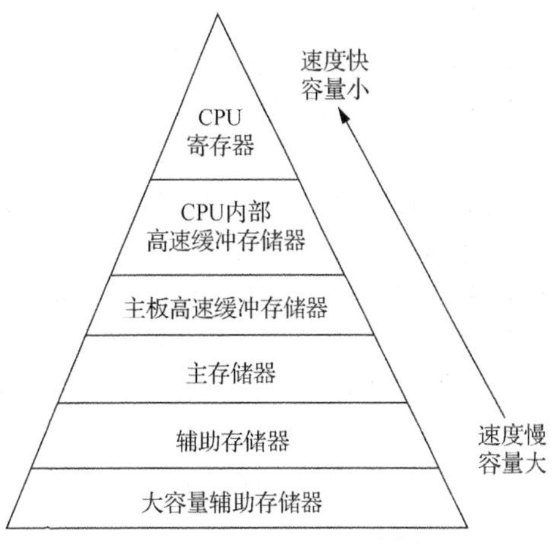

图 5-2　存储器的典型层次结构

3. 虚拟存储器

在主存储器已经确定的情况下，为了解决在多用户分时系统运行时竞争主存储器空间的矛盾，必须扩大使用的存储空间，虚拟存储技术应运而生。

虚拟存储技术就是将存储系统的一部分辅助存储器（如硬盘）与主存储器组合起来并视为一个整体，对两者的存储空间进行统一编址，形成逻辑地址空间。采用软硬件结合的措施，将外存的逻辑地址空间自动转换为主存储器的物理地址，将程序代码自动由外存分段调入或调出主存储器，主存储器成为 CPU 当前正在使用程序和数据的一个区域。这样，对用户来说，允许使用的地址空间不再受主存储器空间的限制。

例如，Intel 公司的超级 16 位 CPU 可寻址的主存储器空间为 1MB，它支持虚拟存储系统，其虚拟地址空间为 1GB。

5.1.2　存储器的分类及特点

根据存储器元件在计算机中所处的位置、存储介质和信息存取方式等，存储器有多种分类方法。

1. 按所处位置分类

根据存储器在计算机中的位置不同，可以把存储器分为内部寄存器组、主存储器、辅助存储器和高速缓冲存储器。

（1）内部寄存器组

内部寄存器组位于 CPU 内部，存取速度和 CPU 相当，其数量有限，常用来存放最近要用到的程序和数据或者存放运算产生的中间结果。

（2）主存储器

主存储器简称内存或主存，其读取速度比 CPU 慢，由半导体器件构成，容量较小，但价格相对较高。计算机运行时，CPU 需要执行的各种程序及操作的数据必须调入主存。

（3）辅助存储器

辅助存储器，也叫外存储器（简称外存），属于输入输出外部设备，不能被 CPU 直接访问。通常采用表面存储方式存放信息，常见的磁盘、光盘、磁带都采用该方式。外存具有容量大、价格低等优点，但存取速度较慢。外存常用来存放一些暂时不使用的程序、数据和文件，或者一些需要永久保存的程序、数据和文件。

CPU 要访问外存中的信息时，需要把外存信息事先调入主存，这样使得主存与外存要进行频繁的数据交换。早期的这种交换过程由程序员来处理，而现在计算机通过辅助的硬件及存储管理软件来完成。在交换过程中，主存与外存被看成一个虚拟的存储器，编程的时候使用一种虚拟地址；访问的时候需要把虚拟地址转换成对应的物理地址，如果访问的数据不在主存中，则由这些辅助硬件及存储管理软件把数据调入主存再进行访问。

（4）高速缓冲存储器

高速缓冲存储器位于 CPU 内部（一级缓存）及 CPU 与主存之间（二级缓存）。其存取速度与 CPU 工作速度相当，但容量远小于主存。增加高速缓冲存储器的目的是减少对主存的访问次数，从而提高 CPU 的执行速度。CPU 读取指令或操作数时，首先访问高速缓冲存储器，若指令或数据在其中则立即读取，否则访问主存。如果设计得当，访问的命中率（当指令或操作数在高速缓冲存储器中时，称为“命中”）可以高达 99%。由于高速缓冲存储器容量较小，这使得其价格相对增加不多，从而缓解了速度与成本之间的矛盾。

2. 按存储器的性质分类

（1）RAM

RAM 即随机存储器或读/写存储器，信息可以根据需要随时写入或读出。

根据 RAM 的结构和功能的不同，可将其分为两种类型，即动态 RAM 和静态 RAM。

① 动态 RAM（Dynamic RAM，DRAM）。一般由 MOS 型半导体存储器件构成，最简单的存储形式以单个 MOS 管为基本单元，以极间的分布电容是否持有电荷作为信息的存储手段，其结构简单，集成度高。但是，如果不及时进行刷新，极间电容中的电荷会在很短的时间内自然泄漏，致使信息丢失。因此，必须为其配备专门的刷新电路。

由于 DRAM 芯片的集成度高、价格低廉，因此多用在存储容量较大的系统中。目前，微型计算机中的主存大都是由 DRAM 构成的。

② 静态 RAM（Static RAM，SRAM）。它以触发器为基本存储单元，只要不掉电，其所存信息就不会丢失。该类芯片的集成度不如 DRAM，功耗也比 DRAM 高，但它的速度比 DRAM 快，也不需要刷新电路。在构建小容量的存储系统时一般选用 SRAM。在微型计算机中普遍用 SRAM 构成高速缓冲存储器。

（2）ROM

ROM 又称只读存储器，在一般情况下只能读出所存信息，不能重新写入。信息的写入要通过工厂的制造环节或采用特殊的编程方法进行。信息一旦写入，能长期保存，掉电不丢失，因此，ROM 属于非易失性存储器件。一般用它来存放固定的程序或数据。

ROM 根据结构组成不同，可分为以下 5 种。

① 掩膜式（Masked）ROM：简称 ROM。该类芯片通过工厂的掩膜制作，已将信息存储在芯片中，出厂后不可更改。

② 可编程（Programmable）ROM：简称 PROM。该类芯片允许用户进行一次性编程，此后不能进行更改。

③ 可擦写（Erasable）PROM：简称 EPROM，一般指可用紫外光擦除的 PROM。该类芯片允许用户多次编程和擦除。擦除时，可以通过向芯片窗口照射紫外光的方法进行。

④ 电擦写（Electrically Erasable）PROM：简称 EEPROM，也称 E2PROM。该类芯片允许用户多次编程和擦除。擦除时，可采用上电方法在线进行。

⑤ 闪存（Flash Memory）：是一种新型的大容量、高速度、电可擦除的可编程只读存储器。人们最常用的闪存是 USB 闪存盘，简称 U 盘，其特点是小巧便于携带、存储容量大、价格便宜。U 盘通过 USB 接口与计算机交换信息，将 U 盘直接插到机箱前面板或后面的 USB 接口上，系统就会自动识别。

3. 按制造工艺分类

按制造工艺的不同，可将半导体存储器分为双极（Bipolar）型和 MOS（Metal-Oxide-Semiconductor，金属氧化物半导体）型两类。

（1）双极型

双极型由 TTL（Transistor-Transistor Logic，晶体管—晶体管逻辑）电路构成。该类存储器工作速度快，但集成度低、功耗大、价格偏高。

（2）MOS 型

MOS 型有多种制作工艺，如 NMOS（N 沟道 MOS）、HMOS（高密度 MOS）、CMOS（互补型 MOS）、CHMOS（高速 CMOS）等。该类存储器的特点是集成度高、功耗低、价格便宜，但速度较双极型存储器慢。

5.1.3 存储器的主要性能参数

1. 存储容量

存储容量是指存储器可容纳的二进制信息。微机中存储器以字节为基本存储单元，容量常用存储的字节数来表示。常用单位有 B、KB、MB、GB、TB 等。

需要注意，内存最大容量和内存实际装机容量是两个不同的概念。内存最大容量由系统地址总线决定，而内存实际装机容量是指计算机中实际内存的大小。

例如，一个 32 位计算机，其地址总线为 36 位，这决定了内存允许的最大容量为 64GB（2^{36}B），而目前内存的实际装机容量一般为 4GB～16GB。内存允许的最大容量是为其扩展提供条件。

2. 存取速度

存取速度可以用存取时间或存取周期来描述。存取时间是启动一次存储器操作到完成该操作所需时间；存取周期为两次存储器访问所需的最小时间间隔。存取速度取决于内存的具体结构及工作机制。总体上，SRAM 速度最快，DRAM 次之，ROM 速度最慢。

3. 可靠性

可靠性是指对电磁场及温度变换的抗干扰能力，通常用 MTBF（Mean Time Between Failures，平均故障间隔时间）衡量。MTBF 越大，可靠性越高。

4. 性价比

性能主要包括存储容量、存取速度和可靠性 3 项指标。性价比是一项综合性指标，对不同用途的存储器要求不同。例如，对外存，要求存储容量大、价格低；对高速缓存，则要求速度快，但价格可稍高。在满足性能要求的条件下，应选取性价比高的存储器。

5.2 典型半导体存储器

计算机中配置的内部存储器由半导体介质存储器组成，主要有随机存储器和只读存储器。

5.2.1 随机存储器

随机存储器（RAM）在计算机运行时用来存储临时性信息，在任何时候都可以对其进行读写。RAM 通常被作为操作系统或其他正在运行程序的临时存储介质。RAM 在断电以后，保存在其上的数据会自动丢失。

RAM 可以进一步分为静态 RAM（SRAM）和动态 RAM（DRAM）两大类。

1. SRAM

（1）存储单元电路结构

图 5-3 所示为由 6 个 MOS 管构成的静态一位存储单元电路。

电路中，MOS 管 Q1、Q2 为工作管，Q3、Q4 为负载管。Q1、Q2、Q3、Q4 组成一个双稳态触发器。它有两个稳定状态，可用来存储一位二进制信息。如 Q1 饱和导通、Q2 截止，是一种稳定状态，用来表示“0”状态；Q1 截止、Q2 饱和导通，是另一种稳定状态，用来表示“1”状态；Q5、Q6 为门控管，相当于两个开关，由 X 线控制。

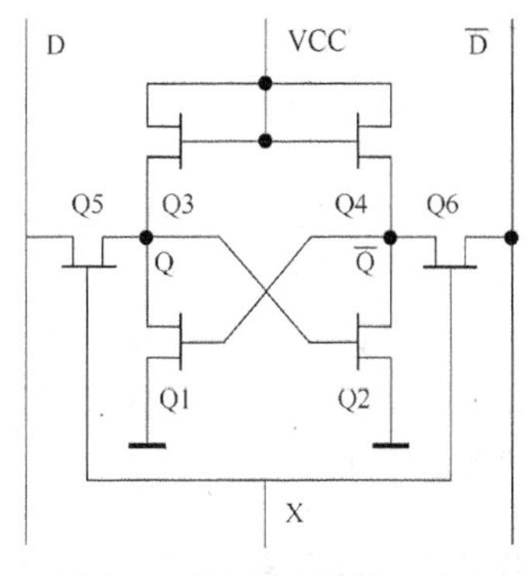

图 5-3　SRAM 存储单元电路

（2）工作原理

SRAM 的工作过程分为以下 3 个步骤。

① 保持。X 线平时处于低电平，使门控管 Q5、Q6 截止，切断触发器与位数据线 D、$\overline{D}$ 的联系，触发器保持原来状态不变。

② 写操作。被选中的存储单元的 X 线为高电平，使门控管 Q5、Q6 导通。写“1”时，位数据线 D=1、$\overline{D}$=0，迫使 Q2 导通，$\overline{Q}$ 为低电平，经交叉反馈使 Q1 管截止，Q 为高电平（“1”），并维持这个状态，触发器处于“1”状态；写“0”，则反之。

③ 读操作。被选中的存储单元的 X 线为高电平，使门控管 Q5、Q6 导通。假定两边位线的负载是平衡的，则 Q1、$\overline{Q}$ 点电位就可分别通过 Q5、Q6 传送到位数据线 D、$\overline{D}$ 上，即被读出。

由此可见，SRAM 在计算机通电工作时，信息就能被保存。在进行读操作时，不破坏触发器的状态，也无须刷新，因此，外部电路比较简单，这是 SRAM 的优点。但 SRAM 基本存储电路中包含的管子数目比较多，电路中的两个交叉耦合的管子中总有一个管子处于导通状态，因此，会持续地消耗能量，使得 SRAM 的功耗相对较大。

（3）RAM 2114

RAM 2114 为 1K×4bit 的 SRAM，其外引脚图和逻辑符号如图 5-4 所示，功能见表 5-1。

图 5-4　RAM2114 的外引脚图和逻辑符号

表 5-1　2114 功能表

$\overline{CS}$	R/$\overline{W}$	I/O	工作模式
1	X	高阻态	未选中
0	0	0	写 0
0	0	1	写 1
0	1	输出	读出

由图 5-4 可知，A0～A9 为地址码输入端，I/O0～I/O3 为数据输入输出端，$\overline{CS}$ 为片选端，R/$\overline{W}$ 为读/写控制端。当 $\overline{CS}$=1 时，芯片未选中，此时 I/O 为高阻态；当 $\overline{CS}$=0 时，芯片被选中，这时数据可以从 I/O 端输入输出。若 R/$\overline{W}$=0，则为数据输入（由 CPU 写入数据），即把 I/O 端的数据存入由 A0～A9 所决定的某存储单元里。若 R/$\overline{W}$=1，则为数据输出，即把由 A0～A9 所决定的某一存储单元的内容送到 I/O 端，供 CPU 读取。

2114 的电源电压为 5V，输入、输出电平与 TTL 兼容。

必须注意，在地址改变期间，R/$\overline{W}$ 和 $\overline{CS}$ 中要有一个处于高电平（或者两者全为高电平），否则会引起误写，“冲掉”原来的内容。

2. DRAM

（1）存储单元电路结构

DRAM 电路结构简单，图 5-5 是由单管构成的基本动态位存储电路，它也是目前高集成度存储芯片所采用的存储单元电路。该存储单元由一个 MOS 管和一个与源极相连的电容器 C 构成。在该电路中，存放的信息是“1”还是“0”，取决于电容器 C 中的电荷。电容器 C 中有电荷时为“1”，无电荷时为“0”。

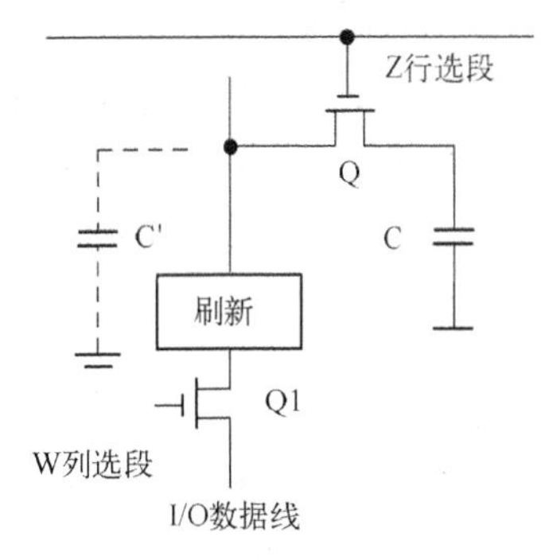

图 5-5　单管动态位存储电路

（2）工作原理

① 写操作。写操作时，行选线为高电平，Q 管导通。若列选线也为高电平，则此存储元器件被选中，I/O 数据线（位线）送来的信息通过刷新放大器和 Q 送到电容器 C。写入“1”时，位线为高电平，经 Q 对电容器 C 充电，电容器 C 上便有电荷；写入“0”时，位线为低电平，电容器 C 可经 Q 放电，结果电容器 C 上没有电荷。

② 读操作。读操作时，行选线变为高电平，使 Q 管导通，若原存数据为“1”，则电容器 C 上的电荷经位线向读出放大器放电，输出信号为“1”。当列选线也为高电平时，Q1 导通，该存储元件读出的信息可以送到输出数据线上。若原存数据为“0”，电容器 C 上无电荷，则不产生读出电流，在 Q1 导通时送到数据线上的信号为“0”。

③ 刷新。在读出信息后，原来电容器 C 中存储的电荷会发生变化，为了仍能保持原来的信息不变，需要对电容器上的电压值读取后立即重写，使每次读出后电容器 C 上的电荷恢复到原来的值。同时，由于 Q 管存在漏电流，电容器 C 上的电荷随着时间的推移会逐渐泄漏，使得信息不能长期保存。为此，在实际电路中，需要定期给电容器充电，使电压恢复至规定电平，这一过程称为“刷新”。DRAM 需要每隔 1～2ms 对其刷新一次，该过程由刷新电路自动完成。

DRAM 以其速度快、集成度高、功耗小、价格低等特点，在微型计算机中得到广泛的使用。

（3）MN4164

图 5-6 所示为 MN4164 的引脚图和功能表，该芯片是一个 64K×1bit 的 DRAM 芯片。

A0～A7 为地址输入线；$\overline{RAS}$ 为行地址选通信号线，兼片选信号作用（整个读写周期，$\overline{RAS}$ 一直处于有效状态）；$\overline{CAS}$ 为列地址选通信号线；$\overline{WE}$ 为读/写控制信号，$\overline{WE}$ =0 时为写控制有效，$\overline{WE}$ =1 时为读控制有效；Di 为 1 位数据输入线；Do 为 1 位数据输出线。

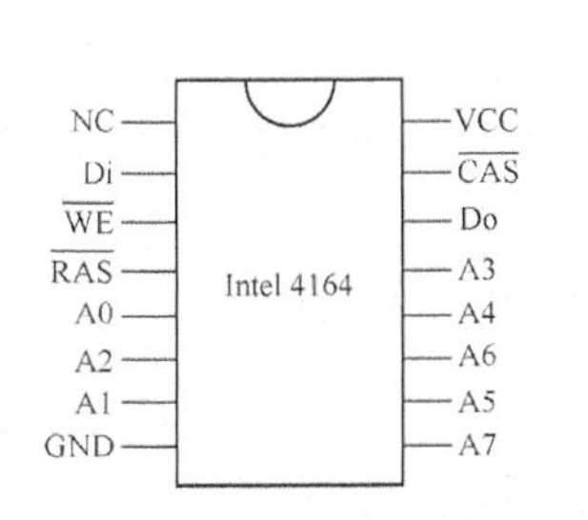

引　脚	功　能
A0～A7	地址输入
$\overline{WE}$	读/写控制线
$\overline{RAS}$	行选通信号
$\overline{CAS}$	列选通信号
Di	数据输入
Do	数据输出
VCC	电源
GND	地

图 5-6　MN4164 的引脚图和功能表

将 8 片 MN4164 并接起来，可以构成 64KB 的 DRAM，它们的结构如图 5-7 所示。

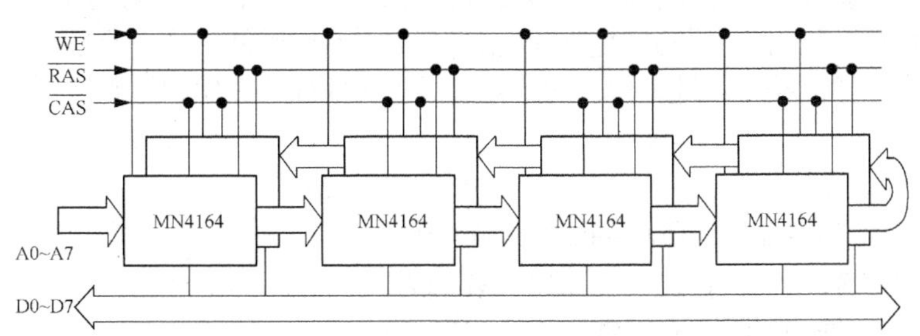

图 5-7　由 8 片 MN4164 组成的 64KB 存储器

每片 MN4164 只有一条输入数据线，而地址引脚只有 8 个。为了实现寻址 64KB 存储单元，必须在系统地址总线和芯片地址引线之间专门设计一个地址形成电路，使系统地址总线信号能分时地加到 A0～A7 上。在芯片内部设置的行锁存器、列锁存器和译码电路可以选定芯片内的任一存储单元，锁存信号由外部地址电路产生。其工作原理如下。

当要从 DRAM 芯片中读出数据时，CPU 首先将行地址加在 A0～A7 上，而后送出 $\overline{RAS}$ 锁存信号，该信号的下降沿将地址锁存在芯片内部。接着将列地址加到芯片的 A0～A7 上，再送入 $\overline{CAS}$ 锁存信号，也是在信号的下降沿将列地址锁存在芯片内部。然后保持 $\overline{WE}$ =1，则在 $\overline{CAS}$ 有效期间，数据输出并保持。

当需要把数据写入芯片时，行列地址先后被 $\overline{RAS}$ 和 $\overline{CAS}$ 信号锁存在芯片内部，然后，$\overline{WE}$ =0 有效，要写入的数据送给数据线，则将该数据写入选中的存储单元。

3. RAM 的工作时序

为保证存储器能可靠工作，存储器的地址信号、数据信号和控制信号之间存在一种严格的时间制约关系。下面介绍一般 RAM 的工作时序。

（1）RAM 读操作时序

图 5-8 所示为 RAM 读操作时序图。从时序图中可以看出，存储单元地址 AB 有效后，至少需要经过 t_{AA} 时间，才能稳定、可靠地输出线上的数据。t_{AA} 称为地址存取时间。片选信号 $\overline{CS}$ 有效后，至少需要经过 t_{ACS} 时间，才能稳定输出数据。图中 t_{RC} 称为读周期，它是存储芯片两次读操作之间的最小时间间隔。

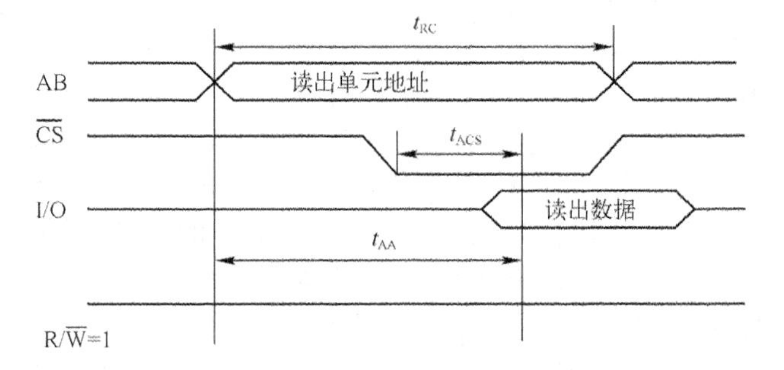

图 5-8 RAM 读操作时序图

其读操作过程如下。

① 将欲读出单元的地址加到存储器的地址输入端。

② 加入有效的片选信号 $\overline{CS}$ 。

③ 读命令有效后，经过延时所选择单元的内容出现在 I/O 端。

④ 其后片选信号 $\overline{CS}$ 无效，I/O 端呈高阻态，本次读过程结束。

（2）RAM 写操作时序

图 5-9 所示为 RAM 写操作时序图。

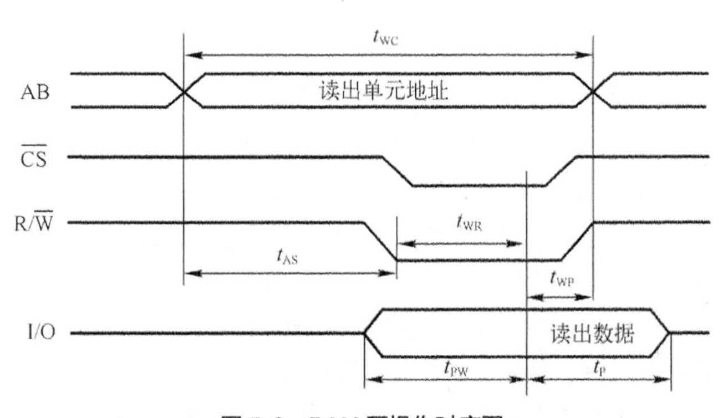

图 5-9 RAM 写操作时序图

进行写操作时，为防止数据被写入错误的单元，新地址有效到写控制信号有效至少应保持 t_{AS} 时间间隔，t_{AS} 称为地址建立时间。同时，写信号失效后，AB 至少要保持一段写恢复时间 t_{WP}，写信号有效时间不能小于写脉冲宽度 t_{WR}，t_{WC} 是写周期。为保证存储器准确无误地工作，加到存储器上的地址、数据和控制信号必须遵守几个时间临界条件。

其写操作过程如下。

① 将欲写入单元的地址加到存储器的地址输入端。

② 在片选信号 $\overline{CS}$ 端加上有效电平，使 RAM 选通。

③ 将待写入的数据加到数据输入端。

④ 写命令有效后，数据写入所选存储单元。

⑤ 其后片选信号 $\overline{CS}$ 无效，数据输入线回到高阻态。

5.2.2　只读存储器

在制造只读存储器（ROM）的时候，信息（数据或程序）被存入并永久保存。这些信息一般只能读出，不能写入，即使计算机掉电，这些数据也不会丢失。ROM 一般用于存放计算机的基本程序和数据，如 BIOS ROM。其一般是双列直插封装（Dual In-line Package，DIP）的集成块。

1. ROM 的结构

ROM 的特点是信息存入以后，在电路的工作过程中，信息只能被读取，不能被随意改写。

（1）ROM 存储单元

图 5-10 所示是双极型熔丝性 ROM 存储单元电路。该电路中，晶体管的射极串接可熔性金属丝，若金属丝导通，位信息为“0”；若金属丝熔断，位信息为“1”。出厂时所有位的金属丝均为完整状态。由于用户只能一次编程写入信息，因此 ROM 通常也称为可编程只读存储器（PROM）。

（2）ROM 内部逻辑结构

ROM 的电路结构如图 5-11 所示。

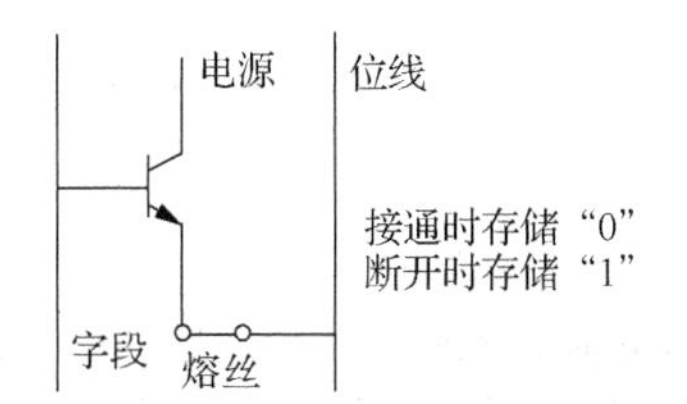

图 5-10　双极型熔丝性 ROM 存储单元电路

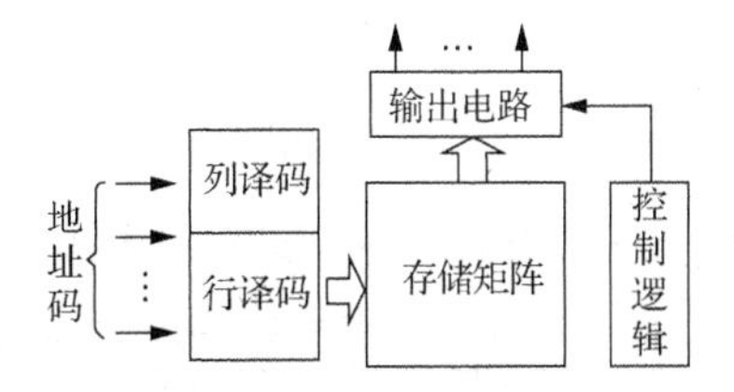

图 5-11　ROM 的电路结构

它主要包括 4 部分：地址译码器、存储矩阵、输出电路和控制逻辑。

地址译码器有 n 个输入，它的输出 $W_0,W_1,\cdots,W_{N-1}$ 共有 $N=2^n$ 个，分为行译码线和列译码线，称为字线。字线是 ROM 矩阵的输入，ROM 矩阵有 M 条数据输出线，称为位线。字线与位线的交点即 ROM 矩阵的一个存储单元，存储单元的个数代表 ROM 矩阵的容量。输出电路的作用有两个：一是提高存储器的带负载能力；二是实现对输出状态的三态控制，以便与系统的总线连接。控制逻辑的作用是选中存储芯片，控制读写操作。

2. EPROM

在使用过程中，EPROM 的内容不容易被擦除重写，因此它仍属于只读型存储器。

改写 EPROM 中的内容，必须将芯片从电路板上拔下，放到紫外线灯下照射数分钟，存储的数据便消失。数据的写入可用软件编程，生成电脉冲对 EPROM 芯片进行烧录来实现。

EPROM 存储单元的结构如图 5-12 所示。

EPROM 存储器中的信息之所以能多次被写入和擦除，是因为它采用了一种浮栅雪崩注入 MOS（FAMOS）管。FAMOS 管作为存储单元来存储信息，是利用 MOS 管的截止和导通两个状态来表示“1”和“0”的。

要擦除写入信息时，可用紫外线照射氧化膜，使浮栅上的电子能量增加，从而使电子“逃逸”出浮栅，FAMOS 管又处于截止状态。擦除时间为 10～30min，视型号不同而异。为便于进行擦除操作，在元器件外壳上装有透明的石英盖板，便于紫外线通过。在写好数据以后应使用不透明的纸将石英盖板遮蔽，以防止数据丢失。

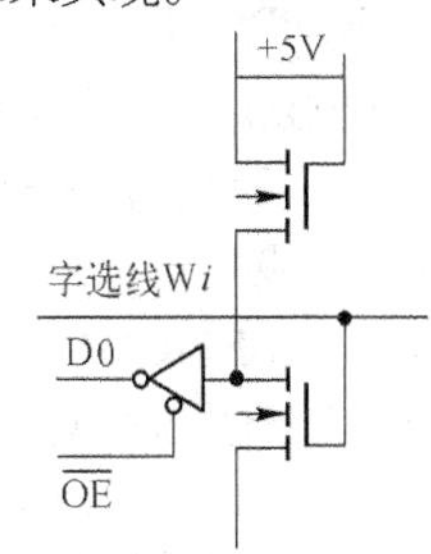

图 5-12　EPROM 存储单元的结构

Intel 2716 是 2K×8bit 的只读存储器，其引脚及内部组成框图如图 5-13 所示。它有 24 个引脚，其中 A0～A10 为 11 根地址线可寻址 2KB 存储单元，D0～D7 为 8 根数据线，$\overline{CE}$ 为片选允许信号，$\overline{OE}$ / PGM 为输出允许/程序控制信号、VCC 为芯片工作电压（+5V）。当编程电压 V_{PP}=+5V 时，读出信息；当 V_{PP}=+25V 时，写入数据或程序代码。2K×8bit 基本存储电路排成 128×128 矩阵。7 位地址用于行译码选线 128 行中的一行。128 列分为 16 组，每组 8 位。4 位地址用于列译码，以选择 16 组中的一组。被选中的一组 8 位同时读出，经缓存器送至数据输出端。

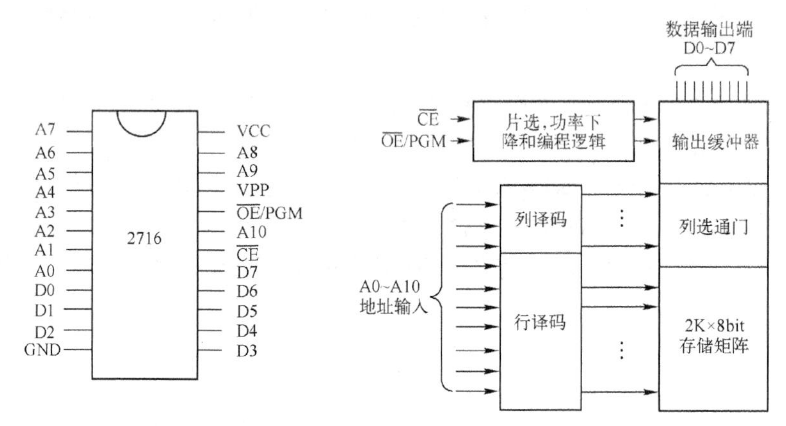

图 5-13　Intel 2716 的引脚及内部组成框图

Inter 2716 的工作方式与各引脚的关系见表 5-2。

表 5-2　Inter 2716 的工作方式与各引脚的关系

工作方式	$\overline{CE}$	$\overline{OE}$ / PGM	V_{PP}	D0～D7
读出	0	0	+5V	输出
未选中	1	X	+5V	高阻态
编程输入	50ms 正脉冲	1	+25V	输入
禁止编程	0	1	+25V	高阻态
检验编程代码	0	0	+25V	输出

当片选信号 $\overline{CE}$ 和 $\overline{OE}$ / PGM 为低电平，V_{PP}=+5V 时，可读出由地址选中的芯片存储单元中的数据；需要写入信息时，V_{PP}=+25V，$\overline{OE}$ / PGM 为高电平，将要写入的存储单元的地址送至地址线，要写入的 8 位数据送至数据线，然后在 $\overline{CE}$ 端加一个宽度为 50ms 的正脉冲，就可以实现数据的写入；需要检验编程代码时，$\overline{CE}$ 和 $\overline{OE}$ / PGM 为低电平，V_{PP}=+25V。

3. EEPROM

EEPROM 是一种电写入、电擦除的只读型存储器。该类型存储器擦除时不需要使用紫外线照射，只需加入 10ms、20V 左右的电脉冲，即可完成擦除操作。擦除操作实际上是对 EEPROM 进行写“1”的操作。对 EEPROM 写入信息时，先将全部存储单元均写为“1”，编程时再将相关部分写为“0”。EEPROM 存储单元的结构如图 5-14 所示。

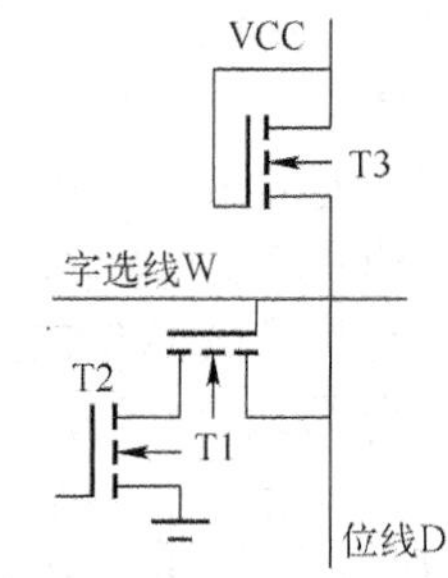

图 5-14　EEPROM 存储单元的结构

EEPROM 之所以具有这样的功能，是因为采用了一种浮栅隧道氧化层（Floating gate Tunnel Oxide，FLOTOX）MOS 管。在该管的浮栅与漏区之间有一个很薄的氧化层区域，厚 20nm 左右，被称为隧道区。当这个区域的电场足够大时，可以在浮栅与漏区产生隧道效应，形成电流。可对浮栅进行充电或放电，放电相当于写“1”，充电相当于写“0”。因此，EEPROM 使用起来比 EPROM 方便得多，重新编程改写也节省时间。

5.3　内存储系统设计

利用存储芯片进行存储系统设计时，主要完成的工作包括：确定存储器结构、存储器地址分配及译码、存储器与 CPU 的接口及编程。

5.3.1　确定存储器结构

1. 存储器结构的选择

首先要根据应用系统的要求确定 ROM 和 RAM 的存储容量。系统软件或经常使用的控制程序，一般应固化在 ROM 中；程序运行中需要处理的临时数据，应暂存在 RAM 中；容量较大的文档及数据库信息，应存放在辅助存储器中（如 U 盘、硬盘）。

在计算机系统中，存储器一般按字节编址，以字节为单位对数据进行访问。因此，在选择 RAM 和 ROM 时，应注意以下方面。

① CPU 外部数据总线为 8 位，存储器用 1 片 8 位的存储体即可。

② CPU 外部数据总线为 16 位，存储器就要用 2 片 8 位的存储体。

③ CPU 外部数据总线为 32 位，一般使用 4 片 8 位的存储体，以支持 8 位、16 位及 32 位操作。

④ CPU 外部数据总线为 64 位，一般使用 8 片 8 位的存储体，以支持 8 位、16 位、32 位及 64 位操作。

2. 存储芯片的扩展方式

根据计算机系统的要求，内存具有不同容量与位数的要求。为了满足这种要求，通常采用以下 3 种方式进行扩展。

（1）位扩展

当存储系统要求的容量与芯片容量相同而位数（字长）不同时，可以对存储器进行位扩展。如已有 2114 芯片（1K×4bit），若组成 1K×8bit 的存储器，可以选用 2 片 2114，如图 5-15 所示。它们的数据线串联组成 8 位数据线，由芯片原理可知，为了保证选择同一个单元，它们的地址线应连在一起，片选线与读写控制线应对应相连。这样，就构成了 1K×8bit 的存储器。

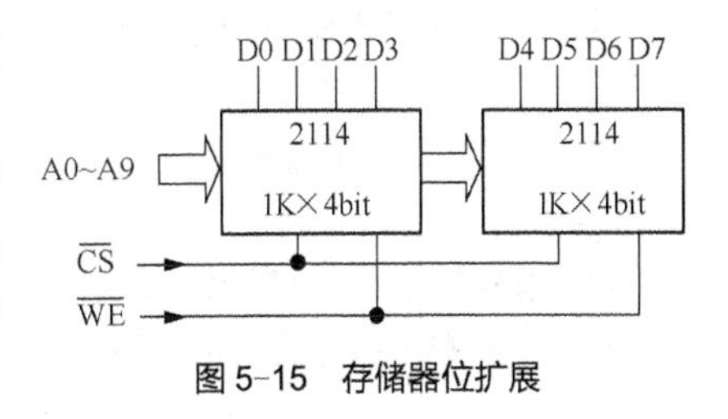

图 5-15　存储器位扩展

（2）容量扩展

当存储系统要求的字长与芯片相同而容量不同时，可以对存储芯片进行容量扩展。如已有 2114 芯片，若要求组成 4K×4bit 的存储器，其扩展如图 5-16 所示。

进行容量扩展时，不同芯片的同一数据位应连在一起，因此图 5-16 中芯片的数据线应相连。由于容量增加，地址码应分为两部分，其中 10 位（A0～A9）为片内地址，它必须同时连到各个芯片的地址线上，以选择片内的某单元；而 2 位（A10～A11）为片选地址，译码后输出 4 个片选信号，以确定哪一块芯片被选中。

（3）位与容量同时扩展

其方法与上述相同。一般情况下，如果已有芯片 $m \times n$（如 1K×4bit），而要组成容量为 M（地址长度为 L）、字长为 N 的存储体，那么所需要的芯片数 C 可以求得为：$(M/m)\times(N/n)$。其连接如图 5-17 所示。

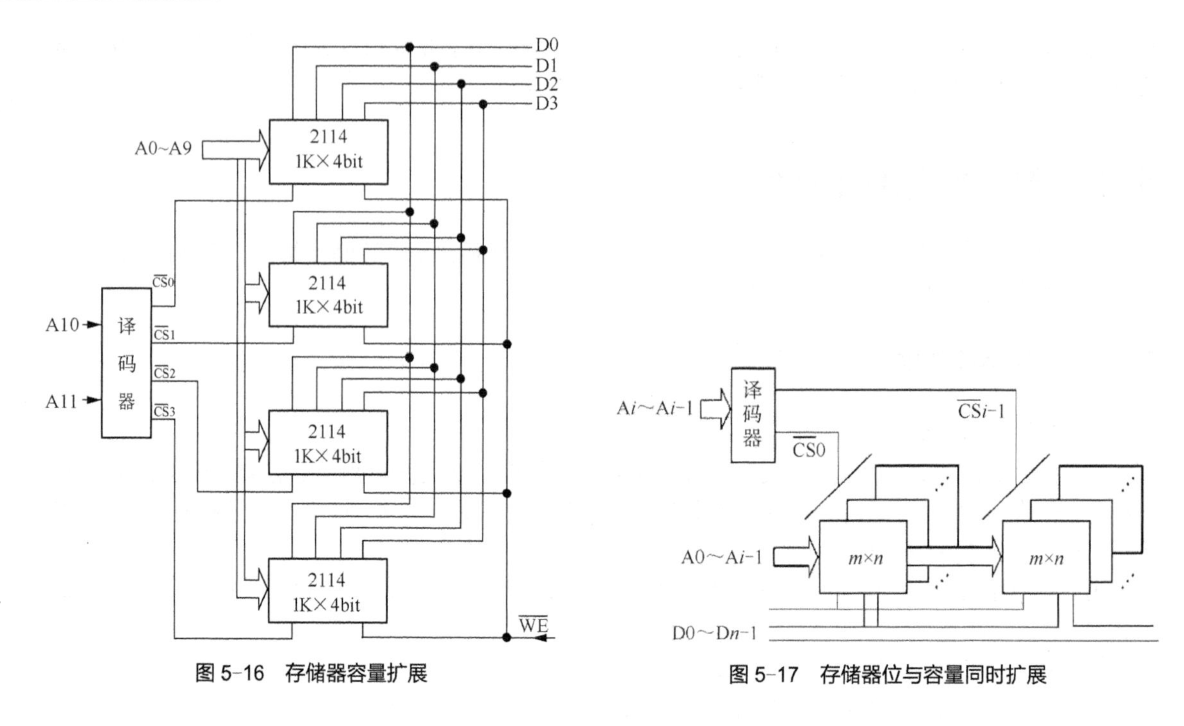

图 5-16　存储器容量扩展

图 5-17　存储器位与容量同时扩展

5.3.2　存储器地址分配及译码

1. 存储器地址分配

一个实际存储系统一般需要由多个芯片组成，而这些芯片的容量和结构往往不尽相同。在给定存储芯片后，需要对每个芯片或每组芯片进行地址分配，为它们划分地址范围，才能进行与 CPU 连接的接口电路设计。

进行存储器地址分配，通常可按下列步骤进行。

① 定义系统地址空间。根据需求和所建存储系统的容量，明确其地址范围。

② 芯片分组。按照芯片的型号，对它们进行分组。

③ 芯片地址分配。根据芯片的编址单元数目及其在存储系统中的位置，为每个芯片或每组芯片分配地址范围。

④ 划分地址线。地址线可以分为片内地址线和片选地址线两种。

- 片内地址线根据芯片的编址单元数目，把低位地址线（A0～A*i*）分配给该芯片，以作为片内寻址。
- 片选地址线根据芯片在系统中的地址范围，确定剩余的高位地址线（A*i*+1～A*n*）的有效片选地址。

在将同一类型芯片分组时需要注意：微型计算机存储器容量是以 1 个字节（8 位）作为一个基本存储单元来度量的。但有些存储芯片内的存储单元只有 1 位或 4 位的数据线，它只能作为一个字节数中的 1 位或 4 位，为此，需要将几片芯片组合起来，才能构成 8 位字节单元，这种仅进行位扩展的芯片组，每一片的地址分配、片内地址、片选地址完全相同；若需要进行容量扩展，芯片组的每一片的片内地址是相同的，但片选地址则因不同的芯片而不同。

例如，用 EPROM 2732（4K×8bit）和 RAM 6116（2K×8bit）构成一个拥有 4KB ROM 和 4KB RAM 的存储系统，可按照上述存储器地址分配方法，建立如表 5-3 所示的地址分配表（设整个存储空间从首地址为 00000H 开始设置）。

表 5-3　地址分配表

芯片型号	容量	地址范围	片内地址线	片选地址线
2732	4K×8bit	00000H～00FFFH	A11～A0	A19～A12
6116	2K×8bit	01000H～017FFH	A10～A0	A19～A11
6116	2K×8bit	01800H～01FFFH	A10～A0	A19～A11

2. 地址译码

CPU 要对存储单元进行访问，首先要通过译码器选择存储芯片，即进行片选，然后在被选中的芯片中选择所需要访问的存储单元。

在中规模集成电路中，译码器有多种型号，使用最广泛的是 74LS138 译码器，又称三八译码器。图 5-18 是 74LS138 译码器逻辑符号及引脚排布，表 5-4 中列出了 74LS138 译码器的逻辑功能。从表中可看出，74LS138 工作时必须置使能端 G1 为高电平，$\overline{G2A}$、$\overline{G2B}$ 为低电平。

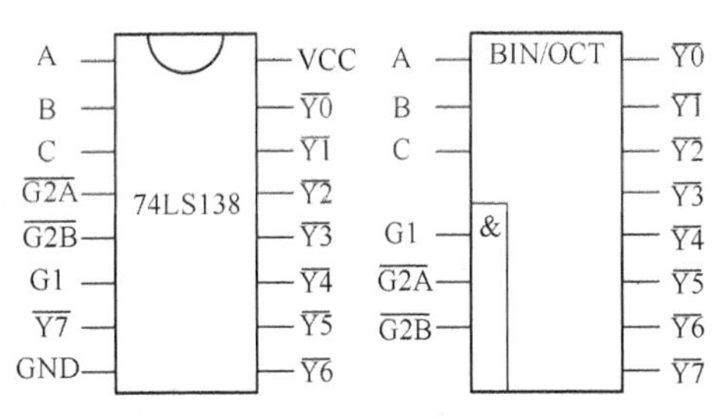

图 5-18　74LS138 译码器逻辑符号及引脚排布

表 5-4　74LS138 译码器的逻辑功能

输入						输出							
使能			代码										
G1	$\overline{G2A}$	$\overline{G2B}$	C	B	A	$\overline{Y0}$	$\overline{Y1}$	$\overline{Y2}$	$\overline{Y3}$	$\overline{Y4}$	$\overline{Y5}$	$\overline{Y6}$	$\overline{Y7}$
1	0	0	0	0	0	0	1	1	1	1	1	1	1
1	0	0	0	0	1	1	0	1	1	1	1	1	1
1	0	0	0	1	0	1	1	0	1	1	1	1	1
1	0	0	0	1	1	1	1	1	0	1	1	1	1
1	0	0	1	0	0	1	1	1	1	0	1	1	1
1	0	0	1	0	1	1	1	1	1	1	0	1	1
1	0	0	1	1	0	1	1	1	1	1	1	0	1
1	0	0	1	1	1	1	1	1	1	1	1	1	0
0	×	×	×	×	×	1	1	1	1	1	1	1	1

下面介绍 3 种片选控制方法。

（1）全译码法

除去与存储芯片直接相连的低位地址总线之外，将剩余的地址总线全部送入“片选地址译码器”中进行译码的方法称为全译码法。其特点是物理地址与实际存储单元一一对应，但译码电路较复杂。

（2）部分译码法

除去与存储芯片直接相连的低位地址总线之外，剩余的部分不全部参与译码的方法称为部分译码法。其特点是译码电路结构比较简单，但会出现“地址重叠区”，即一个存储单元对应多个地址。

（3）线选法

在剩余的高位地址总线中，任选一位作为片选信号直接与存储芯片的 $\overline{CS}$ 引脚相连，这种方法称为线选法。其特点是无须译码器，缺点是有较多的“地址重叠区”。

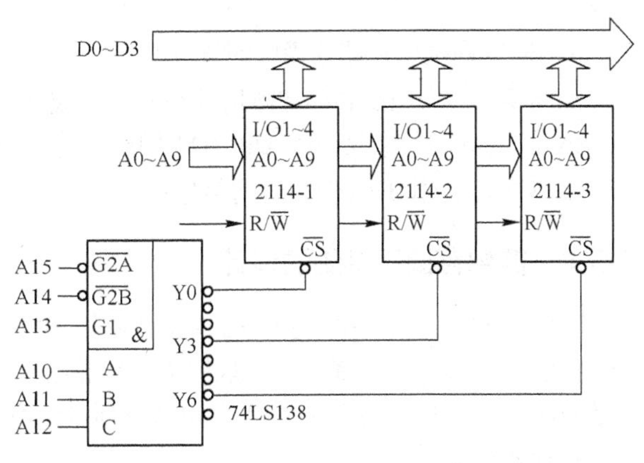

图 5-19　2114 RAM 组成的存储器

【例 5-1】 由 2114 RAM（1K×4bit）组成的存储器如图 5-19 所示，确定图示电路存储器的容量及地址范围。

2114 的数据输入输出是 4 位，由图 5-19

可知，存储器由 3 片 2114 组成（2114-1～2114-3），数据位为 4 位，不需要进行位扩展，电路内存单元的容量是 3K×4bit。

图 5-19 中各芯片的起始地址和最大地址如下。

地址线：	A15	A14	A13	A12	A11	A10	A9	A8	A7	A6	A5	A4	A3	A2	A1	A0
2114-1：	0	0	1	0	0	0	0	0	0	0	0	0	0	0	0	0
	0	0	1	0	0	0	1	1	1	1	1	1	1	1	1	1
2114-2：	0	0	1	0	1	1	0	0	0	0	0	0	0	0	0	0
	0	0	1	0	1	1	1	1	1	1	1	1	1	1	1	1
2114-3：	0	0	1	1	1	0	0	0	0	0	0	0	0	0	0	0
	0	0	1	1	1	0	1	1	1	1	1	1	1	1	1	1

2114-1 的地址范围为 2000H～23FFH，2114-2 的地址范围为 2C00H～2FFFH，2114-3 的地址范围为 3800H～3BFFH。

5.3.3 存储器与 CPU 的接口

1. 存储器连接时需注意的问题

在实际应用中，存储器与 CPU 的连接需要注意以下几个问题。

① CPU 的总线负载能力。

② CPU 与存储器之间的速度匹配。

③ 存储器地址分配和片选。

④ 控制信号的连接。

2. 地址线、数据线、控制线与 CPU 的连接

在已确定每片或每组芯片的片内地址线和片选地址线的基础上，才能进行地址线、数据线和控制线的连接。

① 地址线：低位地址总线直接与存储芯片的地址引脚相连，将“片选”的高位地址总线送入译码器。

② 数据线：若一个芯片内的存储单元是 8 位，则它自身可作为一组，其引脚 D0～D7 可以和系统数据总线 D0～D7 或 D8～D15 直接相连。若需要一组芯片才能组成 8 位存储单元的结构，则组内不同芯片应与不同的数据总线相连。

③ 控制线：存储芯片的控制线一般有两种，即片选线（$\overline{CS}$）和读/写控制线（$\overline{OE}$/$\overline{WE}$）。由于很多芯片只有一条读/写控制线，为此，可将 CPU 的 $\overline{WR}$、$\overline{RD}$ 经组合逻辑电路与芯片的读/写控制线连接。

3. 8086 系统中存储器接口的特点

8086 系统中 1MB 的存储器地址空间被分成两个 512KB 的存储体，即偶存储体和奇存储体。偶存储体同 8086 系统数据总线 D0～D7 相连，用 A0 作为选通信号；奇存储体同 8086 系统数据总线 D8～D15 相连，用 $\overline{BHE}$ 作为选通信号。

5.3.4 简单存储子系统的设计

下面以 Intel 2716 和 2114 存储芯片为例，说明一般存储系统的设计方法和步骤。对于目前市场上使用的大容量、高速度的由大规模集成存储芯片组成的存储系统，可根据存储芯片的性能、引脚参数及所使用 CPU 的引脚功能等，参考下列设计方法。

设计要求如下。

使用 Intel 2716（2K×8bit）和 2114（1K×4bit）为 8 位微型计算机设计一个有 8KB ROM 和 4KB

RAM 的存储系统。要求 ROM 安排在从 0000H 开始连续的地址空间，RAM 安排在从 8000H 开始的地址空间。

设计步骤如下。

（1）地址空间分配

确定需要使用的芯片数量，并进行地址空间分配。

根据要求，需用 4 片 Intel 2716（8KB/2KB=4）和 8 片 2114（4KB/1KB×2=8）。注意到芯片存储容量中的 1KB=1024B=400HB，2KB=2048B=800HB，芯片存储地址空间分配如图 5-20 所示。

（2）确定片内地址及片选地址

Intel 2716 为 2K×8bit，片内寻址应使用 11 位，即 A10～A0；2114 为 1K×4bit，片内寻址应使用 10 位，即 A9～A0。

根据设计要求，找出各芯片的所有存储单元高位地址的共同特征，见表 5-5。

表 5-5　存储单元高位地址的共同特征

地址线	A15	A14	A13	A12	A11	A10	A9～A0
1#2716	0	0	0	0	0	片内寻址	
2#2716	0	0	0	0	1	片内寻址	
3#2716	0	0	0	1	0	片内寻址	
4#2716	0	0	0	1	1	片内寻址	
1#2114（2片）	1	0	0	0	0	0	片内寻址
2#2114（2片）	1	0	0	0	0	1	片内寻址
3#2114（2片）	1	0	0	0	1	0	片内寻址
4#2114（2片）	1	0	0	0	1	1	片内寻址

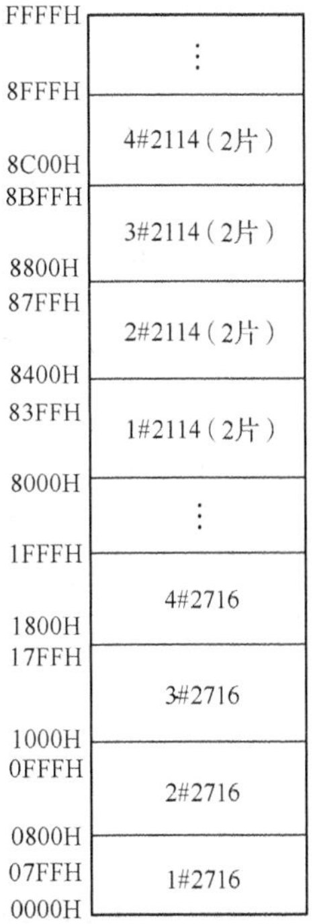

地址	芯片
FFFFH～8FFFH	⋮
8FFFH～8C00H	4#2114（2片）
8BFFH～8800H	3#2114（2片）
87FFH～8400H	2#2114（2片）
83FFH～8000H	1#2114（2片）
8000H～1FFFH	⋮
1FFFH～1800H	4#2716
17FFH～1000H	3#2716
0FFFH～0800H	2#2716
07FFH～0000H	1#2716

图 5-20　芯片存储地址空间分配

确定各个芯片的片选地址如下。

1#2716 的片选地址为 A15～A11=00000，逻辑表达式为 $\overline{A15} \cdot \overline{A14} \cdot \overline{A13} \cdot \overline{A12} \cdot \overline{A11}$。

2#2716 的片选地址为 A15～A11=00001，逻辑表达式为 $\overline{A15} \cdot \overline{A14} \cdot \overline{A13} \cdot \overline{A12} \cdot A11$。

3#2716 的片选地址为 A15～A11=00010，逻辑表达式为 $\overline{A15} \cdot \overline{A14} \cdot \overline{A13} \cdot A12 \cdot \overline{A11}$。

4#2716 的片选地址为 A15～A11=00011，逻辑表达式为 $\overline{A15} \cdot \overline{A14} \cdot \overline{A13} \cdot A12 \cdot A11$。

1#2114（2 片）的片选地址 A15～A10=100000，逻辑表达式为 $A15 \cdot \overline{A14} \cdot \overline{A13} \cdot \overline{A12} \cdot \overline{A11} \cdot \overline{A10}$。

2#2114（2 片）的片选地址 A15～A10=100001，逻辑表达式为 $A15 \cdot \overline{A14} \cdot \overline{A13} \cdot \overline{A12} \cdot \overline{A11} \cdot A10$。

3#2114（2 片）的片选地址 A15～A10=100010，逻辑表达式为 $A15 \cdot \overline{A14} \cdot \overline{A13} \cdot \overline{A12} \cdot A11 \cdot \overline{A10}$。

4#2114（2 片）的片选地址 A15～A10=100011，逻辑表达式为 $A15 \cdot \overline{A14} \cdot \overline{A13} \cdot \overline{A12} \cdot A11 \cdot A10$。

（3）确定片选信号表达式的译码电路

用电路实现上面的逻辑表达式可以有多种方案。注意到 8 个逻辑表达式中都含有 A14、A13，在采用小规模集成译码器方案时可将 A14、A13 作为译码器的使能控制，从而减少直接参加译码的信号数目，降低对译码器的要求。

方案：用 1 片三八线译码器，外加一些门电路实现。

参看图 5-21，仅用 1 片 74LS138，对 A15、A12、A11 译码。这样，可直接产生各片 2716 的片选信号，但是另外 4 个输出不能直接作为 2114 的片选信息，因为译码输出中没有包含 A10 的作用。为此，将其中 2 个输出 $\overline{Y4}$、$\overline{Y5}$ 分别和 A10、$\overline{A10}$ 进行“负逻辑与”运算，这样就产生了 2114 的片选信号。

（4）画出存储子系统的总图

在确定了片选信号的产生方案后，将各存储芯片与系统地址总线、数据总线及读/写等控制信号连接，如图 5-21 所示。

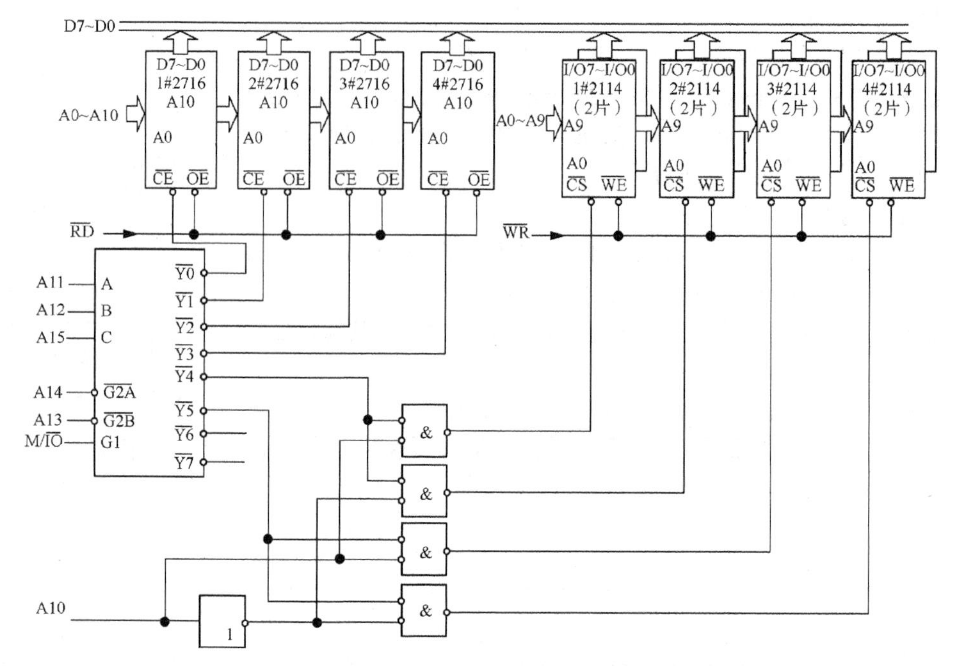

图 5-21 存储子系统的总图

注意图中 2114 数据线的接法，每组（2 片）中的一片接 D7～D4，另一片接 D3～D0。此外，将 M/$\overline{\text{IO}}$ 接到 74LS138 的使能端有一种技巧：将选择存储器操作的控制信号隐含在片选信号中。如果不这样做，需要将 M/$\overline{\text{IO}}$ 反相后分别和 $\overline{\text{RD}}$ 、 $\overline{\text{WR}}$ 进行“负与”，这需要增加逻辑门。

【例 5-2】 使用 256K×8bit 的 ROM 和 256K×8bit 的 RAM 组成 1M×8bit（ROM、RAM 各为 512K×8bit）的存储器。要求安排在从 0000H 开始的地址空间。设计接口电路，指出各芯片的地址空间，编写控制程序。

（1）接口电路

根据要求没有位扩展，只有容量扩展，芯片使用数量各为 2 片，可构成 1M×8Bit 的存储器，采用全译码法，片内地址线使用 A17～A0（2^{18}B=256KB），片选线使用 A18、A19，如图 5-22 所示。

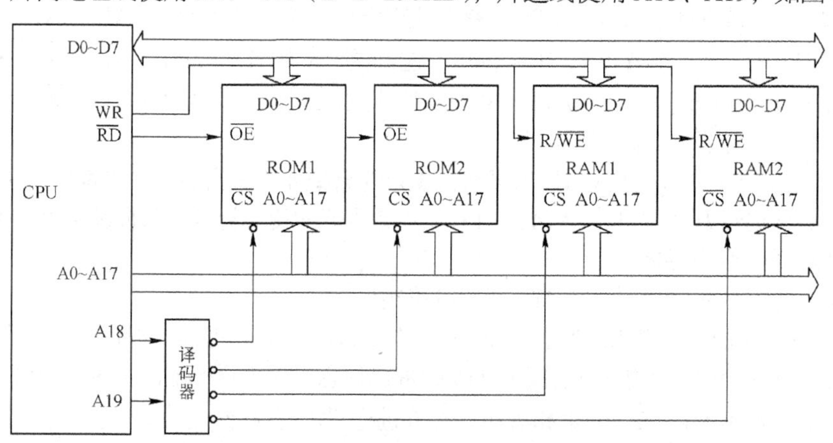

图 5-22 用 256K×8bit 的 RAM、ROM 组成 1M×8bit 存储器

（2）地址空间

① 每片片内地址。

A17～A0：00 0000 0000 0000 0000～11 1111 1111 1111 1111

② 各片片选地址。

A19、A18=00（ROM1），A19、A18 =01（ROM2）

A19、A18=10（RAM1），A19、A18 =11（RAM2）

ROM1 的地址空间为 00000H～3FFFFH=0000H:0000H～3000H:0FFFFH；

ROM2 的地址空间为 40000H～7FFFFH=4000H:0000H～7000H:0FFFFH；

RAM1 的地址空间为 80000H～0BFFFFH=8000H:0000H～0B000H:0FFFFH；

RAM2 的地址空间为 0C0000H～0FFFFFH，即 0C000H:0000H～0F000H:0FFFFH。

（3）编程

在图 5-22 所示的存储系统中，将 CX 的内容存放在数据段 2000H 单元中的程序段为：

```
DATA  SEGMENT
    ORG  2000H
D2   DB   100 DUP(?)
    ORG  3000H
D3   DB   100 DUP(?)
DATA  ENDS
...
...
START: MOV  AX,  DATA
       MOV  DS,  AX
       MOV  [D2],  CX
       ...
```

若将本例中的数据线扩展为 16 位，其存储容量不变，采用同样的芯片应怎样扩展？地址空间范围如何变化？接口电路应如何修改？这些问题留给读者思考。

5.4　80x86 存储系统简介

随着 CPU 技术的飞速发展，CPU 的运算速度越来越快，而存储器的速度相对于 CPU 运算速度的提高稍缓慢。为了解决二者速度不匹配的问题，计算机硬件设计人员在主存的存取结构和工作方式上进行了改进，从而不断提高主存存取数据的整体速度。并行存储器、高速缓冲存储器及虚拟存储器都是提高主存整体速度的重要技术。本节重点介绍并行存储器及高速缓冲存储器。

5.4.1　并行存储器

并行存储器是在一个周期内可以并行读出多个字的存储器。在现代的计算机中，采用的多体交叉并行存储器便是并行存储器的一种，其设计思想是物理上将主存分成多个模块，每个模块都彼此独立，并且允许在任意时刻对多个模块进行独立读或写。通过模块并行工作，可提高主存的整体速度。

1. 编址方式

并行存储器的编址方式有很多，实际应用中最多的是“多体交叉”方案。这是因为 CPU 对存储器的操作的绝大部分时间是对连续地址单元进行读写，为了有效利用这一特性，使多个模块最大限度地并行工作，采用“多体交叉”方法是很有效的手段。具体做法是：主存的低位确定模块，高位确定该模块的内地址。这样，连续的几个地址依次分布在连续的几个模块内而不是在同一个模块内，当 CPU 需要对连续地址单元读写时，可使多个模块并行提供数据，存储器的整体速度得以提高。

2. 存储器与 80x86 CPU 的连接

图 5-23 所示为 80386 以上 CPU 与存储器的接口电路。

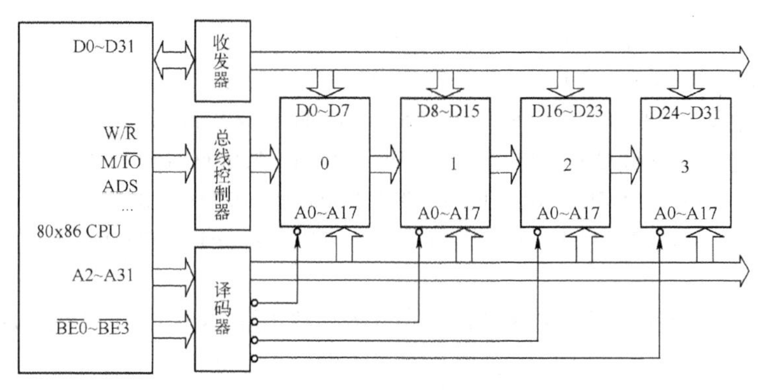

图 5-23　80x86 CPU 与存储器的接口电路

在图 5-23 中，地址总线和数据总线均为 32 位，CPU 最大寻址存储空间为 2^{32}B=4GB。存储体 0、1、2、3 均为 1GB。在 80486 中为了实现 32 位、16 位、8 位数据访问，设有 4 位允许输出信号 $\overline{BE3}$ ～ $\overline{BE0}$，每个存储体专设一个选通控制信号，由总线控制器输出信号 $\overline{MWTC}$ 控制 $\overline{BE3}$ ～ $\overline{BE0}$ 来决定选通哪一个存储体。当 $\overline{BE3}$ ～ $\overline{BE0}$ 分别为 0 时，表示分别选通相应的存储体 3、2、1、0。因此，当仅选通其中 1 个存储体时，为 8 位数据操作；当选通其中 2 个存储体时（存储体 0 和 1 或存储体 2 和 3），为 16 位数据操作；当选通 4 个存储体时，为 32 位数据操作。

对于具有 64 位数据总线的 Pentium CPU，则需要 8 个允许输出信号 $\overline{BE7}$ ～ $\overline{BE0}$，其操作与上面类同。

3. 工作原理

主存与 CPU 交换信息的数据通道只有一个字的宽度，为了在一个存储周期内能访问多个信息字，在多体交叉存储器中常采用“时间片轮转”方式。

假设主存由 m 个模块构成，各模块可按一定的顺序分时轮流启动，一个模块在一个周期内只允许启动一次，模块间启动的最小时间间隔等于单个模块存储周期的 $1/m$，每个模块一次读写一个字。模块启动时，每隔 $1/m$ 存储周期启动一个模块。m 个模块以 $1/m$ 的时间进入并行工作状态。这样，相对于普通存储器来说，在一个存储周期就可以读到 m 个字。尽管每个模块的读写周期和总的存储周期一样，但对整个存储器来说，就像一串地址流以 $1/m$ 存储周期的速度流入一样，使得主存在一个总线周期内可以读写多个字。

多体交叉存储器的有效存储周期与在任何给定时间内保持工作的模块数成反比，即有效存储时间减小到 $1/m$，这使得在对连续地址进行读写时，整个主存的有效访问速度有很大的提高。但 CPU 除了要对主存的连续地址进行读写操作外，还要对非连续地址进行读写，尽管对连续地址读写占据了绝大部分时间，但对非连续地址读写的情况总还是存在的。在对非连续地址读写时，必须将事先取出的数据作废，使得并行存储器对非连续地址的访问比非并行存储器的操作速度慢。这就要求在控制各模块访问操作上，采用一些具体的算法。

5.4.2 高速缓冲存储器

高速缓冲存储器（Cache）是指位于 CPU 和主存 DRAM 之间规模或容量较小但速度较快的一种存储器。Cache 通常由高速的 SRAM 组成。

1. 程序访问的局部性原理与 Cache 的作用

CPU 在执行程序或操作数据时，必须把它们调入内存中，在 CPU 运行程序时，经常需要频繁访问内存中的某些信息。如果把在一段时间内、一定地址范围中被频繁访问的信息集合在一起，从主存读入一个能高速存取的小容量存储器中存放起来，供 CPU 在这段时间内随时使用，从而减少或不再去访问速度相对较慢的主存，就可以加快程序的运行速度。

随着 CPU 运行速度的加快，CPU 与 DRAM 配合工作时往往需要插入等待状态，这显然难以发挥出 CPU 的高速特性，也难以提高整机的性能。如果采用高速的 SRAM 作为主存，虽可以解决该问题，但 SRAM 价格高（在同样的容量下，SRAM 的价格是 DRAM 的数倍），并且 SRAM 体积大、集成度低。

为解决这个问题，在 386DX 以上的主板中采用高速缓冲存储器，其基本思想是用少量的 SRAM 作为 CPU 与 DRAM 存储系统之间的缓冲区（即 Cache）。这样，一个系统的内存就由 Cache 和主存组成。Cache 位于 CPU 和主存之间，由主板芯片组中的 Cache 控制器和内存控制器协调它们之间的工作。Cache 的引入能显著提高计算机系统的运行速度。

Cache 的一个重要指标是命中率，即在有 Cache 的系统中，CPU 需要访问的数据在 Cache 中能直接找到的概率，它与 Cache 的大小、替换算法、程序特性等因素有关。命中率越高，Cache 的效率越高，对提高系统运行速度的贡献越大。

2. Cache 的种类

目前，计算机系统中一般设有一级缓存（L1 Cache）和二级缓存（L2 Cache）。

一级缓存是由 CPU 制造商直接设置在 CPU 内部的，故又称为内部 Cache 或 L1 Cache，其速度最快，但容量较小，一般为几十千字节至几百千字节。例如，80486 以上 CPU 的一个显著特点是 CPU 内集成了 8KB 指令和数据共用的 SRAM 作为一级缓存，而 Pentium CPU 的一级缓存为 16KB（8KB 缓存指令、8KB 缓存数据），Pentium Pro 和 Pentium Ⅱ/Ⅲ/Celeron CPU 的一级缓存为 32KB（16KB 缓存指令、16KB 缓存数据），K6-2 和 K6-3 CPU 的一级缓存为 64KB（32KB 缓存指令、32KB 缓存数据）。Pentium 以上的 CPU 进一步改进片内 Cache，采用数据和指令双通道 Cache 技术。相对而言，片内 Cache 的容量不大，但是非常灵活、方便，极大地提高了计算机的性能。

由于 586 以上 CPU 的主频很高，因此，一旦出现一级缓存未命中的情况，其性能将明显恶化。可采用在 CPU 之外再加 Cache，称为二级缓存（又称外部 Cache 或片外 Cache）的办法来改善这一状况。以前的计算机一般都将二级缓存设置在主板上，其容量为 256KB～2MB，速度等于 CPU 的外频。而 Pentium Ⅱ/Ⅲ/Celeron 及 K6-3 等 CPU 则采用全新的封装方式，把 CPU 与二级缓存封装在一起，并且其容量一般不能改变。其速度为 CPU 主频的一半或与 CPU 主频相等。二级缓存的容量一般比一级缓存高一个数量级，一般为 128KB、256KB、512KB、1MB 等。

二级缓存实际上是 CPU 和主存之间的真正缓冲。由于主板的响应速度远低于 CPU 的速度，如果没有二级缓存，就不可能达到高主频 CPU 的理想速度。

3. Cache 的工作原理

在具有 Cache 的计算机中，Cache 保存着主存中使用频度高的信息。当 CPU 进行主存存取时，首先访问 Cache，先检查所需内容是否在 Cache 中，若在，则直接存取其中的数据。由于 Cache 的速度与 CPU 相当，因此，CPU 就能在"零等待"状态下迅速地完成数据的读/写，而不必插入等待状态。这种能够直接找到数据，无须插入等待状态的情况称为"命中"。当 CPU 所需信息不在 Cache 中时，则需访问主存，这时 CPU 要插入等待状态，这种情况称为"未命中"。若未命中，在 CPU 存取主存数据的同时，数据也要写入 Cache 中以使下次访问 Cache 时能被命中。

上述工作过程是在主板芯片组管理下自动完成的。由于 Cache 的速度较高，不用插入等待状态，故可大大提高系统运行速度。因此，存取 Cache 的命中率是提高系统效率的关键。提高命中率的最好方法是尽量使 Cache 存放 CPU 最近一直在使用的指令与数据，这取决于 Cache 的映射方式和 Cache 内容替换的算法等一系列因素。

当 CPU 提出数据请求时，所需的数据可能会在以下 4 处之一找到：一级缓存、二级缓存、主存或外存（如硬盘）。一级缓存就在 CPU 内部，它的容量远小于后者。二级缓存是个独立的存储区域，它由 SRAM 组成。主存容量较大，是由 DRAM 构成的。外存系统容量最大（如硬盘、光盘、磁带机等），但速度比其他存储区域的慢得多。数据搜索首先从一级缓存开始，然后依次为二级缓存、DRAM 和外存。

4. Cache 的主要特点

综上所述，Cache 具有以下主要特点。

① Cache 虽然是一类存储器，但是不能由用户直接访问。

② Cache 的容量不大，目前的计算机系统中一般为 256KB～2MB。其中存放的只是主存中某一部分内容的“拷贝”，称为存储器映射。Cache 中的内容应该与主存中对应的部分保持一致。

③ 为了保证 CPU 访问时有较高的命中率，Cache 中的内容应该按一定的算法转换。

由于 Cache 中的内容只是主存中相应单元的拷贝，因此，必须保持这两处的数据绝对一致，否则会产生错误。也就是说，如果主存中的内容在调入 Cache 之后发生了改变，那么它在 Cache 中的拷贝也应该随之改变。反之，如果 CPU 修改了 Cache 中的内容，也应该同时修改主存中的相应内容。

5.5 内存

内存（即主存）由若干大容量 DRAM 芯片设计而成，并组装在一个条形印制电路板上，使用时只需将它插进主板的内存插座。内存是计算机的主要部件，其规格和质量对系统性能的影响很大。

5.5.1 DDR 内存

DDR 是 Double Data Rate SDRAM 的缩写，即双倍速率同步动态随机存储器。

1. 封装形式

DDR 内存按封装形式可分以下两类。

① 单列直插内存（Single In-line Memory Module，SIMM），与 32 位 CPU 配合使用。

② 双列直插内存（Double In-line Memory Module，DIMM），与 64 位 CPU 配合使用。

2. 内存带宽

① DDR 的时钟频率有 100MHz、133MHz、166MHz、200MHz、266MHz 等几种，DDR 的工作电压为 2.5V，184 线，常见容量有 128MB、256MB、512MB。

DDR 采用双时钟差分信号等技术，在时钟脉冲的上升沿、下降沿都能传输数据，具有 2 位数据预取功能，每位数据线上的数据传输频率是时钟频率的 2 倍，在型号中标出。

根据 DDR 内存型号计算它的理论带宽：

内存带宽=数据传输频率×数据总线宽度

内存带宽即单位时间传送的数据，单位为 MB/s 或 GB/s。

例如，内存 DDR200 中的数字“200”为数据传输频率，意味着它的时钟频率只有 100MHz，其总线有 64 位，理论带宽为：

$$(100\times2)\times(64\text{bit}/8\text{bit})=1600\text{MB/s}\approx1.6\text{GB/s}$$

由此，DDR200 也称 PC1600，DDR400 称为 PC3200 等。

② DDR2 与 DDR 的原理类同，主要有 DDR2-400/533/667/800 等几种产品。工作电压为 1.8V，240 线，常见容量有 256MB、512MB 和 1GB 等，具有 4 位数据预取功能。

③ DDR3 工作电压为 1.5V，240 线，常见容量有 512MB、1GB、2GB、4GB、8GB 等，具有 8 位数据预取功能，与 64 位 CPU 配合使用。

DDR、DDR2、DDR3 内存的传输速度不同，工作电压不同，缺口位置不同，不能互换使用。

④ 与 DDR3 相比，DDR4 在设计中采用了一系列新技术，工作电压降为 1.2V，传输频率范围为 2133～4266MHz，最大容量为 128GB，具有 16 位数据预取功能。DDR4 采用底部为弧面的插槽，以利于插拔，因此不能与以前的 DDR 兼容。

DDR 内存的数据传输频率和带宽见表 5-6。例如，DDR4-3200 内存的带宽为 25600MB/s。

表 5-6　DDR 内存的数据传输频率和带宽

内存类型	传输频率	带宽
DDR200（PC-1600）	100MHz	1600MB/s
DDR400（PC-3200）	200MHz	3200MB/s
DDR2-400（PC2-3200）	100MHz	3200MB/s
DDR3-800（PC3-6400）	100MHz	6400MB/s
DDR3-1600（PC3-12800）	200MHz	12800MB/s
DDR4-1600（PC4-12800）	100MHz	12800MB/s
DDR4-3200（PC4-25600）	200MHz	25600MB/s

3. 技术指标

内存的技术指标如下。

① 容量：以字节为单位的存储单元的数量。每种内存都有多种容量规格，可以根据计算机主板可承受的容量和实际需要的容量进行配置。

② 线数：内存与主板插接时有多少个接触点。SDRAM 为 168 线，DDR 为 184 线，DDR2 和 DDR3 为 240 线，DDR4 已达 284 线。

③ 时钟频率：内存芯片的基本工作频率。

④ 数据传输频率：芯片每个引脚上传输数据的速率（在芯片型号标识中显示）。

⑤ 数据宽度：内存同时传输数据的位数，多为 64 位。

⑥ 带宽：内存每秒能传输的数据总量。

⑦ 工作电压：SDRAM 工作电压为 3.3V，DDR 和 RDRAM 工作电压为 2.5V，DDR2 和 DDR4 工作电压为 1.2V。

此外，技术指标还有串行存在检测（Serial Presence Detect）、奇偶校验、出错检查和修正功能（Error Checking and Correcting）等。

4. 结构

内存是以小型板卡形式出现的存储器产品。它的特点是安装容易，便于用户更换，也便于增加或扩充内存容量。

早期计算机中使用的内存是 SIMM，只有 8 位数据线。在 32 位的计算机中需要 4 条内存或 8 条内存才能构成 32 位数据存储。

为了提高内存使用的灵活性，在 486 中出现了一种内存标准，采用 72 个引脚，内存中可以安排 32 个数据引脚。在 64 位 Pentium PC 中，需要采用 2 条这种容量完全相同的 SIMM 才能使计算机正常工作。

为了适应奔腾系列计算机的需要，新的 64 位内存采用 168 个引脚，采用双面连线的方法，这样就形成了 DIMM，如图 5-24 所示。

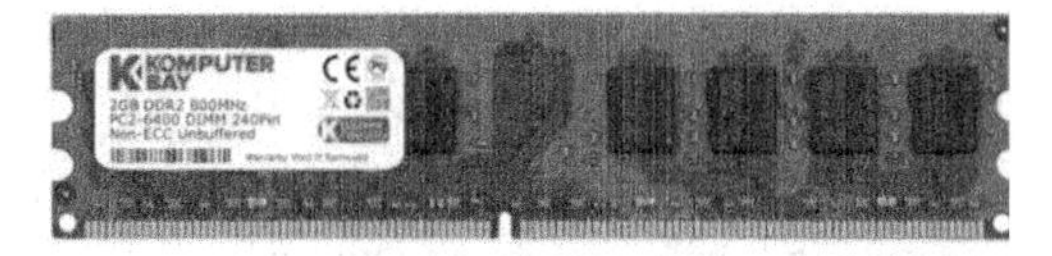

图 5-24　DIMM

5. 内存插槽

主板上的内存插槽用来安装内存。目前，主流的内存插槽为 DDR（包括 DDR2～DDR5）内存插槽，早期还有 EDO 和 RDRAM 内存插槽。

需要说明的是，不同的内存插槽的引脚、电压、性能都不尽相同，不同的内存在不同的内存插槽上不能互换使用。

5.5.2　内存的选用

在选择内存时，主要考虑内存芯片的质量与品牌、内存的容量（越大越好）及兼容性等因素。

1. 内存芯片的质量与品牌

内存芯片的好坏直接决定内存质量。内存品牌虽然很多，但内存芯片的生产商家却不多，主要有三星、现代、NEC 等。目前，市场主要内存品牌有金士顿、宇瞻、三星、现代、威刚、胜创等，这些内存产品的工艺略有不同，因此在性能上多少有些差异。

2. 内存的容量

内存的容量要有足够的余地，如果内存容量太小，会降低系统的运行速率。就目前的软件使用情况看，内存一般应该配置在 4GB、8GB 或更高。如果要运行规模大的图形和动画软件，内存需要至少 16GB。对于支持双通道内存的主板可配 2 条或 4 条内存。另外，为便于以后扩展内存，可尽量使用单条容量大的内存。

3. 兼容性

不同的内存型号接在一起，可能造成硬件冲突。因此，必须考虑不同内存之间的兼容性。在升级时优先购买同一个品牌、相同频率、相同规格参数的产品，容量则不需要与之前产品的相同。

5.6　外存

计算机系统中的外存（即辅助存储器）用来存放 CPU 运行时暂时不用的各种程序和文件，当 CPU 在运行中要用到外存中的程序和文件时，再将其调入内存。微型计算机中常用的外存有闪速存储器、硬盘存储器、固态盘及光盘存储器。

1. 闪速存储器

闪速存储器（Flash Memory，简称闪存）是一种非易失性（Non-Volatile）内存，在没有电流供应的条件下也能够长久地保存数据，其存储特性相当于硬盘，这项特性正是闪存得以成为各类便携式数字设备的存储介质的基础。

闪存是新一代 EEPROM，具有 EEPROM 的擦除的快速性；其结构有所简化，进一步提高了集成度、可靠性，体积小、成本低。

闪存对数据的删除是以固定的区块为单位进行的，区块范围为 256KB～20MB，因此，闪存比 EEPROM 的更新速度更快。但闪存不像 RAM 那样以字节为单位改写数据，因此不能取代 RAM。

闪存能够在各种主流操作系统及硬件平台之间进行大容量数据存储及交换、无机械运动，运行非常稳定，具有很好的抗震性能。

闪存的应用领域不断拓展，已经广泛应用于可移动磁盘，其容量可达 128GB 以上。由于它采用

USB 接口，通常也称为 U 盘。U 盘外形小巧，易于携带，功耗较低，可以带电插拔，工作速度快，使用十分方便。

2. 硬盘存储器

在计算机上使用的硬盘存储器容量已达 500GB 以上，具有容量大、存储数据可长期保存等特点。其发展趋势是提高存储容量，提高数据传输速率，减少存取时间，并力求轻、薄、小。硬盘存储器通常由磁盘、硬盘驱动器（或称硬盘机）和硬盘控制器构成。

目前使用的硬磁盘多采用温切斯特技术（Winchester Technology），采用温切斯特技术的硬盘具有防尘性好、可靠性高、对使用环境要求低的优点，是目前应用广泛的硬磁盘存储器，也叫机械硬盘。

硬盘驱动器的性能参数有存储容量（单位为 GB 或 TB）、磁盘记录密度、平均存取时间、数据传输速率等。

3. 固态盘

固态盘（Solid State Disk 或 Solid State Drive，SSD），又称固态驱动器，是用固态电子存储芯片阵列制成的硬盘。

固态盘由控制单元和存储单元（闪存芯片、DRAM 芯片）组成。固态盘在接口的规范和定义、功能及使用方法上与普通硬盘完全相同，在产品外形和尺寸上基本与普通的 2.5 英寸（1 英寸=25.4mm）硬盘一致（新兴的 U.2、M.2 等形式的固态盘尺寸和外形与机械硬盘不同）。

固态盘的存储介质分为两种，一种是采用闪存作为存储介质，另一种是采用 DRAM 作为存储介质，还可采用 Intel 公司的 XPoint 颗粒技术等。基于闪存的固态盘是固态盘的主要类别，其内部构造较简单。固态盘内主体其实就是一块印制电路板（Printed-Circuit Board，PCB），而这块 PCB 上最基本的配件就是控制芯片、缓存芯片（部分低端硬盘无缓存芯片）和用于存储数据的闪存芯片。

相对于传统机械硬盘来说，固态盘具有读写快速、质量轻、能耗低及体积小等优点。

4. 光盘存储器

光盘存储器主要由光盘、光盘驱动器（光驱）和光盘控制器组成，目前已成为计算机的重要存储设备之一。光盘的主要特点是存储容量大、可靠性高，只要存储介质不产生问题，光盘上的数据就可长期保存。

读取光盘数据需要使用光驱。光驱的核心部分由激光头、光反射透镜、电机系统和处理信号的集成电路组成。

5.7 简单存储系统 Proteus 仿真设计示例

5.7.1 Proteus 仿真软件简介

在计算机接口电路中，通常可以采用 Proteus 仿真软件对其进行软硬件仿真调试。

Proteus 软件支持从电路原理图设计、代码调试到 CPU 与外部电路协同仿真调试，支持的 CPU 模型有 51 系列、PIC、AVR、ARM、8086 及 MSP430 等，为从事微型计算机教学的教师及致力于单片机开发应用的研发人员提供了强大的环境支持。

Proteus 软件由 ISIS 和 ARES 两个模块构成，其中 ISIS 模块是一款智能电路原理图输入系统软件，可以作为电子系统仿真平台。

在已经安装Proteus软件（本节为Proteus 7.10版本）的计算机中，可以在桌面双击ISIS 7 Professional快捷方式图标ISIS，或者选择“开始”→“所有程序”→“Proteus 7 Professional”→“ISIS 7 Professional”命令，启动ISIS 7 Professional程序，弹出主工作窗口，如图5-25所示。

由于篇幅所限，ISIS 7 Professional环境下电路图编辑、程序编译、程序加载及软硬件仿真调试的详细操作过程可参阅本书电子资源及相关材料。

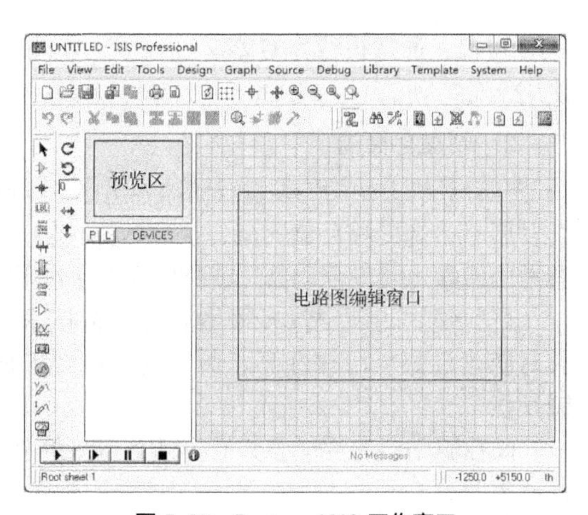

图5-25 Proteus ISIS 工作窗口

5.7.2 Proteus 仿真设计示例

在实际应用中，计算机存储系统的设计主要有以下几个方面。

① 存储器存储容量的选择。

② CPU的总线负载能力、CPU与存储器之间的速度匹配。

③ 存储器地址分配、地址译码及片选地址。

④ 控制信号的连接。

本节通过一个简单的存储系统仿真设计应用示例，介绍存储系统设计的一般过程。

1. 设计要求

① 在8086最小模式下扩展16KB ROM和16KB RAM。

② 选择存储器芯片、设计与CPU接口电路、确定地址范围。

③ 编写程序实现将101个数据（设数据为0、1、2、3、…、99、100）写入RAM中，偶数写入偶存储体，奇数写入奇存储体。

④ 读出奇存储体第99存储单元中的数据并存放在第101存储单元。

在Proteus仿真环境中实现以上要求，并进行仿真调试。

2. 仿真电路设计

① 16KB ROM：选择2片2764存储芯片。2764是8KB×8的紫外线擦除、电可编程只读存储器，工作电压为+5V，工作电流为75mA，维持电流为35mA，读出时间最大为250ns，28脚双列直插式封装。A0～A12为13根地址线，可寻址空间为8KB，D7～D0为数据输出线；CE为片选线；OE为数据输出选通线。

② 16KB RAM：选择2片存储芯片6264。6264是8KB×8 SRAM，工作电压为+5V，所有的输入端和输出端都与TTL电路兼容。引脚CS为片选信号，OE为输出允许信号，WE为写信号，A0～A12为13根地址线，D7～D0为8位数据线。

③ 选择74LS138译码器作为存储器片选信号，74LS373锁存器实现地址锁存及门电路作为存储器芯片与CPU接口电路。

④ 地址分配。偶存储体同8086的低8位数据总线D0～D7相连，奇存储体同 8086的高8位数据线D8～D15相连，由于存储器的奇偶分体，A0不参与译码，用于区分奇偶片。

RAM地址范围：08000H～0BFFFH。

ROM地址范围：0C000H～0FFFFH。

最低位地址线A0和总线高允许BHE相互配合，实现对于写16位数据，RAM区的奇片和偶片同时工作。

对于写 8 位数据，RAM 区的奇片和偶片只有一片工作。

在 Proteus ISIS 原理图编辑窗口放置元器件并布线，设置相应元器件参数，采用网络标号连接电路，存储系统仿真电路设计如图 5-26 所示。

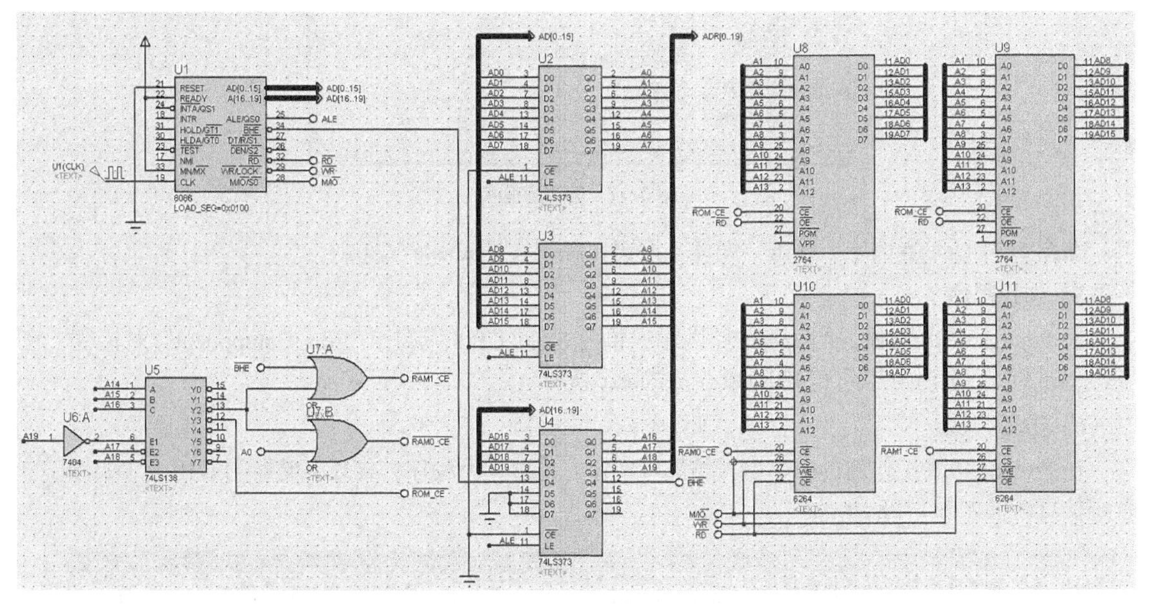

图 5-26　存储系统仿真电路设计

3. 程序设计

按设计要求，源程序设计如下。

```
      ORG  0C000H          ; 程序的起始地址
START:
      MOV AX, 0800H        ; 把 RAM 首地址传送进 AX 寄存器
      MOV DS, AX           ; 设置程序段的段基址
      MOV SI, 0            ; 偏移地址
      MOV CX, 0064H        ; 设置写入数据个数为 100
      MOV AL, 0            ; 写入数据的初始值
SIM:
      MOV [SI], AL         ; 数据写入
      INC AL               ; 数据加 1
      INC SI               ; 偏移地址加 1
      LOOP SIM             ; 循环
                           ; 实现从 RAM 第 99 存储单元读出并写入第 101 存储单元中
      DEC SI               ; 偏移地址减 1
      MOV AL,[SI]          ; 读数据
      INC SI               ; 偏移地址加 1
      INC SI               ; 偏移地址加 1
      MOV [SI],AL          ; 写入数据到第 101 存储单元
      JMP $
```

4. 输入并编译源程序

在 EMU8086（或其他汇编语言编译环境）中输入源程序并保存源程序文件，如图 5-27 所示。

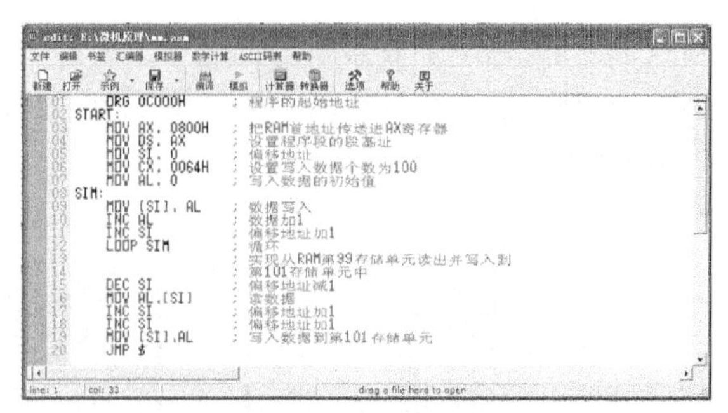

图 5-27　编辑源程序

在图 5-27 所示界面中，单击“编译”按钮，源程序生成.exe 文件。

5. 加载程序

在 Proteus ISIS 绘制好的仿真电路图中，单击 8086 CPU，弹出“Edit Component”对话框，在“Program File”选项中加载 EMU8086 生成的.exe 文件。

6. 仿真调试

在 Proteus ISIS 工作窗口中单击“仿真”按钮，连续运行程序，打开存储器的 U10 和 U11 窗口，系统仿真结果如图 5-28 所示。

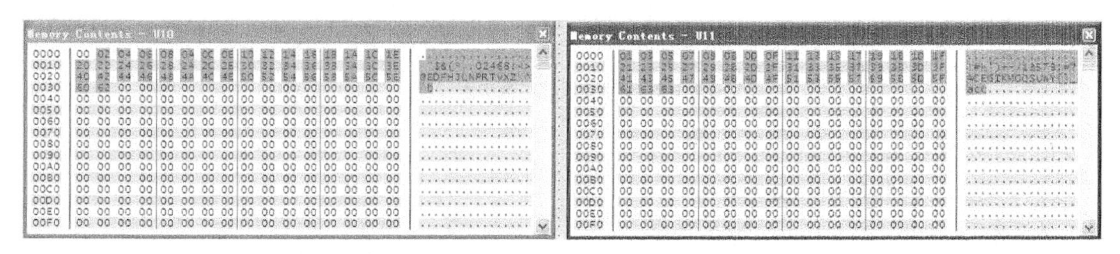

图 5-28　系统仿真结果（RAM U10、U11 中分别写入数据）

可以看出，偶存储体 U10 存放的是 0～100 的偶数（十六进制数），奇存储体 U11 存放的是 0～100 的奇数（十六进制数），第 99 存储单元的数据 63H 送入第 101 存储单元。

5.8 习题

1. 填空题

（1）半导体存储器的主要技术指标是__________。

（2）只读存储器的类型有__________、__________、__________、__________。

（3）半导体静态存储器是靠_______存储信息，半导体动态存储器是靠_______存储信息。

（4）半导体动态随机存储器大约需要每隔________ms 对其刷新一次。

（5）SRAM 芯片为 2KB，该芯片有_________位地址引脚线、__________位数据引脚线。

（6）对存储器进行读/写时，地址线被分为__________和__________两部分，它们分别用以产生__________和__________信号。

（7）在存储系统中，实现片选译码的方法有________、_________、________。

（8）用 2KB 存储芯片组成一个 32KB 的存储器，若取低位地址线作为片内地址，用来产生片选信号的地址线可以是__________。

（9）某计算机的字长是 32 位，它的存储容量是 512KB，若按字编址，它的寻址范围是_____。

（10）Cache 是指位于_______和________之间规模或容量较小但______的一种存储器。

2. 问答题

（1）什么叫地址重叠区？为什么会产生重叠区？

（2）用 74LS138 作译码器，其片选地址信号和片选控制信号有什么不同？

（3）为什么要刷新 DRAM？

（4）在什么情况下需要进行存储器扩展？应注意哪些问题？

（5）存储器与 CPU 连接时，应考虑哪些问题？

（6）Cache 的主要作用是什么？

（7）对于下列容量的存储器芯片：

① Intel 2114(1K×4bit)　　② Intel 2167(16K×1bit)　　③ Zilog 6132(4K×8bit)

各需要多少条地址线寻址？多少条数据线？若要组成 64K×8bit 的存储器，选同一芯片各需要几片？

（8）某数据总线 8 位、地址总线为 16 位的微机，为其设计一个 16KB 容量的存储器。

要求 EPROM 为 8KB，存储地址从 0000H 开始，采用 2716 芯片；RAM 为 8KB，存储地址从 2000H 开始，采用 6132（4KB）芯片。

① 对各芯片分配地址。

② 指出各芯片的片内选择地址线和芯片选择地址线。

③ 采用 74LS138，画出地址译码电路。

06 第6章　I/O 基本技术

计算机是通过输入输出（I/O）接口和总线完成与外部设备之间的信息交换的。外部设备也称 I/O 设备，是指需要与计算机进行联系的事物或设备，如键盘、控制台、传感器、显示器、仪器设备、过程控制装置及其他计算机等。实现 I/O 操作的方法、技术对计算机系统的性能具有较大的影响。本章主要介绍微型计算机 I/O 系统的组成、控制方式、工作过程、编程应用及 Proteus 仿真应用示例。

6.1　I/O 接口

本节主要介绍 I/O 接口的一般结构、工作过程及端口编址，并说明地址译码等电路实现方法。

6.1.1　I/O 接口概述

1. I/O 接口的一般结构及工作过程

计算机与外部设备的联系最根本的就是信息交换。I/O 系统必须具备信息交换的手段及各种软硬件的支持。

由于外部设备种类和数量较多，各种参量（如运行速度、数据格式及物理量）也不尽相同，与计算机连接的设备往往是数台甚至数百台以上，这样就会产生工作速度、信号电平、信号格式、工作时序不匹配等现象。因此，CPU 为了实现选取目标外部设备并与其交换信息，必须配备与外部设备配套的控制器，通过 I/O 接口电路与 CPU 连接，为实现 CPU 与外部设备的信息交换建立硬件接口环境，如图 6-1 所示。

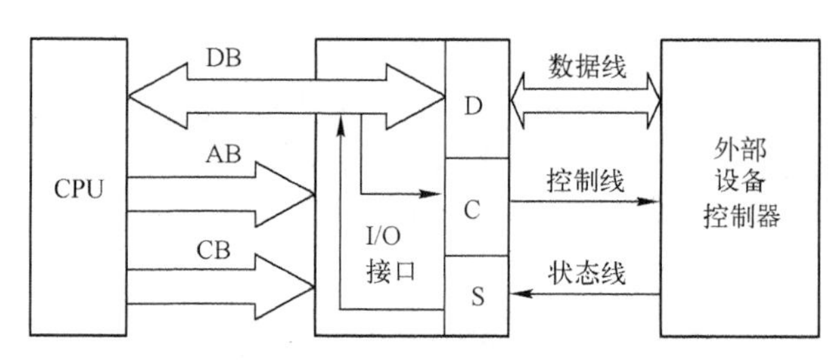

图 6-1　I/O 接口电路的信息传送示意

图 6-1 中各模块功能如下。

① CPU 是执行 I/O 指令的部件，对整个 I/O 系统进行启动、检测、控制。

② I/O 接口电路通过系统总线（地址总线 AB、控制总线 CB 和数据总线 DB）与 CPU 连接，通过数据线 D、控制线 C 和状态线 S 与外部设备连接。I/O 接口用来完成 CPU 对外部设备的确认、控制及信息交换在速度上、形式上相互匹配。

③ 外部设备控制器通过接口电路状态线 S，把设备当前的工作状态信息传送给 CPU。对于输入设备，状态信息一般表示数据准备好（如 S=1）或未准备好（如 S=0）；对于输出设备，状态信息一般表示正在工作（如 S=0）或空闲（如 S=1）。

④ 外部设备控制器通过接口电路控制线 C 接收 CPU 发送的控制命令。在控制命令的作用下，外部设备控制器通过数据线 D 与 CPU 实现数据信息交换。

实际上，I/O 接口电路与外部设备控制器连接的数据线、控制线和状态线分别对应 3 个不同的端口地址，即数据端口 D、控制端口 C、状态端口 S。每个端口均配备相应的寄存器，分别存放数据信息、控制信息和状态信息，以供 CPU 对其进行操作或控制。因此，同一个外部设备可以有不同的端口地址。

数据端口是 CPU 对外部设备进行数据处理的目标端口。对于并行数据处理方式，端口为 8 位以上数据线。而控制端口、状态端口根据需要各设 1 根（或 1 根以上）线，其信息作为 CPU 数据总线 DB 的某一位。CPU 是通过地址总线发出目标地址信息选中某一端口的，然后通过数据总线读取状态信息或发送控制命令。在某些情况下，状态线和控制线也可以直接与 CPU 控制总线相关信号连接。

2. I/O 接口的分类

I/O 接口分为总线接口、通信接口、基本 I/O 模块等。

（1）总线接口

总线接口是把微机总线通过电路插座提供给用户使用的一种总线插座，可插入各种功能卡。插座的各个引脚与微机总线的相应信号线相连，用户只要按照总线排列的顺序制作外部设备或用户电路的插线板，即可实现外部设备或用户电路与系统总线的连接，使外部设备或用户电路与微机系统成为一体。常用的总线接口有 AT 总线接口、PCI 总线接口、IDE 总线接口等。AT 总线接口多用于连接 16 位微机系统中的外部设备，如 16 位声卡、低速的显示适配器、16 位数据采集卡及网卡等。PCI 总线接口用于连接 32 位微机系统中的外部设备，如 3D 显示卡、高速数据采集卡等。IDE 总线接口主要用于连接各种磁盘和光盘驱动器，可以提高系统的数据交换速度和能力。

（2）通信接口

通信接口是指微机系统与其他系统直接进行数字通信的接口电路，通常分为串行通信接口和并行通信接口两种，简称串口和并口。

① 串口传送信息的方式是一位一位地依次进行。串口的连接器有 D 型 9 针插座和 D 型 25 针插座两种，位于计算机主机箱的后面板。

② 并口多用于连接打印机等高速外部设备，传送信息的方式是按字节进行的，即多个二进制位同时进行。并口也位于计算机主机箱的后面板。

（3）基本 I/O 模块

① CMOS。CMOS 是一种存储 BIOS 所使用的系统存储器，是微机主板上的一块可读写的 ROM 芯片，用来保存当前系统的硬件配置和用户对某些参数的设定。当计算机断电时，由一块电池供电使存储器中的信息不被丢失。用户可以利用 CMOS 对微机的系统参数进行设置。

② BIOS。BIOS 是一组存储在 EPROM 中的软件，固化在主板的 BIOS 芯片上，主要负责对基本 I/O 系统进行控制和管理。BIOS 是主板的核心，由 BIOS 负责从计算机开始上电到完成操作系统引导之前的各个部件和接口的检测、运行管理。在操作系统引导完成后，由 CPU 控制完成对存储设

备和I/O设备的各种操作、系统各部件的能源管理等。

（4）适配卡

在微机系统中，常常把一些通用的、复杂的I/O接口电路制成统一的、遵循总线标准的电路板卡，如接口与设备之间可由串行通信标准总线或并行通信标准总线连接。CPU通过板卡与I/O设备建立物理连接，使用十分方便。如硬盘驱动器适配卡（SATA接口）、并行打印机适配卡（并口）、串行通信适配卡（串口），还包括显示接口、音频接口、网卡接口（RJ45接口）、调制解调器使用的电话接口（RJ11接口）等。在80386以上的微机系统中，通常将这些适配卡做在一块电路板上，称为复合适配卡或多功能适配卡，简称多功能卡。

3. I/O接口电路的功能

目前，已设计出许多计算机专用I/O接口电路可编程控制的集成电路芯片，不同的接口电路芯片实现的功能也不尽相同，用户可根据需要选用。一般情况下，接口电路芯片主要实现以下功能。

① 地址译码。所有的外部设备都必须通过接口电路挂在总线上，I/O接口电路中具有地址译码器，以便根据CPU传出的地址信息找到唯一对应的外部设备的端口。

② 锁存数据。通常，计算机的工作速度远远高于外部设备的工作速度，为了既充分利用CPU资源，又保证数据可靠传输，在I/O接口电路中设置锁存器，用于暂存数据，以便在合适的时间读取。

③ 信息转换。将外部设备的模拟信号转换为计算机能接收的数字信号（A/D转换）；将计算机输出的数字信号转换为执行部件需要的模拟信号（D/A转换）。

在串行通信接口电路中，为了提高运行速度，接口电路与计算机之间仍然采用并行数据传送，因此，需要将输入的串行信号转换为并行信号送入计算机，将计算机输出的并行信号转换为串行信号输出。

④ 工作方式可变。I/O接口电路芯片可以通过执行指令设置不同的工作方式，如输入方式、输出方式、计数方式、定时方式等，达到一片多用，故又称为可编程接口芯片。

⑤ 电平转换。计算机I/O数字信息的逻辑电平采用正逻辑TTL电平，即高电平5V表示“1”，低电平0V表示“0”。如果外部设备数字信息的表示不符合正逻辑TTL电平的要求，则接口电路必须配置电平转换部件。

⑥ 中断管理功能。向CPU申请中断、向CPU发中断类型号及中断优先级的管理等，在8086中，这些功能大多可以由专门的中断控制器实现。

6.1.2 I/O指令及端口编址

CPU对I/O设备的访问，采用按地址访问的形式，即先送地址码，以确定访问的具体设备，然后进行信息交换。因此，要对连接各种外部设备的端口进行编址。目前有两种编址方式：独立编址、与存储器统一编址，如图6-2所示。

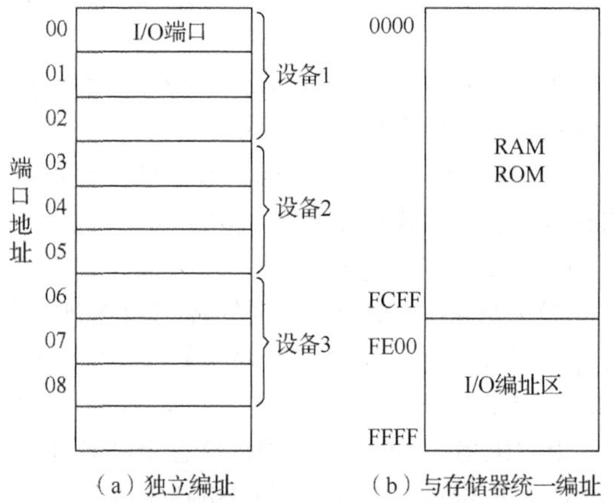

图6-2　I/O设备的编址方式

1. 独立编址、端口寻址及I/O指令

（1）独立编址

所有外部设备的信息所在的位置称为端口。将所有端口进行独立编址，即对每一端口规定一个确定的地址编码，从0开始，如图6-2（a）所示。

在80x86系统中，独立编址的I/O端口的地址范围为0000H～0FFFFH，访问独立编址的I/O端口必须使用输入指令IN、输出指令OUT。

8086与外设交换数据可以按字或字节进行。若以字节进行，偶地址端口的字节数据由低 8 位数据线 D7～D0 位传送；奇地址端口的字节数据由高 8 位数据线 D15～D8 传送。如果外设字节数据与 CPU 低 8 位数据线连接，同一台外设的所有端口地址都只能是偶地址；如果外设字节数据与 CPU 高 8 位数据线连接，同一台外设的所有端口地址都只能是奇地址。这时设备的端口地址就是不连续的。

（2）端口寻址

在第 3 章指令系统中已经介绍过，I/O 端口寻址方式只有直接寻址和间接寻址两种。

（3）I/O 指令

① 输入指令

直接寻址指令格式：

```
IN  AL, PORT          ;将地址为 PORT 的端口中的 8 位数据输入 AL
IN  AX, PORT          ;将地址为 PORT 和 PORT+1 端口中的数据组成的 16 位数据输入 AL
```

指令中直接给出端口地址编码，要求端口地址范围必须为 0～255。

间接寻址指令格式：

```
IN  AL, DX            ;DX 中的内容是被访问端口的地址，该端口的 8 位数据输入 AL
IN  AX, DX            ;DX 和 DX+1 端口中的数据组成的 16 位数据输入 AX
```

如果端口地址超过 255，则必须采用间接寻址，I/O 端口地址存储在寄存器 DX 中。

② 输出指令

直接寻址指令格式：

```
OUT  PORT,AL          ;将 AL 中的 8 位数据输出给地址为 PORT 的端口
OUT  PORT,AX          ;将 AX 中的 16 位数据输出给地址为 PORT 和 PORT+1 的端口
```

指令中直接给出端口地址编码，要求端口地址范围必须为 0～255。

间接寻址指令格式：

```
OUT  DX,AL            ;DX 中的内容是被访问端口的地址，AL 中的 8 位数据输出给该端口
OUT  DX,AX            ;AX 中的 16 位数据输出给 DX 和 DX+1 端口中的内容作为地址的端口
```

如果端口地址超过 255，则必须采用间接寻址。I/O 端口地址存储在寄存器 DX 中。

【例 6-1】 已知某字节的端口地址为 20H，要求将该端口数据的 D1 位置 1，其他位不变，如下所示。

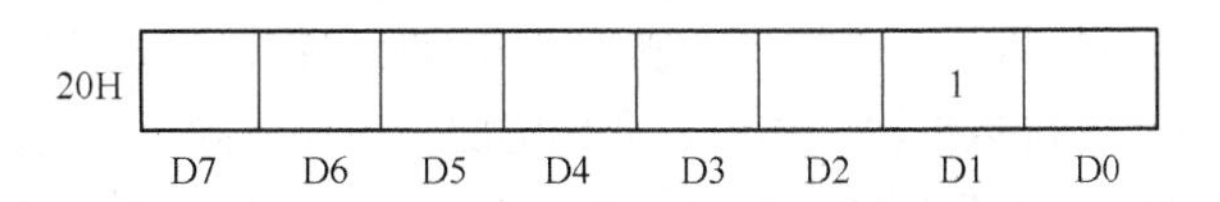

指令段如下：

```
IN    AL,  20H        ;读取端口内容
OR    AL,  02H        ;在 AL 中设置 D1=1，其他位保持不变
OUT   20H,  AL        ;将 AL 的内容输出给 20H 端口
```

【例 6-2】 已知某字节的端口地址为 200H，要求屏蔽该端口数据的低 4 位，其他位不变。

指令段如下：

```
MOV   DX,  200H       ;将端口地址 200H 送入 DX
IN    AL,  DXH        ;读取端口内容
AND   AL,  0F0H       ;屏蔽 AL 低 4 位，其他位保持不变
OUT   DX,  AL         ;将 AL 的内容输出给 200H 端口
```

2. 与存储器统一编址

I/O 端口与存储器统一编址是指在存储器的地址空间中分出一个区域，作为 I/O 系统中各端口的地址。在图 6-2（b）中，主存的地址空间为 64KB，最高区域 0FE00H～0FFFFH（1024 个地址）为

I/O 端口地址。在这种情况下，I/O 端口被 CPU 视为内存的存储单元，因此，不需要专用的 I/O 指令，一般访问内存的指令都可以访问 I/O 设备，各种寻址方式及数据处理指令也都可以被 I/O 端口使用，使输入输出过程的处理更加灵活，缺点是内存使用的空间被占用。

例如：假设外设 1 在存储器与 I/O 端口统一编址情况下的端口地址为 0FE00H。读取该端口数据的指令如下：

```
MOV  AL, [0FE00H]
```

设外设 2 在 I/O 端口独立编址情况下的端口地址也为 0FE00H。读取该端口数据的指令如下：

```
MOV  DX, 0FE00H
IN   AL,  DX
```

以上两种外设端口虽然地址编码相同，但表示两个不同的端口地址。在执行 IN 指令或 MOV 指令时，地址编码 0FE00H 将由 CPU 输出给 16 位地址线，8086 的控制信号引脚 $M/\overline{IO}$ 将会根据不同的指令发出不同的命令。当执行 MOV 指令时，$M/\overline{IO}=1$，表示 CPU 输出的是存储器地址；当执行 I/O 指令时，$M/\overline{IO}=0$，表示 CPU 输出的当前地址为 I/O 地址。

6.1.3 基本接口电路

1. 地址译码电路

地址译码是接口电路的基本功能之一。一个接口上的几个端口地址通常是连续排列的，可以把 16 位地址码分解为两部分：高位地址码用于对接口的选择；低位地址码用于选择接口电路内不同的端口。例如，某 I/O 接口电路用 10 根地址线编址，占有地址 330H～333H，如果设高 8 位地址为 11001100B 时作为接口选择；低 2 位地址为 00、01、10、11 时作为接口内的 4 个不同端口的选择，则各端口地址分别为 1100110000B、1100110001B、1100110010B、1100110011B。选择译码器 74LS138，端口的地址译码电路如图 6-3 所示。

为了避免地址冲突，许多接口电路允许用“跳线器（JUMPER）”改变端口地址。在图 6-3（b）中，地址线 A8、A9 引脚通过异或门输出后，再分别接入图 6-3（a）中的 A8、A9 引脚输入端，当两个跳线引脚均接地时，译码电路仍然产生 330H～333H 的端口译码信号；当两个跳线引脚均接高电平 5V 时，译码电路会产生 030H～033H 的端口译码信号。同理通过跳线的组合状态，还可以产生 130H～133H 和 230H～233H 的译码信号。由于读、写操作不会同时进行，输入端口和输出端口可以使用同一个地址编码。例如，可以安排数据输入端口、数据输出端口使用同一个地址 330H，命令端口和状态端口共同使用地址 331H。虽然数据输入端口和数据输出端口使用相同的地址，却是两个各自独立的不同的端口。

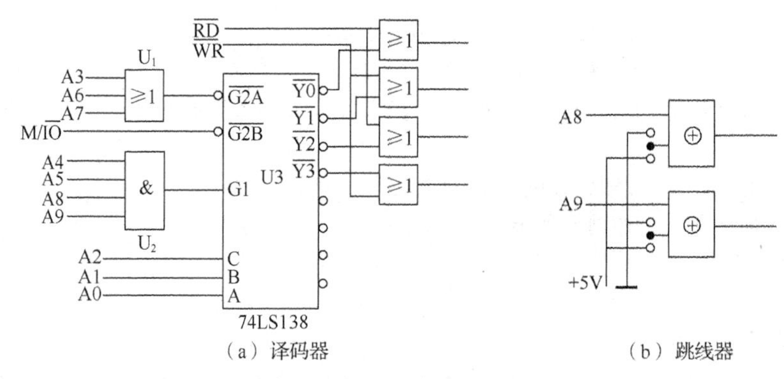

（a）译码器　　（b）跳线器

图 6-3　端口的地址译码电路

2. I/O 锁存与缓冲电路

（1）输入接口电路

数据（状态）输入端口必须通过三态缓冲器与系统总线相连，保证数据总线能够正常地进行数据传输。输入设备在完成一次输入操作后，在输出数据的同时产生数据选通信号，可以把数据送入 8 位锁存器（如 74LS273 芯片）。锁存器的输出信号通过三态八位缓冲器（如 74LS244 芯片）连接到系统数据总线，而数据端口的读信号由地址译码电路产生。高电平时无效，缓冲器输出端呈高阻态。低电平时有效，端口被选中，已锁存的数据通过 74LS244 送往系统数据总线，被 CPU 接收。输入接口的数据锁存和缓冲电路如图 6-4 所示。

（2）输出接口电路

数据（命令）输出端口接收 CPU 送往外设的数据或命令，应由接口电路进行锁存，以使外设有充分的时间接收和处理。输出锁存电路如图 6-5 所示。

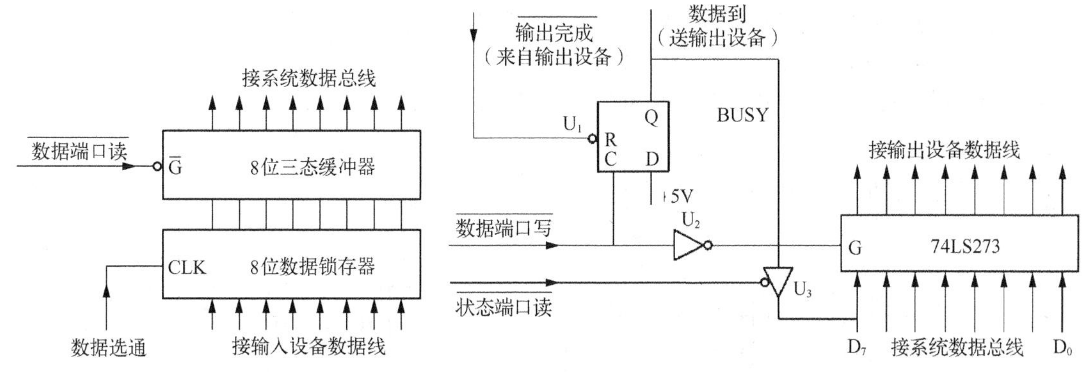

图 6-4 输入接口的数据锁存和缓冲电路　　图 6-5 输出锁存电路

6.2 I/O 的控制方式

由于 I/O 设备的速度及工作方式不同，为了保证数据的可靠传送，必须选择合适的 CPU 与外设交换信息的控制方式。

在微型计算机系统中，I/O 的控制方式有无条件传送方式、查询传送方式、中断传送方式和 DMA 方式。

6.2.1 无条件传送方式

1. 无条件传送方式简介

无条件传送方式也称为程序控制直接传送方式或同步方式。无条件传送方式在输入或输出信息时，外部设备始终处于准备好的状态，既不需要启动外部设备，也不需要查询外部设备的状态，只要给出 IN 或 OUT 指令，即可实现 CPU 与外部设备的信息交换。如 7 段数码显示器，随时可以接收 CPU 的数据予以显示；机械开关因为其速度很慢，可以认为它的数据一直是有效的。

2. 接口原理及指令工作过程

图 6-6 所示为无条件传送方式接口原理。

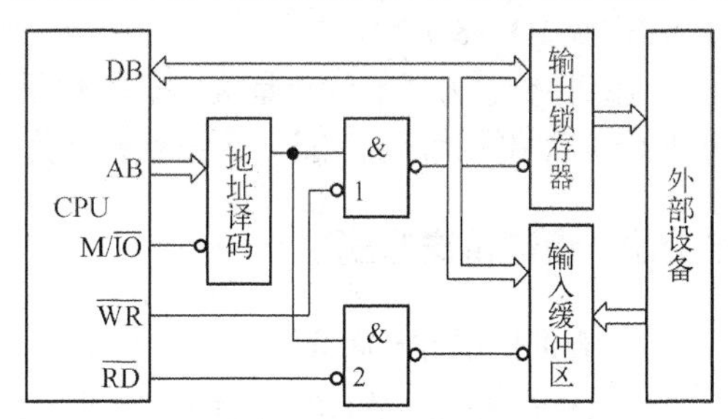

图 6-6 无条件传送方式接口原理

（1）输入指令执行过程

执行输入指令“IN AL, 80H”的过程如下。

① 端口地址 80H 经地址总线 AB 送入接口电路的地址译码器；CPU 输出控制命令 $M/\overline{IO}$=0，表明当前地址为 I/O 端口地址。

② 由于执行输入操作，CPU 输出命令 $\overline{RD}$=0。

③ 地址译码器输出有效高电平“1”与 $\overline{RD}$=0 送入与门 2，满足与逻辑条件，与门 2 输出低电平“0”。

④ 输入缓冲器在与门 2 输出信号的控制下将数据送入数据总线 DB。

⑤ CPU 从数据总线读取数据送入累加器 AL。

（2）输出指令执行过程

执行输出指令“OUT　80H, AL”的过程如下。

① 端口地址 80H 经地址总线 AB 送入接口电路的地址译码器；CPU 输出命令，$M/\overline{IO}$=0，表明当前地址为 I/O 端口地址。

② 由于执行输出操作，CPU 输出命令 $\overline{WR}$=0。

③ 地址译码器输出高电平“1”与 $\overline{WR}$=0 送入与门 1，满足与逻辑条件，与门 1 输出低电平“0”。

④ CPU 将累加器 AL 的内容送入数据总线 DB。

⑤ 输出锁存器在与门 1 输出信号的控制下接收数据总线上的数据。

3. I/O 接口电路

无条件传送方式的 I/O 接口电路如图 6-7 所示。

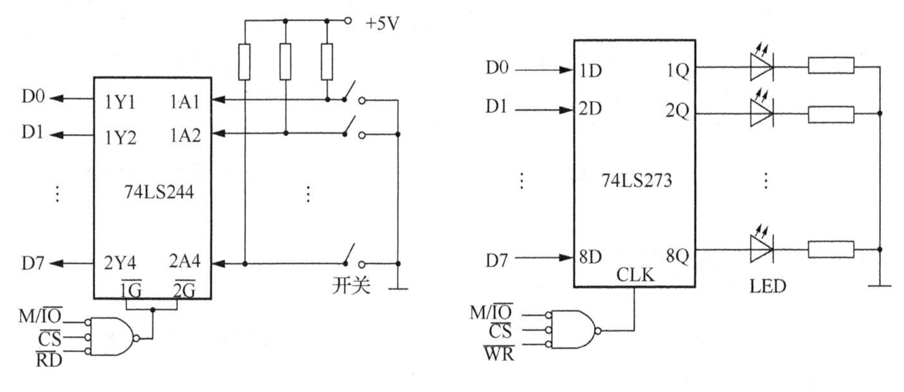

（a）开关量输入接口电路　　　（b）输出控制接口电路

图 6-7　无条件传送方式的 I/O 接口电路

① 输入接口电路由 8 个开关信号经三态缓冲器 74LS244 芯片接入 CPU 数据线 D0～D7，控制线 $M/\overline{IO}$、$\overline{RD}$ 及片选控制信号 $\overline{CS}$ 经负与非门控制芯片的使能端变为低电平时，将开关信号读入。

② 输出接口电路由 CPU 数据线经 8 位锁存器控制 8 个发光二极管（LED），控制线 $M/\overline{IO}$、$\overline{WR}$ 及片选控制信号 $\overline{CS}$ 经负与非门控制芯片的时钟输入端，在时钟信号 CLK 的上升沿将锁存数据 D0～D7 传送到 1Q～8Q。

无条件传送方式的优点是接口电路和程序代码简单；缺点是要求在执行 I/O 指令时外部设备必须处于准备就绪的状态。因此，无条件传送方式仅适用于一些简单的系统。

6.2.2　查询传送方式

1. 查询传送方式简介

查询传送方式又称异步传送方式。当 CPU 同外部设备工作不同步的时候，很难确保 CPU 在执行输入操作时，外部设备一定是“准备好”的；在执行输出操作时，外部寄存器一定是“空”的。在查询传送方式中，CPU 首先对外部设备进行状态检测，在满足读/写条件时进行 I/O 操作，否则 CPU 处于等待状态，直到条件满足。查询传送方式的工作过程完全由执行程序来完成。

2. 接口原理及指令工作过程

查询传送方式接口原理如图 6-1 所示，查询传送方式流程如图 6-8 所示。

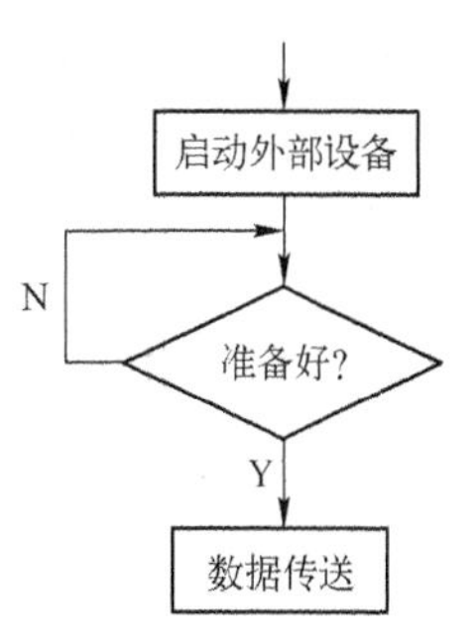

图 6-8　查询传送方式流程

查询传送方式完成一次数据传送的步骤如下。

① 由 CPU 执行 OUT 指令，向控制端口发出控制命令 C，启动指定的外部设备。

② 外部设备处于准备工作状态，CPU 不断执行 IN 指令，从状态端口读取状态字 S，检测外部设备是否已准备就绪。如果没有准备好，就返回步骤①，继续读取状态字。

③ 如果外部设备状态为“已准备好”（数据）或者寄存器为“空”，则 CPU 执行数据传送操作，通过数据端口完成整个输入输出过程。

3. I/O 接口电路

（1）输入接口电路

图 6-9 所示为查询传送方式输入接口电路，由锁存器、缓冲器、门电路及译码器等模块组成。执行 IN 指令选中状态口时，读取状态信息 READY；执行 IN 指令选中数据接口时，从缓冲器读取数据信息。

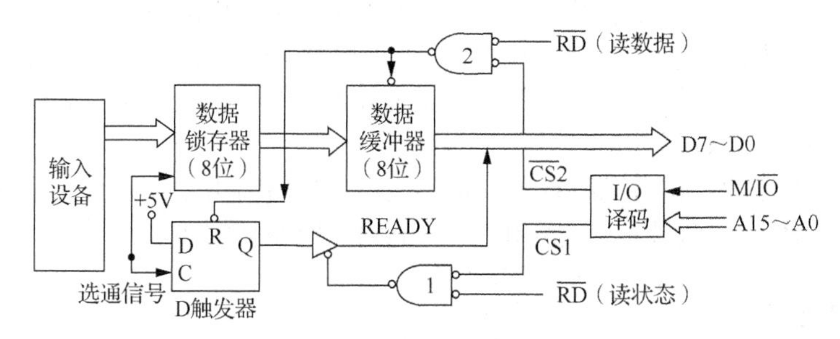

图 6-9　查询传送方式输入接口电路

（2）输出接口电路

图 6-10 所示为查询传送方式输出接口电路，由锁存器、触发器、门电路及译码器等模块组成。CPU 准备输出数据时先执行 IN 指令，使状态口三态门开启，从数据总线 D1 位读入 BUSY 状态。BUSY=1，外设处于忙状态；BUSY=0，CPU 可向外部设备输出数据。

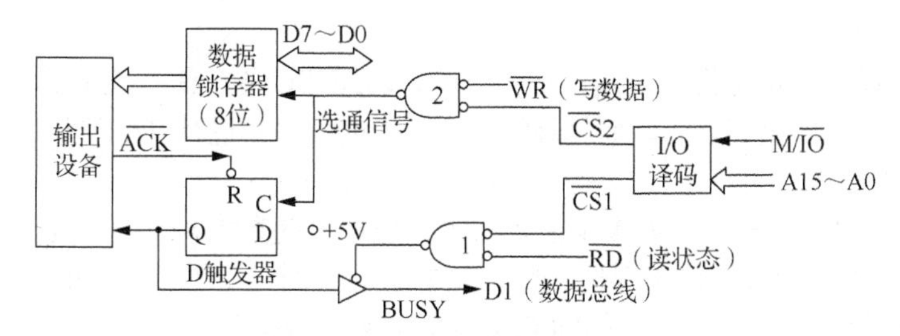

图 6-10　查询传送方式输出接口电路

【例 6-3】 某外部设备数据端口地址为 2000H，状态端口地址为 2002H，控制端口地址为 2004H。设接口电路硬件连接为 8 位数据线接 CPU 的数据线 D0～D7，1 位控制线（为“0”表示启动外设工作）接 CPU 的数据线 D0，1 位状态线（为“1”表示数据端口准备好）接 CPU 的数据线 D7。

编写在查询传送方式下读取数据端口数据的程序段。

数据端口、状态端口与控制端口数据格式如下。

端口								
数据端口 2000H	D7	D6	D5	D4	D3	D2	D1	D0
状态端口 2002H	D7							
控制端口 2004H								D0

程序段如下：

```
       MOV    AL, 00H            ;设启动外部设备工作代码 D0=0
       MOV    DX, 2004H          ;将控制端口地址送入 DX
       OUT    DX, AL             ;启动外部设备工作
       MOV    DX, 2002H          ;状态端口地址送入 DX
LOP:   IN     AL, DX             ;读取状态信号
       TEST   AL, 80H            ;测试状态位 D7
       JZ     LOP                ;未准备好则转 LOP 继续读取，准备好则顺序执行
       MOV    DX, 2000H          ;将数据端口地址送入 DX
       IN     AL, DX             ;读取数据端口数据
```

采用查询传送方式时，在工作过程中，CPU 处理工作与 I/O 传送是串行的。该方式主要解决快速的 CPU 与慢速的外部设备之间进行信息交换的匹配问题。所谓查询，实际上就是等待慢速的外部设备准备好，因而，CPU 通过其状态口不断地测试外部设备的状态。若外部设备已准备好接收或发送数据，CPU 应立即进行 I/O 操作。

查询传送方式的优点是工作方式简单、可靠，所以仍被普遍采用；缺点是在查询等待期间，CPU 不能进行其他操作，使 CPU 资源不能充分利用，不适合实时系统的要求。

6.2.3 中断传送方式

为了解决快速的 CPU 与慢速的外部设备之间的问题，充分利用 CPU 资源，产生了中断传送方式。

中断传送方式是指外部设备可以主动申请 CPU 为其服务，当输入设备已将数据准备好或输出设备可以接收数据时，即可向 CPU 发送中断请求。CPU 响应中断请求后，暂时停止执行当前程序，转去执行为外部设备进行 I/O 操作的服务程序，即中断处理子程序。在执行完中断处理程序后，再返回被中断的程序继续执行。

中断传送方式的工作过程如下。

① CPU 执行启动外部设备指令，通过控制端口启动外部设备，使其处于准备工作状态。

② 此后，CPU 不需要查询状态，而是继续运行原来的程序，进行其他信息的处理。这时，外部设备与 CPU 并行工作。

③ 当 I/O 设备一旦准备就绪，如果是输入操作，则外部设备数据已存入接口电路中的数据寄存器中，输入数据准备好；如果是输出操作，则接口电路的数据寄存器中原来的数据已有效输出，可以接收数据。接口电路中的状态口信息即向 CPU 发出中断请求。

④ CPU 在响应中断后，暂停正在执行的程序（断点），转向执行服务程序（I/O 处理程序），CPU 与外部设备进行信息交换。

⑤ 中断处理程序结束后，CPU 返回到原来程序的断点继续执行。

可以看出，在中断传送控制方式下，CPU 和外部设备在大部分时间里是并行工作的。CPU 在执

行正常程序时不需要对 I/O 接口的状态进行测试和等待。当外部设备准备就绪时，外部设备会主动向 CPU 发出中断请求而进入一个传送过程。此过程完成后，CPU 又可继续执行被中断的原来的程序。显然，采用中断传送方式可极大地提高 CPU 的效率，并具有较高的实时性。

80x86 提供了功能强大的中断控制系统（详见第 7 章）。

6.2.4　DMA 方式

中断传送方式提高了 CPU 的工作效率，但每次中断都要执行中断请求、中断响应、断点及现场保护、中断处理及中断返回等操作，对于传送大批量数据，其数据传送速率并不高。另外，中断传送方式和查询传送方式在访问 I/O 端口时，均需要使用 I/O 指令，而 I/O 指令必须经过 CPU。不难看出，在高速的批量数据输入输出时，中断请求方式显得太慢了。因此，中断传送方式不适合在高速设备和进行大批量数据传输时使用。

为进一步提高数据传输效率，产生了直接存储器访问（Direct Memory Access，DMA）方式。

DMA 方式是指完全由硬件执行，在存储器与外部设备之间直接建立数据传送通道的 I/O 传送方式。

DMA 方式的主要特点是：在传送数据时不经过 CPU，不使用 CPU 内部的寄存器，CPU 只是暂停控制一个或两个总线工作周期。DMA 方式也利用总线来传送数据，在这期间 CPU 把控制权交给由硬件实现的 DMAC 来临时接管总线，在存储器和 I/O 设备之间直接进行数据传送。

DMAC 能给出访问内存所需的地址信息、自动修改地址指针、设定和修改传送的字节数，还能向存储器和外设发出相应的读/写控制信号。DMA 传送结束后，能释放总线，把总线控制权交还给 CPU。

如果说，中断传送方式的基本原理是在发出中断请求后由中断处理程序（软件）完成 I/O 操作，那么 DMA 方式的基本原理是用硬件设备完成中断处理程序的全部功能。

DMA 方式不需要进行保护现场等操作，从而减轻了 CPU 的负担。由于直接用硬件传送数据的传输速率远高于软件操作，因此，DMA 方式特别适合高速度、大批量数据传送的场合。

但是，DMA 方式要增设硬件电路 DMAC，具体如图 6-11 所示。

DMAC 是控制存储器和外部设备之间高速传送数据的硬件电路，是完成直接数据传送的专用处理器。DMA 方式的操作是在 DMAC 的控制下进行的。使用 DMAC 进行 I/O 操作时，必须由 CPU 通过一组控制字来设定 DMAC 工作方式及参数，如指定外部设备的 DMAC 通道设定工作方式，指出被传送数据块的存储器首地址、传送的字数及数据传送方向，然后才能启动 DMAC 工作。DMA 操作流程如图 6-12 所示。

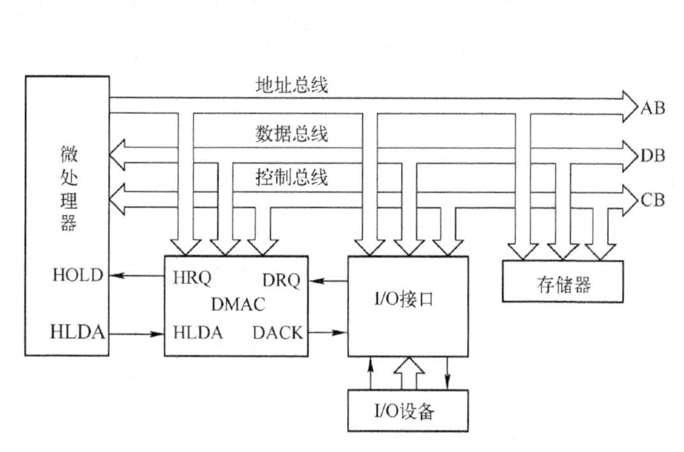

图 6-11　DMA 硬件连接示意图

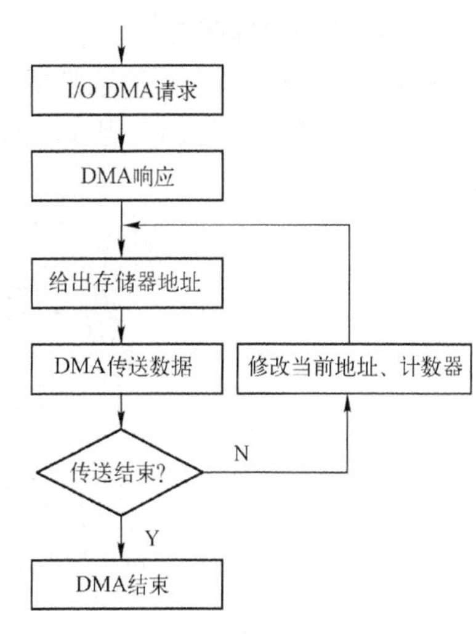

图 6-12　DMA 操作流程

DMA 的操作过程如下。

① I/O 设备（或接口）向 DMAC 发出 DMA 请求信号 DRQ。

② DMAC 接收 DRQ 后，即向 CPU 发出总线请求信号 HRQ，以使用总线进行数据传输。

③ CPU 在执行完当前总线周期后暂停系统总线的控制，响应 DMA 请求，向 DMAC 发出应答信号 HLDA，交出总线控制权。DMAC 暂时接管对总线 AB、DB 和 CB 的控制。

④ DMAC 在 AB 上发出存储器地址信息，在 CB 上发出读写控制信息，使存储器与 I/O 接口之间直接交换一个字节数据。

⑤ 每传送一字节数据，DMAC 自动修改存储器地址（加 1）、传送字节计数器（减 1），并检测传送是否结束。

⑥ 若字节计数器不为 0，则转入步骤④，继续进行数据传输；若字节计数器为 0，DMAC 向 CPU 发出结束信号并释放总线，DMA 传送结束。

⑦ CPU 重新获得总线控制权，并继续执行原来的操作。

DMA 方式传送数据的范围在 I/O 端口与存储器之间或存储器与存储器之间。

6.3 可编程 DMAC

所谓可编程芯片，是指可以通过 CPU 写入芯片内部规定好的控制字、命令字或方式字等，设置芯片以实现不同的操作、设置工作方式及命令形式等功能。可编程 DMAC 芯片 8237 是一种高性能的 DMAC。下面进行详细介绍。

6.3.1 8237 的功能、内部结构及工作方式

1. 8237 的功能

8237 具有以下功能。

① 8237 具有 4 个用于连接 I/O 设备进行数据传输的通道，即一片 8237 可以连接 4 台外部设备。

② 每个通道的 DMA 请求可以设置为允许或禁止或设置不同的优先级。

③ 4 种传输方式：单字节、数据块、请求和级联。

④ 每个通道一次传送数据最大长度为 64KB。

⑤ 8237 与外部设备和 CPU 之间联络信号友好。

2. 8237 的内部结构

8237 的内部由时序和控制逻辑单元、程序命令控制逻辑单元、优先级编码控制逻辑单元、I/O 缓冲器（地址、数据缓冲器）组和内部寄存器及计数器组等组成，如图 6-13 所示。

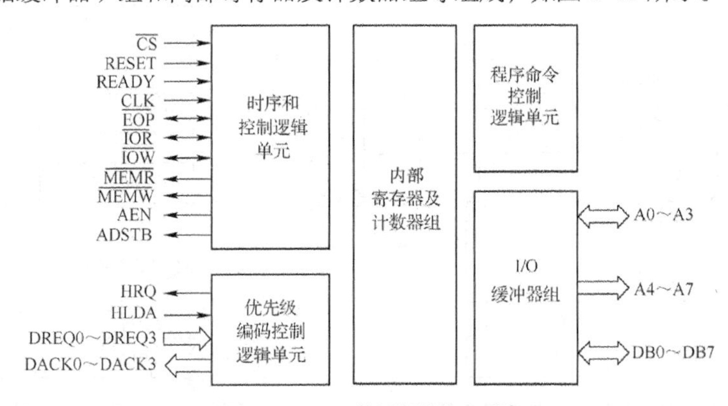

图 6-13 8237 的逻辑结构及引脚

① 时序和控制逻辑单元的主要功能：根据 DMA 工作方式控制字和操作命令控制字的设置要求，按一定的时序产生 DMA 控制信号。

② 优先级编码控制逻辑单元的主要功能：对同时申请 DMA 操作的多个通道进行优先级判优选择。对于固定判优的优先级为：0 通道优先级最高，1～3 通道优先级依次递减。DMAC 将自动优先响应优先级高的通道的 DMA 操作申请。

③ 内部寄存器及计数器组主要包括与 8237 控制功能、地址信息等相关的寄存器，如状态寄存器、控制字寄存器、地址寄存器和字节计数器等。

④ I/O 缓冲器组的功能：把 8237 的地址线（A0～A3、A4～A7）、数据线（DB0～DB7）和 CPU 的系统连接在一起。

⑤ 程序命令控制逻辑单元的功能：对 CPU 送来的程序命令进行译码。在 DMA 请求服务之前（即芯片处于空闲周期），通过 I/O 地址缓冲器送来的地址 A3～A0 分别对内部寄存器进行预置；在 DMA 服务期间（芯片处于操作周期），对方式控制字的最低两位 D1、D0 进行译码，以确定 DMA 的操作通道。

计算机系统内的 8237 的通道 0、通道 2 和通道 3 被系统内部占用，分别用于动态存储器刷新、外部设备控制器与存储器之间的数据传送，以及硬盘控制器与存储器之间的数据传送。通道 1 留给用户作为外部设备的接口通道使用。

3. 8237 的工作方式

8237 提供 4 种工作方式，每个通道均可以使用 4 种方式中的任何一种工作。

（1）单字节传输方式

采用单字节传输方式，在每次 DMA 操作传输一个字节数据后，当前字节计数器减 1、地址计数器加 1 或减 1；然后 8237 自动把总线控制权交给 CPU，让 CPU 占用至少一个总线周期；而后立即对 DMA 请求信号 DREQ 进行测试，若又有请求信号，8237 重新向 CPU 发出总线请求，获得总线控制权后，再传输下一个字节数据。如此反复循环，直至字节计数器为 0，DMA 操作结束。

（2）数据块传输方式

数据块传输方式是指进入 DMA 操作后，连续传输数据，直到整个数据块全部传输完毕。

（3）请求传输方式

请求传输方式与数据块传输方式类似，只是在每传输 1 字节后，8237 都对 DMA 请求信号 DREQ 进行测试，如检测到 DREQ 端变为无效电平，则马上暂停传输，但测试过程仍然进行。当 DREQ 变为有效电平时，就在原来的基础上继续进行传输，直到传输结束。

（4）级联传输方式

该方式可以使几个 8237 级联，构成主从式 DMAC 系统。级联时，从片的 HRQ 端和主片的 DREQ 端相连；从片的 HLDA 端和主片的 DACK 端相连，而主片的 HRQ、HLDA 和 CPU 系统连接。主片和从片都要通过软件在模式寄存器中设置为级联方式。

6.3.2 8237 的引脚功能

8237 的引脚主要包括控制信息引脚、地址信息引脚和数据信息引脚。控制信息引脚集中在时序和控制逻辑单元与优先级编码控制逻辑单元；地址信息引脚和数据信息引脚集中在地址、数据缓冲器组单元。

1. 时序控制信息引脚

CLK：时钟信号输入端，用来控制 8237 内部操作定时和 DMA 的数据传输速率。

$\overline{CS}$：片选输入端，低电平有效，$\overline{CS}$=0 时可选中本片。一般情况下，由 CPU 提供的部分高位地址线经译码输出选中该片。

RESET：复位输入端，高电平有效。RESET=1 时，8237 芯片禁止所有通道的 DMA 操作。复位后的 8237 必须重新初始化才能进行 DMA 操作。

READY："准备就绪"信号输入端，高电平有效。READY=1 时，表示存储器或外部设备准备就绪。在进行 DMA 操作时，由于所选择的存储器或外部设备端口的传输速率较慢，需要延长总线传送周期时，使 READY=0，8237 则自动在存储器读或存储器写周期中插入等待周期，直到存储器或端口准备就绪，发出状态信息使 READY=1，DMA 恢复正常操作。

AEN：地址允许输出信号，高电平有效。AEN=1 时，把外部锁存器中锁存的高 8 位地址送到系统的地址总线 AB，与 8237 芯片直接输出的低 8 位地址共同组成 16 位地址送入地址总线。在 AEN=0 时，禁止输出。

ADSTB：地址允许输出信号，高电平有效。用于将 DB7～DB0 输出的高 8 位地址信号 A15～A8 锁存到地址锁存器中。

$\overline{\text{MEMR}}$：DMAC 发出读取存储器数据输出信号，低电平有效。

$\overline{\text{MEMW}}$：DMAC 发出写入存储器数据输出信号，低电平有效。

$\overline{\text{IOR}}$：I/O 读信号，低电平有效，双向。当 CPU 控制总线时，它是输入信号，CPU 利用它读取 8237 内部寄存器的状态；当 8237 控制总线时，它是输出信号，与 $\overline{\text{MEMW}}$ 配合，控制 I/O 设备端口数据传送给存储器。

$\overline{\text{IOW}}$：I/O 写信号，低电平有效，双向。当 CPU 控制总线时，它是输入信号，CPU 利用它把信息写入 8237 内部寄存器（初始化）；当 8237 控制总线时，它是输出信号，与 $\overline{\text{MEMR}}$ 配合，控制存储器存储单元数据传送给 I/O 设备端口。

$\overline{\text{EOP}}$：传送过程结束信号，低电平有效，双向。作为输入信号，由外部控制使 $\overline{\text{EOP}}$=0 时，DMA 传送过程被外部强迫结束；作为输出信号时，任一通道计数结束时，使 $\overline{\text{EOP}}$ 引脚输出一个低电平，表示 DMA 传输结束，内部寄存器复位。

DREQ0～DREQ3：通道 0～通道 3 的 DMA 请求输入信号。在固定优先级的情况下，DREQ0 优先级最高，DREQ1～DREQ3 递减；在优先级循环方式下，某一通道不能独占最高优先级，任一通道在获取 DMA 响应后，立即为最低优先级。因此，各个通道获取 DMA 响应的机会是均等的。

HRQ：总线请求输出信号，高电平有效。

HLDA：总线响应输入信号，高电平有效，CPU 对 HRQ 信号进行应答。

DACK0～DACK3：DMAC 对各个通道请求的响应输出信号。

2. 地址、数据信息引脚

地址、数据信息引脚由 I/O 缓冲器引出，地址线为 16 位，数据线为 8 位。

A3～A0：地址总线低 4 位，双向。当 CPU 控制总线时为地址输入线，用于寻址 8237 内部寄存器；当 8237 控制总线时为要访问的存储单元的低 4 位地址，输出。

A7～A4：地址线，输出存储单元低 8 位地址的高 4 位。

DB7～DB0：DMA 控制总线时，DB7～DB0 作为地址线输出要访问的存储单元的高 8 位地址（A15～A8）。CPU 控制总线时，DB7～DB0 为 8 位双向数据线，与系统数据总线 DB 相连。

6.3.3 内部计数器及寄存器组

内部计数器及寄存器组主要包括与 8237 控制功能、地址信息等相关的寄存器，如状态寄存器、控制字寄存器、地址寄存器和字节计数器等。

表 6-1 给出了 8237 内部寄存器及相应的端口地址和读/写操作。

表 6-1　8237 内部寄存器相应的端口地址及读/写操作

片内地址				寄存器	
A3	A2	A1	A0	（$\overline{IOR}$=0、$\overline{IOW}$=1）读操作	（$\overline{IOW}$=0、$\overline{IOR}$=1）写操作
0	0	0	0	读通道 0 当前地址寄存器	写通道 0 基址与当前地址寄存器
0	0	0	1	读通道 0 当前字节计数器	写通道 0 基字节与当前字节计数器
0	0	1	0	读通道 1 当前地址寄存器	写通道 1 基址与当前地址寄存器
0	0	1	1	读通道 1 当前字节计数器	写通道 1 基字节与当前字节计数器
0	1	0	0	读通道 2 当前地址寄存器	写通道 2 基址与当前地址寄存器
0	1	0	1	读通道 2 当前字节计数器	写通道 2 基字节与当前字节计数器
0	1	1	0	读通道 3 当前地址寄存器	写通道 3 基址与当前地址寄存器
0	1	1	1	读通道 3 当前字节计数器	写通道 3 基字节与当前字节计数器
1	0	0	0	状态寄存器	写命令寄存器
1	0	0	1	—	写请求标志寄存器
1	0	1	0	—	写单通道屏蔽标志寄存器
1	0	1	1	—	写方式寄存器
1	1	0	0	—	清除先/后触发器
1	1	0	1	暂存器	写主复位命令
1	1	1	0	—	清屏蔽寄存器
1	1	1	1	—	写多通道屏蔽寄存器

1. 通道共用寄存器

（1）命令寄存器（8 位，片内地址为 1000H）

命令寄存器用于存放命令控制字，它可以设置 8237 的工作状态。

8237 的 4 个 DMA 通道共用一个命令寄存器。由 CPU 通过执行初始化程序对它写入命令控制字，以实现对 8237 工作状态的设置。命令控制字格式如下。

D7	D6	D5	D4	D3	D2	D1	D0

D0 位：用于控制是否工作在存储器到存储器传输方式。D0=1 时，允许存储器到存储器传输；D0=0 时，禁止存储器到存储器传输。

D1 位：在 D0=1 时，D1 位才有意义。D1=0 时，每传送一个字节，源地址和目标地址均加 1 或减 1，字节计数器自减 1；D1=1 时，每传送一个字节，源地址保持不变，目标地址均加 1 或减 1，字节计数器自减 1。在这种情况下，可以把存储器某一个字节单元的数据连续传送给整个目标存储单元。

D2 位：用来启动和停止 8237 的工作。D2=0 时，启动 8237 的工作。

D3 位：选择工作时序，控制 I/O 端口与存储器之间的传送速度。D3=0 时为正常时序；D3=1 时为压缩时序。当 D0=1 时，D3 无意义。

D4 位：用于选择各通道 DMA 请求的优先级。D4=0 时，为固定优先级，即通道 0 优先级最高，通道 1～3 依次递减；D4=1 时，为循环优先级，即在每次 DMA 服务之后，各个通道优先级都发生变化。

D5 位：在 D3=0（正常时序）时才有意义。D5=1 时，选择扩展的写信号。

D6 位：D6=0 时，DREQ 高电平有效；D6=1 时，DREQ 低电平有效。

D7 位：D7=0，DACK 低电平有效；D7=1，DACK 高电平有效。

（2）状态寄存器（8 位）

状态寄存器高 4 位 D4～D7 的状态分别表示当前通道 3～通道 0 是否有 DMA 请求（有请求时，

相应位为 1，否则为 0）。低 4 位 D0～D3 指出通道 3～通道 0 的 DMA 操作是否结束（DMA 操作结束，相应位为 1，否则为 0）。

2. **通道寄存器**

通道 0～3 均具有相同结构的寄存器。

（1）方式寄存器（6+2 位）

方式寄存器用于存放工作方式控制字，可通过编程写入，指定 8237 各通道自身的工作方式。在执行写入 8 位命令字之后，8237 将根据 D1、D0 的编码自动地把方式寄存器的 D7～D2 位送到相应通道的方式寄存器中。8237 各通道的方式寄存器是 6 位的，CPU 不可寻址。

工作方式控制字格式如下：

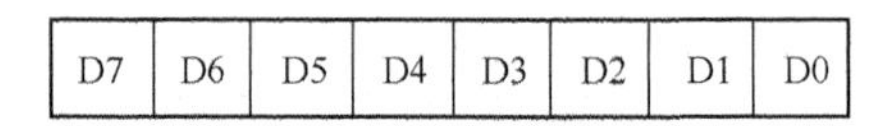

D7	D6	D5	D4	D3	D2	D1	D0

D1D0 位：用于选择通道 0～通道 3。对应关系如下：

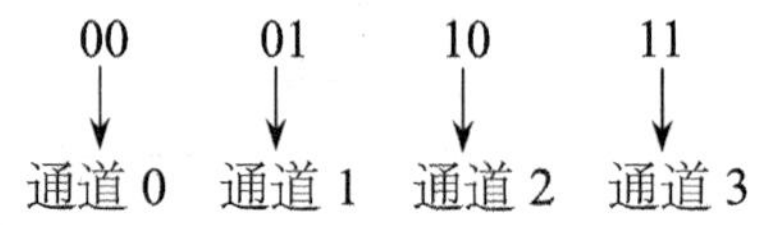

D3D2 位：用于选择数据传输类型。D3D2=01 时，写传输，即由 I/O 端口向存储器写入数据；D3D2=10 时，读传输，即将数据从存储器读出到 I/O 端口；D3D2=00 时，校验传输；D3D2=11，无意义。

D7D6 位：用于工作方式的选择。8237 提供 4 种工作方式，每个通道均可以使用 4 种方式中的任何一种工作。

- D7D6=01 时，单字节传输方式。
- D7D6=10 时，数据块传输方式。
- D7D6=00 时，请求传输方式。
- D7D6=11 时，级联传输方式。

D4 位：自动重装功能位（即当前字节计数器计到 0 时，它和当前地址寄存器自动获取初值）。D4=0 时，禁止；D4=1 时，允许。

D5 位：地址增减方式选择位。D5=0 时，地址加 1；D5=1 时，地址减 1。

（2）基址和当前地址寄存器

每个通道都有一对 16 位的“基址寄存器”和“当前地址寄存器”。基址寄存器存放本通道 DMA 操作时存储器的初始地址，它是在初始化编程时写入的，同时也写入当前地址寄存器。在 DMA 操作期间，基址寄存器内容保持不变。若选择方式控制字 D4=1，当 $\overline{EOP}$ 有效时，基址寄存器初始值便自动装入当前地址寄存器。

（3）基字节和当前字节计数器

每个通道都有一对 16 位的“基字节计数器”和“当前字节计数器”。基字节计数器存放本通道 DMA 操作期间传输字节数的初值，它是在初始化编程时写入的，同时也写入当前字节计数器。若选择方式控制字 D4=1 时，当 $\overline{EOP}$ 有效时，基本字节计数器的初始值便自动装入当前字节计数器。

（4）请求寄存器（3 位）

4 个通道共用的一个 DMA 请求寄存器，用来设置 4 个通道的 DMA 软件请求标志。其格式和功能如下：

X	X	X	X	X	D2	D1	D0

D1D0 位为 00、01、10、11，分别表示选择通道 0、通道 1、通道 2、通道 3。

D2 位：设置中断请求位。可由软件置 D2=1，产生相应通道的 DMA 请求。

例如，软件产生通道 1 的 DMA 请求指令如下：

```
MOV  AL, 00000101B
OUT  09H,AL          ;请求寄存器的低 4 位地址为 1001B，参见表 6-1
                     ;这里高 4 位片选地址为 0000B
```

（5）屏蔽寄存器（4 位）

4 个通道共用的一个 DMA 屏蔽寄存器，用来设置 4 个通道的 DMA 请求标志。其格式和功能如下：

X	X	X	X	D3	D2	D1	D0

D0～D3 位分别对应通道 0、通道 1、通道 2、通道 3。若某位为 1，则表示相应通道的 DREQ 请求被屏蔽；若某位为 0，则表示相应通道的 DREQ 请求没有被屏蔽。

6.3.4　DMA 应用编程

前已述及，计算机系统内的 8237 的通道 0、通道 2 和通道 3 被系统内部占用，通道 1 留给用户使用。

在使用 8237 进行 DMA 操作之前，必须首先通过 CPU 对其进行初始化编程。其步骤如下。

① 发出复位命令（复位命令寄存器地址见表 6-1）。

② 写工作方式控制字到方式寄存器。

③ 写命令字到命令寄存器。

④ 根据所选通道，写基地址和基字节数寄存器。

⑤ 设置屏蔽 DMA 通道并写入屏蔽寄存器。

⑥ 由软件请求 DMA 操作，则写入请求寄存器，否则由 DREQ 控制信号启动。

在 IBM PC 中，为了使 8237 控制器的 16 位地址线管理 1MB 内存，设置 4 位页面地址寄存器，作为 DMA 操作时的高 4 位地址，存储器每页容量为 64KB，分为 0 页、1 页、2 页等。在 DMA 操作时，每次传送的数据长度必须在页内。通道 1～通道 3 的页面地址寄存器的端口地址分别为 83H、81H、82H。在对 8237 初始化过程中，还要对使用的通道设置页面寄存器。

【例 6-4】使用通道 1 连接的外部设备，采用 DMA 方式将其 512B 的数据块传送到内存以 2FFFH 开始的存储单元中，已知 8237 端口地址为 00H～0FH，设增量传送、块传送、不自动初始化、DREQ 高电平有效、DACK 低电平有效。编写初始化程序。

设置工作方式控制字为：10000101B。

设置命令字为：00000000B。

初始化程序如下：

```
OUT   0DH,    AL              ;发出复位命令
MOV   AL,     85H
OUT   0BH,    AL              ;写入方式寄存器
MOV   AL,     00H
OUT   08H,    AL              ;写入命令寄存器
MOV   AL,     0FFH
OUT   02H,    AL              ;写入基地址低字节
MOV   AL,     2FH
OUT   02H,    AL              ;写入基地址高字节
```

```
MOV  AX,     512
OUT  03H,    AL
MOV  AL,     AH
OUT  03H,    AL              ;写入字节数
MOV  AL,     1
OUT  83H,    AL              ;设通道 1 页面地址
MOV  AL,     01H
OUT  0EH,    AL              ;设通道 1 允许 DMA 请求
```

初始化程序执行后，可由硬件置 DREQ1 为高电平或由软件产生通道 1 的 DMA 请求。CPU 响应后 DMAC 获得总线控制权，即可在 DMAC 控制下完成数据块的传送。

6.4 I/O 端口应用及 Proteus 仿真示例

本节通过 I/O 端口在计算机的分配，以及简单的 I/O 端口 Proteus 仿真示例，介绍 I/O 端口应用技术。

6.4.1 计算机的 I/O 端口分配及译码

1. PC/XT 的 I/O 端口

（1）端口分配

在 IBM PC/XT 中，CPU 对中断、DMA、动态 RAM 刷新、系统配置识别、键盘代码读取及扬声器发声等功能的控制都是通过可编程 I/O 接口芯片实现的。例如，芯片 8259A、8237A-5、8255A-5、8253-5 等，CPU 是通过寻址 I/O 端口地址访问的。

在计算机系统板上还有一些 I/O 扩展槽，用于连接 I/O 适配器、数据采集卡、通信卡等其他外设接口，这些接口也需分配 I/O 端口地址。

在 PC/XT 系统中，仅使用低 10 位地址（A9～A0）寻址 I/O 端口，地址空间为 2^{10}B=1KB。当 A9=0 时，寻址系统板上的 512 个端口；当 A9=1 时，寻址 I/O 通道上的 512 个端口。

PC/XT 中的 I/O 端口地址分配见表 6-2。其中系统板地址前面是译码电路生成的地址（范围），括号内的地址是 I/O 芯片实际使用的地址。

表 6-2 PC/XT 中的 I/O 端口地址分配

分类	地址范围（H）	I/O 设备（端口）
系统板	000～01F（00～0F）	8237A-5 DMA 控制器
	020～03F（20～21）	8259A 中断控制器
	040～05F（40～43）	8253-5 计数器/定时器
	060～07F（60～63）	8255A-5 并行接口
	080～09F（80～83）	DMA 页寄存器
	0A0～0BF（A0）	NMI 屏蔽寄存器
	0C0～0DF	保留
	0E0～0FF	保留
I/O 通道	200～20F	游戏 I/O
	2F8～2FF	异步通信 2（COM 2）
	300～31F	实验卡（原型卡）
	320～32F	硬磁盘适配器
	378～37F	并行打印机接口
	380～38F	同步通信控制器
	3B0～3BF	单显/打印机适配器
	3F0～3F7	软磁盘适配器
	3F8～3FF	异步通信 1（COM 1）

例如，8255A-5 占用的端口地址范围为 60H～7FH，实际使用的仅有 4 个端口地址（60H～63H）。又如，8259A 占用的端口地址范围为 020H～03FH，实际使用的端口地址有 20H 和 21H。NMI 屏蔽寄存器仅用了 1 个 I/O 地址 A0H。

（2）I/O 端口译码

系统板上 I/O 端口译码电路通过 74LS138 芯片实现，如图 6-14 所示。

74LS138 译码电路输出信号分别作为各接口芯片的片选信号。在 CPU 控制信号 AEN'=1 且地址线 A9A8=00 时，译码器选通，对地址线 A7、A6、A5 进行译码，$\overline{Y0}$ ～ $\overline{Y7}$ 分别产生一个低电平输出信号，控制相应接口芯片的 $\overline{CS}$ 片选端或控制端。

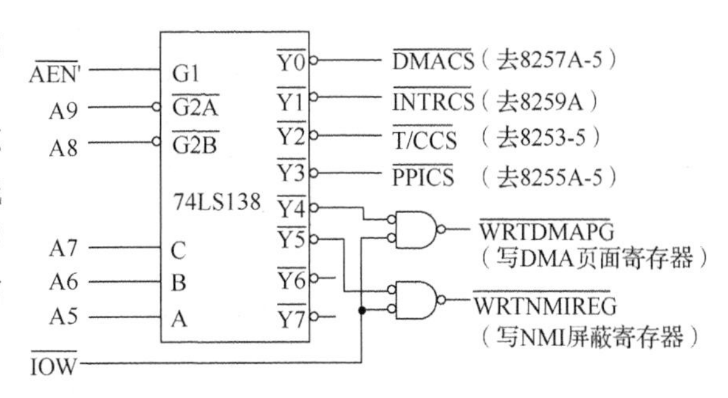

图 6-14　I/O 端口译码电路

（3）8255A-5 端口地址分析

从图 6-14 中可以看出 8255A-5 地址信号如下。

	A9	A8	A7	A6	A5	A4	A3	A2	A1	A0
起始地址	0	0	0	1	1	0	0	0	0	0
终止地址	0	0	0	1	1	0	0	0	1	1

在 A7A6A5=011 时，只有 $\overline{Y3}$ 为低电平，选中 8255A-5，片内地址由地址线 A1A0 决定，其地址范围为 00 0110 0000～00 0110 0011，即 60H～63H，分别对应 8255A 的 A 口、B 口、C 口和方式控制字端口地址。

（4）8253-5 端口地址分析

从图 6-14 中可以看出 8253-5 地址信号如下。

	A9	A8	A7	A6	A5	A4	A3	A2	A1	A0
起始地址	0	0	0	1	0	0	0	0	0	0
终止地址	0	0	0	1	0	0	0	0	1	1

在 A7A6A5=010 时，只有 $\overline{Y2}$ 为低电平，选中 8253-5，片内地址由地址线 A1A0 决定，其地址范围为 00 0100 0000～00 0100 0011，即 40H～43H。

2. PC/AT 的 I/O 端口

在 PC/AT 中，仍然使用低 10 位地址进行 I/O 端口地址的译码，地址范围为 000H～3FFH。使用两片 8237A-5 DMAC、两片 8259A 中断控制器，定时器型号为 8254-2。PC/AT 及其兼容机的 I/O 端口地址分配见表 6-3。

表 6-3　PC/AT 及其兼容机的 I/O 端口地址分配

分类	地址范围（H）	I/O 设备（端口）
系统板	000～01F	DMA 控制器 1，8237A-5
	020～03F	中断控制器 1，8259A（主片）
	040～05F	定时器，8254-2
	060～06F	键盘接口处理器，8042
	070～07F	实时时钟，NMI 屏蔽寄存器
	080～09F	DMA 页寄存器，74LS612
	0A0～0BF	中断控制器 2，8259A（从片）
	0C0～0DF	DMA 控制器 2，8237A-5
	0F0	清除协处理器忙信号
	0F1	复位协处理器
	0F8～0FF	协处理器

续表

分类	地址范围（H）	I/O 设备（端口）
I/O 通道	1F0～1F8	硬磁盘
	200～207	游戏 I/O 口
	278～27F	并行口 2（LPT2）
	2F8～2FF	串行口 2（COM2）
	300～31F	实验卡（原型卡）
	360～36F	保留
	378～37F	并行打印机口 1（LPT1）
	380～38F	SDLC，双同步通信口 2
	3A0～3AF	双同步通信口 1
	3B0～3BF	单色显示器/打印机适配器
	3C0～3CF	保留
	3D0～3DF	彩色/图形监视器适配器
	3F0～3F7	软磁盘控制器
	3F8～3FF	串行口 1（COM1）

6.4.2 简单的 I/O 端口 Proteus 仿真示例

本节通过一个简单的 I/O 端口 Proteus 仿真示例，介绍 I/O 端口设计的一般方法。

1. 设计要求

① 在 8086 最小模式下，实现当输入开关闭合时，点亮 LED，开关断开时熄灭 LED。

② 设计与 CPU 接口电路，确定地址范围。

在 Proteus 仿真环境中实现以上要求，并进行仿真调试。

2. 仿真电路设计

① I/O 端口仿真电路如图 6-15 所示。

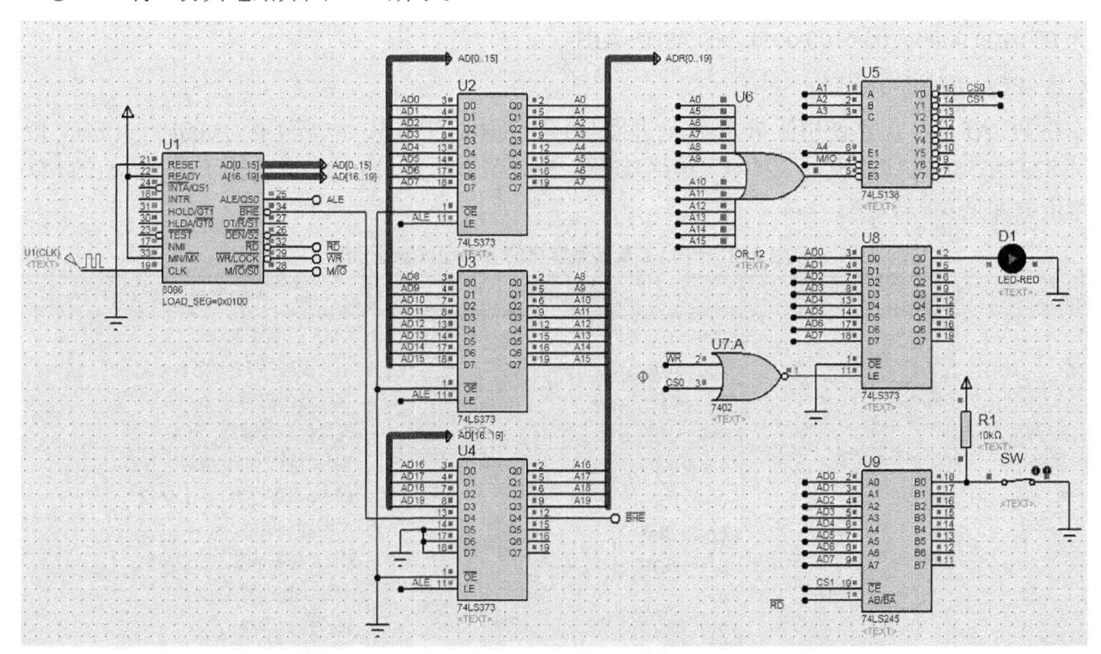

图 6-15　I/O 端口仿真电路

② 74LS373（U8）的输出端 Q0 控制 D1（LED），端口地址为 0010H；74LS245（U9）的输入端 B0 连接输入开关 SW，端口地址为 0012H。

3. 程序设计

按设计要求，源程序设计如下：

```
DATA    SEGMENT
   LED EQU  10H                ;输出端口（LED）地址
   SW  EQU  12H                ;输入端口（SW）地址
DATA    ENDS

CODE    SEGMENT PUBLIC 'CODE'
   ASSUME CS:CODE,DS:DATA

START:  MOV AX,DATA
        MOV DS,AX
SWIN:
        MOV DX,SW
        IN  AX,DX
        TEST AX,01H
        JNZ LEDL
        MOV AL,01H
        JMP LEDOUT
LEDL:
        XOR AL,AL
LEDOUT:
        MOV DX,LED
        OUT DX,AL
        JMP SWIN
CODE    ENDS
     END  START
```

4. 编辑并编译源程序

（1）在 EMU8086（或其他汇编语言编译环境）中编辑源程序并保存源文件。

（2）编译源程序生成.exe 文件。

5. 加载程序

在绘制好的原理图中，单击 8086 CPU，弹出“Edit Component”对话框，在“Program File”选项中加载 EMU8086 生成的.exe 文件。

6. 仿真调试

运行仿真，当按下开关 SW 时，D1 被点亮；SW 断开时，D1 熄灭，即完成仿真调试。

6.5 习题

1. 名词解释

I/O 端口　可编程接口芯片　初始化编程　DMAC　缓冲器　锁存器

2. 选择题

（1）计算机在处理程序查询、中断、DMA 等方式时的处理顺序为（　　）。

A. 中断、程序查询、DMA　　B. 程序查询、中断、DMA

C. DMA、中断、程序查询　　D. 中断、DMA、程序查询

（2）80x86 可以访问的 I/O 空间有（　　）。

A. 4GB　　B. 1MB　　C. 64KB　　D. 128KB

（3）8237 有 4 个通道（CH0～CH3），对于个人计算机，可供用户使用的通道是（　　）。

A. CH0　　B. CH1　　C. CH2　　D. CH3

（4）在下列指令中，能使 80x86 对 I/O 端口进行读/写访问的是（　　）。

A. 中断指令　　B. 串操作指令　　C. I/O 指令　　D. 传送指令

（5）8237A 各个通道的优先级可以采用循环的方式，在这种方式下，刚刚被服务过的通道的优先级变为（　　）。

A. 向上增加一级　　B. 最低级　　C. 保持不变　　D. 次高级

（6）现在的计算机中，I/O 端口常用的地址范围是（　　）。

A. 0000H～FFFFH　　B. 0000H～7FFFH

C. 0000H～3FFFH　　D. 0000H～03FFH

（7）以下（　　）不属于接口的作用。

A. 能够实现数据格式的转变

B. 可以实现地址变换，形成物理地址

C. 能够实现数据传输的缓冲作用，使主机、外部设备速度匹配

D. 能够记录外部设备和接口的状态，以利于 CPU 查询

（8）微机中 DMA 采用（　　）传送方式。

A. 交替访问内存　　B. 周期挪用

C. 停止 CPU 访问内存　　D. 以上各情况均可以

（9）采用 DMA 方式，在存储器与 I/O 设备间进行数据传输。对于计算机来说，数据的传输要经过（　　）。

A. CPU　　B. DMA 通道　　C. 系统总线　　D. 外部总线

（10）当采用（　　）输入操作情况时，除非计算机等待，否则无法传送数据给计算机。

A. 程序查询方式　　B. 中断方式　　C. DMA 方式　　D. 以上都不对

（11）主机与设备传输数据时，采用（　　），主机与设备是串行工作的。

A. 程序查询方式　　B. 中断方式　　C. DMA 方式　　D. 以上都不对

（12）DMA 数据传送方式中，实现地址的修改与传送字节数计数的主要功能部件是（　　）。

A. CPU　　B. 运算器　　C. 存储器　　D. DMAC

3. 问答题

（1）简述 I/O 设备的数据端口、状态端口和控制端口的作用。

（2）CPU 与外部设备交换信息的方式有哪几种？各有什么特点？

（3）一般来说，I/O 接口电路的主要功能是什么？

（4）比较存储器单元与 I/O 端口在编址、寻址及接口电路方面的异同。

（5）CPU 是如何通过 AB、CB、DB 同外部设备端口交换信息的？

（6）8237 采用单字节 DMA 传输和块方式 DMA 传输时，有什么区别？

07 第 7 章　中断及应用技术

计算机系统在进行 I/O 操作或处理一些突发事件时，广泛采用中断技术。

中断技术可以大大提高 CPU 的工作效率，保证计算机工作的可靠性，不仅可以实时处理、控制现场的随机事件和突发事件，而且可以解决 CPU 和外部设备之间的速度匹配问题，使计算机在工业实时控制领域得到广泛应用。

本章主要介绍中断的基本概念、80x86 中断系统、可编程 8259A 中断控制器、中断应用技术及仿真设计示例。

7.1　中断系统

中断技术已经成为计算机处理突发事件的关键技术。80x86 有一个简单而灵活的中断系统，是进行计算机中断应用技术设计的重要环境和工具。

7.1.1　中断源、中断判优及中断响应过程

1. **中断的基本概念**

（1）中断

CPU 在执行主程序的过程中，如果外界或内部发生了紧急事件，要求 CPU 暂停正在运行的主程序，转去执行这个紧急事件的处理程序，执行完后再回到被停止执行的主程序的间断点，恢复运行原主程序，这一过程称为中断（Interrupt）。中断结构示意如图 7-1 所示。

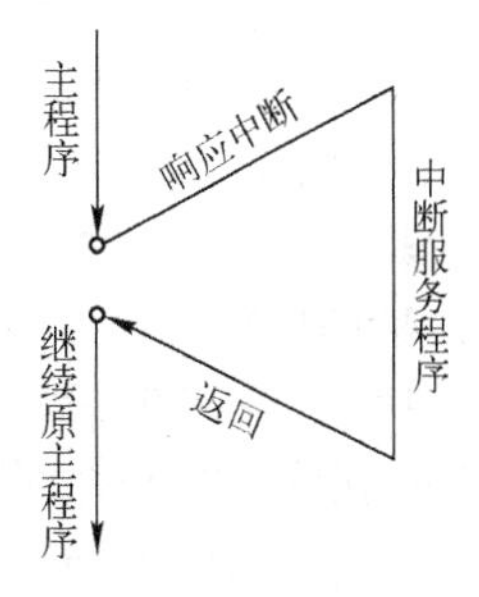

图 7-1　中断结构示意

（2）中断源

产生中断请求的事件叫中断源。中断源可分为内部中断源和外部中断源。内部中断源可以是程序运行中的某种状态或错误现象、程序员设定的软件中断等。外部中断源可以是操作人员发出的按键命令、计算机突然掉电、外部设备的 I/O 操作请求及信号报警等。

（3）中断请求

中断请求是指中断源向 CPU 发出申请中断的信号。中断源只有在自身未被屏蔽的情况下 CPU 才能响应中断请求。

（4）可屏蔽中断与不可屏蔽中断

所谓“屏蔽”，是指 CPU 拒绝响应中断源的中断请求信号。凡是 CPU

内部能够“屏蔽”的中断，均可称为可屏蔽中断；否则，称为不可屏蔽中断。中断通常是由内部的中断触发器（或中断允许触发器）来控制的。

（5）中断优先级

当几个中断源同时向 CPU 请求中断，要求 CPU 响应时，就存在 CPU 优先响应哪一个中断源的问题。一般 CPU 应优先响应最需紧急处理的中断源。为此，需要规定各个中断源的优先级，使 CPU 在多个中断源同时发出中断请求时能找到优先级最高的中断源，响应它的请求。

各中断源的优先级可以通过软件查询方式设置，也可以通过硬件逻辑电路实现。

（6）开中断

CPU 接受中断源的中断请求称为开中断，可以通过软件设置。

（7）关中断

关中断是指 CPU 中断响应被屏蔽，不接受中断源的中断请求。

（8）中断响应

CPU 收到中断源的中断请求后，并不立即响应，而是在一定时刻满足一定条件下，才响应中断源的请求。

（9）中断嵌套

计算机系统允许有多个中断源，当 CPU 正在执行一个优先级低的中断源的处理程序时，如果产生另一个优先级比它高的中断源的中断请求，CPU 暂停正在执行的中断源的处理程序，转而处理优先级高的中断源的处理请求，待处理完之后，再回到原来正在处理的低级中断源的处理程序。这种高级中断源能中断低级中断源的中断处理，称为中断嵌套，如图 7-2 所示。具有中断嵌套的系统称为多级中断系统，没有中断嵌套的系统称为单级中断系统。

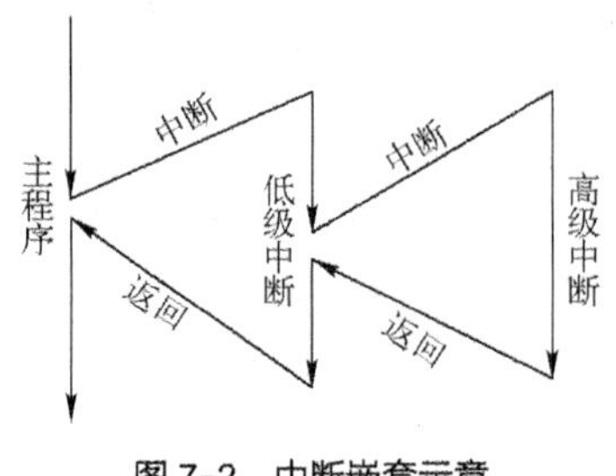

图 7-2　中断嵌套示意

（10）中断处理程序

中断处理程序是中断源要求 CPU 执行的功能操作。

2. 中断源识别及中断判优

在计算机系统中，大多数外部设备都是通过中断操作方式与 CPU 进行信息交换的。因此，CPU 必须判断、识别哪一个中断源发出中断请求，才能转去执行相应的中断处理程序。

中断源识别包括两个方面：确定中断源和找到中断处理程序的首地址。下面给出解决这一问题的两种方案。

（1）查询中断

查询中断采用硬件电路与软件程序查询相结合的方式，确定中断源及中断处理程序的入口地址。查询中断的硬件原理示意如图 7-3 所示。

在图 7-3 中，A、B、C、D 分别表示 4 台外部设备的中断请求信号（设高电平为申请中断有效）。信号 A、B、C、D 有一个或一个以上信号有效时，都将通过或门输出使 CPU 外部中断请求端 INTR 为高电平有效，CPU 在满足条件时即进行中断操作。但是，当前申请中断的设备是哪一台呢？由于在接口电路中将信号 A、B、C、D 连接在 CPU 数据总线的 D0～D3 位，故可以读取这些数据，通过软件查询识别中断源，查询方式程序流程如图 7-4 所示。

由流程图可以看出：查询方式首先判断设备 A 是否有中断请求，若设备 A 有中断请求，则执行设备 A 的中断处理程序；若设备 A 无中断请求，则依次按序判断设备 B、C、D。因此，查询方式不仅可以识别中断源，而且在查询中断源的同时就可以确定其优先级。图 7-3 中的中断源的优先级由高到低的顺序为：A→B→C→D。

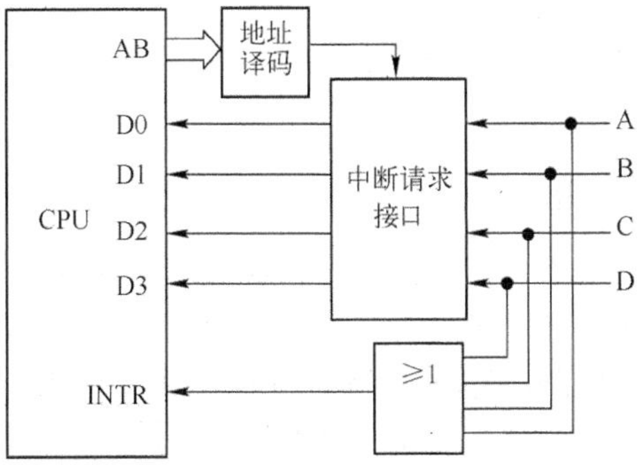

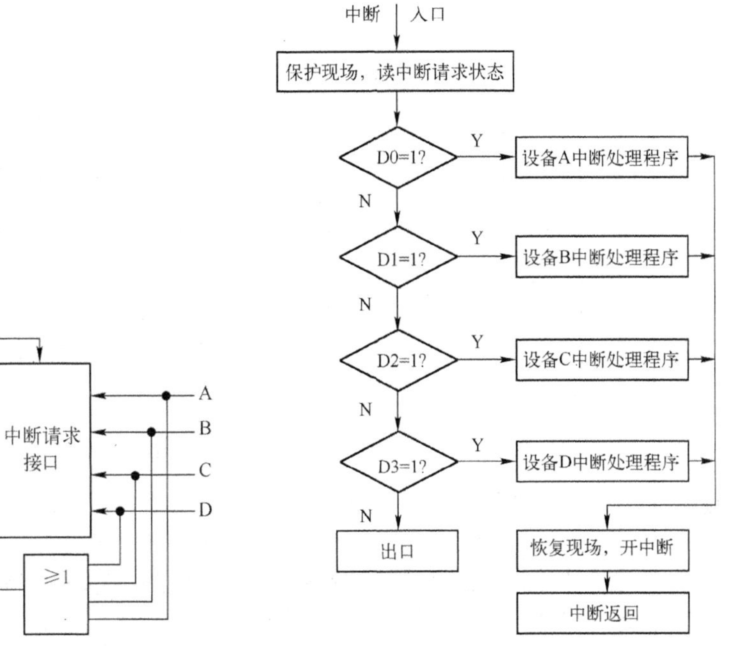

图 7-3　查询中断的硬件原理示意

图 7-4　查询方式程序流程

查询方式程序如下：

```
    IN      AL,IPORT        ;从输入接口读取 D0～D3
    TEST    AL,01H          ;是设备 A 请求吗？
    JNZ     A               ;是，转设备 A 中断处理程序
    TEST    AL,02H          ;否，是设备 B 请求吗？
    JNZ     B               ;是，转设备 B 中断处理程序
    TEST    AL,04H          ;否，是设备 C 请求吗？
    JNZ     C               ;是，转设备 C 中断处理程序
    TEST    AL, 08H         ;否，是设备 D 请求吗？
    JNZ     D               ;是，转设备 D 中断处理程序
    ...
    ...
    ...
A:  ...                     ;设备 A 中断处理程序入口
    ...
    IRET                    ;中断返回
B:  ...                     ;设备 B 中断处理程序入口
    ...
    IRET                    ;中断返回
C:  ...                     ;设备 C 中断处理程序入口
    ...
    IRET                    ;中断返回
D:  ...                     ;设备 D 中断处理程序入口
    IRET                    ;中断返回
```

（2）中断优先级编码

使用软件查询来确定优先级，其缺点是：当中断源较多时，响应中断速度慢。图 7-5 所示为中断优先级编码器原理。

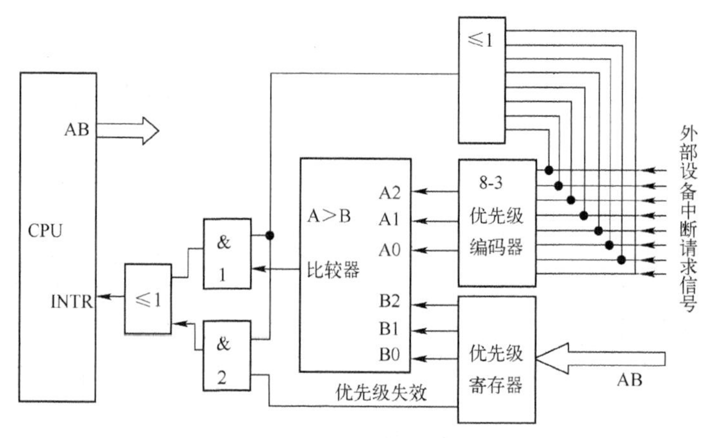

图 7-5 中断优先级编码器原理

该电路可管理 8 级中断源，当任一中断源发出中断请求信号时，或门都将输出一个有效信号至与门 1 和与门 2 的输入端，该信号能否触发 CPU 的 INTR 引脚，取决于与门的另一输入端信号的电平。

该电路中，8 个中断请求信号并接在 8-3 优先级编码器，编码器自动对中断源按优先级从低到高编码，分别为 000～111。当多个中断源同时申请中断时，优先级编码器输出优先级最高的编码，与此对应的是由数据总线将正在执行中断服务的中断源的优先级送入优先级寄存器，二者经比较器比较，若 A2A1A0>B2B1B0，说明当前申请中断源的优先级高于正在进行处理的中断源的优先级。于是，比较器输出“1”，与门 1 开门，中断请求信号进入 INTR，CPU 暂停当前操作，响应当前级别高的中断请求。若 A2A1A0≤B2B1B0，与门 1 仍关闭，CPU 不响应当前中断请求。若 CPU 正在执行的是主程序，则优先级失效信号为“1”，与门 2 开门，中断请求信号经与门 2 进入 INTR。

A2A1A0 同时可以用于区别 8 级中断处理程序的中断向量（即入口地址）。

3. 中断过程

中断过程主要包括中断请求、中断判优、中断响应、中断处理（执行中断处理程序）、中断返回 5 个过程。

中断请求及中断判优前面已介绍过，下面主要介绍中断响应和中断处理。

（1）CPU 响应中断的条件

CPU 在接收到中断请求信号后，并不是立即响应中断，CPU 响应中断的条件如下。

① 有中断请求信号。

② 中断请求没有被屏蔽。

③ 中断是开放的，即允许 CPU 响应中断。

④ CPU 在现行指令执行结束时响应中断。

（2）中断响应过程

中断响应过程是指在 CPU 响应中断后的处理过程。

对于单级中断系统，其中断响应过程如下。

① 关中断，即 CPU 在中断响应过程中不再响应其他中断源的中断（编程实现）。

② 保存程序断点，即将被中断的程序的断点地址压入堆栈（系统实现）。

③ 保护现场，即将断点时的数据（如寄存器 AX、BX 等）压入堆栈（编程实现）。

④ 给出中断处理程序入口地址，并转入该服务程序（编程实现）。

⑤ 恢复现场，即将堆栈数据弹出至原来位置（编程实现）。

⑥ 中断返回，即返回断点处继续执行原来程序（系统实现）。

对于多级中断系统，其中断响应的过程如下。

① 关中断，以确保在保护现场期间禁止其他外部设备的中断请求。
② 保存程序断点，即将被中断的程序的断点地址压入堆栈。
③ 保护现场，即将断点时的数据（如寄存器 AX、BX 等）压入堆栈。
④ 屏蔽本级和低级中断。
⑤ 开中断，以响应高级中断请求。
⑥ 转入执行中断处理程序。
⑦ 关中断，以确保在恢复现场期间禁止其他外部设备的中断请求。
⑧ 恢复现场，即将堆栈数据弹出至原来位置。
⑨ 开中断。
⑩ 中断返回，即返回断点处继续执行原来的程序。

7.1.2　80x86 中断系统

1. 中断源

8086 中断系统如图 7-6 所示。其中断源分为两大类：内部中断和外部中断。

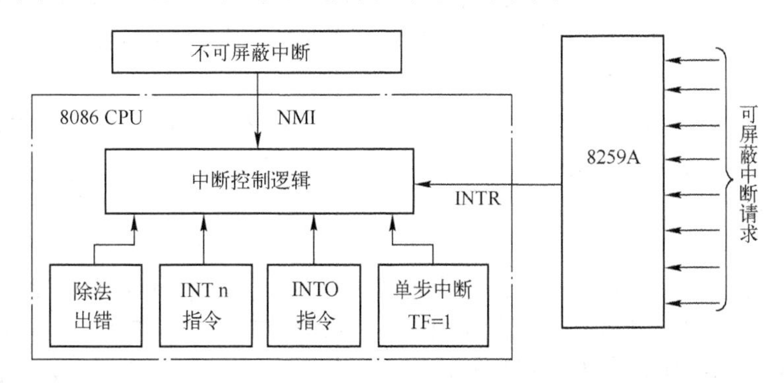

图 7-6　8086 中断系统

（1）内部中断

由 CPU 本身启动或执行中断指令而产生的中断称为内部中断。

内部中断是不可屏蔽中断，其中断源有两种情况：执行软件中断指令（INT n）产生的中断；由硬件自动产生中断请求，然后调用中断指令产生的中断。

① 溢出中断（硬件中断）：当运算结果超出允许范围置 OF=1 时，由硬件自动执行溢出中断指令（INTO），产生一个中断类型号为 4 的中断（中断类型号在下文介绍）。

② 除法出错中断（硬件中断）：当进行除法运算时，若除数为 0 即称作除法出错。该事件相当于一个中断源，由硬件自动产生一个中断类型号为 0 的中断。

③ 单步中断（硬件中断）：当标志位 TF 置“1”时，8086 处于单步执行指令工作方式，这时 CPU 在每条指令执行后由硬件自动产生一个中断类型号为 1 的中断，单步方式主要用于程序调试。8086 没有直接对标志位 TF 进行操作的指令，需要通过堆栈操作改变 TF 的状态。

标志位 TF 置“1”（单步执行中断）的程序段如下：

```
PUSHF                ;标志寄存器 FLAGS 入栈
POP   AX             ;AX←FLAGS 内容
OR    AX,0100H       ;使 AX（即标志寄存器）的 D8=1，其余位不变
PUSH  AX             ;AX 入栈
POPF                 ;FLAGS 寄存器←AX
```

标志位 TF 清“0”（禁止单步中断）的程序段如下：

```
PUSHF              ;标志寄存器 FLAGS 入栈
POP   AX           ;AX←FLAGS 内容
AND   AX, 0FEFFH   ;使 AX（即标志寄存器）的 D8=0，其余位不变
PUSH  AX           ;AX 入栈
POPF               ;FLAGS 寄存器←AX
```

④ 软件中断：由指令 INT n 引起的中断，在程序中可直接引用。软件中断进一步分为 BIOS 中断和 DOS 中断（见第 4 章）。

（2）外部中断

外部中断是由外部设备作为中断源发出请求信号而引起的中断。

① 可屏蔽中断。在 80x86 系统中，可屏蔽中断由外部设备的中断请求信号通过中断控制器 8259A 输出高电平触发 CPU 引脚 INTR。当中断允许标志位 IF=1（即 CPU 开中断）时，CPU 才能响应 INTR 的中断请求。如果 IF=0（即关中断），即使 INTR 端有中断请求信号，CPU 也不会响应。这种情况称为中断屏蔽。

② 不可屏蔽中断。不可屏蔽中断是 CPU 必须响应的中断，该中断不受中断允许标志位 IF 限制，不可屏蔽中断由中断源的中断请求信号以电压正跳变（即边沿触发）方式触发 CPU 引脚 NMI。这种中断一旦产生，在 CPU 内部直接产生中断类型号为 2 的中断。不可屏蔽中断常用来通知 CPU 发生了突发性事件，如电源掉电、存储器读/写出错、总线奇偶位出错等。不可屏蔽中断的优先级高于可屏蔽中断。

2. 中断向量表

由以上内容可知，计算机系统中的中断源既有系统引起的中断，也有外部设备引起的中断；既有软件中断，也有硬件中断；既有突发事件中断，也有一般端口请求中断；既有可屏蔽中断，也有不可屏蔽中断等。8086 对中断源的管理有如下内容。

（1）中断类型号

8086 系统提供支持最多 256（0～0FFH）种不同的中断，为了便于管理和编程，256 种中断分别以 0～255 的序号表示中断的类型号（如除法出错中断为 0 号中断，NMI 中断为 2 号中断等）。

（2）中断向量

对于每一个在用的中断源，或者说每一种类型的中断，都必须有相应的中断处理程序，中断处理程序的入口地址称为中断向量。

每个中断向量占用存储单元 4 字节，前两字节（低位在前，高位在后）存储中断处理程序入口地址的 16 位代码段的段内地址（即偏移量 IP），后两字节（低位在前，高位在后）存储中断处理程序入口地址的 16 位代码段的段地址（即段地址 CS）。

（3）中断向量表

按照中断类型号由小到大的顺序，把 256 个中断的中断向量集中地存放在连续的存储空间中，这个存储空间称为中断向量表。中断向量表（又称中断指针表或中断地址表）是存放中断处理程序入口地址的表格，它固定存放在存储器的地址为 0000:0000～0000:03FFH 的低端空间，共 256×4=1024 字节，8086 系统中断向量表如图 7-7 所示。

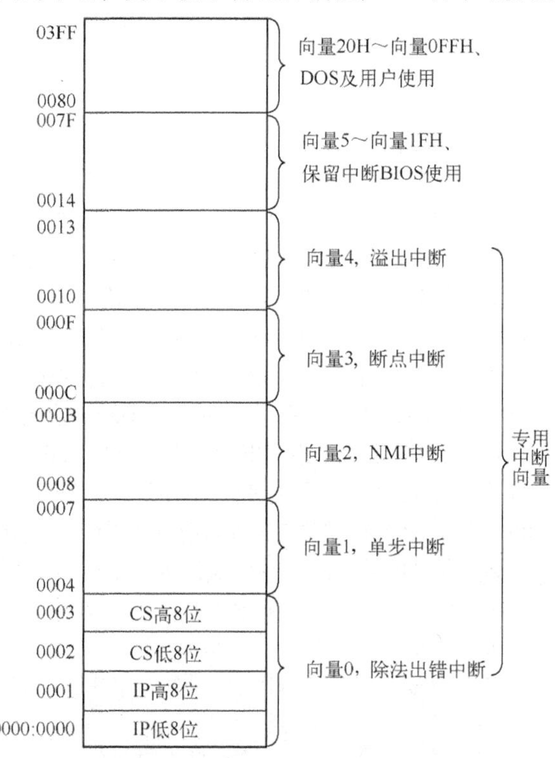

图 7-7　8086 系统中断向量表

8086 系统已对 256 个中断类型进行分配，见表 7-1。

表 7-1　中断类型号与中断向量存放起始地址对应关系

中断类型号	中断向量存放起始地址	中断处理程序名称	中断类型号	中断向量存放起始地址	中断处理程序名称
00H	0000H	除法出错中断	10H	0040H	显示器驱动程序
01H	0004H	单步中断	11H	0044H	设备检测程序
02H	0008H	非屏蔽中断	12H	0048H	存储器检测程序
03H	000CH	断点中断	13H	004CH	软盘驱动程序
04H	0010H	溢出中断	14H	0050H	通信驱动程序
05H	0014H	显示器输出中断	15H	0054H	盒式磁带驱动程序
06H	0018H	（保留）	16H	0058H	键盘驱动程序
07H	001CH	（保留）	17H	005CH	打印机驱动程序
08H	0020H	日时钟中断	18H	0060H	磁带 BASIC
09H	0024H	键盘中断	19H	0064H	引导程序
0AH	0028H	（保留）	1AH	0068H	日时钟程序
0BH	002CH	同步通信中断	1BH	006CH	（保留）
0CH	0030H	异步通信中断	1FH	007CH	（保留）
0DH	0034H	硬盘中断	21H	0084H	DOS 功能调用
0EH	0038H	软盘中断	60～67H	(60～67H)×4	供用户定义的中断
0FH	003CH	打印中断	F1～FFH	(F1～FFH)×4	未用

（4）中断类型号 n 与中断向量的关系

中断类型号 n 与中断向量（起始地址）的关系式：中断向量(起始地址)=n×4。

（5）中断向量送入 CS:IP

中断源向 CPU 发出中断请求并给出中断类型号 n，由于每个中断向量占用 4 个字节单元，故中断类型号为 n 的中断向量在中断向量表中存储单元的起始地址为 n×4，CPU 找到该地址对应连续的 4 个内存字节单元，将前两字节单元的内容送入指令指针寄存器 IP，后两字节单元的内容送入代码段寄存器 CS 后，由此转入中断处理程序。

【例 7-1】 某计算机中，中断类型号 n=09H 的中断处理程序的入口地址为 B8A8H:2000H，分析这个入口地址 CPU 是如何得到的。

中断向量地址应为 n×4=09H×4=24H，以该地址开始的连续 4 个存储单元（0024H～0027H）的内容为中断向量，如图 7-8 所示。

CPU 找到该地址对应的 4 个内存字节单元，将前两字节单元 0025H～0024H 的内容 2000H 送入指令指针寄存器 IP，后两字节单元 0027H～0026H 的内容 B8A8H 送入代码段寄存器 CS，CPU 由此转入中断处理程序。

中断向量地　址	中断向量
…	…
0024	00
0025	20
0026	A8
0027	B8
…	…

图 7-8　中断向量存储单元

【例 7-2】 内部溢出中断的中断类型号 n=4，在发生内部溢出中断时，中断向量表中地址为 n×4=4×4=0010H，以该地址开始的连续 4 个存储单元（0010H～0013H）的内容为中断向量，送入 CS:IP。

3. 80x86 中断描述符

80386～80586 系统是采用中断描述符管理各级中断的。中断描述符最多有 256 个，对应 256 个中断源。若 CPU 工作在实地址模式，中断描述符表就是 8086 系统的中断向量表，其结构、内存位置及操作与前述基本相同。若 CPU 工作在保护模式，中断描述符表可位于内存的任何空间，它的起始地址可写入 CPU 内部的中断描述符寄存器 IDIR。IDIR 的内容包括起始基址及范围，有了它和中断向量，即可获取相应的中断描述符。

4. 中断类型号的获取

8086 在响应中断后，必须获取该中断的中断类型号，然后在中断向量表中得到中断处理程序的入口地址并送入 CS:IP。

（1）发生内部中断和异常处理及非屏蔽中断时，系统自动产生中断类型号并转入相应的中断处理程序入口。

（2）对于软件中断 INT n 指令，指令中 n 即为中断类型号。

（3）可屏蔽中断由 CPU 的引脚 INTR 引入，其中断类型号由中断控制器芯片 8259A（下节介绍）在初始化编程时确定。

8086 系统中断类型的优先级按从高到低可分为：内部中断和异常→软件中断→非屏蔽中断→外部可屏蔽中断。

【例 7-3】 某中断源使用类型号 n=10H，其中断处理程序的地址（中断向量）为 20A0H:1234H，指出该中断向量在中断向量表中应如何存放并编写程序段。

由于 10H×4=40H，在中断向量表地址为 0040H～0043H 存储单元中，前两个单元 0040H 和 0041H 应存放地址偏移量 1234H，后两个单元 0042H 和 0043H 应存放段地址 20A0H，如图 7-9 所示。

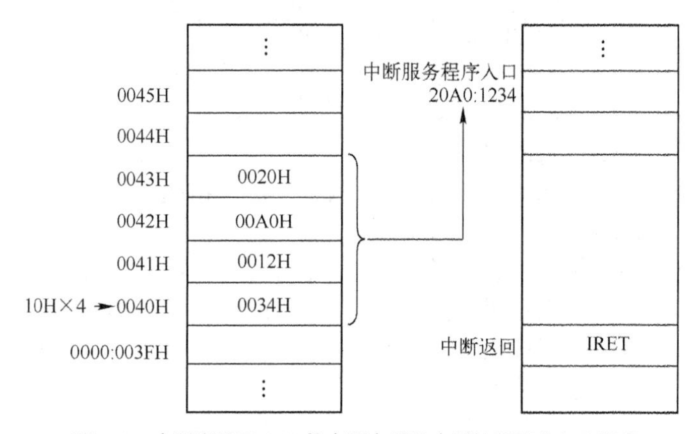

图 7-9　中断类型号 10H 的中断向量及中断处理程序入口示意

程序段如下：

```
CLI                          ;关中断
MOV  AX , 0
MOV  ES,  AX                 ;置附加段基址为 0
MOV  DI,  10H*4              ;置附加段偏移地址到 DI
MOV  AX,  1234H              ;置中断程序首地址的偏移量到 AX
CLD
STOSW                        ;填偏移量存放到中断向量表
MOV  AX,  20A0H              ;置中断程序的段基址到 AX
STOSW                        ;填段基址存放到中断向量表
STI                          ;开中断
```

7.2　8259A 中断控制器及应用

一般情况下，外部设备中断请求必须通过 8086 仅有的可屏蔽的中断请求输入端 INTR 引入。为了使多个外部设备能以中断方式与 CPU 进行数据交换，需要判断各个外部设备的优先级、设定其中断类型号等。因此，必须设计硬件中断控制接口电路。80x86 系统采用专用的中断控制器芯片 8259A

实现外部中断与 CPU 的接口功能。

7.2.1　8259A 中断控制器逻辑功能

8259A 是一种可编程的中断控制器芯片，它的主要功能如下。

① 1 片 8259A 可管理 8 个中断请求，具有 8 级优先级控制。可以通过对 8259A 编程进行指定，并把当前优先级最高的中断请求送到 CPU 的 INTR 端。

② 通过多个 8259A 的级联，最高可扩展到允许 9 片 8259A 级联、64 级中断请求优先级管理。

③ 对任何一级中断可实现单独屏蔽。

④ 当 CPU 响应中断时，向 CPU 提供相应中断源的中断向量。

⑤ 具有多种优先级管理模式，且这些管理模式大多能动态改变。

7.2.2　8259A 内部结构及引脚功能

8259A 由控制逻辑电路、中断请求寄存器 IRR、优先级分析器 PR、中断服务寄存器 ISR、中断屏蔽寄存器 IMR、数据总线缓冲器、读/写控制逻辑电路和级联缓冲器/比较器组成，如图 7-10 所示。

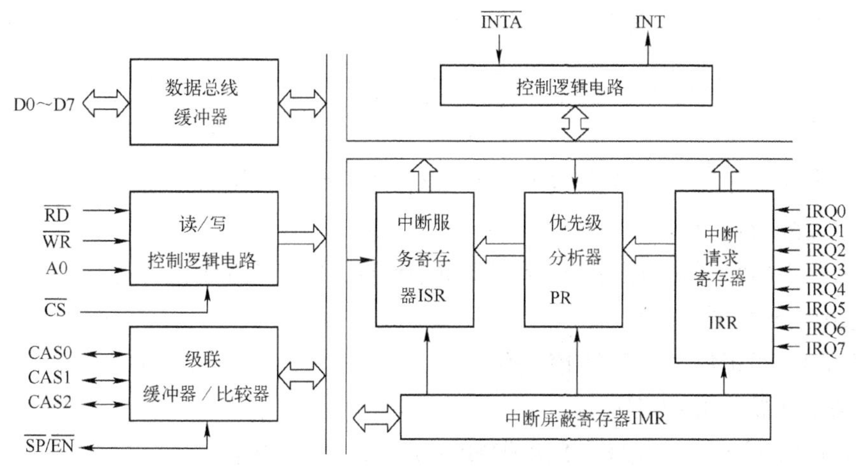

图 7-10　8259A 内部结构及引脚

1. 数据总线缓冲器及相关引脚

数据总线缓冲器为 8 位三态缓冲器，相关引脚 D0～D7 为双向数据线，与 CPU 的数据总线连接，用作 8259A 与 CPU 交换数据信息的通道。与 8259A 相关的数据信息主要有：编程实现输入给 8259A 的初始化控制字、操作命令字及读出中断类型号等 8259A 状态信息。

2. 读/写控制逻辑电路及相关引脚

读/写控制逻辑电路用于接收 CPU 在执行指令时产生的地址片选信息及读/写控制命令。

与读/写控制逻辑电路相关的引脚如下。

$\overline{CS}$：片选输入信号，低电平有效。一般由 CPU 地址线经译码输出作为片选控制信号。

A0：片内端口选择。8259A 片内设有两个端口地址，对应两个寄存器，用 A0 的不同状态（0 和 1）选择不同的寄存器。若 A0 与 CPU 地址总线的 A1 引脚相连且地址总线的 A0=0，则这两个端口地址为偶地址；若 A0 与 CPU 地址总线的 A0 引脚相连，则这两个端口为奇/偶地址，故该引脚又称奇/偶地址选择信号。对于 8086 系统，若 8259A 的数据线与 CPU 的低 8 位数据线连接，必须保证 8259A 端口地址为偶地址。

$\overline{RD}$：读信号线，输入、低电平有效。它与 CPU 的读控制信号 $\overline{RD}$ 连接。该信号线用于通知 8259A 把某个内部寄存器的内容或中断类型号送数据线 D0～D7，以供 CPU 读取。

$\overline{WR}$：写信号线，输入、低电平有效，它与 CPU 的写控制信号 $\overline{WR}$ 连接。该信号线用于通知 8259A 从数据线接收数据，并写入内部某个寄存器。

3. 级联缓冲器/比较器及相关引脚

级联缓冲器/比较器用于多片 8259A 连接时联络信号。

与级联缓冲器/比较器相关的引脚如下。

CAS0～CAS2：级联信号线，在主从式连接的多片 8259A 组成的中断控制器中，该信号线在主片中作为输出，在从片中作为输入。

$\overline{SP}$ / $\overline{EN}$：主从片选择/缓冲器允许信号线，双向。作为输入信号时，若为高电平，则该片为主片，否则该片为从片；作为输出信号时，用于控制数据总线缓冲器的接收和发送。

4. 中断请求寄存器 IRR

IRR 用来存放从外部设备发出的 8 个中断请求信号 IRQ0～IRQ7（或表示为 IR0～IR7），输入、高电平有效。

计算机中 8259A 的输入引脚引入的中断源如下。

引脚	IRQ0	IRQ1	IRQ2	IRQ3	IRQ4	IRQ5	IRQ6	IRQ7
中断源	时钟	键盘	保留	COM2	COM1	硬盘	软盘	打印机

经 8259A 内部判别后，将优先级高的中断请求信号送到 INT 引脚。

5. 中断屏蔽寄存器 IMR

IMR 用来存放 CPU 送来的各级中断请求的屏蔽信号，高电平为有效屏蔽信号。

6. 优先级分析器 PR

PR 用来管理和识别各个中断源的优先级。

7. 控制逻辑电路及相关引脚

控制逻辑电路的主要功能是根据 IRR 和 PR 的判定结果，发出控制命令。

与控制逻辑电路相关的引脚如下。

INT：8259A 向 CPU 发出的中断请求信号，输出、高电平有效。该信号与 CPU 的可屏蔽中断输入端 INTR 连接，以实现把 IRQ0～IRQ7 上的最高优先级请求传送到 CPU 的 INTR 引脚。

$\overline{INTA}$：接收 CPU 响应中断应答信号，输入、低电平有效。与 CPU 输出的中断应答信号 INTA 连接。该信号为连续的两个负脉冲，在第二个负脉冲出现后，8259A 自动将所响应的外部中断源的中断类型号送入数据线 D0～D7，由 CPU 读取后，执行相应的中断处理程序。

控制逻辑电路内部含有 7 个可以编程的寄存器，其中 ICW1～ICW4 用来存放 8259A 的初始化命令字；OCW1～OCW3 用来存放操作命令字。

8. 中断服务寄存器 ISR

ISR 用来存放 CPU 正在处理的中断的状态。ISR 中的 D0～D7 位分别对应 8 级中断请求输入端 IRQ0～IRQ7，若某一位为 1，则表示当前 CPU 正在处理相应位的中断请求；若有多位为 1，则表示有多个中断请求信号。CPU 根据每个中断源的优先级，进入中断嵌套状态。

7.2.3 8259A 的工作过程

8259A 的工作过程如下。

① 使用 8259A 之前，必须对 8259A 进行初始化。由 CPU 向 8259A 写入若干初始化命令，以规定 8259A 的工作状态等。完成初始化后，8259A 按完全嵌套方式工作（IRQ0 优先级最高，并依次递减）。

② 外部的中断请求由输入端 IRQ0～IRQ7 进入 8259A，一个或多个中断请求（IRQ0～IRQ7）变为高电平，使 IRR 相应位置“1”，表示有中断请求。

③ 中断请求锁存在 IRR 中，并与 IMR 进行“与”操作，即把有中断请求信号并且未被屏蔽的输入端送入判优电路。

④ 优先级分析器 PR 选出优先级最高的中断请求位，并对中断服务寄存器 ISR 的相应位置位。

⑤ 控制逻辑电路接受该中断请求，通过 INT 引脚向 CPU 发出中断请求信号。

⑥ 如果此时 CPU 中的 IF=1，即 CPU 开中断接受中断请求，则在 CPU 完成当前指令后进入中断响应过程，CPU 以连续两个负脉冲（中断响应 INTA 周期）作为应答。

⑦ 若 8259A 是主控的中断控制器，则在 INTA 周期的第一个负脉冲到来时，把级联地址从 CAS2～CAS0 输出；若 8259A 单独使用时，或是由 CAS2～CAS0 选择的从控制器，在第二个负脉冲到来时，将被响应中断源的 8 位中断类型号输出给数据总线。

⑧ CPU 读取中断类型号，在中断向量表中找到中断向量，转移到相应的中断处理程序入口执行。如果要在 8259A 工作过程中改变它的操作方式，则必须在主程序或中断处理程序中向 8259A 发出操作命令字。

⑨ 中断结束，CPU 向 8259A 输出中断结束（EOI）指令，使 IRR 复位。

7.2.4　8259A 编程

8259A 有两种寄存器可以通过编程实现对 8259A 的初始化设置和工作方式的选择。

（1）初始化命令字寄存器（ICW1～ICW4），用于存放 CPU 通过指令送入 8259A 的初始化命令字。各寄存器的功能如下。

ICW1：决定 8259A 的工作方式。

ICW2：设定可屏蔽中断的中断类型号（高 5 位）。

ICW3：仅用于级联方式。

ICW4：设定 8259A 的优先级管理方式、中断结束方式等。

（2）操作命令字寄存器（OCW1～OCW3），用于在初始化编程后，存放 CPU 在系统运行中通过指令送入 8259A 的操作命令字。各寄存器的功能如下。

OCW1：用来设置中断源的屏蔽状态。

OCW2：用来设置中断结束的方式和修改为循环方式的中断优先级管理方式。

OCW3：用来设置特殊屏蔽方式和查询方式，并用来控制 8259A 内部状态字 IRR、ISR 的读出。

1. 初始化命令字

8259A 在开始工作之前，必须进行初始化编程。

初始化编程主要包括以下内容。

① 设置中断请求的触发方式（电平触发或边沿触发）。

② 设置 8259A 是单片工作方式还是多片级联工作方式，是主片还是从片。

③ 设置中断源的中断类型号（只需设置 IRQ0 的中断类型号）。

初始化命令字由初始化程序填写，在整个系统工作中保持不变。8259A 共有 4 个初始化命令字，它们必须按顺序填写，且 ICW1 写在 8259A 偶地址端口中，其余 3 个写入 8259A 奇地址端口中。

（1）ICW1——芯片控制初始化命令字

ICW1 写在偶地址端口（8259A 的 A0=0 时），在 IBM PC/XT 中，该寄存器的地址定义为 20H。其格式和各位功能如下。

D7	D6	D5	D4	D3	D2	D1	D0
			1	LTIM	ADI	SNGL	IC4

D0 位（IC4）：用来表示后面是否要设置 ICW4。该位为 1 时，表示要写入 ICW4 命令字；该位为 0 时，则不设置 ICW4。由于 8086 系统必须对 ICW4 进行设置，故在 8086 系统中，D0=1。

D1 位（SNGL）：用来表示本片 8259A 是否与其他片级联。该位为 1 时，表示系统仅用 1 片 8259A；该位为 0 时，表示系统用多片 8259A 组成级联方式。

D2 位（ADI）：在 8086 系统中，该位不起作用，可任意选择为 1 或 0。

D3 位（LTIM）：用来设定中断请求信号触发方式。若 LTIM=0，表示中断请求信号为上升沿触发有效；若 LTIM=1，表示中断请求信号为高电平触发有效。

D4 位：命令字 ICW1 的标志位。由于 ICW1 和下面将要介绍的 OCW2 和 OCW3 共用片内偶地址（即 8259A 片内 A0=0），因此 D4 位用来区分是写入 ICW1 还是写入 OCW2 和 OCW3。若 D4=1，表示将初始化命令字写入 ICW1。

D7～D5 位：系统中未使用，可任意选择为 1 或 0。

（2）ICW2——中断类型号初始化命令字

ICW2 用来设置与外部中断源相应的中断类型号，它写入 8259A 的奇地址（8259A 的 A0=1）。在 IBM PC/XT 中，该寄存器的地址定义为 21H。其格式与各位功能如下。

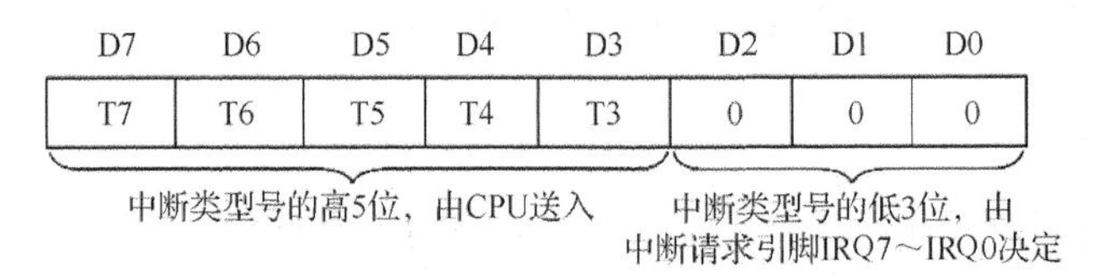

D7	D6	D5	D4	D3	D2	D1	D0
T7	T6	T5	T4	T3	0	0	0

D7～D3 位：用来存放由 CPU 通过编程送入的中断类型号的高 5 位，对于 IRQ0～IRQ7 每一个中断源的中断类型号来说，高 5 位是相同的。

D2～D0 位：用来产生 8 种代码，分别表示 IRQ0～IRQ7，每一个中断源的中断类型号的低 3 位由中断请求引脚决定，IRQ0～IRQ7 各引脚分别对应中断类型号的低 3 位，为 000～111。

例如，设置 ICW2 的高 5 位 D7～D3 为 00110B、低 3 位 D2～D0 为 000B，即 ICW2 为 30H，则对应各中断请求引脚的中断类型号自动生成为：

IRQ7	IRQ6	IRQ5	IRQ4	IRQ3	IRQ2	IRQ1	IRQ0
↓	↓	↓	↓	↓	↓	↓	↓
37H	36H	35H	34H	33H	32H	31H	30H

（3）ICW3——主/从片初始化命令字

当 ICW1 的 D1=0，表示多片 8259A 级联时，初始化 ICW3 才有意义，它写入 8259A 的奇地址（即 8259A 的 A0=1）。在 IBM PC/XT 中，该寄存器的地址定义为 21H。

① 8259A 作为主片时，ICW3 的格式如下。

D7	D6	D5	D4	D3	D2	D1	D0
IRQ7	IRQ6	IRQ5	IRQ4	IRQ3	IRQ2	IRQ1	IRQ0

D7～D0 位：对应该片引脚 IRQ7～IRQ0 的对外连接情况。若某位为 1，则表示 8259A 级联时该引脚接从片；若某位为 0，表示该引脚未接从片。

② 8259A 作为从片时，ICW3 的格式如下。

D7	D6	D5	D4	D3	D2	D1	D0
0	0	0	0	0	ID2	ID1	ID0

D2～D0 位（ID2～ID0）：它表示从片的 INT 引脚接在主片的 IRQ0～IRQ7 的某一个输入引脚上。例如，当本片作为从片接在主片的 IRQ1 时，则 ICW3 的 D2～D0 位应为 001。

D7～D3 位：取 0。

（4）ICW4——控制初始化命令字

只有当 ICW1 的 D0 位为 1 时才设置 ICW4。ICW4 写入奇地址。

ICW4 格式如下。

D7	D6	D5	D4	D3	D2	D1	D0
0	0	0	SFNM	BUF	M/S	AEOI	μPM

D7～D5 位：均为 0，作为 ICW4 的标志码。

D4 位（SFNM）：表示特殊完全嵌套方式，D4=1，表示 8259A 工作在特殊完全嵌套方式；D4=0，表示工作在正常完全嵌套方式。

D3 位（BUF）：该位为 1，表示采用缓冲器方式；为 0 表示采用非缓冲器方式。

D2 位（M/S）：用于确定主/从控制器，该位为 1，表示 8259A 为主控制器；为 0 表示 8259A 为从控制器。单片 8259A 工作时，该位不起作用。

D1 位（AEOI）：用于确定中断结束方式，该位为 1，表示 8259A 工作在自动中断结束（AEOI）方式；该位为 0，表示工作在非自动中断结束方式。

D0 位（μPM）：用于确定 CPU 类型。该位为 1，表示 8086/8088 系统；为 0 表示 8080/8085 系统。

2. 操作命令字

CPU 向 8259A 写完初始化命令字后，8259A 就可以开始工作，负责处理 I/O 设备向 CPU 提出的中断请求。为了进一步提高 8259A 的中断处理能力，需要改变 8259A 的工作状态，CPU 向 8259A 发出一些控制命令，这些控制命令称为操作命令字，它们存放在寄存器 OCW1、OCW2 和 OCW3 中。

（1）OCW1——中断屏蔽操作命令字（8 位 D7～D0）

OCW1 写入 8259A 奇地址端口，用来设置或清除 IMR 的各位，D7～D0 分别对应 IRQ7～IRQ0 的中断屏蔽位。若 D*i*=1，则相应的 IRQ*i* 的中断请求被屏蔽；若 D*i*=0，则允许 IRQ*i* 产生中断。

例如，OCW1=00000110B=06H，表示 IRQ2 和 IRQ1 引脚的中断请求被屏蔽，其他引脚的中断请求被允许。

在 PC/XT 中，8259A 两个端口地址被定义为 20H 和 21H。若只允许键盘中断，其他设备被屏蔽，可设置如下中断屏蔽字。

```
MOV  AL, 11111101B
OUT  21H,AL
```

如果系统重新增设键盘中断，其他中断源保持原来的状态，则可用下列指令实现。

```
IN   AL, 21H
AND  AL, 11111101B
OUT  21H, AL
```

（2）OCW2——设置优先级循环方式和中断结束方式的操作命令字

OCW2 写入偶地址端口，其格式如下。

D7	D6	D5	D4	D3	D2	D1	D0
R	SL	EOI	0	0	L2	L1	L0

D4D3=00，为 OCW2 的标志码。

D7 位（R）和 D6 位（SL）：R=0 时，为固定优先级方式，即 IRQ7 优先级最低，IRQ0 优先级最高，此时其他 5 位无意义；R=1 且 SL=0 时，为循环优先级方式（初始优先级队列为 IRQ0～IRQ7），当某一设备的中断请求被响应后，则该设备优先级降为最低；R=1 且 SL=1 时，为优先级特殊循环方式，可以编程设定 L2、L1、L0 编码指定相应设备为最低优先级。

D5 位（EOI）：中断结束命令位。D5=1 且 SL=0 时，发出中断结束命令，使当前中断服务寄存器 ISR 中被响应的位复位；D5=1 且 SL=1 时，发出中断结束命令，由 L2、L1、L0 代码指出 ISR 的某位清 0。

（3）OCW3——对特殊屏蔽方式、中断查询方式和内部寄存器的设置操作命令字

OCW3 写入偶地址端口，其格式如下。

D7	D6	D5	D4	D3	D2	D1	D0
0	ESMM	SMM	0	1	P	RR	RIS

D4D3=01，为 OCW3 的标志码。

8259A 有两种屏蔽方式：正常屏蔽方式和特殊屏蔽方式。正常屏蔽方式指当 CPU 正在为某一优先级的 I/O 设备服务时，可接受优先级比该 I/O 设备高的中断请求；特殊屏蔽方式指 8259A 能否接受其他 I/O 设备的中断请求，取决于 IMR 中相应的值（为 0 时，8259A 才能接受相应的中断请求）。

D6 位（ESMM）：特殊屏蔽方式允许位。D6=1 时，SMM 位有效；D6=0 时，SMM 位无效。

D5 位（SMM）：特殊屏蔽方式位。当 D5=1 时，任一中断请求都可被响应；当 D5=0 时，低级或同级中断请求被禁止。

D2 位（P）：查询命令位。D2=1 时，可使 8259A 与 CPU 的通信方式由中断方式改为中断查询方式。8259A 使用查询工作方式时，即使 CPU 关中断，也可以通过查询程序将 ISR 中的相应位置位，使 CPU 通过读取查询字来获得相应 I/O 设备的中断请求信息。当 CPU 写入 OCW3 中的 P 位为 1 时，8259A 就进入查询方式。

D1 位（RR）和 D0 位（RIS）：RR=1，RIS=0 时，可读取 IRR 的内容；RR=1，RIS=1 时，允许读取 ISR 的内容。8259A 初始化后，A0=0，端口将自动对应于 IRR。

在 8259A 初始化及对寄存器进行读写操作时应注意以下方面。

① 初始化命令字对 ICW1、ICW2 必须写入，ICW3、ICW4 根据需要确定是否写入。写入时，ICW1～ICW4 必须按顺序设定，在写入偶地址 ICW1 后，下一个写入奇地址的命令字必然是 ICW2，且在整个工作过程中保持不变。

② A0=0（片内偶地址）：写入的有 ICW1（标志码 D4=1）、OCW2（标志码 D4D3=00）、OCW3（标志码 D4D3=01），由于片内地址相同，因此由标志码区别；读出的有 IRR、ISR（由 OCW3 的 D1D0 位区别）。

③ A0=1（片内奇地址）：写入的有 ICW2、ICW3、ICW4、OCW1（OCW1 只能在初始化以后，程序运行过程中写入，以此区别）；读出的有 IMR。

【例 7-4】 设 8259A 的偶地址端口为 80H、奇地址端口为 81H，单片使用、上升沿触发。

初始化程序如下。

```
MOV  AL,      13H              ;设置 ICW1
OUT  80H,     AL
MOV  AL,      60H              ;设置 ICW2（中断类型号为 60H～67H）
OUT  81,      AL
```

【例 7-5】 设 8259A 的偶地址端口为 80H、奇地址端口为 81H，CPU 需要了解哪几个中断源在发出中断请求。

初始化程序如下。

```
MOV  AL,      0AH              ;设置 8259A 为查询方式，允许读 IRR
OUT  80H,     AL
```

```
NOP
IN    AL,     80H                    ;读取 IRR
```

7.2.5 8259A 在 IBM PC 中的应用实例

1. 8259A 在 IBM PC/XT 中的应用

在 IBM PC/XT 中，使用 1 片 8259A 可管理外部 8 级可屏蔽中断，参阅图 7-10 中的 8259A 主片部分。系统分配给 8259A 的端口地址为 20H 和 21H，普通中断结束方式，采用固定优先级。8 级中断源 IRQ0～IRQ7 对应的中断类型号为 08H～0FH。IBM PC/XT 外部中断源见表 7-2。

表 7-2 IBM PC/XT 外部中断源

中断源	中断请求端	中断类型号
日时钟	IRQ0	08H
键盘	IRQ1	09H
未用	IRQ2	0AH
串口 2	IRQ3	0BH
串口 1	IRQ4	0CH
硬盘	IRQ5	0DH
软盘	IRQ6	0EH
并口 1（打印机）	IRQ7	0FH

8259A 在 IBM PC/XT 的初始化程序如下。

```
MOV  AL,       13H
OUT  20H,      AL          ;写入 ICW1
MOV  AL,       08H
OUT  21H,      AL          ;写入 ICW2
MOV  AL,       09H
OUT  21H,      AL          ;写入 ICW4
```

8259A 的 IRQ2 系统未使用，可留给用户使用。当系统有较多的中断源时，可利用 IRQ2 扩展连接另一片 8259A。

2. 8259A 在 IBM PC/AT 中的应用

在 IBM PC/AT 中，使用 2 片 8259A 可管理外部 15 级可屏蔽中断，其中断控制系统如图 7-11 所示。

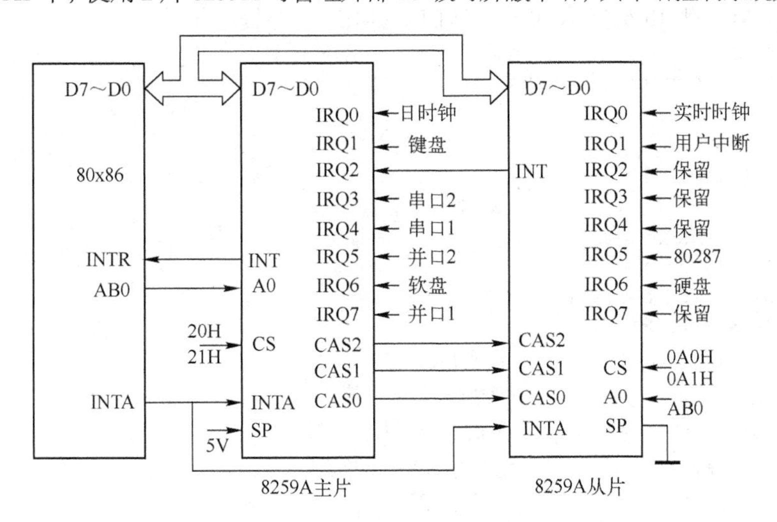

图 7-11 2 片 8259A 中断控制系统

系统分配给主片8259A的端口地址为20H和21H，分配给从片8259A的端口地址为A0H和A1H；主片8259A的IRQ0～IRQ7对应的中断类型号为08H～0FH，从片8259A的IRQ0～IRQ7对应的中断类型号为70H～77H；从片的INT接主片的IRQ2，主片和从片均采用边沿触发；采用全嵌套优先级排列方式，采用非缓冲器方式，主片SP接+5V电源，从片SP接地。

初始化程序如下：

```
                        ;初始化 8259A 主片
    MOV   AL,11H        ;ICW1 级联，需设 ICW3
    OUT   20H,AL
    JMP   SHORL$+2      ;I/O 端口操作延时
    MOV   AL,08H        ;ICW2 设置起始中断类型号为 08H
    OUT   21H,AL
    JMP   SHORL$+2
    MOV   AL,04H        ;ICW3，主片 IRQ2 接从片 INT
    OUT   21H,AL
    JMP   SHORL$+2
    MOV   AL,11H        ;ICW4
    OUT   21H,AL
                        ;初始化 8259A 从片
    MOV   AL,11H        ;ICW1
    OUT   0A0H,AL
    JMP   SHORL$+2      ;I/O 端口延时操作
    MOV   AL,70H        ;ICW2 设置起始中断类型号为 70H
    OUT   0A1H,AL
    MOV   AL,02H        ;ICW3 从片 INT 接主片 IRQ2
    OUT   0A1H,AL
    JMP   SHORL$+2
    MOV   AL,01H   ;ICW4
    OUT   0A1H,AL
```

3. 8259A应用编程示例

已知主机启动时8259A中断类型号的高5位已初始化为00001，故IRQ0的中断类型号为08H（00001000B）；8259A的中断结束方式初始化为非自动结束，即要在服务程序中发送中断结束命令；8259A的端口地址为20H和21H。8259A的IRQ0来自定时器8253的通道0，每隔55ms产生一次中断，实现通过IRQ0中断10次显示10个“WELCOME!”，源程序如下。

```
DATA      SEGMENT
MESS      DB "WELCOME!",0AH,0DH,'$'
DATA      ENDS
CODE      SEGMENT
ASSUME CS:CODE,DS:DATA
START:    CLI                         ;关中断
          MOV AX, SEG INT0
          MOV DS, AX
          MOV DX, OFFSET INT0
          MOV AX, 2508H
          INT 21H                     ;设置中断向量表
          IN  AL, 21H                 ;读中断屏蔽寄存器
          AND AL, 0FEH                ;开放 IRQ0 中断
          OUT 21H, AL                 ;设置中断屏蔽寄存器
          MOV CX, 10                  ;设置中断次数
          STI                         ;开中断
```

```
LL:      JMP LL                  ;等待中断
INT0:    MOV AX, DATA            ;中断处理程序
         MOV DS, AX
         MOV DX, OFFSET MESS
         MOV AH, 9
         INT 21H                 ;显示每次中断的提示信息
         MOV AL, 20H
         OUT 20H, AL             ;发出中断结束命令结束中断
         DEC CX
         JZ  EXIT
         STI
         IRET                    ;中断返回
EXIT:    CLI
         MOV AH, 4CH
         INT 21H                 ;关中断，返回 DOS
CODE     ENDS
         END START
```

7.3　中断程序设计及 Proteus 仿真示例

本节主要介绍中断程序设计方法和步骤，并通过典型示例详细介绍基于 Proteus 软件的 8259A 接口电路软硬件仿真调试过程。

7.3.1　中断程序设计

1. 中断程序的设计方法和步骤

中断程序的设计主要包括以下两部分。

（1）加载程序的设计

在执行加载程序之前必须关中断（执行指令 CLI），以免影响加载程序的正常运行。

加载程序的设计主要包括以下部分。

① 设置中断处理程序入口地址（中断向量）到中断向量表中。

② 初始化 8259A 中断控制器。

③ 把用户中断处理程序驻留在内存。

当加载程序运行结束时，必须开中断（执行指令 STI），这样才能接收中断请求。

（2）中断处理程序设计

中断处理程序的设计主要包括以下部分。

① 保护现场，将相关寄存器的内容压入堆栈中。

② 中断处理程序功能实现过程。若允许中断嵌套，则在中断处理过程中必须开中断；在结束时必须关中断，以保证恢复现场操作。

③ 恢复现场。

④ 执行中断返回指令 IRET（在执行 IRET 之前必须保证栈顶是断点地址，否则将导致系统瘫痪）。

2. 中断过程

中断过程可分为 5 个阶段：中断请求、中断判优、中断响应、中断处理和中断返回。

（1）中断请求

中断源向 CPU 发出中断请求。

（2）中断判优

判断中断源的优先级，响应它的请求。

（3）中断响应

CPU 每执行完一条指令后，查询是否有中断请求，若 CPU 响应中断，则自动完成如下操作。

① 将标志寄存器压入堆栈。

② 将断点处的 CS 和 IP 压入堆栈。

③ 将 IF 和 TF 置 0。

④ 根据中断类型号从中断向量表中获取中断处理程序的入口地址，分别送入 IP 和 CS。

（4）中断处理

执行中断处理程序（过程）。

（5）中断返回

恢复断点和标志寄存器，继续执行原来的程序。

【例 7-6】 设 8259A 端口偶地址为 8EH、奇地址为 8FH、单片 8259A、固定优先级、硬件中断边沿触发、中断请求端为 IRQ2、中断类型号高 5 位为 10000B。

设中断处理程序入口为 INT 83，中断处理程序的功能是读取端口地址为 2002H 字节单元的内容，若该单元的 D2 位为 1，则读取端口 2000H 单元的字节数据到 D1 存储单元。

本例中，对应 8259A 的 IRQ2 的中断类型号为 10000010B。

程序段如下。

```
        D1   DB       0                      ;段定义略
                                             ;设置中断向量表
        CLI
        PUSH     DS
        MOV      AX,SEG  INT83               ;段基址送 AX
        MOV      DS,AX
        MOV      DX,OFFSET  INT83            ;偏移地址送 DX
        MOV      AL,82H                      ;中断类型号送 AL
        MOV      AH,25H
        INT      21H                         ;25H 功能调用
        POP      DS
                                             ;初始化 8259A
        MOV      AL,  13H
        OUT      8EH,  AL
        MOV      AL,  80H                    ;IRQ0 中断类型号为 80H
        OUT      8FH,  AL
        MOV      AL,  01H
        OUT      8FH,  AL
        STI
                                             ;中断处理程序
INT83:  CLI
        PUSH     AX                          ;保护现场
        PUSH     BX
        PUSH     CX
        PUSH     SI
        STI                                  ;开中断
        MOV      DX,  2002H                  ;中断处理过程
LOP:    IN       AL,  DX
        TEST     AL,  04H
        JZ       LOP
```

```
        MOV     DX, 2000H
        IN      AL, DX
        MOV     [D1], AL
        CLI                             ;关中断
        POP     SI                      ;恢复现场
        POP     CX
        POP     BX
        POP     AX
        STI
        IRET                            ;中断返回
```

以上程序运行后，在 8259A 的 IRQ2 引脚输入上升沿触发脉冲，即可申请中断调用 INT 83 中断处理子程序。

7.3.2　8259A 接口电路 Proteus 仿真示例

下面以设计 8259A 中断控制实现 LED 依次移位点亮为例，介绍使用 Proteus 对其进行仿真调试的操作、步骤及仿真结果。

1. 设计功能要求

使用按键控制 8259A 的引脚 IN0 电平，CPU 数据线 D0～D7 经过锁存器 74LS273 接 8 只 LED，按下按键，实现 LED 向左移位依次点亮。

2. 设计步骤及仿真

（1）电路仿真原理图设计

在电路图编辑窗口选择添加放置中断控制器 8259A、锁存器 74LS273、三输入或非门 74LS27、按键 BUTTON、电阻器 RES 若干个及显示器 LED-GREEN 后，进行 CPU 接口及电路布线、设置相应元件的相关参数，8259A 中断控制 LED 仿真电路如图 7-12 所示。

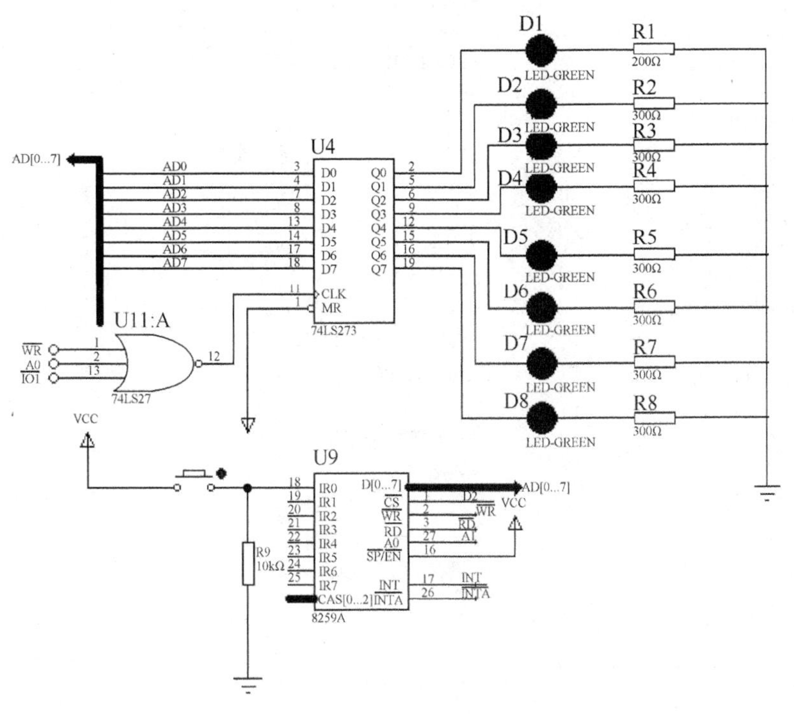

图 7-12　8259A 中断控制 LED 仿真电路

(2)程序设计

源程序如下。

```
STACK SEGMENT STACK                          ;定义堆栈段
DB 200 DUP(0)
STACK ENDS
DATA     SEGMENT                             ;定义数据段
CNT  DB 1                                    ;定义 CNT=1
DATA     ENDS

CODE   SEGMENT                               ;代码段
ASSUME    CS:CODE,DS:DATA
START:
    MOV AX,DATA
    MOV DS,AX
    CLI                                      ;修改中断向量前关中断
    MOV AX,0
    MOV ES,AX
    MOV SI,60H*4                             ;设置中断向量 96 号中断
    MOV AX,OFFSET  INT0                      ;中断入口地址
    STOSW
    MOV ES:[SI],AX
    MOV AX,CS
    STOSW
    MOV ES:[SI+2],AX                         ;初始化 8259A
    MOV AL,00010011B
    MOV DX,400H                              ;ICW1=00010011B
    OUT DX,AL
    MOV AL,060H
    MOV DX,402H                              ;ICW2=01100000B
    OUT DX,AL
    MOV AL,1BH                               ;ICW4=00011011B
    OUT DX,AL
    MOV DX,402H
    MOV AL,00H                               ;OCW1，8 个中断全部开放 00H
    OUT DX,AL
    MOV AL,20H
    OUT 20H,AL
    MOV DX,400H
    MOV AL,60H
    OUT DX,AL                                ;完成 8259A 初始化
    MOV AL,CNT                               ;初始 CNT=1
    MOV DX,0200H
    OUT DX,AL                                ;开始第一个灯亮
    STI                                      ;开中断
LI:
    MOV DX,400H
    MOV AL,60H                               ;只有 60H 有中断向量
    OUT DX,AL
    JMP  LI
;中断处理程序-----------------------------------
INT0:  CLI                                   ;关中断
    MOV AL,CNT                               ;AL =1
```

```
    ROL AL,1
    MOV CNT,AL
    MOV DX,0200h                        ;LED= CNT <<1
    OUT DX,AL
    STI                                 ;开中断
    IRET                                ;返回主程序
CODE    ENDS
    END START
```

（3）加载程序

在 EMU8086（或其他汇编语言编译环境）中输入源程序并保存，编译生成.exe 文件。然后，在绘制好的原理图中，单击 8086 CPU，弹出“Edit Component”对话框，在“Program File”选项中加载 EMU8086 生成的.exe 文件。

（4）调试与仿真

仿真调试，每按一次按键，LED 左移一位，仿真结果如图 7-13 所示。

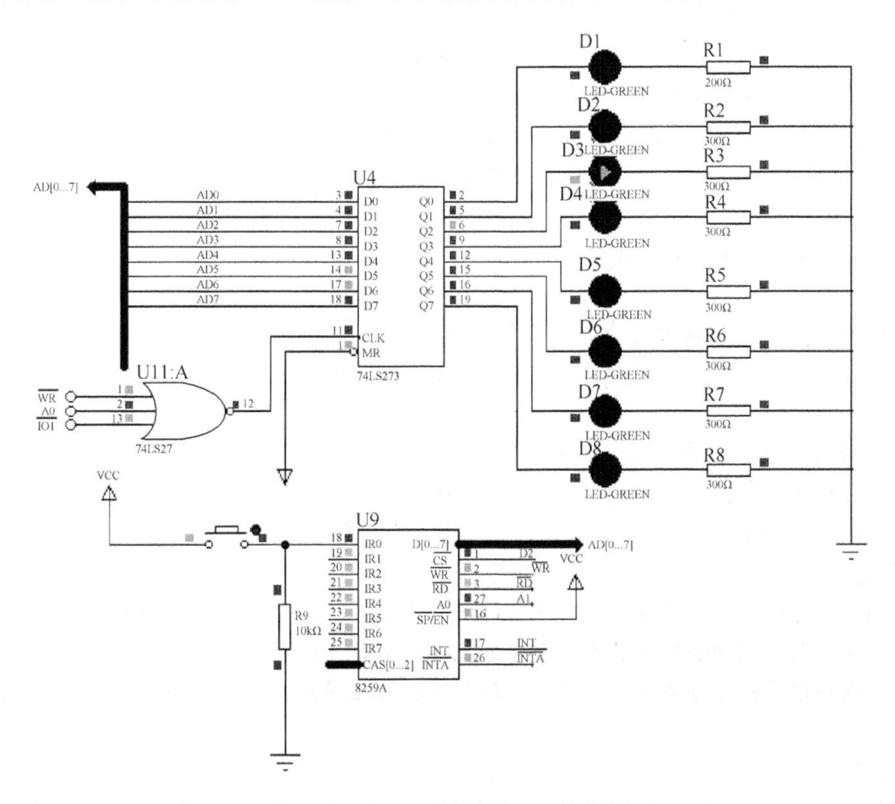

图 7-13　8259A 中断控制 LED 仿真结果

也可以通过单步或者断点调试程序观察寄存器或存储器的数据变化情况。

（5）保存仿真源文件

软硬件调试成功后，保存仿真源文件。

7.4　习题

1. 名词解释

中断　中断向量　中断源　初始化编程

2. 选择题

（1）下列引起 CPU 中断的 4 种情况中，由硬件提供中断类型的是（　　）。

A. INT0　　B. NMI　　C. INTR　　D. INT n

（2）下面的（　　）不属于内部中断。

A. 非法除法　　B. INT 中断　　C. 溢出中断　　D. NMI 中断

（3）PC 中确定硬件中断处理程序的入口地址的是（　　）。

A. 主程序中的调用指令　　B. 主程序中的转移指令

C. 中断控制器发出的中断类型号　　D. 中断控制器中的中断服务寄存器 ISR

（4）采用两个 8259A 级联，CPU 的可屏蔽硬件中断可扩展为（　　）。

A. 64 级　　B. 32 级　　C. 16 级　　D. 15 级

（5）为实现多重中断，保护断点和现场使用（　　）。

A. ROM　　B. 中断向量表

C. 设备内的寄存器　　D. 堆栈

（6）I/O 设备与主机信息的交换采用中断方式的特点是（　　）。

A. CPU 与设备串行工作，传送与主程序串行工作

B. CPU 与设备并行工作，传送与主程序串行工作

C. CPU 与设备并行工作，传送与主程序并行工作

D. 以上都不对

（7）非屏蔽中断的中断类型号是（　　）。

A. 1　　B. 2　　C. 3　　D. 4

（8）8086 响应一个可屏蔽硬件中断的条件是（　　）。

A. IF=1　　B. IF=1 且 INTR=1

C. INTR=1　　D. INTR=1 或 IF=1

（9）CPU 响应中断的时间是（　　）。

A. 一条指令结束　　B. 外设提出中断

C. 取指周期结束　　D. 以上都不对

3. 问答题

（1）中断处理过程包括哪些部分？简述 80x86 采用 8259A 处理中断的工作过程。

（2）8259A 的初始化命令字和操作命令字的主要区别是什么？

（3）中断程序设计的主要步骤是什么？在编写中断处理程序时为什么要设置保护现场、开中断、关中断操作？

4. 编程题

（1）某中断源使用的中断类型号为 n=60H，其中断处理程序的入口为 INT 60H，编写程序段将其中断向量存放在中断向量表中。指出该中断源分别作为软件中断或可屏蔽硬件中断请求的控制方式。

（2）某 8086 系统采用两片 8259A 级联管理 15 级中断源。设主片的中断类型号为 08H～0FH，端口地址为 20H、21H；从片的中断类型号为 80H～87H，端口地址为 0A0H、0A1H。从片 8259A 接在主片 8259A 的 IRQ2，编写初始化程序。

（3）设 8259A 端口偶地址为 38H、奇地址为 39H，单片 8259A，固定优先级，硬件中断边沿触发，中断请求端为 IRQ2，中断类型号高 5 位为 11110B。

设中断处理程序入口为 INT 3，中断处理程序的功能是：连续读取存储单元起始地址以 2A00H 开始的 100 个字节单元的内容，写入以 3A00H 为起始地址的存储单元中。

08

第 8 章　常用可编程接口芯片及应用技术

随着现代电子科学技术的发展，各种专用微型计算机接口控制芯片应运而生。可编程接口芯片已经成为微型计算机接口技术的重要组成部分。

本章在介绍串行、并行通信的基础上，主要介绍可编程串行通信接口芯片 8251A、并行接口芯片 8255A、定时器/计数器芯片 8253 的结构、控制方法、工作方式及应用技术，通过典型应用实例及 Proteus 仿真示例描述可编程接口芯片、接口电路及编程的设计过程。

8.1　串行通信与可编程接口芯片及应用技术

CPU 与外部设备（或计算机与计算机之间）的信息交换称为通信。通信的基本方式有并行通信和串行通信两种。采用并行通信时，数据的所有二进制位同时被传输；采用串行通信时，数据通过一根传输线被逐位顺序传输。CPU 工作速度的极大提高及串行通信的经济实用性，使串行通信在计算机通信中得到广泛应用。

本节主要介绍串行通信基本知识、8251A 串行通信接口芯片、串行通信接口技术及应用实例。

8.1.1　串行通信

1. **异步通信和同步通信**

串行通信一般可分为异步通信和同步通信。

（1）异步通信

在异步通信中，数据通常以字符（或字节）为单位组成数据帧（Data Frame）进行传送。一般情况下，一帧信息以起始位和停止位来完成收发同步，即以起始位表示数据帧开始传送；停止位表示数据帧传送结束。在起始位和停止位之间，是有效数据位（由低位到高位逐位传送）和奇偶校验位。异步通信的字符帧格式如图 8-1 所示。

每一数据帧的组成及作用如下。

起始位：位于数据帧开头，占 1 位，低电平“0”有效。起始位为低电平“0”时，标志传送数据开始，即表示发送端开始向接收设备发送一帧数据。

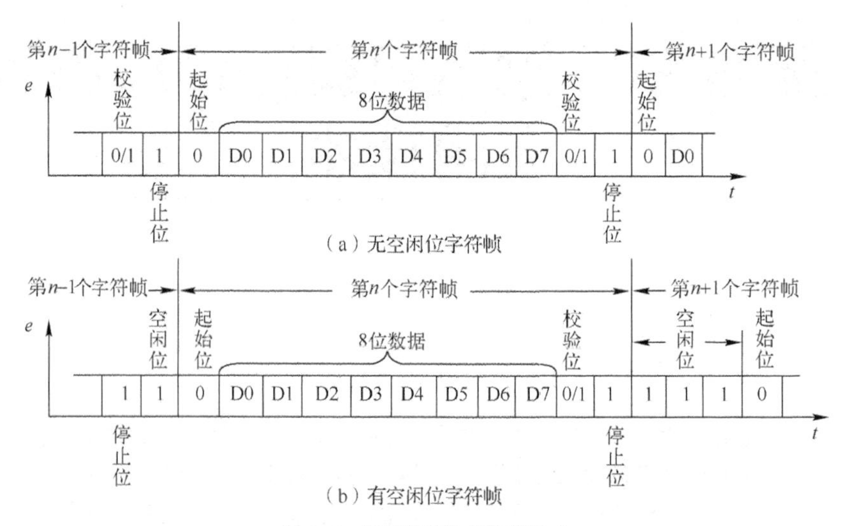

图 8-1　异步通信的字符帧格式

数据位：要传送的字符（或字节），紧跟在起始位之后，用户根据情况可取 5 位、6 位、7 位或 8 位。以位时间（1/波特率）为间隔，由低位到高位依次传送。

奇偶校验位（简称校验位）：位于数据位之后，仅占 1 位，用于校验串行发送数据的正确性。可根据需要选择使用偶校验（数据位加本位为偶数个 1）或者奇校验（数据位加本位为奇数个 1）。

停止位：位于数据帧末尾，高电平“1”有效，占 1 位或 1.5 位（这里 1 位对应于一定的发送时间，故有 0.5 位）或 2 位，用于向接收端表示一帧数据发送完毕。

一帧数据接收完毕，接收设备又继续测试通信线，监测起始位信号“0”的到来。

由于异步通信每帧数据都必须有起始位和停止位，因此传送数据的速率受到限制，一般在 50～9600bit/s。但异步通信不需要传送同步脉冲，字符帧的长度不受限制，对硬件要求较低，因而，异步通信在数据传送量不太大、传送速率要求不高的远距离通信场合中得到了广泛应用。

（2）同步通信

在同步通信中，每个数据块开始传送时，采用一个或两个同步字符作为起始标志，接收端不断对传送线进行采样，并把采样到的字符和双方约定的同步字符比较，只有比较成功，才会把后面接收到的数据加以存储。数据在同步字符之后，个数不受限制，由所需传送的数据块长度确定。同步传送的数据格式如图 8-2 所示。

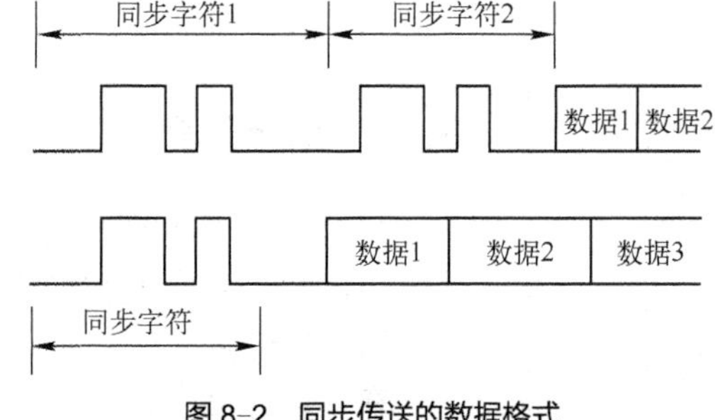

图 8-2　同步传送的数据格式

同步通信中的同步字符可以使用统一标准格式，此时单个同步字符常采用 ASCII 码中规定的 SYN（即 16H）代码，双同步字符一般采用国际通用标准代码 EB90H。

同步通信常用于传送数据量大、传送速率要求较高的场合中。

2. 串行通信的方式

在串行通信中，数据是在由通信线连接的两个工作站之间传送的。按照数据传送方向的不同，串行通信可分为单工、半双工和全双工 3 种方式，如图 8-3 所示。

（1）单工方式

采用单工方式时，只允许数据向一个方向传送，即一方只能发送，另一方只能接收，不能反向传送，如图 8-3（a）所示。

（2）半双工方式

采用半双工方式时，允许数据双向传送。但由于只有一根传输线，在同一时刻只能一方发送，另一方接收，如图 8-3（b）所示。

（3）全双工方式

采用全双工方式时，允许数据同时双向传送。由于有两根传输线，在 A 站将数据发送到 B 站的同时，也允许 B 站将数据发送到 A 站，即在同一时刻，数据能在两个方向上传送，如图 8-3（c）所示。

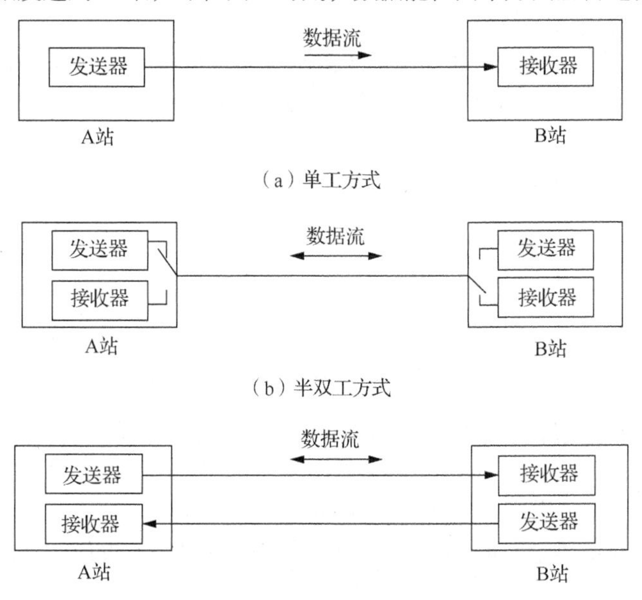

图 8-3　串行通信方式

3. 波特率和发送/接收时钟

（1）波特率

串行通信的数据是按位进行传送的，每秒传送的二进制位数称为波特率（Baud Rate，也称比特数），单位是 bit/s。

波特率是串行通信的重要指标，用于衡量数据传输的速率。国际上规定了标准的波特率系列，包括 110bit/s、300bit/s、600bit/s、1200bit/s、1800bit/s、2400bit/s、4800bit/s、9600bit/s 和 19 200bit/s。

每位的传送时间 T_d（又称位时间）为波特率的倒数，即 T_d=1/波特率。

例如，波特率为 110bit/s 的通信系统，每位的传送时间应为：

$$T_d=1/110\approx 0.0091=9.1(\text{ms})$$

接收端和发送端的波特率分别设置时，必须保持相同。

例如，某异步串行通信系统中，数据传输速率为 960 帧/s，每帧数据包括 1 个起始位、7 个数据位、1 个校验位和 1 个停止位，共 10 位。则波特率为：

$$960\times 10=9600(\text{bit/s})$$

位时间为：

$$T_d=1/9600(\text{s})$$

【例 8-1】 在串行通信中，设异步传送波特率为 4800bit/s，每个数据帧占 10 位，计算传输 2K 个数据帧所需时间 t。

位时间为：

$$T_d=1/4800(\text{s})$$

传送总位数为：

$$2\times1024\times10=20480(\text{bit})$$

所需时间为：

$$t=(1/4800)\times20480=4.27(\text{s})$$

（2）发送/接收时钟

二进制数据序列在串行传送过程中以数字信号波形的形式出现。无论是发送还是接收，都必须有时钟信号对传送的数据进行定位。

在发送数据时，发送器在发送时钟信号的下降沿将移位寄存器中的数据串行移位输出；在接收数据时，接收器在接收时钟信号的上升沿对数据位采样，如图 8-4 所示。

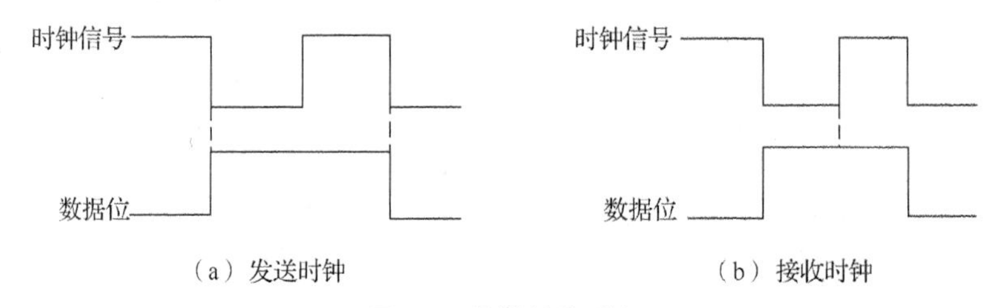

图 8-4　发送/接收时钟

为保证传送数据准确无误，发送/接收时钟的信号频率应大于或等于波特率，两者的关系为：发送/接收时钟的信号频率=$n\times$波特率。式中，n 称为波特率因子，n 可为 1、16 或 64。对于同步传送方式，必须取 $n=1$；对于异步传送方式，通常取 $n=16$。

数据传输时，每一位的传送时间 T_d 与发送/接收时钟周期 T_c 之间的关系如下：

$$T_d=nT_c$$

4. 奇偶校验

当串行通信用于远距离传送时，不可避免地存在不同程度的噪声，由噪声产生的干扰会造成传送出错。为保证通信正确，需要对传送的数据进行校验。常用的校验方法有奇偶校验和循环冗余码校验等。

采用奇偶校验法，发送时在每个字符（或字节）之后附加一位校验位，这个校验位可以是“0”或“1”，以便使校验位和所发送的字符（或字节）中“1”的个数为奇数（称为奇校验），或为偶数（称为偶校验）。

在接收时，接收方按照发送方确定的同样的奇偶性，对接收到的每一个字符进行校验，检查所接收的字符（或字节）连同奇偶校验位中“1”的个数是否符合规定。若不符合，就证明传送过程中受到干扰，数据发生了变化，即发生奇偶校验错误。此时，接收器向 CPU 发送中断请求，或置位接收状态寄存器的相应位，以便供 CPU 查询，进行相应的出错处理。

系统可根据需要采用奇校验或者偶校验。绝大多数的 UART（通用异步接收器/发送器）电路中都包括奇偶校验电路，可通过编程来选择奇校验或偶校验。

奇偶校验是对一个字符（或字节）校验一次，只能提供最低级的错误检测，通常只用于异步通信中。

8.1.2　可编程接口芯片 8251A

Intel 8251A 是一种通用串行同步、异步接收/发送器（USART）接口芯片，可通过编程设置某一种串行通信技术及功能实现。

对 8251A 编程，包括初始化编程及功能编程。初始化编程是指把需要设置的 8251A 的控制字通过程序写入芯片内部相应的控制寄存器中，从而灵活方便地控制 8251A 的工作方式、数据格式、数据传输速率等状态；功能编程是指在初始化编程的前提下实现需要的读、写功能操作。

8251A 接口芯片支持串行通信协议，由硬件完成串行通信的基本过程，大大减轻了 CPU 的负担，被广泛应用于串行通信系统及计算机网络中。

1. 8251A 的基本性能

8251A 的基本性能包括以下方面。

① 8251A 具有独立的双缓冲结构发送器和接收器，它能将主机以并行方式输入的 8 位数据转换成逐位输出的串行信号；也能将串行输入数据转换成并行数据传送给 CPU，可以实现单工、半双工或全双工方式通信。

② 8251A 可以直接与计算机系统总线连接，片内可供 CPU 访问的 I/O 端口地址有 2 个，CPU 可以方便地通过程序设置其通信方式或获取当前工作状态。

③ 通过编程可以选择同步或者异步传送方式。对于同步传送方式，既可以设定为内同步方式，也可以设定为外同步方式，可选择 1 个或 2 个同步字符，最高数据传输速率为 64kbit/s。对于异步传送方式，可选择所传输的字符的数据位数为 5～8 位，停止位为 1 位、1.5 位或 2 位，最高波特率为 19.2kbit/s；波特率可设置为输入时钟频率的 1 倍、1/16 或 1/64；能检查假启动位，可产生中止符，并且能自动检测和处理中止符；可以自动产生起始位和停止位。

④ 异步方式具有对奇偶校验错误、帧错误等检测能力。

⑤ 提供一些基本的控制信号，可以方便地与调制解调器（Modem）连接。

2. 8251A 的结构及其引脚功能

8251A 的内部结构主要包括数据总线缓冲器、读/写控制电路、调制/解调控制电路、发送/接收缓冲器及控制电路等，如图 8-5 所示，其引脚排列如图 8-6 所示。

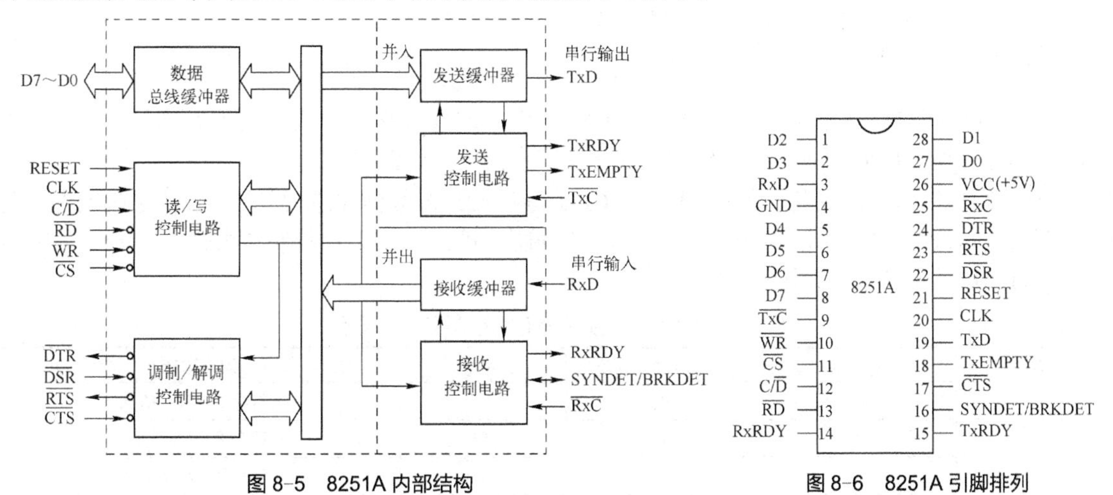

图 8-5 8251A 内部结构　　图 8-6 8251A 引脚排列

8251A 结构和引脚可以归为以下 3 个部分。

（1）8251A 与 CPU 连接的接口部分

① 与 CPU 连接的接口部分包括数据总线缓冲器、读/写控制电路。

数据总线缓冲器的作用是实现 8251A 和系统数据总线（8 位）相连。CPU 在执行 I/O 指令期间，一旦通过地址信息译码选择 8251A 后，就可由读/写控制电路控制数据总线缓冲器的工作状态。若执行输入指令，则 8251A 提供的输入数据通过数据总线缓冲器发送到系统数据总线上供 CPU 读取；若执行输出指令，则 CPU 送到系统总线上的输出数据通过数据总线缓冲器进入 8251A 内部的数据总线上。

需要指出：输入、输出数据不仅包括 CPU 通过 8251A 与外部设备之间的通信数据，也包括 8251A 内部的控制字、命令字和状态信息。CPU 通过数据总线缓冲器和读/写控制电路向 8251A 写入（输出）

工作方式控制字和命令控制字，用以对芯片进行初始化；CPU 通过数据总线缓冲器和读/写控制电路读取 8251A 工作时的状态信息，用于了解 8251A 的工作状态。

② 与 CPU 连接的引脚功能如下。

$\overline{CS}$：片选信号，输入，低电平有效。$\overline{CS}$=0，表示当前 8251A 芯片被选中，数据线 D0～D7 与 CPU 的数据总线连接有效，可以进行数据通信。$\overline{CS}$ 引脚由 CPU 发送到地址总线的信息经译码器产生的输出信号控制。

C/$\overline{D}$：控制/数据信号，输入。当 C/$\overline{D}$=1 时，表示当前数据总线上传送的是对控制字的写操作或对状态字的读操作；当 C/$\overline{D}$=0 时，表示当前数据总线上传送的是 CPU 与外部设备交换的数据。该引脚实际上用于区分 8251A 内部仅有的两个端口，一个是控制状态端口，另一个是数据端口，因此又称为片内地址选择输入端。对于 8086 系统，当 8251A 的数据线连接在 CPU 数据总线的低 8 位时，由于低 8 位的数据线必须对应访问偶地址端口，因此，必须定义 8251A 内部的两个端口均为偶地址，这样，该引脚应连接在 CPU 地址总线的 A1 端，且地址总线的 A0=0，这样，该引脚变化就可使 8251A 的两个端口地址为连续的偶地址。

例如，设地址总线为 A15～A0，其中 A15～A2 为 8251A 的片选地址，C/$\overline{D}$ 接在 A1 端，A0=0。地址总线 DB 如下所示，则 8251A 的端口地址为 0FFFEH（控制状态端口）、0FFFCH（数据端口）。

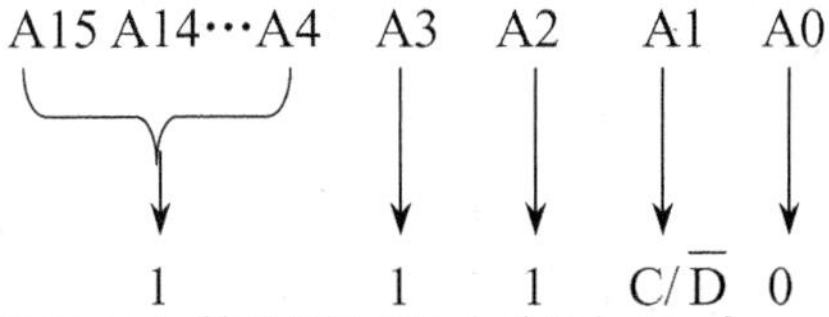

下列指令执行后，CPU 读取 8251A 数据端口的内容到 AL 中。

```
MOV  DX,  0FFFCH
IN   AL,  DX
```

$\overline{RD}$：读控制信号，低电平有效，输入。CPU 读取 8251A 数据时，该信号必须为低电平。在执行 IN 输入指令时，CPU 读操作引脚输出的低电平应直接控制该引脚。

$\overline{WR}$：写控制信号，低电平有效，输入。CPU 写入 8251A 数据或控制字时，该信号必须为低电平。在执行 OUT 输出指令时，CPU 的写操作引脚输出的低电平应直接控制该引脚。表 8-1 列出了 8251A 端口读/写操作与控制引脚的关系。

表 8-1　8251A 端口读/写操作与控制引脚的关系

CS	C/$\overline{D}$	$\overline{RD}$	$\overline{WR}$	读写操作
0	0	0	1	CPU 读 8251A 数据
0	0	1	0	CPU 向 8251A 写数据
0	1	0	1	CPU 读状态控制字
0	1	1	0	CPU 写控制字
1	任意电平	任意电平	任意电平	数据总线高阻态

D0～D7：8 位双向数据线，双向。与 CPU 的数据总线连接。

CLK：时钟输入信号，为芯片内部相关电路提供时钟。在异步传送方式下，该时钟频率必须大于 $\overline{RxC}$ 或 $\overline{TxC}$ 频率的 4.5 倍；在同步传送方式下，该时钟频率必须大于 $\overline{RxC}$ 或 $\overline{TxC}$ 频率的 30 倍。

RESET：复位信号，高电平有效，输入。该引脚出现 6 倍时钟周期宽度的高电平时，芯片即可复位。复位后，芯片处于空闲状态，直至 CPU 重新执行启动指令。

（2）8251A 与外部设备连接的接口部分

① 8251A 与外部设备连接的接口部分结构。

8251A 与外部设备连接的接口部分包括发送缓冲器、发送移位寄存器（并行转换为串行）及控制电路、接收缓冲器、接收移位寄存器（串行转换为并行）及控制电路。

当发送器就绪时，由发送控制电路向 CPU 发出 TxRDY 有效信号（或状态），发送缓冲器接收 CPU 输出的 8 位并行数据，加上适当的字符格式信号后，将此数据经发送移位器转换为串行数据从 TxD 引脚发送出去。

在接收时钟信号 $\overline{\text{RxC}}$ 的作用下，接收缓冲器从 RxD 引脚接收外部设备输入的串行数据，并将此数据按照指定格式经接收移位器转换为并行数据。接收数据的同时进行检验，发现错误时，则在状态寄存器中保存。当检验无错误时，才把并行数据放入数据总线缓冲器中，并发出接收器就绪信号（RxRDY=1）。在异步方式下，当接收器成功地接收到起始位后，8251A 便接收数据位、校验位和停止位，接着将并行的数据通过内部总线送入数据缓冲器，RxDRY 线输出高电平，CPU 可以到数据总线上读取数据。在同步方式下，则要检测同步字符，确认已经达到同步状态，接收器才开始串行接收数据，待一组数据接收完毕，便把移位寄存器中的数据并行置入接收缓冲器。

发送器准备好 TxRDY 信号和接收器准备好 RxRDY 信号反映了发送器和接收器的状态，它们可以用作控制 8251A 和 CPU 之间传送数据的中断请求信号或程序查询信号。例如，设 8251A 与 CPU 之间采用中断方式交换信息，TxRDY 可作为向 CPU 发出的发送中断请求信号，请求 CPU 输出数据到发送器，待发送器中的 8 位数据发送完毕时，由发送控制电路向 CPU 发出 TxE=1 的有效信号，表示发送器中移位寄存器已空，完成一次数据通信。

② 与外部设备连接的引脚功能如下。

TxD：数据发送端，输出。该引脚在发送时钟信号的下降沿按位发送串行数据流。

TxRDY：发送器准备好信号，高电平有效，输出。该引脚有效的条件是：只有当状态字的 D0 位 TxRDY=1（发送缓冲器为空）、命令字的 D0 位 TxEN=1（允许发送）且 $\overline{\text{CTS}}$=0（接收设备已准备好接收）时，该引脚输出有效电平 1，CPU 才可以向芯片写入下一个数据。

注意：引脚信号 TxRDY 与状态 TxRDY（后文将会介绍）有区别。

TxE：发送缓冲器空闲信号，高电平有效，输出。发送缓冲器空时，TxE=1；发送缓冲器满时，TxE=0。当 TxE=1 时，TxRDY 必为 1，CPU 可以向 8251A 的发送缓冲器写入数据。

$\overline{\text{TxC}}$：发送器时钟信号，外部输入。对于同步传输方式，输入给 $\overline{\text{TxC}}$ 的时钟频率应等于发送数据的波特率。对于异步方式，由软件定义（工作方式控制字）的发送时钟频率可以是发送波特率的 1 倍（$\overline{\text{TxC}} < 64\text{kHz}$）或 16 倍（$\overline{\text{TxC}} < 312\text{kHz}$）或 64 倍（$\overline{\text{TxC}} < 615\text{kHz}$）。

RxD：数据接收线，输入。该引脚在接收时钟信号的上升沿采样按位输入的串行数据。

RxRDY：接收器准备好信号，高电平有效，输出。RxRDY=1，表示接收缓冲寄存器中已接收到一个数据符号，该信号用于通知 CPU 执行读取操作。当 CPU 读取接收缓冲寄存器中的数据后，RxRDY=0。

SYNDET/BRKDET：同步/中止检测双功能信号，高电平有效，双向。

对于同步方式，SYNDET 是同步检测端。若采用内同步方式，SYNDET 端为输出信号。当 RxD 端接收到同步字符时，SYNDET=1，表示已达到同步，由 RxD 后续接收到的为有效数据。若采用外同步方式，SYNDET 端为输入信号。当外部检测电路接收到同步字符后，则置 SYNDET=1，表示已达到同步，接收器可以开始接收有效数据。

对于异步方式，BRKDET 为中止信号检测，输出。BRKDET 用于检测串行输入 RxD 端是工作状态还是中止状态。因为中止字符由连续的 0 组成，所以当 RxD 端上连续收到 8 个位值为“0”的信号时，则 BRKDET 高电平输出 1，用于表示当前 RxD 端处于数据中止的间断状态。

$\overline{\text{RxC}}$：接收器时钟信号，由外部输入。

时钟频率决定 8251A 接收数据的速率。若采用同步方式，接收器时钟频率等于接收数据的频率；若采用异步方式，可由软件定义的接收器时钟频率与发送器时钟信号 $\overline{\text{TxC}}$ 的设置应相同。一般情况下，接收器时钟与发送器时钟可以为同一个时钟信号源。

（3）调制解调器控制接口部分

使用 8251A 实现远程串行通信时，8251A 通过内部调制解调器控制接口可以直接与调制解调器建立通信联络控制。

8251A 提供 4 个与调制解调器连接的引脚信号，其含义与 RS-232C 兼容。

调制解调器控制信号如下。

① $\overline{\text{DTR}}$（Data Terminal Ready）：数据终端准备就绪信号，低电平有效，输出。

$\overline{\text{DTR}}$=0，表示接收方（CPU）已准备好接收数据。该引脚输出信号可由软件定义，命令控制字中的 D1 位 DTR=1 时，$\overline{\text{DTR}}$ 输出 0。

注意：$\overline{\text{DTR}}$ 引脚信号和命令控制器的 D1（即 DTR）的区别。

② $\overline{\text{DSR}}$（Data Set Ready）：数据装置准备就绪信号，低电平有效，输入。

输入低电平使引脚 $\overline{\text{DSR}}$=0，表示调制解调器（或外部设备）向 CPU 传送的数据已准备好，并置位 8251A 状态寄存器的 D7 位（DSR=1）。

CPU 可以通过 IN 指令读入 8251A 状态寄存器内容，检测 D7 位（DSR）状态，当 DSR=1 时，表示调制解调器（或外部设备）向 CPU 传送的数据已准备好。

注意：$\overline{\text{DSR}}$ 引脚信号和状态控制器的 D7 位（即 DSR）的区别。

③ $\overline{\text{RTS}}$（Request to Send）：请求发送信号，低电平有效，输出。

$\overline{\text{RTS}}$=0，用于通知调制解调器（或外部设备），表示 CPU 发送的数据已准备好。该引脚输出信号可由软件定义，命令控制字中 D5 位 RTS=1 时，输出 $\overline{\text{RTS}}$=0。

注意：$\overline{\text{RTS}}$ 引脚信号和状态控制器的 D5 位（即 RTS）的区别。

④ $\overline{\text{CTS}}$（Clear to Send）：清除发送信号，低电平有效，输入。

当调制解调器接收到 8251A 的 RTS 有效信号后，若调制解调器已做好接收来自 CPU 数据的准备，则给 RTS 一个应答信号，使 $\overline{\text{CTS}}$=0。

只有在命令控制字中 TxEN=1 且 $\overline{\text{CTS}}$=0 时，8251A 发送器才可串行发送数据。

8.1.3 8251A 控制字及初始化编程

由前文可知，8251A 可以工作于各种不同的串行通信方式、操作时序及工作状态等。灵活、方便地实现 8251A 的各种功能，需要由 CPU 执行程序来设定在 8251A 内部已经定义好的控制字，且根据用户需要设置不同的控制字，以提供所需要的通信方式等。在开始发送与接收数据之前，由 CPU 写入 8251A 一组控制字（称为初始化程序）。8251A 定义了 3 种控制字：方式选择控制字、操作命令控制字和状态控制字。

1. 方式选择控制字

方式选择控制字确定 8251A 的工作方式、传送速率及通信数据格式等。该控制字必须在芯片复位操作后紧接着执行输出指令，从控制端口写入相应的寄存器（不能读出）。

方式选择控制字各位的定义如图 8-7 所示。

B1B2（D0D1 位）不仅可以确定 8251A 的通信方式（00 为同步通信，否则为异步通信），而且可以在异步方式下设置波特率因子，确定数据传输速率。波特率因子是指在异步通信方式时，发送端需要用发送时钟来测定数据中每 1 位对应的时间长度，接收端也需要用接收时钟来测定每 1 位对应的时间长度，这两个时钟的频率是波特率的整数倍，这个倍数称为波特率因子。波特率因子设定为×1、×16、×64 分别表示时钟频率是接收/发送波特率的 1 倍、16 倍、64 倍。

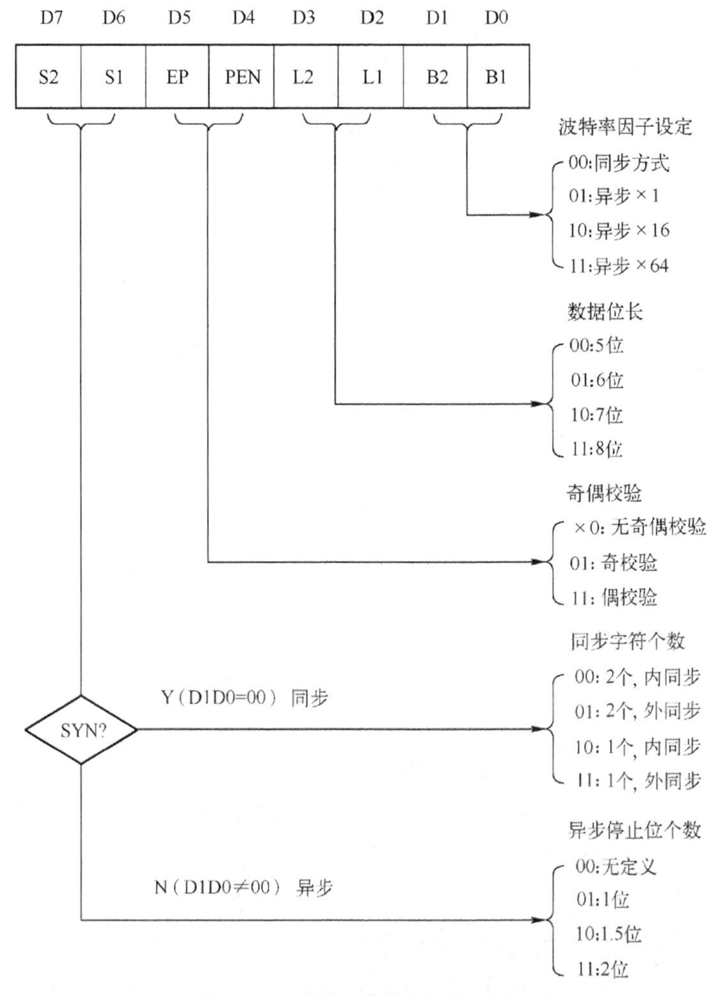

图 8-7　方式选择控制字各位的定义

【例 8-2】 设置 8251A 工作在异步传输方式，波特率因子为 64，采用偶校验，1 个停止位、7 个数据位。根据图 8-7 可设定方式选择控制字为 0111 1011B=7BH。

若接收和发送的时钟频率为 614.4kHz，则输入和输出数据的传输速率为 614.4kHz/64= 9600bit/s。

若 8251A 的控制端口地址为 2FFAH，则初始化程序中以写入 8251A 方式选择控制器的指令段为：

```
MOV  DX,  2FFAH
MOV  AL,  7BH
OUT  DX,  AL
...
```

2. 操作命令控制字

操作命令控制字用来指定 8251A 芯片进行的操作或使其处于某种状态（如 DTR），如发送、接收、内部复位、检测同步字符等。

由于 8251A 片内只有一个控制端口，方式选择控制字和操作命令控制字都要写入控制端口，为此，8251A 硬件已经定义——芯片复位后写入控制端口的必须是方式选择控制字，接着写入控制端口的是操作命令控制字。该控制字只能写入相应的寄存器中，不能读出。

设置方式选择控制字后，或在同步方式中又设置了同步字符后，8251A 在任何时候都可以写入操作命令控制字。8251A 可以根据工作状态对芯片进行各种操作或改变其写入的内容。在重新写入操作命令控制字后，8251A 要检查状态控制字中位 IR 的状态（0 或 1），以确定是否内部复位。若 IR=1，则 8251A 必须重新设置方式选择控制字。

操作命令控制字各位的定义如图 8-8 所示。

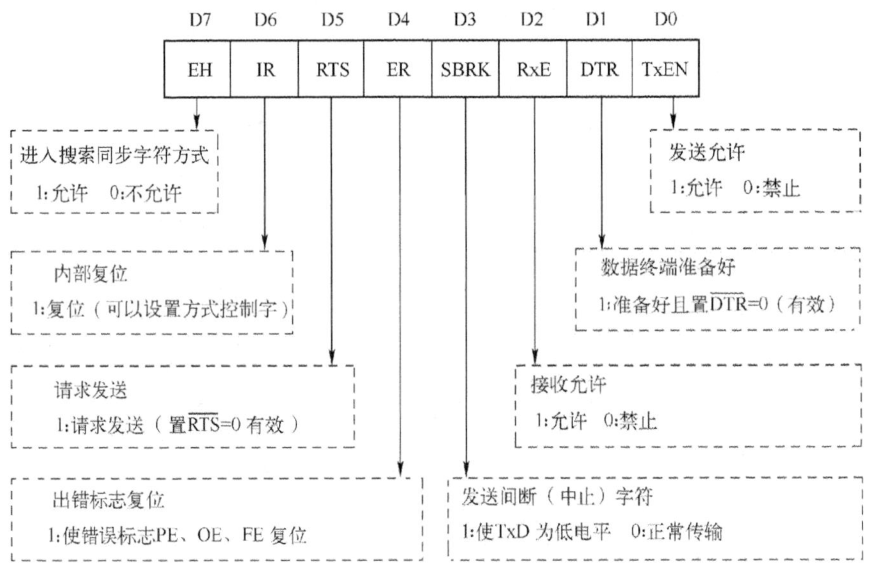

图 8-8 操作命令控制字各位的定义

TxEN（D0 位）：用来控制允许（D0=1）或禁止（D0=0）发送端 TxD 向外部设备串行发送数据。

RxE（D2 位）：用来控制允许（D2=1）或禁止（D2=0）接收端 RxD 接收外部设备输入的串行数据。

DTR（D1 位）：用来控制与调制解调器连接的输出引脚 $\overline{DTR}$。DTR=1，$\overline{DTR}$ 引脚输出有效，为“0”，表示接收方已准备好接收数据。DTR=0，$\overline{DTR}$ 引脚输出无效，为“1”。

RTS（D5 位）：用来控制与调制解调器连接的输出引脚 $\overline{RTS}$。RTS=1，$\overline{RTS}$ 引脚输出有效，为“0”，表示发送方请求发送信号。RTS=0，$\overline{RTS}$ 引脚输出无效，为“1”。

SBRK（D3 位）：用来控制发送端 TxD 是发送中止字符输出连续为 0（SBRK=1），还是正常通信（SBRK=0）。

ER（D4 位）：ER=1，用来清除状态控制字中的 D3、D4、D5 位。

IR（D6 位）：IR=1，用来控制使 8251A 内部复位，可以设置 8251A 的方式选择控制字。

EH（D7 位）：仅用于同步方式。在同步方式下，当 RxE=1（允许接收位）时，必须使 EH=1、ER=1，才能使接收器搜索同步字符。EH=1，开始搜索 RxD 引脚输入的同步字符。

3. 状态控制字

8251A 当前工作状态由其硬件自动存放在状态寄存器中，CPU 在任意时刻可用 IN 指令从控制端口读取，根据当前工作状态，CPU 向 8251A 发出操作命令（字）。该寄存器的内容只能读取，不能写入。状态控制字各位的定义如图 8-9 所示。

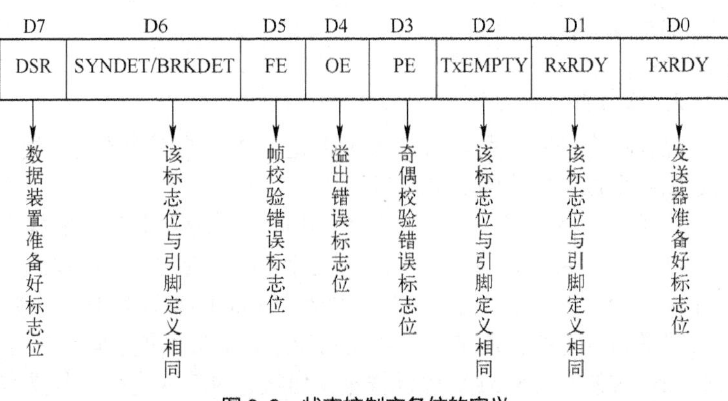

图 8-9 状态控制字各位的定义

TxRDY（D0 位）：发送器准备好标志位。当发送数据缓冲器为空时，该位置 1，否则置 0。该状态位与引脚 TxRDY 的区别：引脚 TxRDY=1 的条件是状态位 TxRDY 为 1、命令字 TxEN=1 且 $\overline{\text{CTS}}$=0。在正常发送过程中，已经使 TxEN=1 且 $\overline{\text{CTS}}$=0，因此，只要发送缓冲器空闲，则状态位 TxRDY 置 1，引脚 TxRDY 立即输出高电平有效。用户可以用引脚 TxRDY 作中断请求信号，以中断方式启动 CPU 向 8251A 发送数据。也可以采用查询发送方式，由 CPU 检测状态位 TxRDY 是否空闲，若空闲，则 CPU 向 8251A 发送数据。

PE（D3 位）：奇偶校验错误标志位。若发生奇偶校验错误，置 PE=1。

OE（D4 位）：溢出错误标志位。若发生溢出错误，置 OE=1。

FE（D5 位）：帧校验错误标志。若异步数据帧未检测到停止位，则置 FE=1。

DSR（D7 位）：数据装置准备好标志位。该位用来反映外部设备输入给引脚 $\overline{\text{DSR}}$ 的状态。若外部设备数据装置准备好，则给引脚 $\overline{\text{DSR}}$ 输入低电平，状态位 DSR=1，否则 DSR=0。

状态位 TxEMPTY（D2 位）、RxRDY（D1 位）、SYNDET（D6）与相应的引脚定义相同。

SYNDET/BRKDET（异步接收时）=1 表示接收端收到线路上的断缺信号（空号），可供 CPU 读取。

4. 8251A 工作方式

由前面介绍的 8251A 控制字可知，8251A 由方式选择控制字决定工作于同步或异步模式、接收和发送的字符格式、数据传输速率等。

（1）8251A 异步工作方式

若 8251A 工作在异步方式，在需要发送字符时，首先必须设置允许发送信号 TxEN=1，且外部设备发来的对 CPU 请求发送信号的响应信号 $\overline{\text{CTS}}$=0，然后就开始发送过程。

异步发送的过程如下。

① 每当 CPU 向发送缓冲器发送一个字符，发送缓冲器自动为这个字符加上 1 个起始位，并且按照初始化编程要求加上奇偶校验位，以及 1 位、1.5 位或者 2 位的停止位。

② 串行数据以起始位开始，接着是最低有效数据位，最高有效数据位的后面是奇偶校验位，然后是停止位。按位发送的数据是与发送时钟信号 $\overline{\text{TxC}}$ 的下降沿同步的，也就是说，这些数据总是在发送时钟信号 $\overline{\text{TxC}}$ 的下降沿从 8251A 发出。数据传输的波特率取决于编程时指定的波特率因子，CPU 通过数据总线将数据发送到 8251A 的数据输出缓冲寄存器以后，再传输到发送缓冲器，经移位寄存器移位，将并行数据转换为串行数据，从 TxD 端送往外部设备。

在 8251A 需要接收字符时，命令寄存器的接收允许位 RxE（Receiver Enable）必须为 1。

异步接收的过程如下。

① 8251A 通过检测 RxD 引脚上的低电平来准备接收字符，在没有字符传送时，RxD 端为高电平。8251A 不断检测 RxD 引脚，从 RxD 端上检测到低电平以后，便认为是串行数据的起始位。

② RxD 端接收到起始位后，启动接收控制电路中的一个计数器来进行计数，计数器的频率等于接收器的时钟频率。计数器是为接收器提供数据采样定时时间的，当计数到相当于半个数据位的传输时间时再对 RxD 端进行采样，如果仍为低电平，则确认该数据位是一个有效的起始位。

③ 8251A 每隔一个位时间（数据位的传输时间）对 RxD 端采样一次，依次确定串行数据位的值。串行数据位顺序进入接收移位寄存器，通过校验并除去停止位。如果一个字符对应的数据不到 8 位，8251A 会在移位转换成并行数据时，自动把它们的高位补成 0，并通过内部数据总线送入接收缓冲器。

④ 发出有效状态的 RxRDY 信号通知 CPU，8251A 已经收到一个有效的数据。此时，CPU 可以执行读操作命令。

（2）8251A 同步工作方式

在采用同步方式发送字符之前，必须设置 8251A 的 TxEN 和 $\overline{\text{CTS}}$ 有效。

① 内同步方式发送数据：发送器会根据要求发送一个或者两个同步字符，然后连续地发送数据字符。在发送数据字符时，发送器会按照编程规定对每个数据添加奇偶校验位。在字符发送的过程

中，如果 CPU 向 8251A 的数据传送出现间隙，8251A 的发送器会自动插入同步（中止）字符。

② 内同步方式接收数据：命令寄存器的 RxE 必须为 1。8251A 首先搜索同步字符，不断检测串行接收线 RxD 的状态，将 RxD 线上的一个个数据位送入移位寄存器，再将移位寄存器的内容与程序设定的同步字符进行比较，如果两者不相等，则接收下一位数据，并且重复上述比较过程。当移位寄存器的内容与同步字符相等，即收到同步字符时，表示已经实现同步，此时，8251A 的同步检测信号 SYNDET 端输出高电平，由 RxD 后续接收到的为有效数据。

③ 外同步方式：同步是通过控制同步输入信号 SYNDET 来实现的。只要 SYNDET 端出现有效电平，即信号由低变高并持续一个时钟周期，便确认实现了同步。之后，接收器以接收器时钟为基准，连续采样串行数据接收线 RxD 上传来的串行字符数据位，逐一将它们送入移位器，组成字符后送到输入缓冲器，再通过有效 RxRDY 通知 CPU 读取。

5. 8251A 初始化编程

在 8251A 开始工作前或者复位后，必须对其进行初始化编程。

由前面介绍的内容可以看出，8251A 内部可供用户访问的寄存器有 7 个，而 8251A 只提供 2 个端口地址，分别用于访问控制寄存器和数据寄存器。为此，在写入 8251A 控制字时必须遵循芯片硬件逻辑设计的有关规定，按照规定的先后顺序进行设置。

8251A 内部 7 个寄存器的端口分配如下。

方式选择寄存器：控制端口，$C/\overline{D}=1$，写入方式选择控制字。

操作命令寄存器：控制端口，$C/\overline{D}=1$，写入操作命令控制字。

工作状态寄存器：控制端口，$C/\overline{D}=1$，存放当前工作状态字。

同步字符寄存器 1：控制端口，$C/\overline{D}=1$，写入单同步字符或双同步字符。

同步字符寄存器 2：控制端口，$C/\overline{D}=1$，写入双同步字符。

数据发送缓冲区：数据端口，$C/\overline{D}=0$，写入输出字符。

数据接收缓冲器：数据端口，$C/\overline{D}=0$，接收输入字符。

8251A 初始化编程流程如图 8-10 所示。

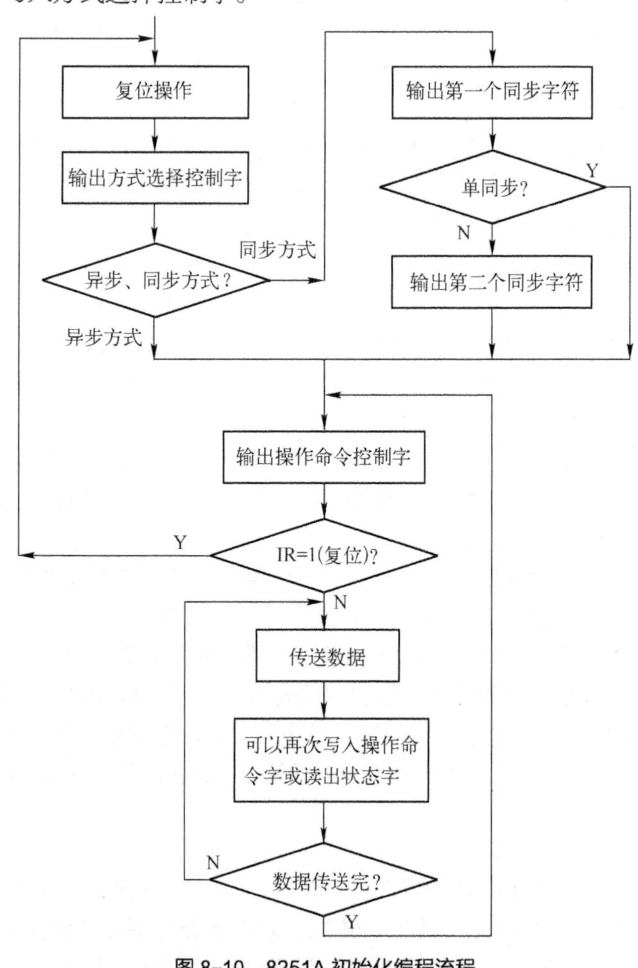

图 8-10　8251A 初始化编程流程

在写入控制字前，8251A 必须执行复位操作。可以用硬件方法实现复位操作，即给 RESET 引脚输入一个复位信号（高电平）；也可以用软件方法实现复位操作，即设置操作命令控制字的 D6 位为 1。进行复位操作之后，必须紧接着写入（输出）方式选择控制字到控制端口（寄存器）。

写入方式选择控制字后，若是同步工作方式，还必须写入控制端口 1 个或 2 个同步字符，之后再写入控制端口的是操作命令控制字；若是异步方式，则直接写入控制端口的是操作命令控制字。由此可以看出，同一个控制端口可写入几个不同的控制字，根据其写入的顺序，由其硬件区别不同的含义。

需要指出，在方式选择控制字写入以后，写入（可以多次写入）控制端口的均被认为是操作命令控制字。

操作命令控制字中如果不包含复位命令，初始化后，便可以开始使用数据端口传送串行数据。

状态字可根据需要设置读出指令。在每次读出状态字后，若工作状态发生变化，可以暂停数据传输，直至状态恢复正常。状态寄存器不能写入。

【例 8-3】 在 8086 系统中设 8251A 的工作方式为：具有联络信号的全双工异步模式，数据格式为 7 位二进制数据，进行偶校验，1.5 个停止位，波特率因子为 64。

要求：清除出错标志，令请求发送信号 RTS 处于有效状态，通知调制解调器和外部设备 CPU 将要发送信息；令数据终端准备好信号 DTR 处于有效状态，通知调制解调器和外部设备数据终端准备好接收数据；令发送允许位 TxEN 和接收允许位 RxE 为 1，使发送和接收允许都处于有效状态。

设 8251A 数据线 D7～D0 连接在 CPU 数据总线的低 8 位时，CPU 访问各个端口必须使用偶地址。硬件连线上把 CPU 地址线的 A1 接在 $C/\overline{D}$ 引脚，命令端口地址为 2A82H，数据端口地址为 2A80H。

由例题中要求，按照规定的方式选择控制字各位的含义，设置方式选择控制字为 10111011B=0BBH。

按照规定的操作命令控制字各位的含义，设置操作命令控制字为 00110111B=37H。

初始化程序如下。

```
MOV  DX,  2A82H
MOV  AL, 0BBH       ;设置方式选择控制字，使 8251A 处于异步模式，波特率因子为 64
OUT  DX, AL         ;数据格式为 7 个数据位，偶校验，1.5 个停止位
MOV  AL, 37H        ;设置操作命令控制字，置请求发送有效，数据终端准备好信号有效
OUT  DX, AL         ;置发送标志允许，接收允许标志为 1
```

【例 8-4】 设 8251A 采用内同步传送方式，2 个同步字符，7 位数据位，同步字符为 32H，奇校验，控制端口地址为 82H，数据端口地址为 80H。要求：清除错误标志，数据终端和接收允许处于有效状态。

工作方式选择控制字为：00011000=18H。

操作命令控制字为：10010110=96H。

接收数据初始化程序如下。

```
MOV  AL, 18H
OUT  82H, AL        ;写入方式选择控制字
MOV  AL, 32H
OUT  82H, AL
OUT  82H, AL        ;写入 2 个同步字符
MOV  AL, 96H
OUT  80H, AL        ;写入操作命令控制字
```

程序中首先写入控制端口的是方式选择控制字 18H。由于方式选择控制字定义同步传送且规定了同步字符的个数，因此，紧接着写入控制端口的是 2 个同步字符 32H。之后，写入控制端口的是操作命令控制字 96H。操作命令控制字 96H 中不包含复位命令，则初始化完毕，接着就可以使用数据端口传送数据。若操作命令控制字中包含复位命令，则 8251A 被复位。其后送入控制端口的字节又被认为是方式选择控制字。

8251A 初始化还需注意以下两方面。

① 在由 2 个独立程序控制一个 8251A 时，可能会出现当一个初始化程序等待输入同步字符时，另一个程序中传来内部复位命令。由于 2 个程序共用控制端口，内部复位命令将被作为一个同步字符而出现控制错误。解决的办法是：在发出复位操作命令前先发出 3 个 0 传送给 8251A 的控制端口，使其避开这种可能性。

② 操作命令控制字是芯片进行操作或改变操作时必须写入的内容。而每次写入命令控制字后，8251A 都要检查 IR 位（是否有内部复位），如有复位，8251A 应重新设置方式选择控制字。

8.1.4 8251A 应用实例

串行通信主要应用于远距离通信。但是，由于串行通信的硬件结构简单及计算机工作速度的极大提高，一般情况下，在近距离通信中，串行通信也得到了广泛的应用。如 2 台近距离计算机之间的通信、计算机与工业控制常用的 PLC、单片机开发实验装置以及电子设计自动化（Electronic Design Automation，EDA）开发装置的通信（程序调试、下载）等均可采用串行通信。

下面以 2 片 8251A 可编程串行通信接口芯片实现 2 台 PC/XT 计算机之间的串行通信为例，说明 8251A 在实际通信中的应用。

1. **通信要求及参数**

要求实现甲、乙两机近距离串行异步通信，采用全双工传送方式、8 位数据位、2 位停止位、无校验位、数据传输速率为 480f/s（波特率为 4800bit/s）、波特率因子为 64。

假设 CPU 分配给甲机端口地址为 04F8H～04FBH，分配给乙机端口地址为 2000H～2003H。甲机需发送的数据是数据段以 SRC1 为起始地址的连续 256 个字节存储单元的数据；乙机把接收的数据存储在数据段以 DST2 为起始地址的存储单元中。

2. **串行通信标准及接口电路**

两机串行通信接口电路如图 8-11 所示。

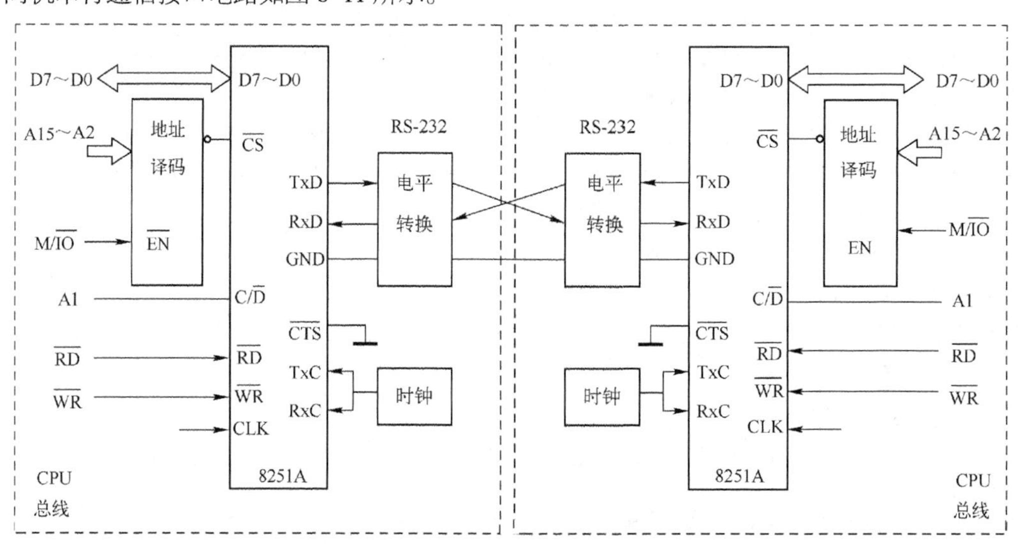

图 8-11 两机串行通信接口电路

① 采用 RS-232C 接口标准、8251A 实现接口功能，故将发送端 8251A 串行输出端 TxD 的 TTL 电平转换成 RS-232C 电平进行传送；将接收端 RS-232C 电平转换成 8251A 接收端 RxD 的 TTL 电平进行接收（RS-232 接口的使用见 10.2 节）。

② 两台计算机的串行通信接口之间采用无联络信号的全双工连接方式，只需要将其串行数据发送端和串行数据接收端互相连接，并且将地线连在一起，就可以实现两机串行通信。

注意：尽管使用的是无联络信号的传输方式，但两机 8251A 的 $\overline{CTS}$ 端必须接地。

③ 端口地址分配及地址线连接：甲机 8251A 控制端口地址为 04FAH、数据端口地址为 04F8H，乙机 8251A 控制端口地址为 2002H、数据端口地址为 2000H。

这里选用 CPU 提供的偶地址作为端口地址（若是 8086，则必须为偶地址），故 CPU 的地址总线 A0 接 0 电平、A1 接 8251A 的 C/$\overline{\text{D}}$（进行片内端口选择）、A15～A2 作为 CPU 对 8251A 的片选信号。

④ 8251A 的数据线 D7～D0 连接 CPU 的数据总线 D7～D0。

⑤ 8251A 控制线如图 8-11 所示。

⑥ 8251A 没有内置时钟发生器，必须由外部产生时钟信号，通常由机内 8253 产生时钟信号以连接 TxC、RxC。

3. 接口编程

两机可以同时作为数据发送方（运行发送程序）及数据接收方（运行接收程序），将发送程序和接收程序分别编写，运行同样的接收或发送程序（注意两机的端口地址可以不同）。

甲机发送程序和乙机接收程序见本书电子资源。

8.1.5　8251A 串行通信 Proteus 仿真示例

1. 8251A 控制 LED 仿真示例

设计要求：8086 控制 8251A 输出串行数据，并经串行输入转并行输出移位寄存器芯片 74LS164，输出 8 位数据控制 6 个 LED 依次左移点亮（由于异步串行输出的 8 位数据帧包含 1 个起始位和 1 个停止位，因此本例的有效数据为 6 位）。

当 8251A 发送数据给 74LS164 时，应向 74LS164 同步输出时钟，发送数据完毕，应停止输出时钟。因此利用 8251A 的 TxEMPTY 引脚的功能（当 8251A 从 CPU 接收到数据时该引脚为低电平，发送完数据之后该引脚为高电平），将该引脚通过非门和 8251A 的输入时钟实现逻辑与后作为 74LS164 的时钟信号。

（1）硬件设计

8086 系统仿真电路如图 8-12 所示，本章所有 Proteus 仿真电路都是在此基础上扩展的（子）电路。

在图 8-12 所示的原理图编辑窗口放置元器件并布线，电路添加元器件清单：串行通信接口芯片 8251A、8 位移位寄存器 74LS164、非门 NOT、与门 AND、电阻器 RES、显示器 LED-YELLOW 等。设置相应元器件参数，采用网络标号连接电路，完成扩展电路的设计，如图 8-13 所示，整体电路如图 8-14 所示。

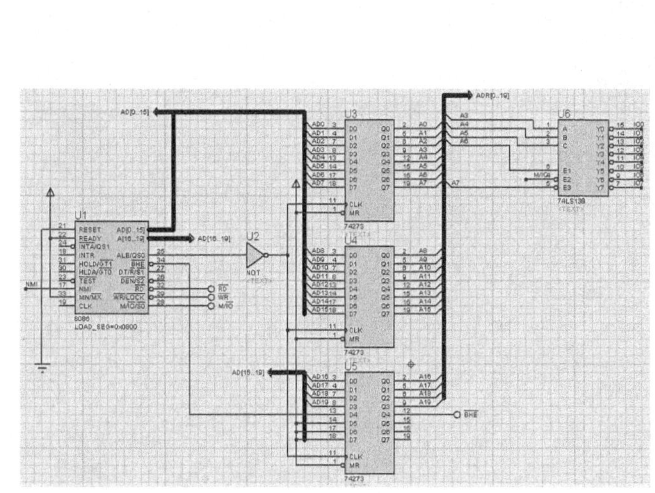

图 8-12　8086 系统仿真电路

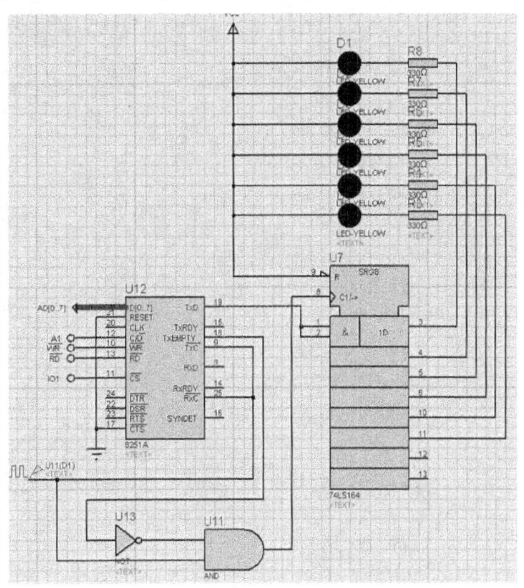

图 8-13　8251A 仿真扩展电路

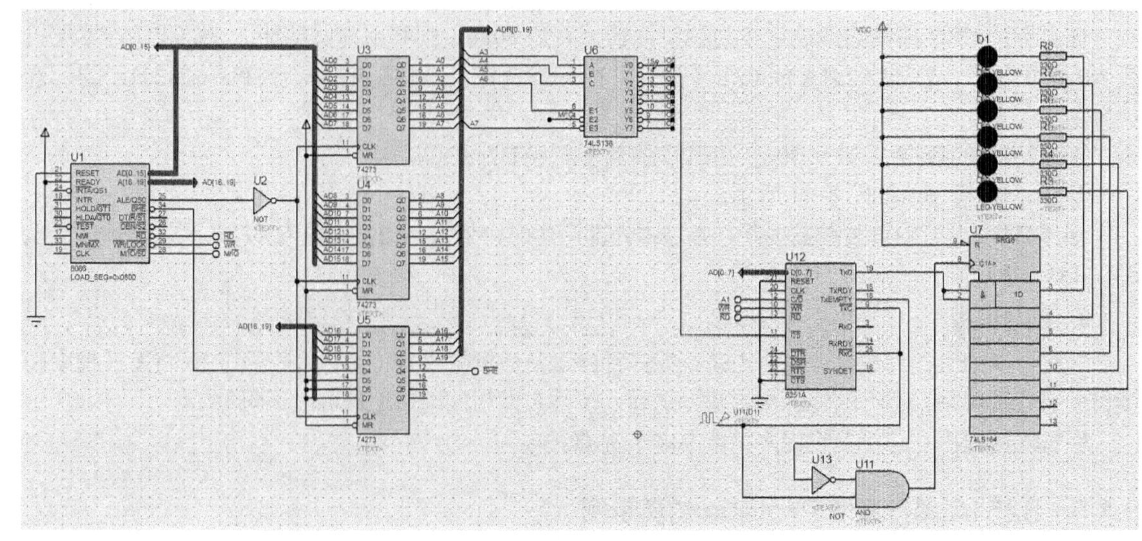

图 8-14　整体电路（8086 仿真系统+扩展电路）

（2）程序设计

仿真电路中的 74LS164 的时钟输入为外部时钟，因此 8251A 采用异步串行数据输出方式。

端口地址计算：8251A 的片选信号是由 74LS138 的 Y1（IO1）控制的，连接 8086 数据线的低 8 位（偶地址），根据仿真电路，可得出端口地址如下。

	A7	A6	A5	A4	A3	A2	A1	A0	
控制端口：	0	1	0	0	1	0	1	0	（4AH）
数据端口：	0	1	0	0	1	0	0	0	（48H）

源程序设计如下。

```
.MODEL SMALL
.8086
.STACK
.CODE
.STARTUP
    MOV DX,4AH      ;控制端口地址为 01001010
    MOV AL,45H      ;45H=01000101B，从高到低：01 表示 1 个停止位，00 表示无奇偶校验，01 表示数据位 6 位，
                    ;01 表示异步方式波特率 x1
    OUT DX,AL
AA1:
    MOV AH,06H
    MOV AL,0FEH
    MOV BL,AL
AA:
    MOV AL,31H
    OUT DX,AL
BUSY:
    MOV DX,4AH
    IN AL,DX
    AND AL,05H
    JZ BUSY
    MOV DX,48H      ;数据端口地址为 01001000
    MOV AL,BL
    OUT DX,AL
    CALL DELAY
    ROL BL,1
```

```
    DEC AH
    JNZ AA
    JMP AA1
DELAY    PROC  NEAR
    PUSH BX
    PUSH CX
    MOV BX,300
LOP1:
    MOV CX,209
LOP2:
    LOOP  LOP2
    DEC  BX
    JNZ  LOP1
    POP CX
    POP BX
    RET
DELAY    ENDP
.DATA
END
```

（3）编辑并编译源程序

在 EMU8086（或其他汇编语言编译环境）中输入源程序并保存，编译生成.exe 文件。

（4）加载程序

在绘制好的原理图中，单击 8086 CPU，弹出“Edit Component”对话框窗口，在“Program File”选项中加载 EMU8086 生成的.exe 文件。

（5）仿真调试

连续运行程序，仿真结果如图 8-15 所示，8251A 发送数据，LED 依次左移点亮。

也可以通过单步或者断点调试程序观察寄存器或存储器的数据变化情况。

2. 8251A 串行口输出数据仿真示例

设计要求：PC 控制 8251A 通过串行口输出字符或数据，通过虚拟串口监视和示波器显示输出。

（1）硬件设计

在原理图编辑窗口 8086 系统仿真电路的基础上放置元器件并布线，设置相应元器件参数，完成仿真电路的设计，如图 8-16 所示。

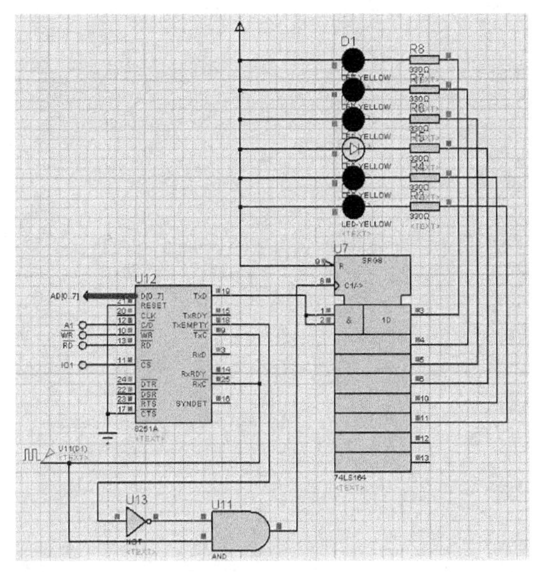

图 8-15　仿真结果

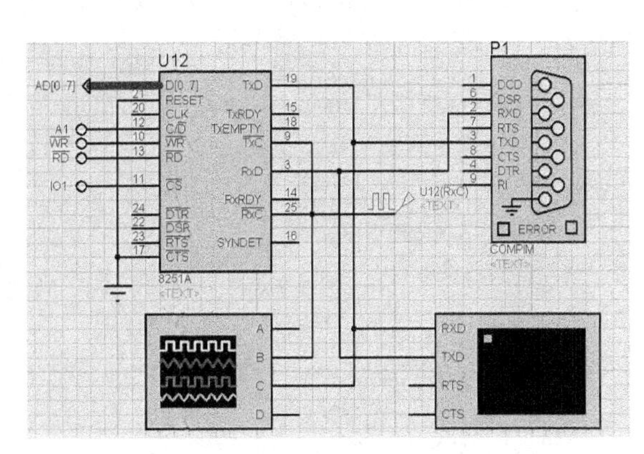

图 8-16　8251A 串行口输出仿真电路

电路添加元件清单：串行通信接口芯片8251A、DP-9标准插座COMPIM、示波器OSCILLOSCOPE、串口监视仪器虚拟终端VIRTUAL TERMINAL。

（2）程序设计

8251A控制端口地址为4AH，数据端口地址为48H。

源程序设计如下。

```
ADD8251D  EQU 48H               ;串行通信控制器数据端口地址
ADD8251C  EQU 4AH               ;串行通信控制器控制端口地址
CODE      SEGMENT
         ASSUME DS:DATA,CS:CODE
START:
          MOV    AX,DATA
          MOV    DS,AX
INIT:     XOR    AL,AL          ;AL清0
          MOV    CX,03
          MOV    DX,ADD8251C
OUT1:     OUT    DX,AL          ;往8251A的控制端口送3个0
          LOOP   OUT1
          MOV    AL,40H
          OUT    DX,AL
          NOP
          MOV   DX, ADD8251C
          MOV   AL, 01001101b   ;方式选择控制字：01表示1位停止位，00表示无校验，11表示8位数据位，
          OUT   DX, AL          ;01表示波特率因子1
          MOV   AL, 00010101b   ;控制字，出错标志复位，允许发送、接收
          OUT   DX, AL
RE:       MOV   CX,9
          LEA   DI,STR1
Send:                           ;串口发送
          MOV       DX, ADD8251C
          MOV       AL, 00010101b;清出错位，允许发送、接收
          OUT       DX, AL
          NOP
WTXD:
          IN        AL, DX
          TEST      AL, 1       ;发送缓冲器是否为空
          NOP
          JZ        WTXD
          MOV       AL, [DI]    ;取要发送的信号
          MOV       DX, ADD8251D
          OUT       DX, AL      ;发送
          INC       DI
          PUSH      CX
          MOV       CX,200
SIM:      LOOP      SIM
          POP       CX
          LOOP      Send
          JMP       $
CODE      ENDS
DATA    SEGMENT
    STR1  DB  'abbc11233'
DATA      ENDS
        END START
```

（3）编辑并编译源程序

可以在 EMU8086 环境下，输入源程序并保存，编译生成.exe 文件。

（4）加载程序

在 Proteus 环境原理图的 8086 CPU 中加载 EMU8086 生成的.exe 文件。

（5）仿真设置

① 虚拟终端设置。

双击原理图中的虚拟终端，打开属性设置对话框，如图 8-17 所示。

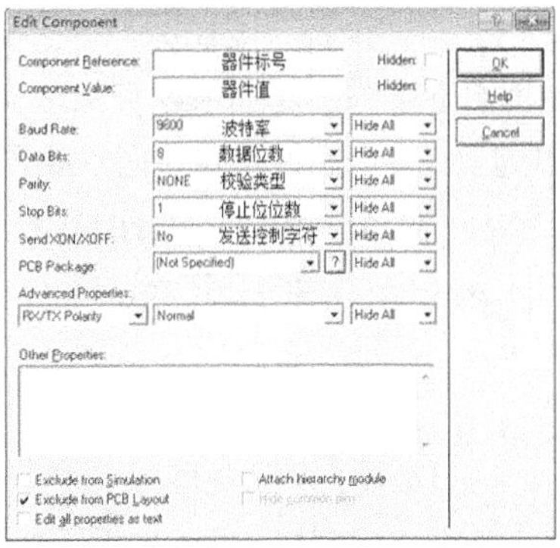

在图 8-17 中，波特率可以选择 110～57600 的任意一种波特率，默认为 9600；数据位数可选择 7 或者 8，默认为 8；校验类型可选无（NONE）、偶校验（EVEM）或者奇校验（ODD），默认无校验；停止位位数可选 1 或 2，默认为 1。这里选择校验类型为“NONE”，其他选项为默认选项。

图 8-17　虚拟终端属性设置

② 8251A 输入时钟属性设置。

双击 8251A 的 TxC 与 RxC 引脚连接的时钟属性，输入“9.6k”，如图 8-18 所示。

（6）调试与仿真

仿真运行，仿真结果如图 8-19 所示，8251A 通过串行口输出发送数据，示波器上显示输出波形，虚拟终端显示输出字符和数据。

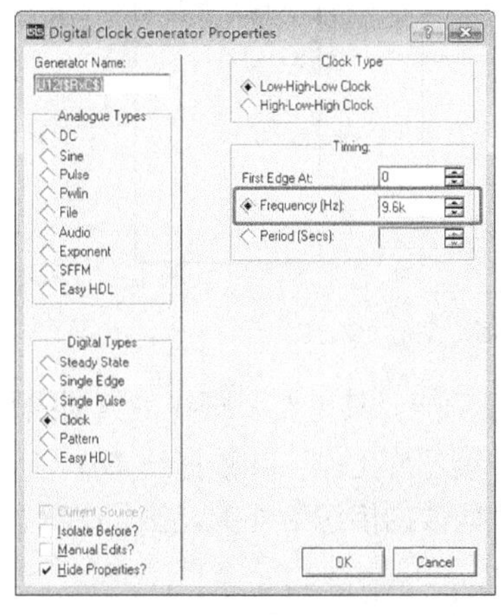

图 8-18　时钟属性设置

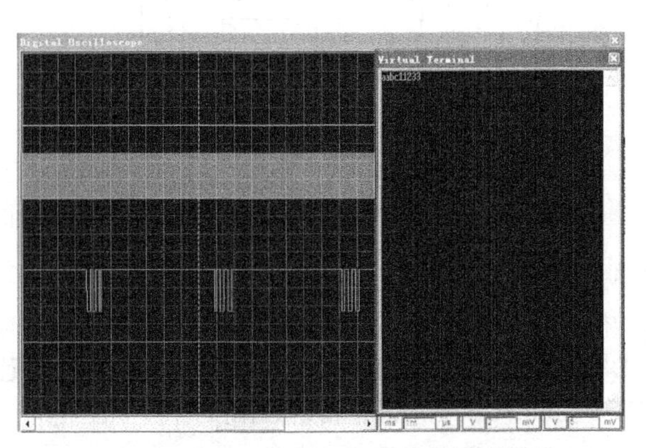

图 8-19　8251A 通过串行口输出数据的仿真结果

也可以通过单步或者断点调试程序观察寄存器或存储器的数据变化情况。

8.2　并行通信与可编程接口芯片及应用技术

本节在介绍并行通信基本概念的基础上，以可编程并行接口芯片 8255A 为例，介绍其功能结构、控制方法、工作方式、应用技术及 Proteus 仿真示例。

8.2.1　并行通信及接口的基本概念

1. 并行通信

并行通信方式是指同时使用多根数据线传输多位二进制数据，每一数据位的数据独自占用一根数据线。

在计算机系统中，并行通信一次可以传输 8 位、16 位或 32 位数据。并行通信的特点是传输速度快，具有 N 位数据线的并行通信的数据传输速率是串行通信数据传输速率的 N 倍。但由于并行传输线为多根位线密集并排在一起，不适合远距离传送。因此，并行通信仅应用在传输距离较短且数据传输速率要求较高的场合，如计算机与打印机、显示器和硬盘之间的通信。

实现计算机与外部设备进行并行通信的电路称为并行接口电路。

并行输出接口连接外部设备或用于瞬态量输入，应具有锁存功能。当应用系统 I/O 端口数量较少且功能单一时，接口电路只需要完成简单的 I/O 数据操作，可采用 I/O 数据缓冲器、锁存器等构成简单的 I/O 接口芯片，这种芯片实现的功能及控制信号等是固定的。

2. **简单并行 I/O 接口电路**

图 8-20 所示为由简单并行 I/O 接口芯片组成的接口电路。

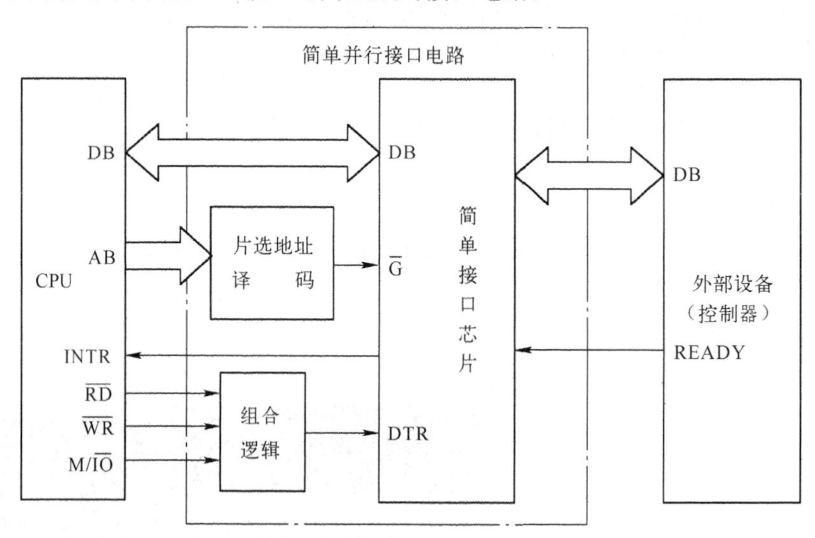

图 8-20 简单并行 I/O 接口电路

简单并行 I/O 接口芯片主要完成数据的锁存、I/O 缓冲等功能。其主要引脚线是数据线及 2～3 根使能控制线。在图 8-20 中，芯片内的 $\overline{G}$ 引脚为低电平时，该芯片工作，其数据线 DB 与 CPU 的数据线 DB 为接通状态，而 DTR 为 1 时，表示 CPU 通过芯片把数据传送给外部设备；DTR 为 0 时，表示 CPU 通过芯片读取外部设备的数据。

3. **可编程并行接口电路**

在一般情况下，可以根据用户的需要，使用可编程并行接口芯片设计并行接口电路。由可编程接口芯片实现的接口电路，其功能、状态、控制逻辑电平等可以通过用户程序进行控制，可以设计为单向输入、单向输出、双向功能或多通道接口电路，使用非常方便。

由可编程并行接口芯片组成的并行接口电路如图 8-21 所示。

（1）并行接口电路的特点

① 并行接口电路设有片选信号和片内端口地址的选择信号，如图 8-21 中片选信号 $\overline{CS}$ 由接口电路设计的译码器输出控制，片内地址选择信号 A1 和 A0 作为芯片内部译码，用于选择片内不同的端口操作。

② 并行接口电路与外部设备的连接部分设有进行联络的应答信号，如图 8-21 中外部设备的控制信号 S（状态信息）和 C（控制信息）。

③ 可编程并行接口电路实现几个 I/O 通道端口与外部设备的交换信息。

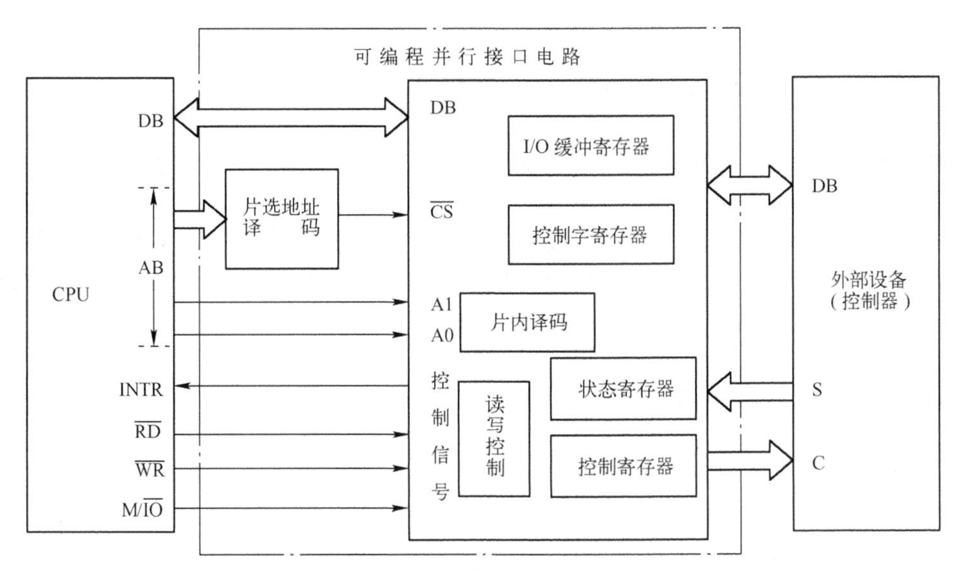

图 8-21　可编程并行接口电路

④ 并行接口电路可以实现以程序传送方式或中断传送方式与外部设备交换信息。

（2）并行接口电路输入过程

① 由外部设备控制器将准备就绪的数据通过数据线 DB 送入数据端口，并使数据准备就绪状态信号有效。

② 接口电路将数据接收并输入缓冲寄存器后，向外部设备发出输入数据有效信号，外部设备接收到有效信号后发出应答信号，以防止外部设备在 CPU 读取当前数据前输入下一个数据；同时置状态寄存器中的输入数据准备就绪状态位为有效信号，也可以向 CPU 发出中断请求信号。

③ 若 CPU 工作在程序查询方式，则在 CPU 读取状态位有效时，执行输入操作指令，读取当前数据线上的数据；若 CPU 工作在中断传送输入方式，则 CPU 接收中断请求信号 INTR 后，在满足中断响应的环境下，执行中断处理程序，读取当前数据线上的数据。

④ CPU 读取数据后，自动清除输入数据准备好状态位，并置输入应答信号为无效信号，外部设备在收到输入应答信号无效后，可以输入下一个数据。

（3）并行接口电路输出过程

① 接口电路中输出缓冲寄存器为空时，表示可以接收 CPU 输出数据的状态位为有效状态，该状态位可以接收 CPU 程序查询，其有效状态也可以作为向 CPU 发出的中断请求信号。

② 若 CPU 工作在程序查询输入方式，则 CPU 在读取状态位有效时，执行输出操作指令将数据写入输出缓冲寄存器；若 CPU 工作在中断传送输入方式，则 CPU 接收中断请求信号 INTR 后，在满足中断响应的环境下，执行中断处理程序，将数据写入输出缓冲寄存器。

③ 当输出缓冲寄存器获取 CPU 写入的数据后，自动清除输出缓冲寄存器为空状态位，以防止 CPU 再次写入数据，并输出有效信号为 1 以通知外部设备。

④ 外部设备接收到有效输出命令后启动接收数据，接收数据后，置输出缓冲寄存器为空的状态位为有效状态，CPU 输出下一个数据，重复执行上述步骤。

8.2.2　简单并行 I/O 接口芯片

对于简单外部设备的输入输出，可以用简单并行 I/O 接口电路。本节介绍几个常用的简单并行 I/O 接口芯片。

1. 并行输出接口芯片

8 位输出端口常用的锁存器有 74LS273、74LS377 等。

（1）74LS273

74LS273 是带清除端的 8D 触发器，上升沿触发，具有锁存功能。图 8-22 所示为 74LS273 的引脚图。

74LS273 的 D0～D7 为数据输入线，一般与 CPU 的数据线或地址线连接，Q0～Q7 为输出线。当引脚 CLR=0 时，芯片不工作且输出为 0；当 CLR=1 且在 CLK 的上升沿，输入信号 D0～D7 经输出线 Q0～Q7 输出；在 CLK=0 时，输入信号发生变化，但输出信号被锁存不变。

（2）74LS377

74LS377 是带有输出允许控制的 8D 触发器，上升沿触发，其引脚图如图 8-23 所示。

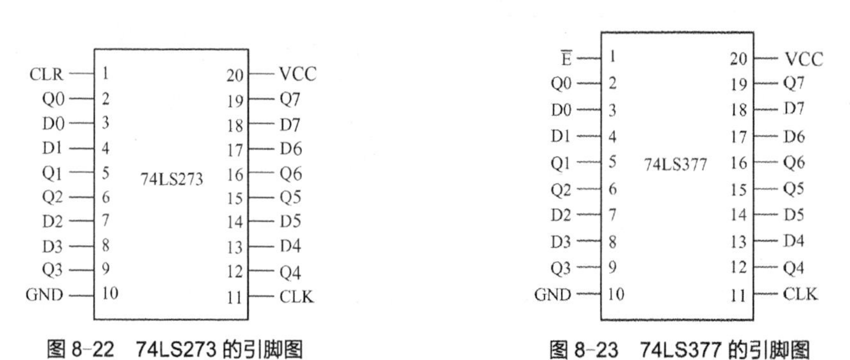

图 8-22　74LS273 的引脚图　　　图 8-23　74LS377 的引脚图

2. 并行输入接口芯片

扩展 8 位并行输入端口常用的三态门电路的芯片有 74LS244、74LS245 等。

（1）74LS244

74LS244 是一种三态输出的 8 位总线缓冲驱动器，无锁存功能，其引脚图和逻辑图如图 8-24 所示。

（2）74LS245

74LS245 是三态输出的 8 位总线收发器/驱动器，无锁存功能。该电路可将 8 位数据从 A 端送到 B 端或从 B 端送到 A 端（由方向控制信号 DIR 的电平决定），也可禁止传输（由使能信号 $\overline{G}$ 控制），其引脚图和功能表如图 8-25 所示。

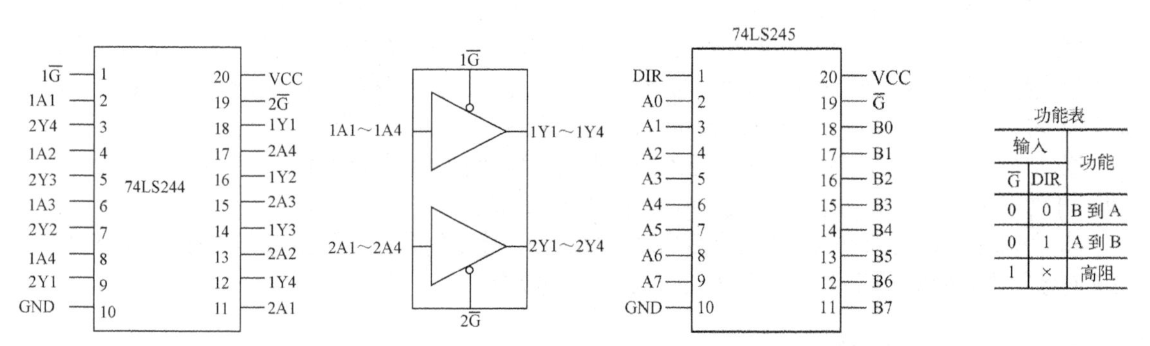

输入		功能
$\overline{G}$	DIR	
0	0	B 到 A
0	1	A 到 B
1	×	高阻

图 8-24　74LS244 的引脚图和逻辑图　　　图 8-25　74LS245 的引脚图和功能表

由 74LS245 功能表可知：当 $\overline{G}$=1 时，芯片处于高阻态；当 $\overline{G}$=0 且 DIR=0 时，数据由数据线 B0～B7 传输到 A0～A7；当 $\overline{G}$=0 且 DIR=1 时，数据由数据线 A0～A7 传输到 B0～B7。

8.2.3　可编程并行接口芯片 8255A

Intel 系列的可编程并行接口芯片 8255A 是通用并行 I/O 接口芯片。该芯片广泛用于微型计算机系统中，用户可编程有多种操作选择方式，通用性强、使用灵活。8255A 为 CPU 与外部设备之间提供并行 I/O 通道，CPU 通过 8255A 可直接接与外部设备连接。

1. 8255A 的基本性能

8255A 的基本性能包括以下方面。

① 8255A 具有 3 个相互独立的、带有锁存或缓冲功能的 I/O 端口，即端口 A、端口 B、端口 C。

② A、B、C 这 3 个端口可以联合使用，具有 3 种可编程工作方式，即基本 I/O 方式、选通 I/O 方式、双向选通 I/O 方式。

③ 支持无条件传送方式、程序查询方式和中断传送方式完成 CPU 与外部设备之间的数据传送。

④ 可以编程实现对通道 C 某一位的输入输出，具有灵活方便的位操作功能。

2. 8255A 的结构及其引脚功能

8255A 的内部结构主要包括：I/O 数据端口 A、端口 B 和端口 C；A 组控制电路和 B 组控制电路；读/写控制逻辑电路；数据总线缓冲器，如图 8-26 所示。

8255A 具有 24 个 I/O 引脚，为 40 脚双列直插式大规模集成电路，其引脚图如图 8-27 所示。

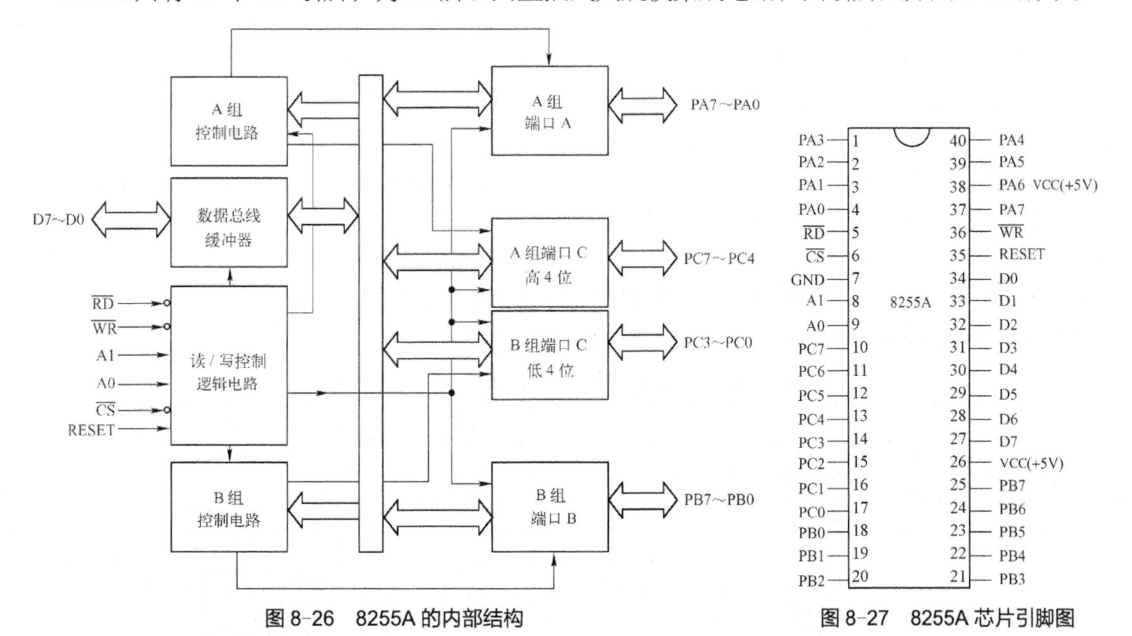

图 8-26　8255A 的内部结构

图 8-27　8255A 芯片引脚图

8255A 的内部结构可分为 3 部分：与 CPU 连接的接口部分、与外部设备连接的接口部分及内部控制逻辑部分。下面分别介绍各部分结构及引脚功能。

（1）与 CPU 连接的接口部分

与 CPU 连接的接口部分有数据总线缓冲器、读/写控制逻辑电路。这部分主要完成数据传送及逻辑控制。

数据总线缓冲器是一个 8 位双向三态缓冲器，其 8 位数据线直接与 CPU 数据总线连接，CPU 与 8255A 的所有信息（包括数据、控制字及状态信息）必须由此传送。

读/写控制逻辑电路的功能如下。

① 接收 CPU 发出的地址信息经译码电路产生的片选信号，以确定是否选中该片；接收片内端

口地址信号，以确定片内端口。

② 接收 CPU 发出的读/写控制命令。

③ 发出控制命令，控制 A 组、B 组的数据总线缓冲器接收 CPU 数据或把外部设备的输入信息送入数据总线缓冲器。

与 CPU 连接的引脚功能如下。

D7～D0：8255A 数据线，8 位，双向三态。一般连接在 CPU 数据总线的低 8 位，是 CPU 与 8255A 交换信息的唯一通道。

$\overline{CS}$：片选信号，输入，低电平有效。$\overline{CS}$=0，表示当前 8255A 芯片数据线 D0～D7 与 CPU 的数据总线接通，8255A 被选中。$\overline{CS}$ 引脚由 CPU 发送到地址总线的信息经译码器产生的输出信号控制。

$\overline{RD}$：读控制信号，低电平有效，输入。CPU 读取 8255A 数据时，该信号必须为低电平。该引脚一般接在 CPU 的 $\overline{RD}$ 引脚，在执行 IN 输入指令时，CPU 的读控制引脚 $\overline{RD}$ 将会输出低电平控制该引脚有效。

$\overline{WR}$：写控制信号，低电平有效，输入。CPU 写入 8255A 数据或控制字时，该信号必须为低电平。该引脚一般接在 CPU 的 $\overline{WR}$ 引脚，在执行 OUT 输出指令时，CPU 的写控制引脚 $\overline{WR}$ 将会输出低电平控制该引脚有效。

RESET：复位信号，高电平有效，输入。复位后，所有片内寄存器清 0。同时，端口 A、B、C 自动设定为输入端口。

A1、A0：片内端口地址选择信号，输入。8255A 内部有 3 个数据端口和 1 个控制端口（共 4 个端口），用 A1、A0 两位代码的不同组合（00、01、10、11），分别表示端口 A、端口 B、端口 C、控制端口的片内地址。

A1、A0 一般分别连接在 CPU 地址总线的低两位。对于 8086 系统，当 8255A 的数据线连接在 CPU 数据总线的低 8 位时，由于低 8 位数据线必须对应访问偶地址端口，因此，必须定义 8255A 内部的 4 个端口地址均为偶地址。为此，A1 和 A0 应分别连接在 CPU 地址总线的 A2 和 A1，且置地址总线的 A0=0，这样，就可使 8255A 的 4 个端口的地址为 4 个连续的偶地址。

8255A 控制引脚的不同组合和可实现的操作见表 8-2。

表 8-2 8255A 控制引脚的不同组合和可实现的操作

$\overline{CS}$	A1 A0	$\overline{RD}$	$\overline{WR}$	读写操作
0	0 0（端口 A）	1	0	CPU 写入端口 A 的数据
0	0 1（端口 B）	1	0	CPU 写入端口 B 的数据
0	1 0（端口 C）	1	0	CPU 写入端口 C 的数据
0	1 1（控制端口）	1	0	CPU 写入控制字寄存器的数据
0	0 0（端口 A）	0	1	CPU 读端口 A 的数据
0	0 1（端口 B）	0	1	CPU 读端口 B 的数据
0	1 0（端口 C）	0	1	CPU 读端口 C 的数据
1	× ×	×	×	8255A 中 D7～D0 呈高阻态
0	1 1	0	1	非法

例如：设地址总线为 A15～A0，其中 A15～A3 为 8255A 的片选地址，A0=0。

地址总线 DB：

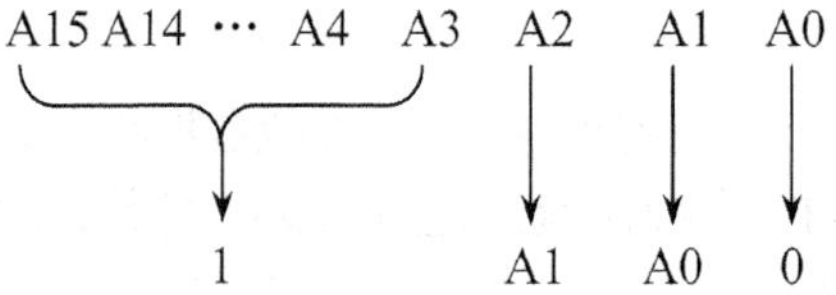

8255A 的端口 A 的地址为 0FFF8H，其他 3 个端口的地址依次递增 2。

设端口 A 为输入端口、端口 B 为输出端口，有下列指令：

```
MOV  DX, 0FFF8H
IN    AL,  DX
MOV  DX, 0FFFAH
OUT  DX,  AL
```

上述指令执行后，CPU 读取 8255A 数据端口 A 的内容到 AL 中，将 AL 的内容输出到数据端口 B。

（2）与外部设备连接的接口部分

8255A 内部包括 3 个 8 位的 I/O 端口：端口 A、端口 B、端口 C。这些端口既可以独立使用，也可以组合成具有控制状态信息的 A 组或 B 组使用。

① 端口 A。数据输入输出双向端口：输入端口内含一个 8 位的数据输入锁存器；输出端口内含一个 8 位的数据输出锁存器/缓冲器。

该端口作为输入端口时，对输入数据具有锁存功能；作为输出端口时，对 CPU 写入的数据具有锁存功能。

该端口可以工作于 3 种方式（见 8.2.4 小节）中的任何一种。

② 端口 B。数据输入输出双向端口：输入端口内含一个 8 位的数据输入缓冲器；输出端口内含一个 8 位的数据输出锁存器/缓冲器（同端口 A）。

该端口作为输入端口时，对输入数据不具有锁存功能；作为输出端口时，对 CPU 写入的数据具有锁存功能。

该端口可以工作于方式 0 和方式 1。

③ 端口 C。端口 C 具有 I/O 口、状态口及置位/复位三重功能。

- 端口 C 作为数据输入输出双向端口。

输入端口内含一个 8 位的数据输入缓冲器；输出端口内含一个 8 位的数据输出锁存器/缓冲器（同端口 A）。该端口作为输入端口时，对输入数据不具有锁存功能；作为输出端口时，对 CPU 写入的数据具有锁存功能。

在工作方式控制字的控制下，端口 C 分为两个 4 位的端口（端口 C 高 4 位和低 4 位），每个 4 位端口都有 4 位的锁存器，可以分别定义为输入端口或输出端口，以方便用户自行定义各个位的使用方式。

端口 C 不能工作于方式 1 和方式 2。

- 端口 C 作为控制信号和状态信号的端口。

端口 A 和端口 B 工作在方式 1 或方式 2 时，芯片内部定义端口 C 部分位用来作为端口 A 与端口 B 的控制信号和状态信号。

将端口 C 作为控制信号的端口 A 和端口 B 分别称为 A 组和 B 组。

- 端口 C 具有置位/复位功能。

可以通过控制字对端口 C 的每一位进行置位/复位操作，实现位控功能。

3 个端口与外部设备连接的引脚功能如下。

① PA7～PA0：端口 A 的数据线、8 位、双向。

② PB7～PB0：端口 B 的数据线、8 位、双向。

③ PC7～PC0：端口 C 的数据线、8 位、双向。

在需要联络信号与外部设备交换信息时，PC7～PC4 作为联络信号与数据端口 A 组成 A 组端口；PC3～PC0 作为联络信号与数据端口 B 组成 B 组端口。

（3）内部控制逻辑部分

内部控制逻辑部分由 A、B 两组控制电路组成，主要作用是根据 CPU 送来的控制字控制 A 组端口和 B 组端口的工作方式。

A 组和 B 组控制电路的作用：A 组控制电路控制端口 A 及端口 C 的高 4 位；B 组控制电路控制端口 B 及端口 C 的低 4 位。

控制电路也可接收 CPU 编程的控制字，根据控制字的要求对端口 C 按位进行置位或复位。

8.2.4 8255A 控制字及工作方式

8255A 各端口可以有 3 种不同的工作方式和输入输出工作状态。如何灵活方便地选择 8255A 的工作方式和工作状态，需要由 CPU 编程设定在 8255A 内部的已经定义好的控制字决定，并将其写入芯片的控制端口。用户可以根据需要设置不同的控制字来实现不同的工作方式和工作状态。

由 CPU 编程写入 8255A 控制端口的一组控制字称为初始化程序。

8255A 定义了两种控制字：工作方式控制字；专用于端口 C 的置位/复位控制字。

由于两种控制字都必须写入同一个控制端口，因此控制字规定由最高位 D7 位来区分工作方式控制字（D7=1）和置位/复位控制字（D7=0）。

8255A 的 3 种工作方式如下。

① 方式 0：基本 I/O 方式。

② 方式 1：选通 I/O 方式。

③ 方式 2：双向选通 I/O 方式。

1. 8255A 控制字

（1）工作方式控制字（8 位）

工作方式控制字用来定义 8255A 端口的工作方式和 I/O 工作状态。

工作方式控制字各位的定义如图 8-28 所示。

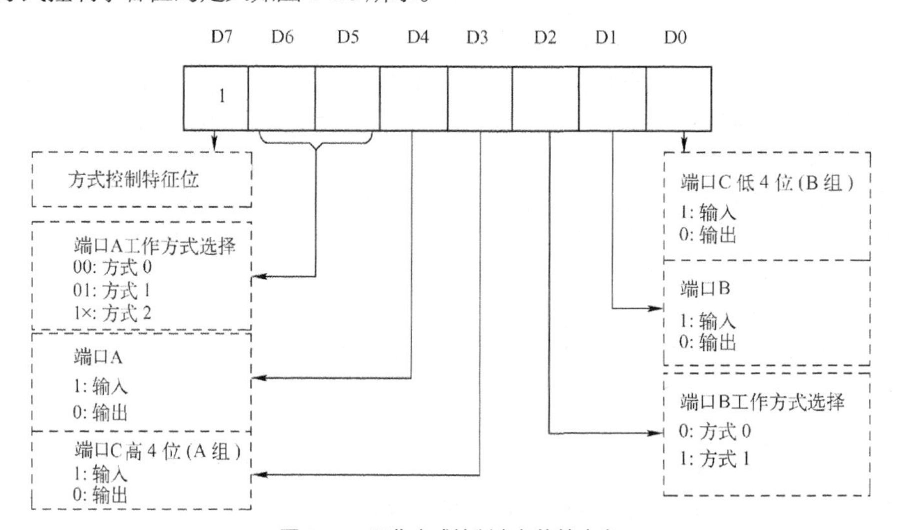

图 8-28 工作方式控制字各位的定义

D7=1 为方式控制特征位，表示该字节为工作方式控制字。

D6～D3 位为 A 组控制位，D2～D0 为 B 组控制位。

端口 A 可以选择工作在方式 0、方式 1 或方式 2。

端口 B 只能选择工作在方式 0 或方式 1。

端口 C 只能工作在方式 0。

【例 8-5】 已知 8255A 端口 A 的地址为 4A00H（使用偶地址），若设端口 A 为输入端口，工作方式为方式 1；端口 B 为输出端口，工作方式为方式 0；端口 C 高 4 位输入，低 4 位输出，设置 8255A 工作方式控制字并编写初始化程序。

已知端口 A 的地址为 4A00H，则端口 B、端口 C、控制端口的地址分别为 4A02H、4A04H、4A06H。

工作方式控制字为：10111000B=0B8H。

初始化程序如下。

```
MOV  DX, 4A06H
MOV  AL, 0B8H
OUT  DX, AL
```

（2）端口 C 置位/复位控制字

在很多控制系统中，常需要进行位控操作，设置端口 C 置位/复位控制字，可以对端口 C 的各个位进行控制。

置位/复位控制字格式如图 8-29 所示。

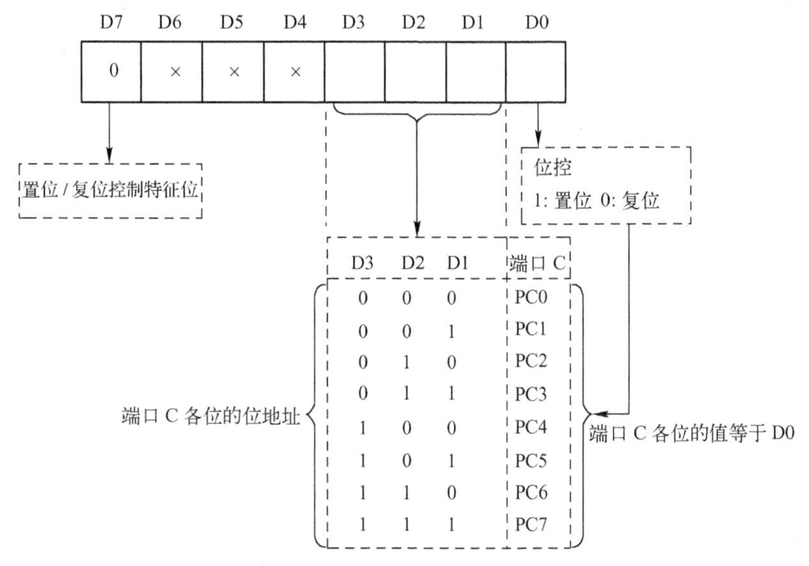

图 8-29　置位/复位控制字格式

D7=0：为置位/复位控制特征位，表示该字节为端口 C 置位/复位控制字。

D6～D4 位：未定义。

D3、D2、D1 位：端口 C 的 PC7～PC0 的位地址选择。

D0 位：对由位地址所确定的端口 C 的某一位置位（D0=1）或复位（D0=0）。

在使用端口 C 置位/复位控制字进行操作时应注意以下方面。

① 一个控制字只能对端口 C 的其中一位的输出信号进行位控。若要输出两个位信号，则需要设置两个这样的控制字。例如，将端口 C 中 PC3 置 1，PC5 置 0，则对应的两个端口 C 置位/复位控制字是 00000111B 和 00001010B。

② 尽管控制字是对端口 C 的各个位进行置 1 或置 0 操作，但此控制字必须写入控制端口，而不是写入端口 C。

【例 8-6】 已知 8255A 端口地址为 4A00H、4A02H、4A04H、4A06H。设置端口 C 的 PC7 引脚输出高电平 1，对外部设备进行位控。

置位/复位控制字为：00001111B=0FH。

初始化程序如下。

```
MOV  DX, 4A06H
MOV  AL, 0FH
OUT  DX, AL
```

【例 8-7】 已知 8255A 端口地址为 4A00H、4A02H、4A04H、4A06H。设置端口 C 的 PC5 引脚输出高电平，PC3 引脚输出低电平，PC7 引脚输出连续的 100 个方波脉冲信号。

初始化程序如下。

```
         MOV  DX, 4A06H
         MOV  AL, 0BH          ;PC5=1
         OUT  DX, AL
         MOV  AL, 06H          ;PC3=0
         OUT  DX, AL
         MOV  CX, 64H          ;循环 100 次
NEXT:    MOV  AL, 0FH          ;PC7=1
         OUT  DX, AL
         CALL  DELAY           ;延时
         MOV  AL,0EH           ;PC7=0
         OUT  DX, AL
         CALL  DELAY
         LOOP  NEXT            ;未循环完转至 NEXT
         ...
DELAY:   PUSH CX
         MOV BL,10H
LOP1:    MOV CX,0FFH
LOP2:    NOP
         NOP
         LOOP  LOP2
         DEC  BL
         JNZ  LOP1
         POP  CX
         RET
```

2. 8255A 的工作方式

（1）方式 0

方式 0 为 8255A 的基本 I/O 方式。它适用于工作在无须握手信号的简单 I/O 应用场合。

在方式 0 下，端口 A、端口 B、端口 C 的高 4 位和低 4 位都可以进行输入或输出数据传送，不使用联络信号，也不使用中断。CPU 对端口的访问一般采用无条件传输方式，若使用端口 C 的两部分分别作为 A 组和 B 组的控制线及状态线，与外设的控制端和状态端相连，则 CPU 可以采用程序查询方式与外部设备交换信息。

在方式 0 下，所有端口输出均有锁存缓冲功能，端口 C 还具有按位置位/复位功能。

【例 8-8】 已知 8255A 的 A1、A0 引脚分别连接地址总线的 A1、A0（没有限制奇偶地址时），端口地址分别为 80H、81H、82H、83H。设置端口 A 工作在方式 0，输出；端口 B 工作在方式 0，输入；端口 C 高 4 位输出、低 4 位输入。

工作方式控制字为：10000011B。

初始化程序如下。

```
MOV  AL,10000011B
OUT  83H,  AL
```

在 8086 系统中，8255A 的 A1、A0 引脚分别连接 8086 地址总线的 A2、A1（A0=0，偶地址），端口地址分别为 80H、82H、84H、86H，相同工作方式的控制字不变。

初始化程序如下。

```
MOV  AL,10000011B
OUT  86H,  AL
```

【例 8-9】 已知 8255A 端口地址为 02A00H、02A02H、02A04H、02A06H。

设置 8255A 端口 A 工作于方式 0，输出，作为外部设备（打印机）与 CPU 的接口，如图 8-30 所示。

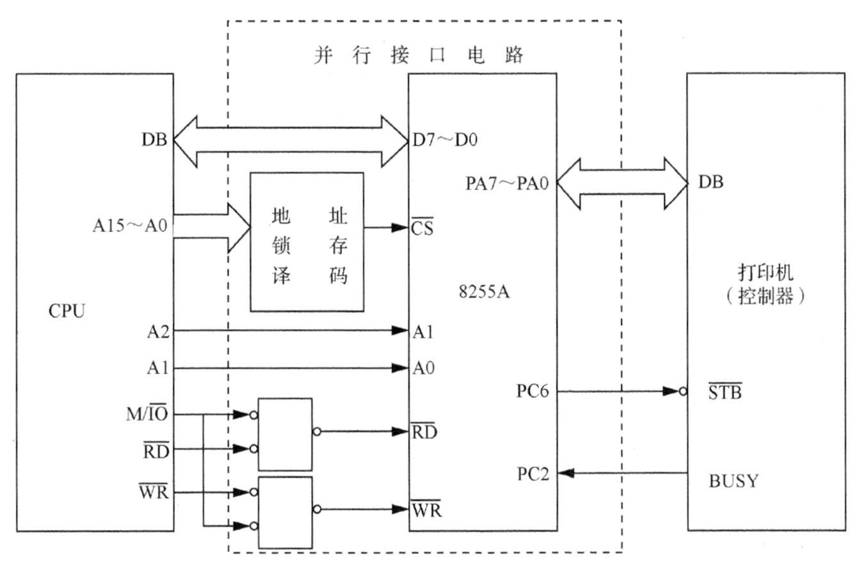

图 8-30　8255A 工作于方式 0 时 CPU 与打印机的接口

CPU 地址线的 A15～A0 作为片选地址，A2、A1 作为 8255A 的片内端口地址。8255A 的 A1、A0 引脚分别连接系统总线的 A2、A1（A0=0），设打印机的 $\overline{STB}$ 信号为数据选通信号，BUSY 信号为工作状态信号。

其时序工作过程如下。

① CPU 需要执行打印操作时，CPU 通过 8255A 的 PC2 引脚查询测试打印输出状态引脚信号 BUSY。BUSY=1 时，打印机处在工作忙状态；BUSY=0 时，打印机处于准备好状态。

② 当 BUSY=0 时，CPU 执行输出指令，把需要打印的数据送入数据总线后，CPU 通过 8255A 的 PC6 引脚发出的负脉冲控制打印机的数据选通信号。

③ 打印机接收到数据选通信号后，置 BUSY=1，CPU 暂不能输出下一个数据，同时打印机接收数据总线上的数据。

④ 打印机完成打印操作后，BUSY=0，CPU 重复以上操作。

源程序如下。

```
DATA     SEGMENT
SRC1     DB  "HELLO WORLD...END"                ;数据段内要打印的数据
CNT      EQU  $-SRC1                            ;CNT 为要打印的数据的长度
DATA     ENDS
STACK    SEGMENT  PARA  STACK  'STACK'
BUF      DB 100 DUP(?)
STACK    ENDS
CODE     SEGMENT  PARA  PUBLIC 'CODE'
         ASSUME  CS:CODE, DS:DATA, SS:STACK
START:   MOV AX, DATA
         MOV DS, AX                             ;设置数据段寄存器，以上是通用结构
         LEA SI, SRC1                           ;下面为 8255A 初始化及打印程序块
         MOV CX,CNT
         MOV AL,81H                             ;A 组方式 0，PA 输出，B 组方式 0
         MOV DX, 2A06H                          ;PC 低 4 位输入
         OUT DX,AL                              ;控制端口←方式选择控制字
         MOV AL,0DH                             ; PC6 置 1，0DH=00001101，无数据输出
         OUT DX,  AL
WAIT:    MOV DX, 2A04H
```

```
          IN   AL,DX                          ;读C口
          TEST AL,04H                         ;测试PC2，打印机忙否
          JNZ  WAIT                           ;PC2=1，打印机忙，转至WAIT继续测试
          MOV  AL,  [SI]                      ;PC2=0，传送数据
          MOV  DX,  2A00H
          OUT  DX,  AL                        ;送PA口
          MOV  DX,  2A06H
          MOV  AL,  0CH
          OUT  DX,  AL                        ;置PC6=0，通知打印机取数据
          NOP
          NOP
          NOP
          INC   AL
          OUT  DX,  AL                        ;置PC6=1
          INC  SI
          LOOP WAIT
          MOV  AH,  4CH
          INT  21H
CODE      ENDS
          END  START
```

（2）方式1

方式1也称选通I/O方式。在方式1下，输入端口或输出端口都要在选通信号（应答）控制下实现数据传送，端口A或端口B用作数据口。由于8255A内部未设专用状态字及与外部设备之间的控制信息，端口C的部分引脚由8255A内部定义用作位控应答信号或中断请求信号。端口A借用端口C的一些信号线用作控制线和状态线，组成A组；端口B借用端口C的一些信号线用作控制线和状态线，组成B组。端口A和端口B无论作输入端口还是输出端口，均具有锁存缓冲功能。

在方式1下，CPU可以通过程序查询方式或中断方式进行数据传送。

① 方式1的端口输入。

在方式1下，端口A、端口B用作输入端口时，端口C的引脚定义及状态字如图8-31所示。

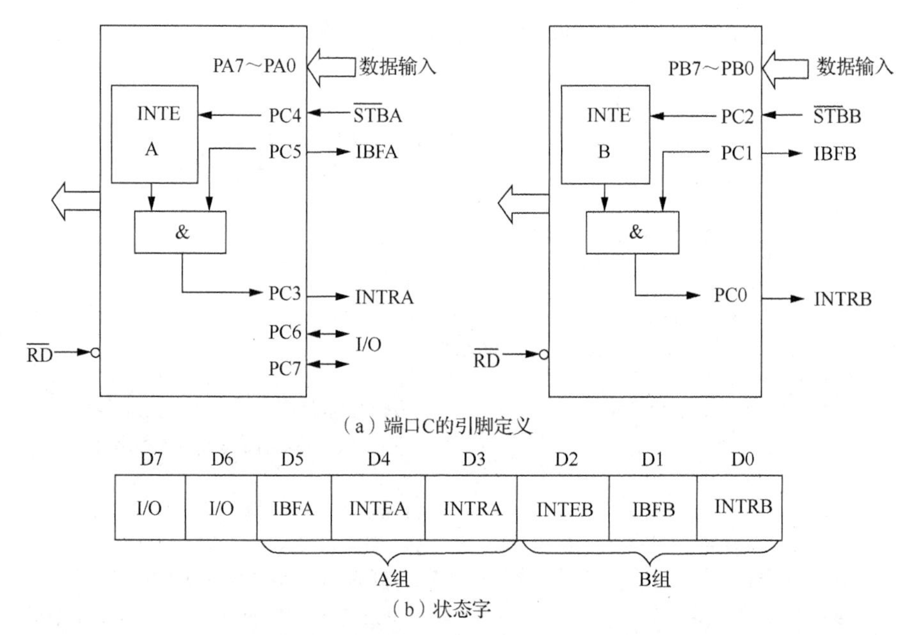

图8-31　8255A工作于方式1输入时端口C的引脚定义及状态字

$\overline{STB}$：选通输入信号、低电平有效。当外部输入设备将数据送入端口 A 或端口 B 时，该信号作为外部设备发送给 8255A 的控制信号。

该信号在端口 A 输入时经端口 C 的 PC4 引脚输入；在端口 B 输入时经端口 C 的 PC2 引脚输入。

IBF：输入缓冲器满输出信号、高电平有效。当 8255A 的输入锁存器接收到数据时，IBF=1。该信号可以作为 8255A 对外部设备的应答信号，同时也供 CPU 查询，当 IBF=1 时，CPU 即可执行输入指令读取 8255A 端口 A 或端口 B 的数据。该引脚在 $\overline{STB}$ 的下降沿置位，在 $\overline{RD}$ 的上升沿（读周期结束）复位。

该信号在端口 A 输入时由端口 C 的 PC5 引脚输出；在端口 B 输入时由端口 C 的 PC1 引脚输出。

INTR：用作中断请求信号，输出，高电平有效。该引脚是 8255A 向 CPU 发出的中断请求信号。当外部设备的数据送入 8255A 的输入锁存器，使 IBF、$\overline{STB}$ 和 INTE（中断允许）均为高电平时，INTR=1，向 CPU 申请中断。或者说，在中断允许的前提下，输入选通信号（$\overline{STB}$ 为高电平）结束时，外部设备已经将数据送入 8255A 的输入锁存器，这时 8255A 向 CPU 提出中断请求，CPU 采用中断传送方式来读取 8255A 输入锁存器中的数据。

该信号在端口 A 输入时由端口 C 的 PC3 引脚输出；在端口 B 输入时由端口 C 的 PC0 引脚输出。

INTE：中断屏蔽/允许信号、高电平有效，片内控制逻辑。该信号为高电平时，片内发出中断请求的与门处于开状态，这时与门的输出（INTR）只受与门另一输入端 IBF 信号的控制；该信号为低电平时，片内发出中断请求的与门关闭，这时与门的输出（INTR）与其输入端 IBF 信号无关。由图 8-31 可以看出，INTE 由内部的中断控制触发器发出的允许中断或屏蔽中断的信号。INTE 没有外部引出端，它只能利用端口 C 的按位置位/复位的功能使其置 1 或清 0，端口 A 的 INTE 由 PC4 引脚控制，端口 B 的 INTE 由 PC2 引脚控制。需要指出的是，在方式 1 输入时，PC4 和 PC2 的置位/复位操作分别用于控制端口 A 和端口 B 的中断允许信号，这是 8255A 的内部状态操作，这一操作不影响端口 C 相同位 PC4 和 PC2 引脚的逻辑状态，因为引脚 PC4 和 PC2 是外部设备输入给端口 A 和端口 B 的数据选通输入信号。

例如，端口 A、端口 B 均工作在方式 1 输入状态下。允许端口 A 发送中断请求，禁止端口 B 发送中断请求。控制端口地址为 83H，初始化程序为：

```
MOV   AL,  10110110B
OUT   83H, AL
MOV   AL,  00001001B
OUT   83H, AL
MOV   AL,  00000100B
OUT   83H, AL
```

在方式 1 下，没有定义的端口 C 的引脚 PC6、PC7，可以作为 I/O 引脚正常使用。

② 方式 1 的端口输出。

在方式 1 下，端口 A、端口 B 用作输出端口时，端口 C 的引脚定义及状态字如图 8-32 所示。

$\overline{OBF}$：输出缓冲器满信号，输出，低电平有效。当 CPU 将数据送入端口 A 或端口 B 时，该信号有效，作为 8255A 发送给外部设备的启动控制信号。这时，外部设备可以从相应端口取走数据。

该信号在端口 A 输出时由端口 C 的 PC7 引脚输出；在端口 B 输出时由端口 C 的 PC1 引脚输出。

$\overline{ACK}$：外部输出设备响应信号，输入，低电平有效。当外部设备取走数据时，发给 8255A 应答信号，同时置 $\overline{OBF}$=1。

该信号在端口 A 输入时由端口 C 的 PC6 引脚输入；在端口 B 输入时由端口 C 的 PC2 引脚输入。

INTR：中断请求信号，输出，高电平有效。

该信号用作 8255A 向 CPU 发出的中断请求信号。当外部设备取走数据，使 8255A 的输出锁存器为空且 8255A 内部允许中断请求时，即 $\overline{OBF}$、$\overline{ACK}$ 和 INTE 同时为高电平时，该引脚为高电平，INTR=1，8255A 向 CPU 申请中断。CPU 可以采用中断传送方式向 8255A 写入下一个数据。

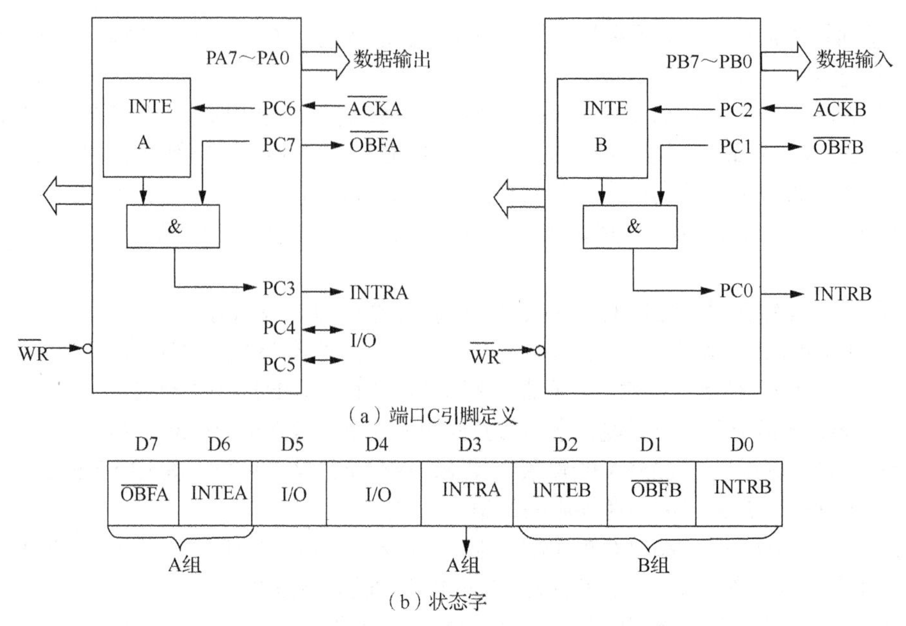

（a）端口C引脚定义

（b）状态字

图 8-32　8255A 工作于方式 1 输出时端口 C 的引脚定义及状态字

该信号在端口 A 输出时经端口 C 的 PC3 引脚输出；在端口 B 输出时经端口 C 的 PC0 引脚输出。

INTE：中断屏蔽/允许信号，其逻辑功能和含义同方式 1 输入。即它也只能利用端口 C 的按位置位/复位功能来使其置 1 或清 0，端口 A 的 INTE 由 PC6 引脚控制，端口 B 的 INTE 由 PC2 引脚控制。需要指出的是，在方式 1 输出时，PC6 和 PC2 引脚的置位/复位操作分别用于控制端口 A 和端口 B 的中断允许信号，这是 8255A 的内部操作。尽管 PC6 和 PC2 引脚分别为端口 A 和端口 B 的 $\overline{\text{ACK}}$ 信号，但 INTE 不受 $\overline{\text{ACK}}$ 信号的影响。

（3）方式 2

方式 2 也称双向选通 I/O 方式，该方式仅适用于端口 A。

在方式 2 下，端口 A 的 PA7～PA0 作为双向的数据总线，外部设备既能通过端口 A 发送数据，又能接收数据；端口 A 在输入和输出时均具有锁存功能；CPU 可以通过程序查询方式或中断方式进行数据传送。

端口 C 的 5 个引脚由 8255A 定义，用作位控应答信号或中断请求信号。其引脚定义及状态字如图 8-33 所示。

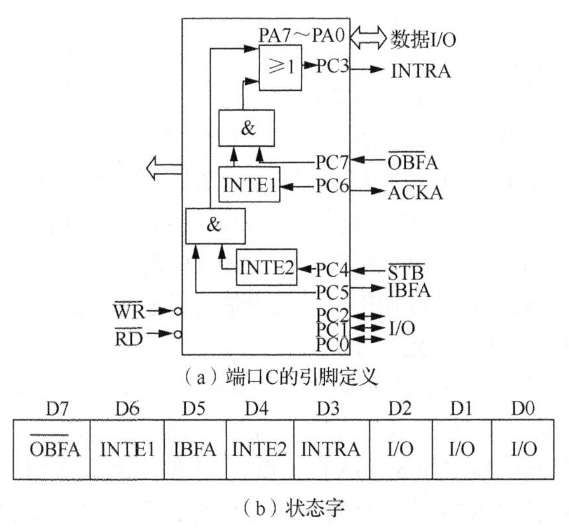

（a）端口C的引脚定义

（b）状态字

图 8-33　8255A 工作于方式 2 输出时端口 C 的引脚定义及状态字

INTRA：中断请求信号，输出，高电平有效。在方式 2 下，端口 A 在输入输出时均使用该引脚向 CPU 发出中断请求信号。

端口 A 作为输入端口时，当外部设备的数据送入 8255A 的输入锁存器，使 IBF、$\overline{\text{STB}}$ 和 INTE1（输入中断允许）均为高电平时，INTRA=1，8255A 向 CPU 申请中断，CPU 采用中断传送方式来读取位于 8255A 输入锁存器中的数据。输入中断允许 INTE1 利用按位置位/复位功能使 PC6 置 1 来控制。

端口 A 作为输出端口时，当外部设备取

走数据后，使 8255A 的输出锁存器为空且 INTE2（输出中断允许）为高电平时，INTRA=1，8255A 向 CPU 申请中断，CPU 可以采用中断传送方式向 8255A 写入下一个数据。输出中断允许 INTE2 利用按位置位/复位功能使 PC4 置 1 来控制。

端口 C 其他引脚的定义同方式 1。

在方式 2 下，端口 B 及 PC0～PC2 的工作方式选择不受影响。

从以上 8255A 的 3 种工作方式可以看出：在方式 0 下，3 个端口可以任意选择为输入端口或输出端口，由于芯片内部没有定义控制信号和状态信号，用户可以自行设定端口 C 各位的含义；在方式 1 下，定义了端口 C 的某些位作为控制信号及状态信号，该方式只适用于端口 A 和端口 B 作为选通输入端口或输出端口；在方式 2 下，仅适用于端口 A 为双向选通输入输出，定义了端口 C 的某些位作为控制信号及状态信号，而端口 B 的工作方式不受影响。3 个端口相互独立又有关联，可以单独使用，互不影响，也可以配合使用，用户可以根据设计需求通过编程选择任一工作方式和 I/O 状态。

表 8-3 列出了 8255A 各端口在各种工作方式下的功能。

表 8-3　8255A 各端口在各种工作方式下的功能

端口	方式 0 输入	方式 0 输出	方式 1 输入	方式 1 输出	方式 2（A 组）
PA7～PA0	IN	OUT	IN	OUT	IN/OUT
PB7～PB0	IN	OUT	IN	OUT	方式 0/1
PC0	IN	OUT	INTRB	INTRB	I/O
PC1			IBFB	$\overline{\text{OBFB}}$	I/O
PC2			$\overline{\text{STBB}}$	$\overline{\text{ACKB}}$	I/O
PC3			INTRA	INTRA	INTRA
PC4			$\overline{\text{STBA}}$	I/O	$\overline{\text{STBA}}$
PC5			IBFA	I/O	IBFA
PC6			I/O	$\overline{\text{ACKA}}$	$\overline{\text{ACKA}}$
PC7			I/O	$\overline{\text{OBFA}}$	$\overline{\text{OBFA}}$

注意

在方式 1、方式 2 下，端口 C 的状态信号与引脚信号的区别。例如，方式 1 输入时，PC4 和 PC2 接收外部设备发出的联络信号 $\overline{\text{STB}}$；而作为状态信号的 INTEA 和 INTEB 表示中断允许触发器的状态。

3. 8255A 初始化编程

8255A 在使用前必须进行初始化编程，即将相关的方式控制字和端口 C 置位/复位控制字写入 8255A 控制端口，以设定接口芯片的工作方式、中断允许控制和选择芯片的接口功能。

注意

两种不同类型的控制字应写入同一个控制端口。

初始化步骤如下。

（1）确定 8255A 控制端口地址，根据要求设计好工作方式控制字并写入控制端口。

（2）在方式 1 或方式 2 下，设置中断允许置位/复位控制位，将其写入 8255A 的控制端口。

注意

不同的工作方式、不同的端口，其中断允许控制位不一定相同。例如，工作在方式 1 下，端口 A 输入时的中断允许控制位为 PC4，允许中断的控制字为 00001001B；工作在方式 2 下，端口 A 输出时的中断允许控制位为 PC6，允许中断的控制字为 00001101B。

8.2.5 8255A 应用实例

1. 7 段 LED 显示器

用 LED 显示器作状态指示器具有电路简单、功耗低、寿命长、响应速度快等特点。LED 显示器是由若干个发光二极管组成显示字段的显示元器件，应用系统中通常使用 7 段 LED 显示器，如图 8-34 所示。

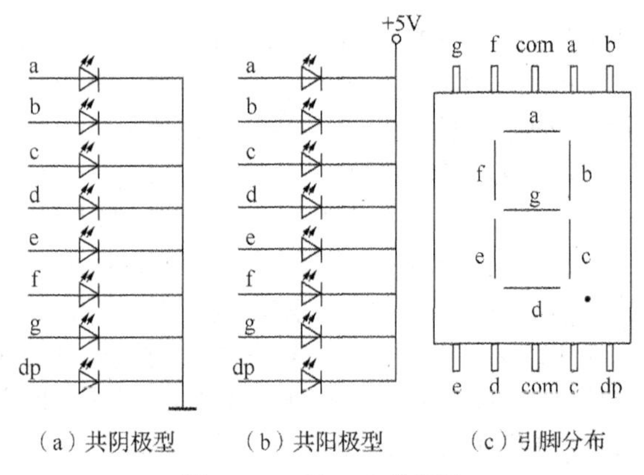

图 8-34 7 段 LED 显示器

以共阳极型为例，各 LED 公共阳极接电源，如果向控制端 a,b,c,⋯,g,dp 送入 00000011 信号，则该显示器显示“0”。

控制显示各数码加在数码管上的二进制数称为段码，若段码按格式 dp,g,⋯,c,b,a 形成，则显示各数码共阴极和共阳极 7 段 LED 数码管所对应的段码，见表 8-4。

表 8-4 7 段 LED 数码管的段码

显示数码	共阴极型段码	共阳极型段码	显示数码	共阴极型段码	共阳极型段码
0	3FH	C0H	A	77H	88H
1	06H	F9H	B	7CH	83H
2	5BH	A4H	C	39H	C6H
3	4FH	B0H	D	5EH	A1H
4	66H	99H	E	79H	86H
5	60H	92H	F	71H	8EH
6	70H	82H			
7	07H	F8H			
8	7FH	80H			
9	6FH	90H			

2. 8255A 并行接口电路

下面用 8255A 作为 LED 数码管及 4 位开关与 CPU 的并行接口，要求按照开关的二进制编码状态显示相应的数码，其接口电路如图 8-35 所示。

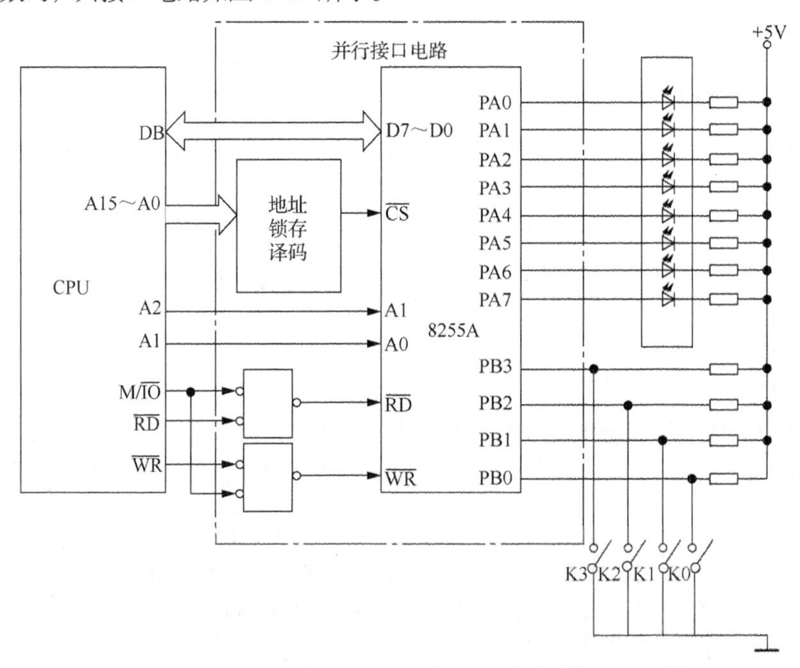

图 8-35 CPU 通过 8255A 与开关及 7 段 LED 显示器的接口电路

设当开关 K3、K2、K1、K0 未合上时，各开关控制的位线为高电平 1；开关接通时，各开关控制的位线为低电平 0。开关状态、数字及 LED 段码的关系见表 8-5。

表 8-5　开关状态、数字及 LED 段码的关系

K3	K2	K1	K0	数字	共阳极段码
0	0	0	0	0	C0H
0	0	0	1	1	F9H
0	0	1	0	2	A4H
0	0	1	1	3	B0H
0	1	0	0	4	99H
0	1	0	1	5	92H
0	1	1	0	6	82H
0	1	1	1	7	F8H
1	0	0	0	8	80H
1	0	0	1	9	90H
1	0	1	0	A	88H
1	0	1	1	B	83H
1	1	0	0	C	C6H
1	1	0	1	D	A1H
1	1	1	0	E	86H
1	1	1	1	F	8EH

例如，当 K2 未合上，K3、K1、K0 均合上接通时的状态为 0100，表示数字 4，显示代码应为 99H。

3. 接口控制程序

设 8255A 端口地址为 0FFF8H、0FFFAH、0FFFCH、0FFFEH。

源程序如下。

```
DATA     SEGMENT
XSHDM    DB 0C0H, 0F9H, 0A4H, 0B0H, 99H, 92H, 82H, 0F8H, 80H
         DB 98H, 88H, 83H, 0C6H, 0A1H, 86H, 8EH
CNT      DB 10 DUP(?)
DATA     ENDS
CODE     SEGMENT
         ASSUME  CS:CODE , DS:DATA
START:   MOV AX,DATA
         MOV DS,AX
;以上为源程序结构通用部分
;下面为 8255A 初始化程序块
         MOV  AL,82H                ;A 组方式 0，PA 口输出，B 组方式 0，PB 口输入
         MOV  DX,0FFFEH
         OUT  DX,AL
  LOP:   MOV  DX,0FFFAH
         IN   AL,DX                 ;读端口 B
         AND  AL,0FH
         MOV  BX,OFFSET XSHDM
         XLAT
         MOV  DX,0FFF8H
         OUT  DX,AL                 ;写入端口 A
         CALL  DELAY
         JMP  LOP
         MOV  AH,  4CH
```

```
        INT  21H
DELAY   PROC
        MOV  BX,0500H
LOP1:   MOV  CX,0FFH
LOP2:   NOP
        NOP
        LOOP  LOP2
        DEC  BX
        JNZ  LOP1
        RET
DELAY   ENDP
CODE    ENDS
        END   START
```

8.2.6 8255A 并行通信 Proteus 仿真示例

1. 简单的模拟交通灯控制电路

设十字路口的每个路口有红、黄、绿 3 个灯，初始为南北路口绿灯亮，东西路口红灯亮，南北方向通车；延时一段时间后，南北路口绿灯熄灭，黄灯开始闪烁，闪烁 8 次以后，南北路口红灯亮，同时东西路口绿灯亮，东西方向通车；延时一段时间后，东西路口绿灯熄灭，黄灯开始闪烁，闪烁 8 次以后，再切换到南北路口方向，重复上述过程。

（1）硬件设计

8255A 模拟交通灯 Proteus 仿真电路如图 8-36 所示。

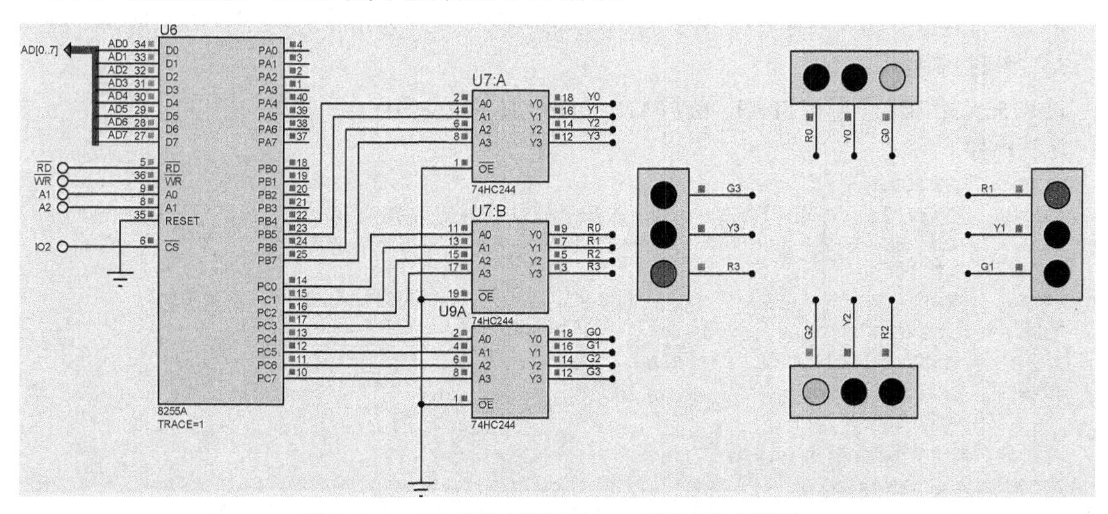

图 8-36 8255A 模拟交通灯 Proteus 仿真电路（运行）

8255A 的 PB4～PB7 对应黄灯，PC0～PC3 对应红灯，PC4～PC7 对应绿灯。8255A 工作于方式 0，并设置为输出。74HC244 是八单线驱动器，Proteus 交通灯模块中各发光二极管高电平驱动，点亮各发光二极管应使 8255A 相应端口置 1，经 74HC244 输出为 1。

8255A 的片选端 $\overline{CS}$ 连接系统的 IO2，则 8255A 端口地址如下。

	A7	A6	A5	A4	A3	A2	A1	A0	
PA 口：	0	1	0	1	0	0	0	0	（50H 或扩展为 0FF50H）
PB 口：	0	1	0	1	0	0	1	0	（52H 或扩展为 0FF52H）
PC 口：	0	1	0	1	0	1	0	0	（54H 或扩展为 0FF54H）
控制端口：	0	1	0	1	0	1	1	0	（56H 或扩展为 0FF56H）

（2）控制程序

源程序如下。

```
IOCONPT  EQU 56H                    ;定义 8255A 各端口地址
IOAPT     EQU 50H
IOBPT     EQU 52H
IOCPT     EQU 54H
CODE  SEGMENT
ASSUME  CS:CODE
  START: MOV DX,IOCONPT             ;控制端口地址
         MOV AL, 80H                ;定义控制字：端口 B、端口 C 均为方式 0 输出
         OUT DX, AL
         MOV DX, IOBPT              ;端口 B 地址
         MOV AL, 00H                ;黄灯灭
         OUT DX, AL
         MOV DX, IOCPT              ;端口 C 地址
         MOV AL, 0FH                ;全部红灯亮，绿灯灭
         OUT DX, AL
         CALL DELAY1
IOLED0:  MOV AL,01011010B           ;南北路口绿灯点亮，东西路口红灯点亮
         MOV DX, IOCPT
         OUT DX, AL
         CALL DELAY1                ;延时
         CALL DELAY1
         MOV  AL,00001010B          ;南北路口绿灯熄灭
         OUT DX, AL
         MOV CX, 08H                ;黄灯闪烁次数
IOLED1:  MOV DX, IOBPT
         MOV AL, 50H                ;南北路口黄灯亮
         OUT DX, AL
         CALL DELAY2                ;短时间延时
         MOV AL, 00H                ;南北路口黄灯灭
         OUT DX, AL
         CALL DELAY2
         LOOP IOLED1                ;南北路口黄灯闪烁
         MOV DX, IOCPT
         MOV AL, 10100101B          ;南北路口红灯亮，东西方向绿灯亮
         OUT DX, AL
         CALL DELAY1                ;长时间延时
         CALL DELAY1
         MOV AL, 00000101B
         OUT DX, AL
         MOV CX, 8H
IOLED2:  MOV DX, IOBPT              ;东西路口黄灯闪烁 8 次
         MOV AL, 0A0H
         OUT DX, AL
         CALL DELAY2
         MOV AL, 00H
         OUT DX, AL
         CALL DELAY2
         LOOP IOLED2
         MOV DX, IOCPT
         MOV AL, 0FH
```

```
        OUT DX, AL
        CALL DELAY2
        JMP IOLED0              ;重复上述过程
DELAY1: PUSH AX                 ;延时子程序 1
        PUSH CX
        MOV CX, 0030H
DELY2:  CALL DELAY2
        LOOP DELY2
        POP CX
        POP AX
        RET
DELAY2: PUSH CX                 ;延时子程序 2
        MOV CX,8000H
DELA1:  LOOP DELA1
        POP CX
        RET
CODE    ENDS
        END     START
```

（3）程序加载

可以在 EMU8086 环境下输入源程序，编译生成.exe 文件并保存。

在 Proteus 原理图的 8086 CPU 中加载 EMU8086 生成的.exe 文件。

（4）仿真运行

交通灯 Proteus 仿真运行结果如图 8-36 所示。

2. 8255A 控制 LED Proteus 仿真示例

设计要求：PC 控制 8255A，8255A 的 PA 口接 4 个开关，PB 口接 4 个 LED，通过编写程序实现 4 个开关分别控制 4 个 LED 的亮灭。

（1）硬件设计

在原理图编辑窗口放置元器件并布线，设置相应元器件参数，完成电路图的设计，如图 8-37 所示。

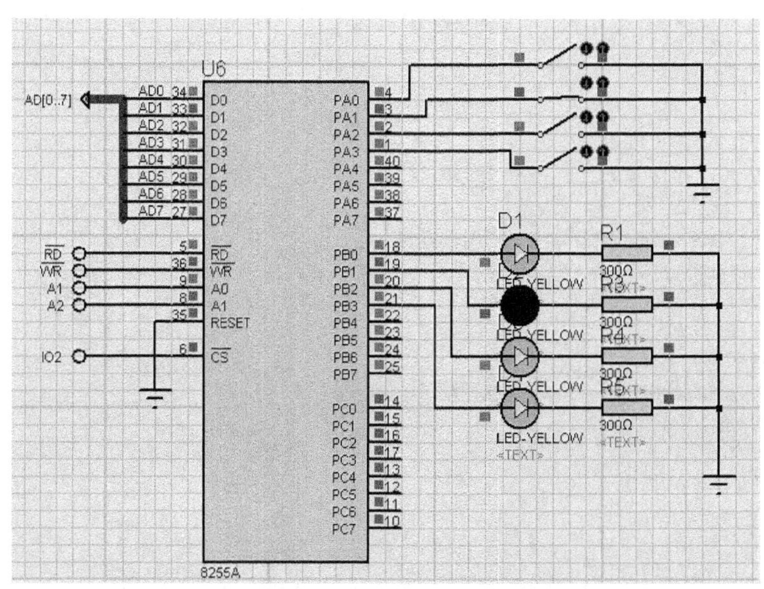

图 8-37　8255A 控制 LED 仿真电路（运行）

电路增加元器件清单：8255A、开关 SWITCH、电阻器 RES、显示器 LED-YELLOW。

（2）控制程序

8255A 的片选端 $\overline{CS}$ 连接系统的 IO2，则 8255A 端口地址与上例相同。

源程序如下。

```
CODE SEGMENT
ASSUME CS:CODE
    ORG 100H
START:
    MOV DX,56H
    MOV AL,90H    ;A 组方式 0，PA 口输入；B 组方式 0，PB 口输出
    OUT DX,AL
IN_PORTA:
    MOV DX,50H
    IN AL,DX      ;读取 PA 口状态
    MOV DX,52H
    OUT DX,AL    ;将 PA 口状态从 PB 口输出
    JMP IN_PORTA
CODE ENDS
    END START
```

（3）程序加载

可以在 EMU8086 环境下输入源程序，编译生成.exe 文件并保存。

在 Proteus 原理图的 8086 CPU 中加载 EMU8086 生成的.exe 文件。

（4）仿真运行

仿真调试，仿真结果如图 8-37 所示，拨动开关，LED 对应点亮。

也可以通过单步或者断点调试程序观察 LED 的点亮情况。

3. 8255A 控制数码管的 Proteus 仿真示例

设计要求：PC 控制 8255A，8255A 的 PA 口接 4 个开关（按二进制编码），PB 口接 1 个数码管，通过编写程序实现开关控制数码管数值的显示。

（1）硬件设计

在原理图编辑窗口放置元器件并布线，设置相应元器件参数，完成电路图的设计，如图 8-38 所示。

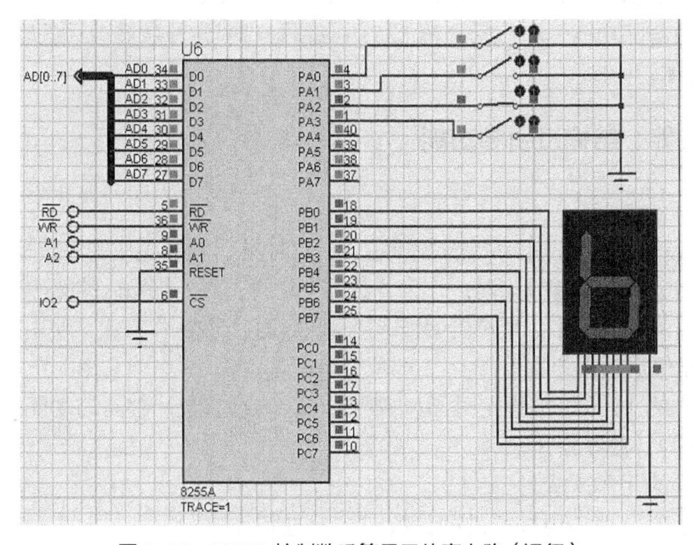

图 8-38 8255A 控制数码管显示仿真电路（运行）

电路增加元器件清单：8255A、开关 SWITCH、数码管 7SEG-MPX1-CC。

（2）控制程序

8255A 的片选端 $\overline{CS}$ 连接系统的 IO2，则 8255A 端口地址与上例相同。

源程序如下。

```
DATA SEGMENT
TABLE DB 3FH,06H,5BH,4FH,66H,6DH,7DH,07H
      DB 7FH,6FH,77H,7CH,39H,5EH,79H,71H
DATA ENDS
CODE  SEGMENT
ASSUME CS:CODE,DS:DATA
START:
   MOV AX,DATA
   MOV DS,AX        ;设置数据段寄存器
   MOV DX,56H       ;01010110
   MOV AL,90H       ;A 组方式 0，PA 口输入，PB 口输出
   OUT DX,AL
IN_PORTA:
   MOV DX,50H       ;读取 PA 口状态
   IN  AL,DX
   AND AL,0FH
   MOV BX,OFFSET TABLE
   XLAT             ;取表找到对应的段码值
   MOV DX,52H
   OUT DX,AL
   JMP IN_PORTA
CODE  ENDS
   END START
```

（3）仿真运行

仿真调试，拨动开关，对应状态为 1011，仿真结果如图 8-38 所示，数码管显示 b。

8.3 可编程定时器/计数器芯片及应用技术

一般的微机系统均配置了硬件定时器/计数器 Intel 8253 或 8254 供系统使用。8254 是 8253 的升级版，它具备 8253 的全部功能。本节仅介绍 8253 可编程定时器/计数器芯片的功能结构、工作方式、初始化编程及应用技术。

8.3.1 8253 的性能、结构及引脚功能

1. 基本性能

Intel 系列芯片 8253 是可编程定时器/计数器芯片，定时器/计数器工作的实质是计数。作为定时器使用时，对内部时钟脉冲进行计数实现定时；作为计数器使用时，对外部输入的脉冲进行计数。8253 广泛用于绝大多数的微型计算机系统中，用户可编程选择多种定时/计数操作方式，使用方便、灵活。

8253 的基本性能包括以下方面。

① 具有 3 个独立的 16 位可编程定时器/计数器，每个定时器/计数器的功能完全一样，既可作为定时器使用，也可作为计数器使用。

② 具有 6 种不同的工作方式。

③ 由控制字可以方便地实现按二进制计数或按十进制计数。

④ 延时功能是通过对标准时钟的计数来实现的，故延时精确度高。

⑤ 最高计数频率可达 2.6MHz，可作为实时时钟、方波发生器、分频器等使用。

2. 内部结构及功能

8253 的内部结构主要包括 3 个完全独立的计数器、数据总线缓冲器、读/写控制器及控制字寄存器，如图 8-39 所示。

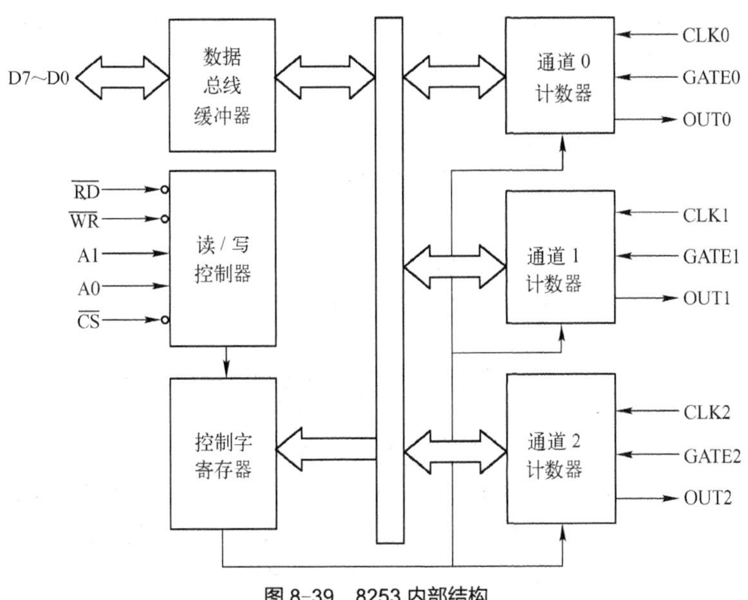

图 8-39　8253 内部结构

8253 中 3 个可编程定时器/计数器简称通道 0、通道 1、通道 2。

（1）通道结构

每个通道由控制字寄存器、控制逻辑电路、计数初值寄存器、计数器、计数输出锁存器 5 部分组成，通道 0、通道 1、通道 2 的内部结构及功能基本相同。（计数）通道内部结构如图 8-40 所示。

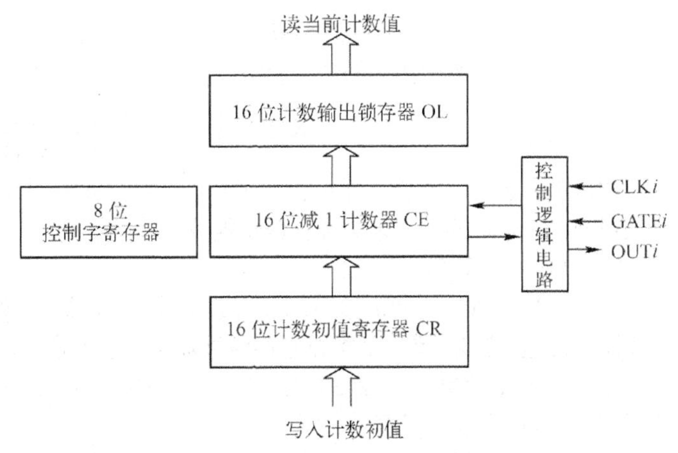

图 8-40　（计数）通道内部结构

① 控制字寄存器。每个通道各有一个 8 位的控制字寄存器，该寄存器存放由 CPU 写入的通道工作方式控制字，以确定计数器通道的工作方式、计数制式等。

② 计数初值寄存器 CR（后简称寄存器 CR）。它为 16 位寄存器，用来存放计数器的计数初值。

③ 计数器 CE（后简称计数器）。也称计数执行单元，是一个执行 16 位减 1 的计数器。该计数器接收寄存器 CR 的内容后，在门控信号 GATE 为高电平的控制下，对计数初值进行减 1 计数。

④ 计数输出锁存器 OL。它是 16 位只读寄存器，用以锁存当前计数值。它通常随计数执行单元的内容而变化，当接收到 CPU 发来的锁存命令时，就锁存当前的计数值而不随计数执行单元变化。直到 CPU 从中读取锁存值后，才恢复到随计数执行单元变化的状态。

⑤ 控制逻辑电路。它是控制计数执行单元如何计数、何时输出的电路。

3 个通道在运行时是完全独立的，可以并行工作。

（2）通道功能

每个通道都有 3 根引脚线与外界联系。CLK 为外部输入计数脉冲/时钟脉冲；OUT 为定时时间到/计数结束输出信号，在不同的工作方式下，可以输出不同形式的波形；GATE 为控制计数器工作的门控信号。

16 位的计数器可以设置为按二进制计数，也可以设置为按 BCD 码表示的十进制计数。按二进制计数时，最大计数数值为 2^{16}=65 536；按 BCD 码计数时，最大计数数值为 10 000。

每个通道工作的实质是对含有初始值的计数器进行减 1 计数，直至为 0，计数为 0 结束后，发出控制命令。

当通道作为计数器使用时，工作过程如下。

① 设置计数初值。由寄存器 CR 寄存需要计数的初值，计数器的初值就是寄存器 CR 的内容。

② 启动门控信号 GATE 输入给计数通道。GATE=1 时，启动计数器开始计数；GATE=0 时，计数器停止计数。

③ 计数器对输入给计数器的 CLK 脉冲计数。CLK 可以是一个非周期性事件计数信号，也可以是一个周期性事件计数信号。当启动计数器计数时，从接收第一个 CLK 脉冲输入开始，计数器从初始值进行减 1 计数。

④ 当计数器值减为 0 时，通过 OUT 输出指示信号表明计数器已为 0，即计数结束。

当通道作为定时器使用时，其电路组成、工作过程与作为计数器使用时完全一样。通道中的计数器仍然对 CLK 脉冲进行计数，不同的是，这里的 CLK 脉冲必须是由基准时间提供的一个周期性时钟脉冲，CLK 脉冲计数值乘脉冲的周期为定时时间。因此在定时器工作方式下，必须有可靠的周期性计数脉冲，所需要的定时时间必须转换为对周期性 CLK 时钟脉冲的计数值，公式如下：

$$计数器初值=\frac{需要的定时时间}{\text{CLK}脉冲周期}$$

该计数值作为计数器的计数初始值，当其被计数器减 1 直至为 0 时，由 OUT 输出指示信号表明定时时间到。

在定时工作方式下，每当计数器为 0 时，若设置寄存器 CR 的内容自动重新装入计数器，继续反复执行定时操作，其输出端 OUT 将输出连续的方波，输出频率为：

$$输出频率=\frac{输入\text{CLK}时钟脉冲频率}{计数初值}$$

由以上所述可以看出，无论通道工作在计数方式还是定时方式，其工作过程是一样的，都是通过通道内减 1 计数的方式来实现计数功能或定时功能的。

（3）与 CPU 连接的接口部分

① 8253 与 CPU 连接的接口部分有数据总线缓冲器、读/写控制器及控制字寄存器。这部分主要完成数据传送、逻辑控制等。数据总线缓冲器是一个 8 位双向三态缓冲器，其 8 位数据线直接与 CPU 的数据总线连接，CPU 与 8253 的所有信息（包括 CPU 写入 8253 的工作方式控制字、计数初值、读取通道当前的计数值）必须由此传送。

② 读/写控制器主要用于接收 CPU 发出的地址信息片选译码信号，以确定是否选中该片；接收片内端口地址信号 A1、A0，以确定读/写片内哪个端口。

③ 控制字寄存器用来接收 CPU 写入的控制字，以确定所选择的计数通道及工作方式。

3. 引脚功能

8253 芯片共 24 个引脚，DIP 型封装。引脚包括计数通道对外引脚、与 CPU 连接的数据线和控制信息引脚等，如图 8-41 所示。

与 CPU 连接的引脚功能如下。

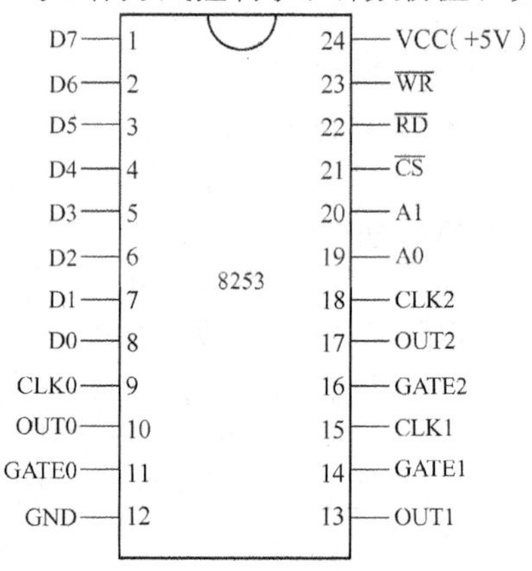

图 8-41 8253 引脚排列

D7～D0：8253 数据线，8 位，双向三态。一般连接在 CPU 数据总线的低 8 位，是 CPU 与 8253 交换信息的唯一通道。

$\overline{CS}$：片选信号，输入，低电平有效。$\overline{CS}$=0，表示当前 8253 数据线 D0～D7 与 CPU 的数据总线接通，8253 被选中。$\overline{CS}$ 由 CPU 发送到地址总线的信息（一般为端口的高位地址）经译码器产生的输出信号控制。

$\overline{RD}$：读控制信号，低电平有效，输入。CPU 读取 8253 数据时，该信号必须为低电平。该引脚一般接在 CPU 的 $\overline{RD}$ 引脚，在执行 IN 输入指令时，CPU 的读控制引脚 $\overline{RD}$ 将输出低电平控制该引脚有效。

$\overline{WR}$：写控制信号，低电平有效，输入。CPU 写入 8253 的计数初值或控制字时，该信号必须为低电平。该引脚一般接在 CPU 的 $\overline{WR}$，在执行 OUT 输出指令时，CPU 的写控制引脚 $\overline{WR}$ 将输出低电平控制该引脚。

A1、A0：片内端口地址选择信号，输入。8253 内部有 4 个端口（3 个计数通道和 1 个控制端口），用 A1、A0 两位代码的不同组合（00、01、10、11），分别表示计数通道 0、计数通道 1、计数通道 2 和控制字寄存器的片内地址。

一般 A1、A0 分别连接在 CPU 地址总线的低 2 位。对于 8086 系统，当 8253 的数据线连接在 CPU 数据总线的低 8 位时，必须定义 8253 内部的 4 个端口地址均为偶地址。

8253 控制引脚的不同组合所实现的操作见表 8-6。

表 8-6　8253 控制引脚的不同组合所实现的操作

$\overline{CS}$	A1　A0	$\overline{RD}$	$\overline{WR}$	读写操作
0	0　0（通道 0）	1	0	CPU 写入通道 0 的计数初值
0	0　1（通道 1）	1	0	CPU 写入通道 1 的计数初值
0	1　0（通道 2）	1	0	CPU 写入通道 2 的计数初值
0	1　1（控制端口）	1	0	CPU 写入控制字寄存器的控制字
0	0　0（通道 0）	0	1	CPU 读计数器 0 的当前计数值
0	0　1（通道 1）	0	1	CPU 读计数器 1 的当前计数值
0	1　0（通道 2）	0	1	CPU 读计数器 2 的当前计数值
0	1　1（控制端口）	0	1	不能读控制端口，呈高阻态
1	X　X	1	1	数据线呈高阻态

计数器的引脚功能如下。

CLK0～CLK2：计数输入引脚。作计数器使用时，分别为输入给通道 0、通道 1、通道 2 的计数脉冲；作定时器使用时，则为相应通道的周期性基准脉冲。

OUT0～OUT2：分别为通道 0、通道 1、通道 2 的计数结束输出信号引脚。当相应通道的减 1 计数器为 0 时，则相应引脚输出信号表示计数结束。该输出信号可以作为计数和定时控制，也可以作为计数脉冲的分频器等。

GATE0～GATE2：分别为通道 0、通道 1、通道 2 的选通输入（门控输入）信号引脚，高电平有效，用于启动或禁止计数器的操作。当 GATE=1 时，启动计数器开始计数；GATE=0 时，计数器停止计数。

8.3.2　8253 控制字及工作方式

1. 8253 控制字

8253 只有一个控制字，该控制字用于选择计数通道及其工作方式、计数制式及 CPU 访问计数器的顺序，由 CPU 编程写入控制字寄存器端口。8253 控制字格式及含义如图 8-42 所示。

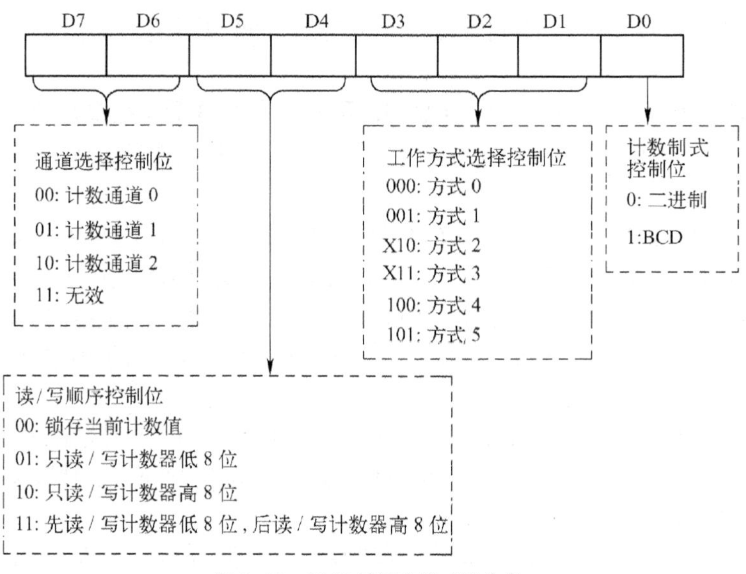

图 8-42　8253 控制字格式及含义

控制字中各位含义如下。

D7、D6 位：通道选择控制位，用于确定该控制字为哪一个通道的控制字。

8253 只有一个控制字寄存器端口存放控制字，3 个通道的控制字都要写入同一个端口，由 D7、D6 位确定当前控制字写入哪一个通道。

D5、D4 位：读/写顺序控制位。D5D4 位为 00 时，将当前计数通道计数器的计数值锁存到计数锁存器中，以供 CPU 读取；D5D4 位为 01 时，只能读/写计数器低 8 位；D5D4 位为 10 时，只能读/写计数器高 8 位；D5D4 位为 11 时，先读/写计数器低 8 位，后读/写计数器高 8 位。

D3、D2、D1 位：工作方式选择控制位，用来确定当前所选择的计数通道的工作方式。

D0 位：计数制式控制位。D0=1，计数器按 BCD 码进行减 1 计数；D0=0，计数器按二进制进行减 1 计数。

计数器工作过程如下。

① 在任何一种工作方式下，都必须先向 8253 写入控制字。

② 控制字还起复位作用，它使 OUT 变为规定状态，寄存器 CR 清 0。

③ 向 8253 的寄存器 CR 写入计数器初值，并在下一个 CLK 将计数初值装入计数器。

④ GATE 为高电平，计数器开始减 1 计数。

⑤ 计数器计数为 0 时，OUT 输出指示信号。

2. 8253 工作方式

8253 各计数通道可以有 6 种不同的工作方式，可以实现计数、定时、频率发生器、分频、脉冲发生器等功能。

（1）方式 0（计数结束时输出控制方式）

方式 0 在计数结束时，OUT 输出由低电平变为高电平，该信号可作为向 CPU 发出的中断请求信号。所以，方式 0 又称为计数结束时中断方式。其时序图如图 8-43 所示（图中计数初值为 6）。

方式 0 的工作过程如下。

① 在 8253 进入方式 0 之前，必须进行初始化。首先把选择方式 0 的控制字写入 8253 控制字寄存器，8253 立即自动复位，OUT 输出为低电平，寄存器 CR 清 0。时序图中时间起点 0 时刻前 OUT 输出为低电平，说明已经写入 8253 控制字。

② CPU 写入所选择通道计数初值到寄存器 CR 中。

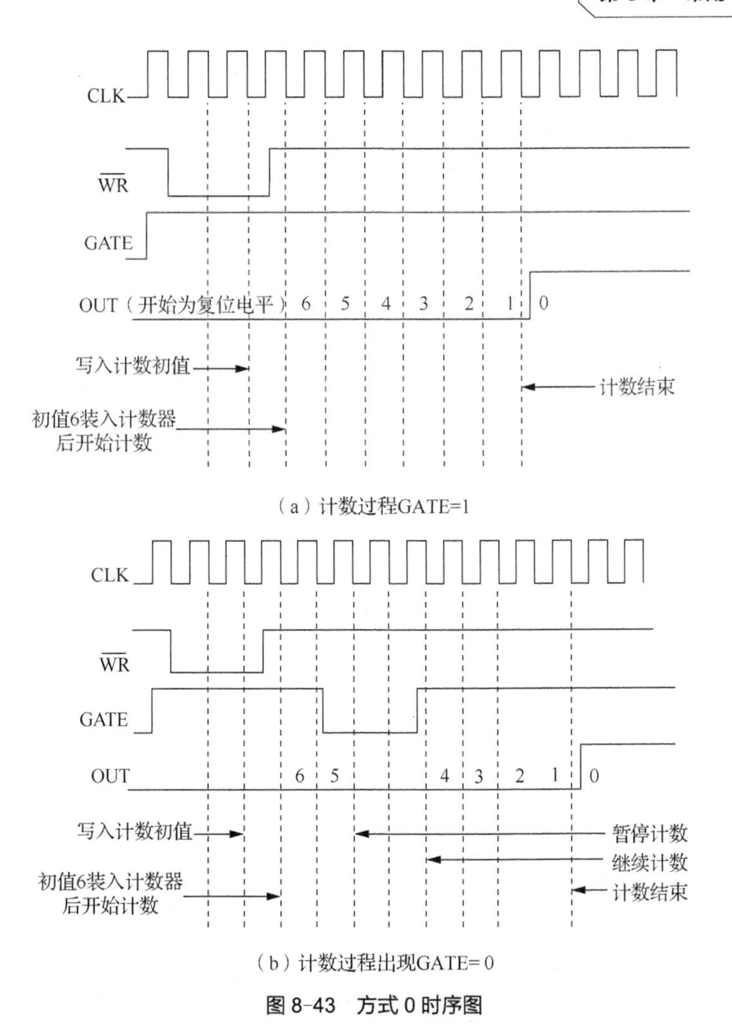

（a）计数过程GATE=1

（b）计数过程出现GATE= 0

图 8-43　方式 0 时序图

③ GATE=1 时，在写入计数初值之后的第一个 CLK 脉冲的下降沿，把寄存器 CR 中的计数初值装入计数器。

④ 之后，计数器处于计数状态，若门控信号 GATE=1，则在每一个 CLK 脉冲的下降沿，计数器进行减 1 计数。

⑤ 计数过程中，若 GATE=0，则停止计数，直至 GATE=1，计数器在原来计数值的基础上继续进行计数；若计数器未结束计数时又写入新的计数值，则重新按新的计数值计数。

⑥ 当计数器为 0 结束计数时，OUT 由低电平立即变为高电平并维持不变，直到再次写入新的计数值。

方式 0 的特点如下。

① 计数器计数结束时，OUT 输出由低电平变为高电平可作为中断请求信号。

② 计数过程由软件启动，即初始化程序在写入计数初值后开始计数。

③ 只能是一次性计数。若要自动重复计数，则必须再次写入新的计数值。

④ 写入控制字后，OUT 输出为低电平。

【例 8-10】 设 8253 计数器通道 0 工作于方式 0，用 BCD 码计数，其计数值为 50，占用端口地址 40H～43H。

初始化程序如下。

```
MOV     AL,11H          ;设置控制字
OUT     43H,AL          ;写入控制字寄存器
```

```
MOV     AL,50H          ;设置计数初值
OUT     40H,AL          ;写入寄存器 CR
```

（2）方式 1（可编程单脉冲输出方式）

方式 1 称为可编程单脉冲输出方式，其时序图如图 8-44 所示（图中计数初值为 5）。

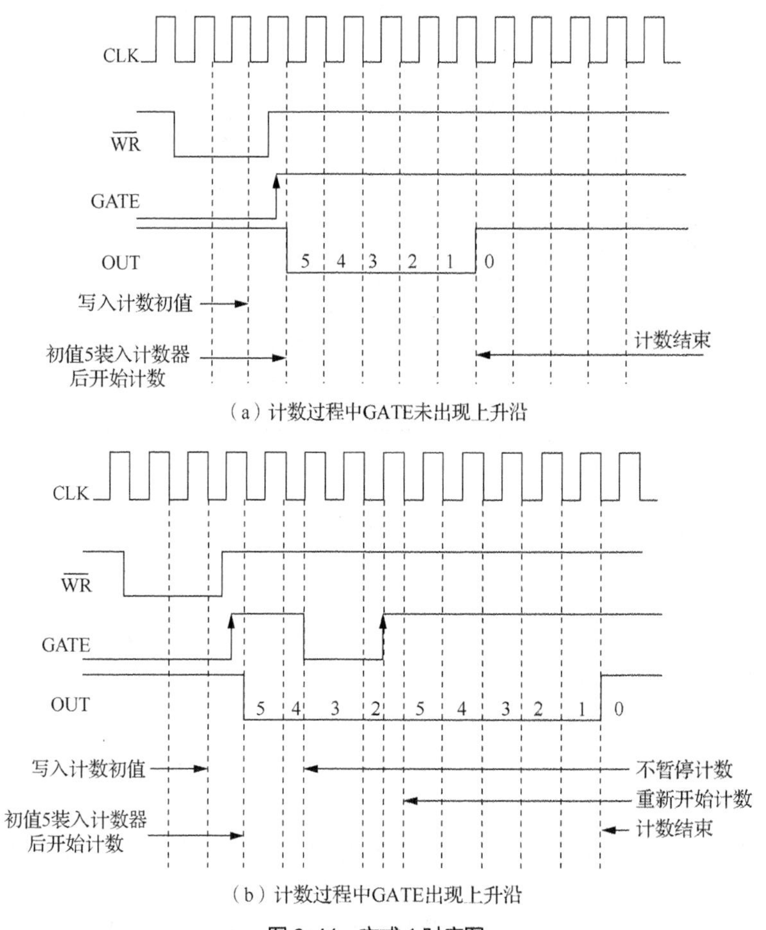

图 8-44 方式 1 时序图

方式 1 的工作过程如下。

① 在写入选择方式 1 的控制字之后，OUT 输出为高电平，寄存器 CR 清 0。时序图中时间起点 0 时刻前 OUT 为高电平，说明已经写入 8253 控制字。

② CPU 写入所选择通道的计数初值到寄存器 CR 中。

③ 把寄存器 CR 中的计数初值装入计数器，计数器做好计数准备，OUT 输出低电平。

④ 在门控信号 GATE 的上升沿（必须是上升沿触发）开始，计数器对每一个 CLK 脉冲的下降沿进行减 1 计数。

⑤ 计数过程中，若门控信号 GATE 出现负脉冲（负脉冲必然产生上升沿），则计数器自动重新装入计数初值开始计数。

⑥ 当计数器为 0 结束计数时，OUT 由低电平立即变为高电平并维持不变，直到再次产生门控信号 GATE，计数器自动重新开始计数。

方式 1 的特点如下。

① OUT 输出为一个单稳态负脉冲，其脉宽为计数初值个 CLK 时钟脉冲的周期之和。

② 计数过程由硬件启动，即由门控信号的上升沿产生。

③ 在形成单稳态脉冲过程中，可以重新触发。

④ 写入控制字后，OUT 输出为低电平。

⑤ 在微机实时控制系统中常用作监视时钟。

⑥ 在计数过程中，多个门控信号 GATE 产生一个 OUT 输出周期。

【例 8-11】 设计数器通道 1 工作于方式 1，按二进制计数，计数初值为 40H，设 8253 占用端口地址 40H～43H。

初始化程序如下。

```
MOV     AL,52H      ;工作方式控制字
OUT     43H,AL
MOV     AL,40H      ;送入计数初值
OUT     41H,AL
```

（3）方式 2（分频输出方式）

方式 2 称为分频输出方式，其时序图如图 8-45 所示（图中计数初值为 5）。

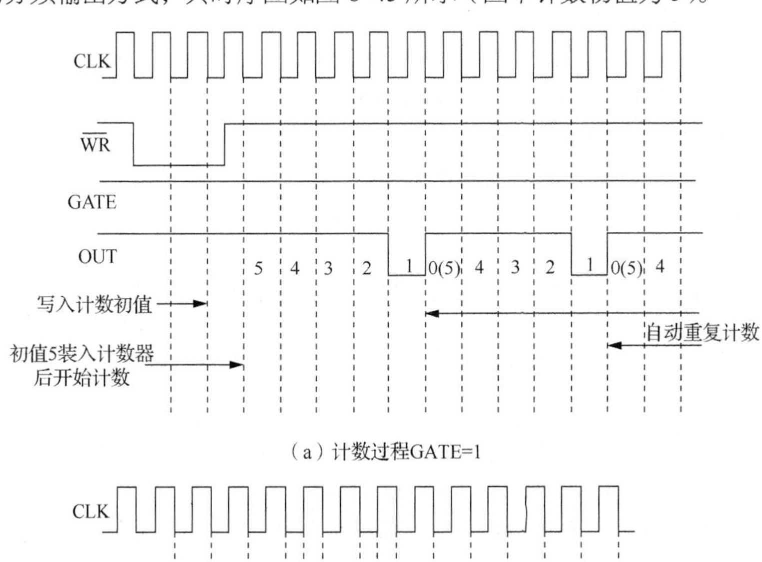

（a）计数过程GATE=1

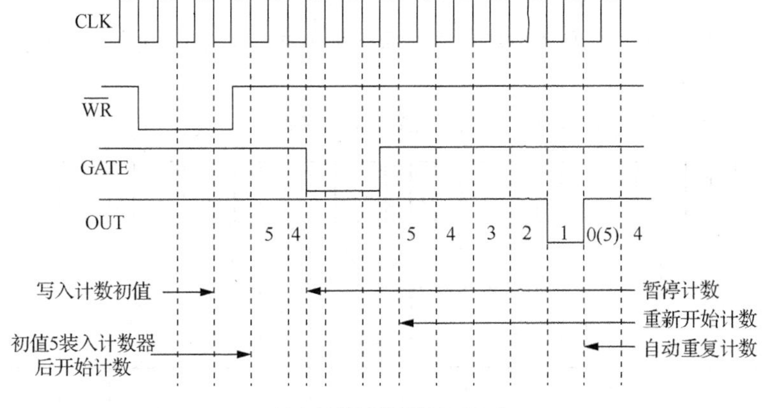

（b）计数过程出现GATE=0

图 8-45　方式 2 时序图

方式 2 的工作过程如下。

① 在写入选择方式 2 的控制字之后，OUT 输出为高电平，寄存器 CR 清 0。时序图中时间起点 0 时刻前 OUT 为高电平，说明已经写入 8253 控制字。

② CPU 写入所选择通道的计数初值到寄存器 CR 中。

③ 在 GATE=1 时，把寄存器 CR 中的计数初值装入计数器，计数器做好计数准备。

④ 之后，计数器处于计数状态，则在每一个 CLK 脉冲的下降沿计数器进行减 1 计数。

⑤ 计数过程中，若 GATE=0，则停止计数，直至 GATE=1，则计数器自动重新装入计数初值开始计数。

⑥ 当计数器计数减到 1 时，OUT 输出由高电平立即变为低电平。然后，在 CLK 脉冲的下一个下降沿（即计数器减到 0）时，OUT 输出又变为高电平。同时将计数初值自动装入计数器，计数器重新开始进行减 1 计数。这样反复循环，每次计数过程的最后一个 CLK 周期内，OUT 输出一个等宽的负脉冲信号。

方式 2 的特点如下。

① OUT 输出为一个周期负脉冲信号，负脉冲宽度均为一个 CLK 脉冲的周期。OUT 输出频率为 CLK 输入（N 个脉冲）的 $1/N$，故方式 2 为分频工作方式。

② 计数过程中不接收编程装入的新的计数初值。

③ 寄存器 CR 的内容能自动、重复地装入计数器中。

④ 写入控制字后，OUT 输出为高电平。

⑤ 既可软件启动（即在 GATE=1 时，写入计数初值），又可硬件启动。

⑥ 方式 2 虽然可以用作分频电路，但其输出是窄脉冲。

⑦ 主要应用是作为分频器和时基信号。

【例 8-12】 设 8253 计数器 0 工作于方式 2，按二进制计数，计数初值为 0304H，设 8253 占用端口地址 40H～43H。

初始化程序如下。

```
MOV  AL,00110100B       ;设置控制字，通道 0，先读/写高 8 位，再读/写低 8 位，方式 2，二进制计数
OUT  43H,AL
MOV  AL,04H             ;送计数值到低字节
OUT  40H,AL
MOV  AL,03H
OUT  40H,AL             ;送计数值到高字节
```

（4）方式 3（方波发生器工作方式）

方式 3 称为方波发生器工作方式，其工作过程与方式 2 类似，不同的是方式 3 输出的是周期性对称方波或近似对称方波。

方式 3 时序图如图 8-46 所示（图中计数初值为偶数 4）。

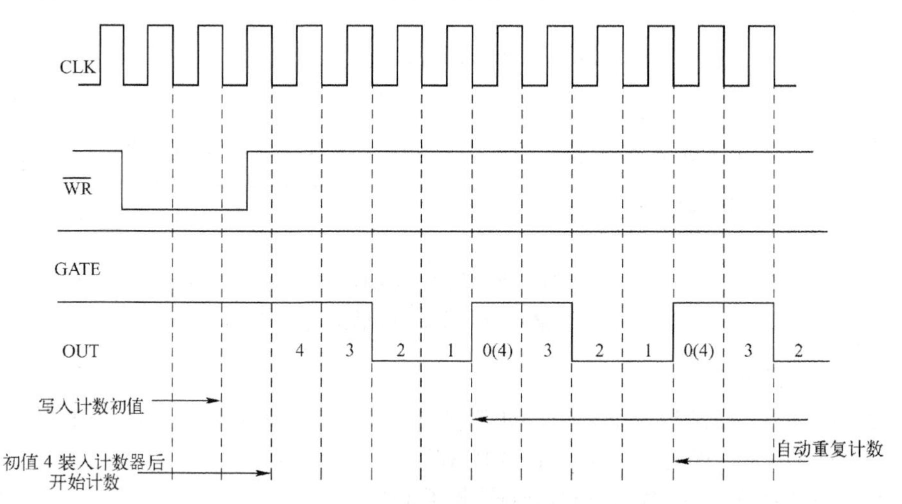

图 8-46 方式 3 时序图

在写入选择方式 3 的控制字之后，OUT 输出为高电平。当 GATE=1 时，把寄存器 CR 中的计数初值装入计数器，计数器处于计数状态。

当计数初值为偶数 N 时，则在计数为 $N/2$ 时，OUT 输出信号由高电平变为低电平，计数结束时（又计数为 $N/2$ 时），OUT 输出信号又变为高电平，同时将计数初值自动装入计数器，计数器重新开始进行减 1 计数，这样反复循环，OUT 输出一个对称方波信号。方波的重复周期是计数初值 N 个 CLK 脉冲周期之和。

当计数初值为奇数 N 时，则在计数为$(N+1)/2$ 时间内，OUT 输出信号为高电平；计数为$(N-1)/2$ 时间内，OUT 输出信号为低电平。这样反复循环，OUT 输出为一个不对称方波信号。方波的重复周期是计数初值 N 个 CLK 脉冲周期之和。

计数过程中，若 GATE 由 1 变为 0，则停止计数，OUT 输出变为高电平；若 GATE 恢复为 1 时，则自动把计数初值装入计数器，重新开始循环计数过程。

若在计数过程中写入新的计数值，则在当前半个周期结束、下一个周期开始时，启用新的计数初值并立即进行计数工作。

方式 3 的特点如下。

① 改变计数初值，OUT 端将输出不同频率的方波。

② 既可软件启动，又可硬件启动。

③ 主要应用是可作为方波发生器和波特率发生器。

【例 8-13】 设 8253 计数器 2 工作在方式 3，按二-十进制计数，计数初值为 4，设 8253 占用端口地址 40H～43H。

初始化程序如下。

```
MOV   AL,10010111B          ;计数器 2，只读/写低 8 位，工作方式 3，二-十进制计数
OUT   43H,AL                ;控制字送入控制字寄存器
MOV   AL,4                  ;送计数初值
OUT   42H,AL
```

（5）方式 4（软件触发选通信号方式）

方式 4 在计数结束为 0 后产生负极性的选通脉冲，OUT 输出宽度为一个 CLK 时钟脉冲周期的低电平。方式 4 时序图如图 8-47 所示（图中计数初值为 4）。

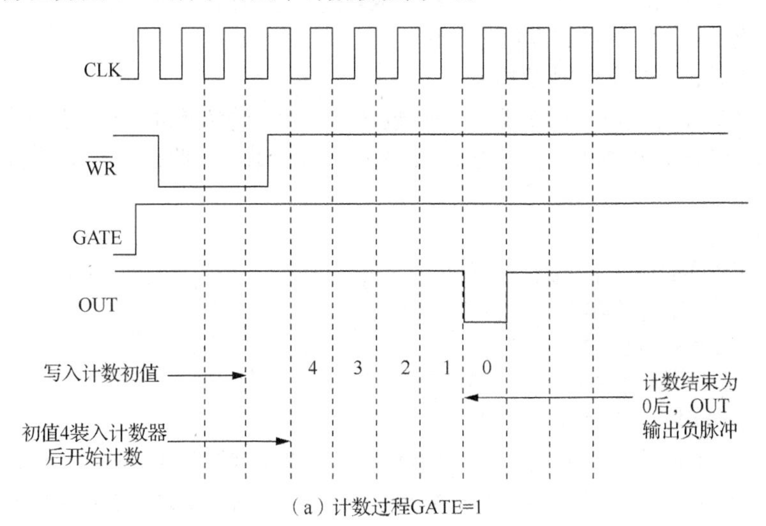

（a）计数过程GATE=1

图 8-47 方式 4 时序图

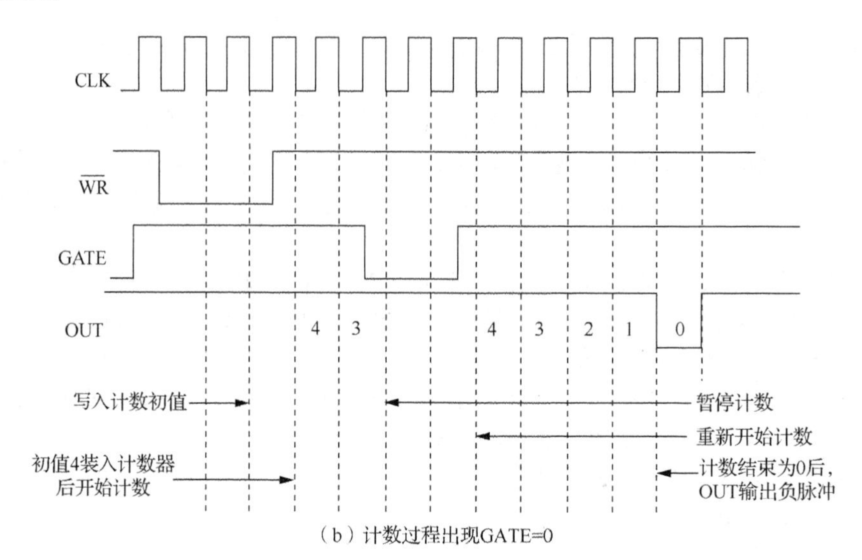

（b）计数过程出现GATE=0

图 8-47　方式 4 时序图（续）

方式 4 的工作过程如下。

① 在写入选择方式 4 的控制字之后，OUT 输出为高电平，寄存器 CR 清 0。时序图中时间起点 0 时刻前 OUT 输出为高电平，说明已经写入 8253 控制字。

② GATE=1 时，在写入计数初值之后的第一个 CLK 脉冲的下降沿，把寄存器 CR 中的计数初值装入计数器，计数器准备计数。

③ 若门控信号 GATE=1，则在每一个 CLK 脉冲的下降沿计数器进行减 1 计数。

计数过程中，若 GATE=0，则停止计数，直至 GATE=1，计数器从计数初值重新开始计数。若计数器未结束计数时又写入新的计数值，则立即终止当前计数过程，重新按新的计数值开始计数。

④ 当计数器为 0 结束计数后，OUT 输出由高电平立即变为低电平，经过一个 CLK 输入时钟周期，OUT 输出又变为高电平并维持不变，直到再次写入新的计数值。

方式 4 的特点如下。

① 计数过程由软件启动，即在写入计数初值或新的计数值后开始计数。

② 只能是一次性计数，不能自动循环计数。

③ 写入控制字后，OUT 输出为高电平。

④ 该方式可以实现定时和对 CLK 脉冲的计数功能，输出的负脉冲可作为选通信号使用。

【例 8-14】 设 8253 计数器 1 工作于方式 4，按二进制计数，计数初值为 3，设 8253 占用端口地址 40H～43H。

初始化程序如下。

```
MOV  AL,58H          ;设置控制字寄存器
OUT  43H,AL          ;送控制字
MOV  AL,3            ;置计数初值
OUT  41H,AL          ;送计数初值
```

（6）方式 5（硬件触发选通信号方式）

方式 5 为硬件触发选通信号方式，即在 GATE 的上升沿出现后的下一个 CLK 脉冲的下降沿，将计数初值装入计数器并开始对其后的 CLK 脉冲计数，计数结束后，OUT 输出低电平，宽度为一个时钟脉冲周期。

方式 5 时序图如图 8-48 所示（图中计数初值为 4）。

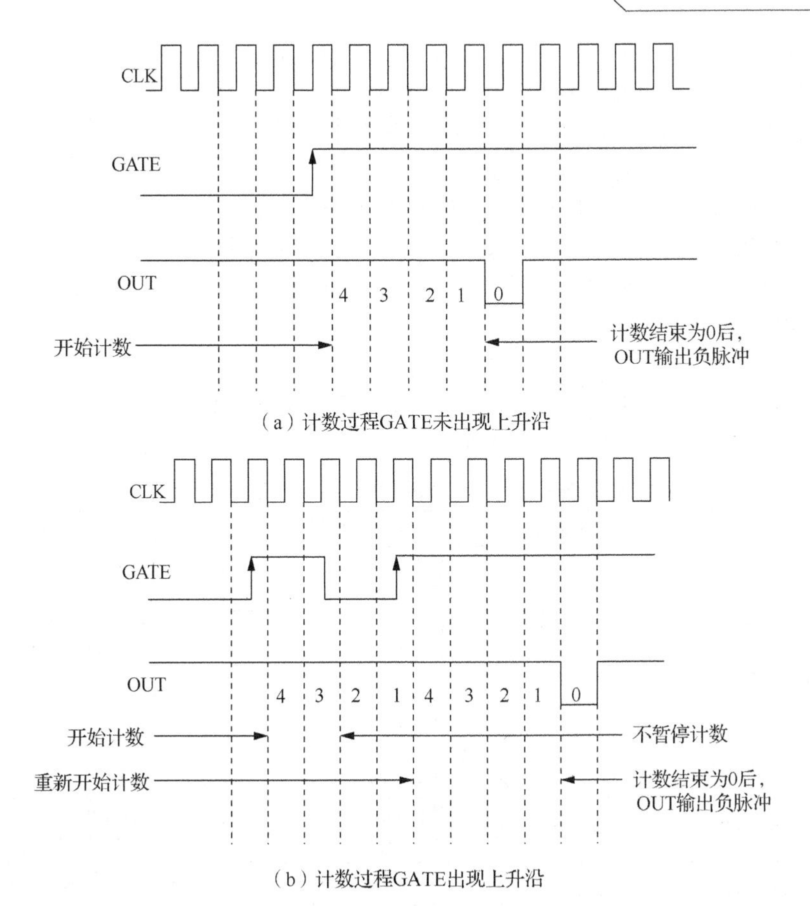

（a）计数过程GATE未出现上升沿

（b）计数过程GATE出现上升沿

图 8-48　方式 5 时序图

方式 5 的工作过程如下。

① 在写入选择方式 5 的控制字之后，OUT 输出为高电平，在写入计数初值之后，即使 GATE 维持在高电平，计数器并不开始计数。而是在 GATE 出现一个上升沿后，计数器开始对每一个 CLK 脉冲的下降沿进行减 1 计数。

② 计数过程中，若 GATE 又出现一个上升沿，则在下一个 CLK 脉冲的下降沿，计数器从计数初值重新开始计数。若计数器未结束计数时又写入新的计数值，不影响当前计数过程，只有在 GATE 出现上升沿后，才会重新按新的计数值开始计数。

③ 当计数器为 0 结束计数后，OUT 输出由高电平立即变为低电平，经过一个 CLK 输入时钟周期，OUT 输出又变为高电平并维持不变，直到 GATE 再次出现上升沿。

方式 5 的特点如下。

① 计数过程由门控信号输入端 GATE 的上升沿触发启动，即由硬件触发后开始计数。

② 只要 GATE 不出现上升沿，则在计数过程未结束前，计数器不会因其他情况停止计数。

③ 只能是一次性计数，不能自动循环计数。

④ 该方式可以实现定时和对 CLK 脉冲的计数功能，输出的负脉冲可作为选通信号使用。

【例 8-15】 设 8253 的通道 1 工作于方式 5，按二进制计数，计数初值为 4000H，设 8253 占用端口地址 40H～43H。

初始化程序如下。

```
MOV  AL,01101010B        ;通道 1，只读写高字节，方式 5，二进制计数
OUT  43H,AL
```

```
MOV  AL,40H            ;计数初值写入高字节，低字节默认为0
OUT  41H,AL            ;送计数初值
```

以上介绍了 8253 的 6 种工作方式，每个计数器可通过控制字选择一种工作方式。

计数器各种工作方式的工作过程可以概括如下。

① 在任何一种工作方式下，都必须先向 8253 写入控制字。

② 写入控制字的同时，使 OUT 输出变为各工作方式规定的电平，寄存器 CR 清 0。

③ 在写入控制字后的任何时间，都可以向 8253 的寄存器 CR 写入计数初值，并在下一个 CLK 将寄存器 CR 的内容装入计数器。

④ GATE 为高电平或出现上升沿，开始计数。

⑤ 计数为 0 时，OUT 输出指示信号，停止计数或自动重复计数。

表 8-7 给出了 8253 各种工作方式下的功能、控制及输出波形的关系。

表 8-7　8253 各种工作方式下的功能、控制及输出波形的关系

工作方式	功能	OUT 初始电平	计数器启动方式	GATE 信号	OUT 输出波形
0	计数结束 发中断请求	低电平	软件启动 单次计数	高电平	当计数结束时，OUT 为高电平
1	可再触发单（稳态） 脉冲输出	高电平	硬件启动 单次计数	上升沿	输出一个宽度为 *n* 个 CLK 脉冲周期的负脉冲
2	对 CLK 脉冲分频 输出	高电平	软件/硬件启动 重复计数	高电平	每当 CE 为 1 时，输出宽度为一个 CLK 脉冲周期的负脉冲
3	方波发生器	高电平	软件/硬件启动 重复计数	高电平	输出周期性对称方波或近似对称方波
4	软件触发脉冲方式	高电平	软件启动 单次计数	高电平	当计数结束时，OUT 输出宽度为一个 CLK 脉冲周期的负脉冲
5	硬件触发脉冲方式	高电平	硬件启动 单次计数	上升沿	当计数结束时，OUT 输出宽度为一个 CLK 脉冲周期的负脉冲

8.3.3　8253 编程

1. 初始化编程

8253 在任何一种工作方式下，必须首先进行初始化编程。8253 的初始化编程比较简单，只需向芯片内各个计数器写入方式控制字和计数初值即可。

（1）8253 初始化编程

① 根据所选择的各计数器的工作方式，确定各计数器的控制字，并将其写入 8253 的控制端口。

② 3 个通道共用一个控制端口，芯片内部控制逻辑则根据控制字的通道选择位，将控制字存入相应通道的控制字寄存器中。

③ 控制字的 D5D4 位要根据计数初值的范围设定。

④ 写入控制字后，使 OUT 端自动输出工作方式中规定的逻辑电平，同时对寄存器 CR 清 0。

⑤ 写入方式控制字之后，任何时间都可以按照控制字 D5D4 位的规定，把所设计的各计数器的计数初值写入相应的计数器通道端口。

（2）计数初值

① 计算计数初值的方式如下。

通道作为计数器使用时，直接写入需要计数的初值即可。

通道作为定时器使用时，计数初值=定时时间/CLK 脉冲周期。

通道作为分频或输出方波使用时，计数初值=CLK 脉冲周期/OUT 输出频率。

② 计数初值与相应的控制字 D5D4 位的关系如下。

- 若计数初值 N 为二进制数（控制字 D0=0），计数范围是 0000H～FFFFH。当 N≤FFH 时，仅需 1B（8 位计数），控制字位 D5D4 置为 01；当 N>FFH 时，则需用 16 位计数，控制字位 D5D4 置为 11。
- 若计数初值为 BCD 码（控制字 D0=1），计数范围是 0～9999。当 N≤99 时，仅需 1B（8 位计数），控制字位 D5D4 置为 01；当 N>99 时，需用 16 位计数，控制字位 D5D4 置为 11。

写入的计数初值必须和方式控制字位 D5D4 一致。

当 D5D4=01 时，只写入低 8 位，高 8 位默认为 0；当 D5D4=10 时，只写入高 8 位，低 8 位默认为 0；当 D5D4=11 时，CPU 编程将计数初值分两次送入通道，先送低 8 位，后送高 8 位。

【例 8-16】 设 8253 的通道 0、通道 1、通道 2 的工作方式及要求如下。

通道 0 工作在方式 0，按二进制计数，计数初值为 8FH。

通道 1 工作在方式 1，按 BCD 码计数，计数初值为 1234H（BCD 码）。

通道 2 工作在方式 3，已知计数脉冲 CLK2 的频率为 2.5MHz，要求 OUT2 输出频率为 1kHz，按 BCD 码计数。

分配给 8253 的端口地址为 02A0H、02A2H、02A4H、02A6H。

设定计数初值及控制字如下。

通道 0 计数初值为 8FH，8 位计数，控制字为 00010000B=10H。

通道 1 计数初值为 1234H，16 位计数，控制字为 01110011B=73H。

通道 2 计数初值为 $2.5\times10^6/1000=2500$，控制字为 10110111B=0B7H。

初始化程序如下。

```
MOV  DX, 02A6H          ;通道 0
MOV  AL, 10H
OUT  DX,AL
MOV  AL,8FH
MOV  DX,02A0H
OUT  DX,AL

MOV  DX,02A6H           ;通道 1
MOV  AL,73H
OUT  DX,AL
MOV  DX,02A2H
MOV  AL,34H
OUT  DX,AL
MOV  AL,12H
OUT  DX,AL

MOV  DX,02A6H           ;通道 2
MOV  AL, 0B7H
OUT  DX,AL
MOV  DX, 02A4H
MOV  AL, 00
OUT  DX,AL
MOV  AL, 25H
OUT  DX, AL
```

2. 读计数器当前值

在 8253 计数的过程中，可以通过 CPU 读指令读取当前计数器的计数值，以供系统检测。

在执行读操作时，应考虑控制字 D5D4 位选择的数据格式。若为 8 位计数值，则 CPU 读取所选通道端口的数据一次即可；若为 16 位计数值时，则 CPU 需要连续两次读取所选同一通道端口的数据（低 8 位在前，高 8 位在后）。

注意

CPU 读取的是瞬时计数值，因为计数器并未停止计数，所以在读取数据前，可以利用 GATE 控制信号使计数器暂停计数；也可以由 CPU 写入锁存控制字（D5D4=00 及通道选择位 D7D6，其他位任意）锁存当前计数值，但并不影响计数器继续进行计数。

例如，在例 8-16 中对 8253 初始化后，读取通道 1 的当前计数值，将该值存放在 CPU 寄存器 BX 中。程序如下。

```
MOV  DX,02A6H
MOV  AL,40H                  ;设通道 1 的控制字 40H 锁存当前计数值
OUT  DX,AL
MOV  DX,02A2H
IN   AL,DX                   ;读取当前计数值低 8 位
MOV  BL,AL
IN   AL,DX                   ;读取当前计数值高 8 位
MOV  BH,AL
```

8.3.4 8253 应用实例

本节主要介绍 8253 在 PC/XT 中的应用。

（1）硬件电路

8253 在 PC/XT 的应用电路如图 8-49 所示。

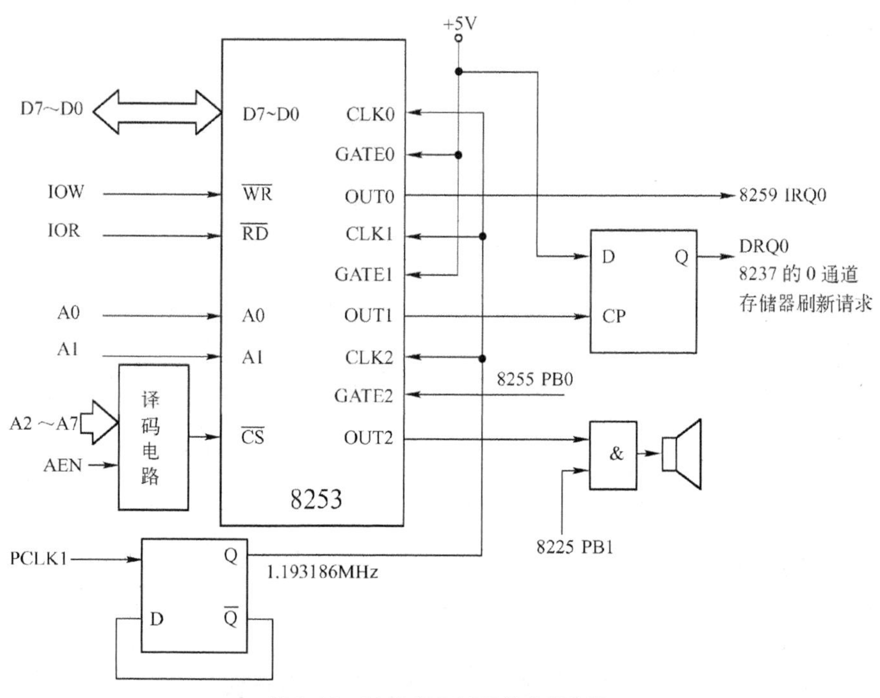

图 8-49　8253 在 PC/XT 的应用电路

系统对 8253 采用部分译码，分配地址为 40H～43H，如下所示。

CPU 地址线：	A7	A6	A5	A4	A3	A2	A1	A0
通道 0 端口地址：	0	1	0	0	0	0	0	0
通道 1 端口地址：	0	1	0	0	0	0	0	1
通道 2 端口地址：	0	1	0	0	0	0	1	0
控制字端口地址：	0	1	0	0	0	0	1	1

（2）计数器 0 应用

计数器 0 用于产生实时时钟信号。

门控信号输入端 GATE0 接 5V，CLK0 输入频率为 1.193186MHz 的方波（周期约为 8.38×10^{-7}s），工作于方式 3，二进制计数，寄存器 CR 计数初值为 0（65536）。

OUT0 输出方波周期为：$65536\times8.38\times10^{-7}$s=55ms。

方式控制字为 00110110B=36H。

输出信号 OUT0 接到 8259A 的 IRQ0，于是每隔约 55ms 产生一次 0 级中断。

通道 0 初始化程序如下。

```
MOV  AL, 36H
OUT  43H, AL
MOV  AL, 0
OUT  40H, AL
```

（3）计数器 1 应用

计数器 1 用于产生动态存储器刷新的定时控制。

门控信号输入端 GATE0 接 5V，CLK1 输入频率为 1.193186MHz 的方波（周期约为 8.38×10^{-7}s），工作于方式 2，二进制计数，OUT1 输出经 D 触发器每隔 15.8μs 产生一个负脉冲。

寄存器 CR 初值为 15.8/(1/1.193186)=18=12H。

输出信号 OUT1 作为 8237A DMAC 的 0 通道的请求信号，定时对系统的动态存储器芯片进行刷新操作。

通道 1 初始化程序如下。

```
MOV  AL, 54H
OUT  43H, AL
MOV  AL, 12H
OUT  41H, AL
```

（4）计数器 2 应用

计数器 2 用于为系统的扬声器发声提供音频信号。门控信号输入端 GATE2 接 8255A 的 PB0，CLK2 输入频率为 1.193186MHz 的方波（周期约为 8.38×10^{-7}s），工作于方式 3，二进制计数，OUT2 输出频率为 900Hz 的方波。

寄存器 CR 初值为 1193186/900=1326=0533H。

方式控制字为 10110110B=0B6H。

扬声器发声受 8255A 的 PB1 和 PB0 引脚控制，8255A 的端口 B 的地址为 61H。

通道 2 初始化程序如下。

```
IN   AL, 61H
MOV  AH,AL                   ;8255A 的端口 B 的数据保存在 AH 中
OR   AL, 3                   ;设置 PB0、PB1 为高电平
OUT  61H,AL
MOV  AL, 0B6H                ;方式控制字
OUT  43H, AL
MOV  AL, 33H                 ;计数初值
OUT  42H, AL
MOV  AL, 05H
OUT  42H, AL
...
MOV  AL,AH                   ;恢复端口 B 原来的状态
OUT  61H,AL
```

8.3.5 8253A 定时器/计数器 Proteus 仿真示例

在 Proteus 软件中，提供的仿真定时器/计数器型号为 8253A，它与 8253 功能完全相同，故不做区分。

1. 8253A 实现方波发生器 Proteus 仿真

采用 8253A 通道 0，工作在方式 3（方波发生器方式），输入时钟 CLK0 的频率为 1MHz，输出 OUT0 要求为 100kHz 的方波，用示波器观察输出波形。

（1）接口电路设计

在原理图编辑窗口打开图 8-12 所示的 8086 系统仿真电路，放置元器件 8253A、仿真示波器并布线，设置相应元器件参数，完成仿真电路设计，扩展仿真接口电路如图 8-50 所示。

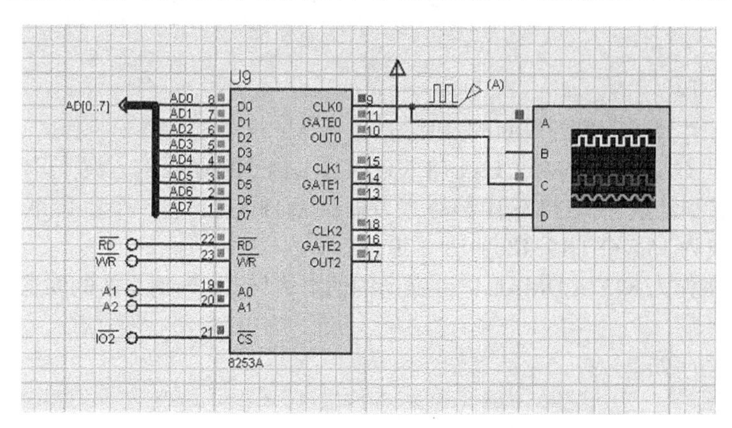

图 8-50 8253A 方波发生器仿真接口电路

（2）程序设计

8253A 的片选信号连接的是 IO2，连接 8086 数据线的低 8 位（偶地址），因此根据图 8-12 可得端口地址设置如下。

	A7	A6	A5	A4	A3	A2	A1	A0	
定时器 0：	0	1	0	1	0	0	0	0	（50H）
定时器 1：	0	1	0	1	0	0	1	0	（52H）
定时器 2：	0	1	0	1	0	1	0	0	（54H）
控制端口：	0	1	0	1	0	1	1	0	（56H）

输入时钟频率为 1MHz，要求输出 100kHz 的方波，因此定时初值为 1MHz/100kHz=10。

源程序如下。

```
CODE SEGMENT
ASSUME CS:CODE
START:
        MOV DX,56H
        MOV AL,37H  ;00 表示定时器 0; 11 表示先读写低 8 位，后读写高 8 位; 011 表示模式 3; 1 表示使用 BCD 码
        OUT DX,AL
        MOV DX,50H
        MOV AL,10H  ;载入低 8 位初值
        OUT DX,AL
        MOV AL,00H
        OUT DX,AL
        JMP $
CODE ENDS
        END  START
```

（3）加载程序

可以在 EMU8086 环境下输入汇编语言程序并保存，编译生成.exe 文件。

在 Proteus 绘制好的原理图 8086 CPU 中加载 EMU8086 生成的.exe 文件。

（4）调试与仿真

可单步或者断点调试程序，观察寄存器或存储器的变化情况。

连续运行程序，方波发生器输出不同频率的方波信号，仿真结果如图 8-51 所示。

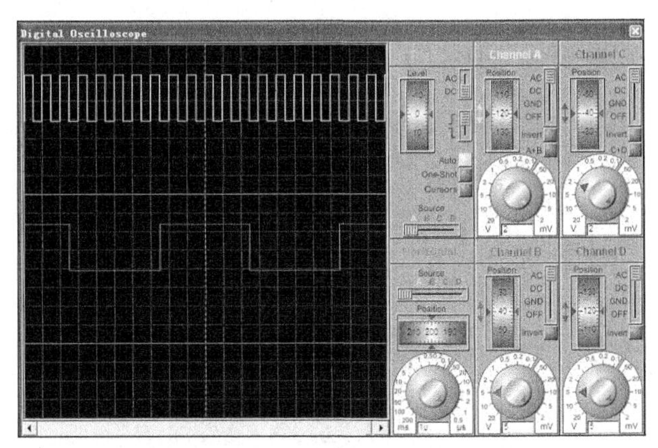

图 8-51　8253A 方波发生器仿真结果

仿真调试成功后，保存仿真文件。

2. 8253A 计数器及数码管显示仿真示例

利用 8253A 定时实现每隔 1s 计数加 1（个位数），到 9 后复位到 0 重新开始计数，LED 数码管显示计数值。

设定 8253A 计数器 2 工作在方式 2，十进制计数，输入时钟频率为 100kHz。

要求数码管的数值 1s 加 1 次，可以用 8253A 产生周期为 1s 的方波，由于 8253A 定时器的最大初值为 65536，输入频率信号的周期为 10μs，输出方波的最大周期为 65536×10μs≈0.66s。为此这里设置 8253A 计数器 2，输出周期为 0.05s 的方波，之后每中断 20 次数码管的值加 1，实现输出周期为 1s 的方波。因此计数初值为 500/(1/100k)=5000。

8253A 的输出 OUT2 作为 8086 不可屏蔽中断 NMI 的中断请求信号（中断类型号为 2）。

（1）接口电路设计

在原理图编辑窗口放置元器件并布线，设置相应元器件参数，完成电路图的设计，如图 8-52 所示。

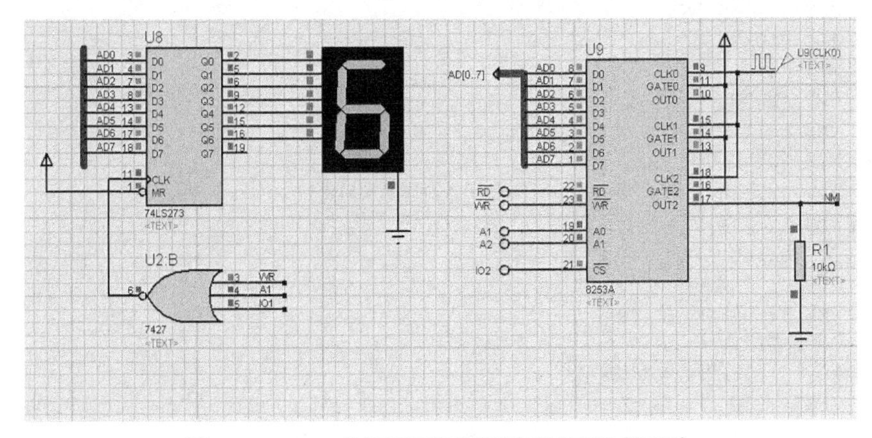

图 8-52　8253A 计数器及数码管显示仿真电路（运行）

电路增加元器件清单：8253A、数码管 7SEG、74LS273、三输入或非门 7427。

（2）程序设计

8253A 端口地址计算方式同 8253A 仿真实例 1。

数码管端口地址计算如下。

	A7	A6	A5	A4	A3	A2	A1	A0	
数码管端口地址：	0	1	0	0	1	0	0	0	（48H）

汇编语言程序如下。

```
.MODEL SMALL
.8086
.STACK
.CODE
.STARTUP
NMI_INT:
          PUSH ES
          XOR AX,AX
          MOV ES,AX
          MOV AL,02H                   ;NMI 中断类型号为 2
          XOR AH,AH
          SHL AX,1
          SHL AX,1                     ;中断类型号乘 4 得到中断向量地址
          MOV SI,AX
          MOV AX,OFFSET NMI_SER        ;中断处理程序地址送入 AX
          MOV ES:[SI],AX
          INC SI
          INC SI
          MOV BX,CS
          MOV ES:[SI],BX               ;装载中断处理程序入口地址
          POP ES
          MOV AL,10110111B             ;8253A 定时器 2 工作在方波发生器模式，采用非 BCD 码
          MOV DX,56H                   ;初始化 8253A
          OUT DX,AL
          MOV DX,54H
          MOV AL,00H
          OUT DX,AL
          MOV AL,50H
          OUT DX,AL
          MOV SI,OFFSET TABLE
          JMP $
NMI_SER:  INC COUNT
          MOV AL,COUNT
          CMP AL,20
          JNZ EXIT
          MOV COUNT,0
          MOV DX,48H                   ;数码管对应的端口地址
          MOV AL,[SI]
          OUT DX,AL
          ADD SI,1
          CMP SI,OFFSET S_END
          JB EXIT
          MOV SI,OFFSET TABLE
EXIT:     IRET
.DATA
```

```
COUNT DB 0
TABLE DB 3FH,06H,5BH,4FH,66H,6DH,7DH,07H,7FH,6FH
S_END=$
END
```

（3）加载程序

可以在 EMU8086 环境下输入汇编语言程序并保存，编译生成.exe 文件。

在 Proteus 绘制好的原理图 8086 CPU 中加载 EMU8086 生成的.exe 文件。

（4）调试与仿真

单步或者断点调试程序，观察寄存器或存储器的变化情况。

连续运行程序，每隔 1s 数字增加 1，数码管循环显示 0～F，仿真结果如图 8-52 所示。

8.4　习题

1. 填空题

（1）不论是并行通信还是串行通信，CPU 与 I/O 接口总是_______传输数据。所谓“串行”是指__________之间串行传输数据。

（2）8251A 内部有_______个端口地址，由引脚_______的状态区别。

（3）CPU 访问 8251A，当_______且_______时，CPU 选中 8251A 的控制/状态端口。

（4）对 8251A 初始化写入控制字的顺序是先写________，后写________。

（5）8251A 用作异步串行通信接口，如果设定波特率因子为 16，而发送器和接收器时钟频率为 19 200Hz，则波特率为__________。

（6）8251A 的发送时钟 TXC 可以是数据传送波特率的____、____、____倍。

（7）8251A 能够接收 CPU 发来的输出数据，其控制信号应该是____、____、____。

（8）8255A 的 3 种工作方式是_______、________、______，其中端口 B 可以工作在_______。

（9）若 8255A 的端口 A 用于输出，采用中断方式传送数据，一般情况下，端口 A 最好设置在_______下工作。

（10）在 80x86 系统中，若 8255A 的端口 A 地址为 38H，则端口 B 地址为_______，端口 C 地址为_______，控制端口地址为_______。

（11）若 8255A 的方式控制字为 81H，则端口 C 的 C7～C4 这 4 根线作为_______，C3～C0 这 4 根线作为_______。

（12）已知 8255A 的端口 C 置位/复位控制字的代码为 7FH，则端口 C 的__________引脚被置位。

（13）若采用 8255A 的端口 A 输出控制一个 7 段 LED 显示器，端口 A 应工作在_______。

（14）8255A 工作于方式 1、输入，PA 口产生中断请求信号 INTR 的充要条件是_______。

2. 问答题

（1）简述 8251A 工作于异步方式接收数据的过程。

（2）操作命令字中的 DTR（D0）与引脚 $\overline{\text{DTR}}$ 的联系和区别是什么？

（3）8251A 的方式控制字、命令控制字、状态控制字的作用是什么？

（4）若规定 8255A 的接口地址为 03F0H～03F3H，画出 8255A 与系统总线的连接图。

（5）指出 8255A 有哪些工作方式？端口 A、B、C 分别被允许工作在什么方式？

（6）对 8255A 进行初始化，需要做哪些工作？其作用是什么？

（7）简述 8253 工作在方式 1 的工作过程。

（8）8253 初始化编程步骤包括哪些内容？

（9）设置 8253 计数初值时应注意哪些问题？

（10）8253 某通道的 CLK 时钟频率为 2.5MHz，该通道的最长定时时间是多少？

3. 编程题

（1）设 8251A 工作于异步方式，波特率因子为 16，使用 7 位 ASCII 字符，使用偶校验，规定 2 个停止位；错误标志位复位，允许发送，允许接收，数据终端准备好，不发送空白字符，内部不复位。已知 8251A 的端口地址为 50H、51H。指出方式控制字和命令控制字，对 8251A 进行初始化编程。

（2）设 8251A 工作于同步方式，规定 2 个同步字符，采用偶校验，使用 7 位 ASCII 字符；用内同步方式，出错标志位复位，允许发送，允许接收，数据终端准备就绪，不发送空白字符。已知 8251A 的端口地址为 50H、51H，编写初始化程序。

（3）编写 8251A 发送数据程序。要求：8251A 为异步传送方式，波特率系数 1 为 64，采用偶校验、1 个停止位、7 位数据位，采用查询方式发送数据。8251A 端口地址为 0300H、0302H。

（4）编程实现 8255A 的 PC5 端输出连续的方波。

（5）编写程序实现 8255A 的端口 A 的 D0～D7 分别控制 8 个发光二极管轮流点亮。要求：8255A 工作在方式 0，端口地址为 3F0H～3F3H，发光二极管采用共阳极连接。

（6）设 8255A 的端口地址为 80H～83H，要求：A 组设置为方式 1 且端口 A 为输入端口；PC6 作为输出，B 组设置为方式 1 且端口 B 作为输入端口。编写初始化程序。

（7）某系统 8255A 的端口地址为 0A0H～0A6H，要求端口 A 工作在方式 0 输入，端口 B 工作在方式 1 输入；若与端口 A 连接的外设输入的数据为 00H，则 PC6 输出 1，否则输出 0。

① 使用 74LS138 译码器画出系统接口图。

② 编写控制程序。

（8）8253 计数器的通道 0 工作于方式 0，用 BCD 码计数，其计数值为 500，设 8253 占用端口地址 0370H～0373H。编写初始化程序。

（9）8253 计数器 1 工作于方式 4，按二进制计数，计数初值为 99H，设 8253 占用端口地址 40H～43H，编写初始化程序。

（10）某系统 8253 的通道 2 工作在方式 3，已知计数脉冲 CLK2 的频率为 1kHz，要求 OUT2 输出的频率为 100Hz，按 BCD 码计数，系统分配给 8253 的端口地址为 0A0H、0A2H、0A4H、0A6H。

① 设定计数初值及控制字。

② 编写初始化程序。

（11）用 8253 通道 0 的 GATE0 作控制信号，在延时 10ms 后，使 OUT2 输出一个负脉冲。已知计数脉冲 CLK2 的频率为 2.5MHz，系统分配给 8253 的端口地址为 0A0H、0A2H、0A4H、0A6H。

① 设定计数初值及控制字。

② 编写初始化程序。

09 第 9 章　数模/模数接口及应用技术

在计算机控制和检测系统中，需要输入的模拟（物理）量必须转换为模拟信号，这一过程称为检测；将模拟信号转换为计算机能够接受的数字信号，称为模数转换或 A/D 转换；将计算机输出的数字信号转换为控制外部执行部件的模拟信号，称为数模转换或 D/A 转换。

模数转换器（ADC）、数模转换器（DAC）是计算机控制系统和数字测量技术中的重要部件。本章首先介绍模拟信号及计算机闭环控制系统的结构组成；然后，从应用的角度详细介绍典型的 D/A、A/D 并行和串行转换器，并通过 Proteus 仿真设计示例讲述 DAC、ADC 与微型计算机接口的应用技术。

9.1　计算机闭环控制系统

本节首先介绍模拟信号的获取及变送，然后通过计算机对模拟信号的处理操作描述计算机闭环控制系统的组成及功能。

9.1.1　模拟信号的获取及变送

在工业生产过程中，有许多物理量是可以连续变化的模拟量，如位移、温度、压力、流量、液位、重量等，计算机需要获取这些模拟量的信息时，必须首先经过传感器将其物理量转换为相应的电量（如电流、电压、电阻），然后进行信号处理，转换成相应的标准量。该标准量通过模数（A/D）转换单元转换为相应的二进制码表示的数字量后，计算机才能识别并进行处理。模拟信号的获取过程如图 9-1 所示。

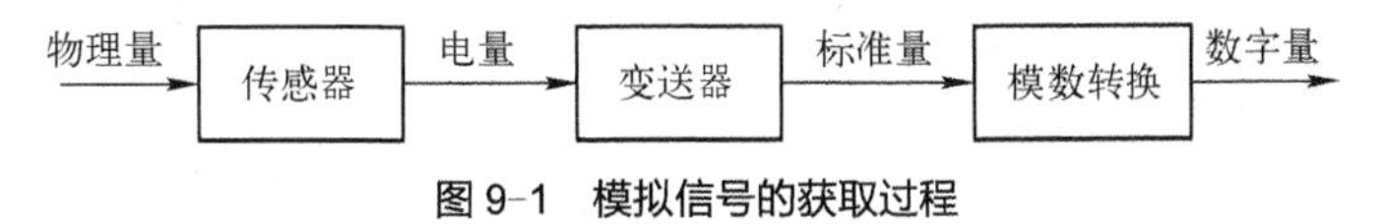

图 9-1　模拟信号的获取过程

1. 传感器

能够感受规定的被测量并按照一定的规律转换成相应的输出信号的元器件或装置称为传感器。传感器通常由敏感元器件和转换元器件组成。顾名思义，传感器的功能是“一感二传”，即感受被测信息并传送出去。传感器一般应由敏感元器件、转换元器件、转换电路组成。

在工业生产过程中，常用传感器有电阻应变式传感器、热电阻传感器、热电偶传感器、霍尔传感器、光电传感器、涡轮流量传感器等。

（1）电阻应变式传感器

电阻应变式传感器可以将位移、形变、力、加速度等被测物理量转换成与之对应的电阻值。

（2）热电阻传感器

热电阻传感器利用电阻值随温度变化而变化这一特性来测量温度及与温度有关的参数。这种传感器比较适用于温度检测精度要求比较高的场合。目前，使用较为广泛的热电阻材料为铂、铜、镍等，它们具有电阻温度系数大、线性好、性能稳定、使用温度范围宽、加工容易等特点，可用于测量-200～500℃范围内的温度。经常使用的热电阻分度号有 PT100、PT1000、Cu50、Cu100 等。

（3）热电偶传感器

热电偶传感器利用两种不同金属导体的接点电势随温度变化而变化这一特性来测量温度，可用于测量 0～1800℃范围内的温度。经常使用的热电偶分度号有 B、E、J、K、S 等。

（4）霍尔传感器

霍尔传感器是根据霍尔效应制作的一种磁场传感器，广泛地应用于工业自动化技术、检测技术及信息处理等方面。压力、流量、加速度等物理量常常需要先转换为位移，然后通过霍尔式位移传感器进行测量。霍尔效应是研究半导体材料性能的基本方法。通过霍尔效应实验测定的霍尔系数，能够判断半导体材料的导电类型、载流子浓度及载流子迁移率等重要参数。

（5）光电传感器

光电传感器是采用光电元件作为检测元件的传感器。它首先把被测量的变化转换成光信号的变化，然后借助光电元件将光信号转换成电信号。

（6）涡轮流量传感器

涡轮流量传感器可以实现对流量的精密测量，与相应的流量积算仪表配套可用于测量流量的显示值和总量积算。

2. 变送器

变送器的功能是将物理量或传感器输出的信息量，转换为便于传送、显示和设备接收的直流电信号。

变送器输出的直流电信号有 0～5V、0～10V、1～5V、0～20mA、4～20mA 等。目前，工业上广泛采用 4～20mA 标准直流电流来传输模拟量。

变送器将物理量转换成 4～20mA 电流输出，必然要有外电源为其供电，其接线方式主要有四线制和二线制，如图 9-2 所示。四线制是指变送器需要两根电源线，加上两根电流输出线；二线制是指变送器需要的电源线和电流输出线共用两根线。目前二线制变送器在工业控制系统中应用较广泛。

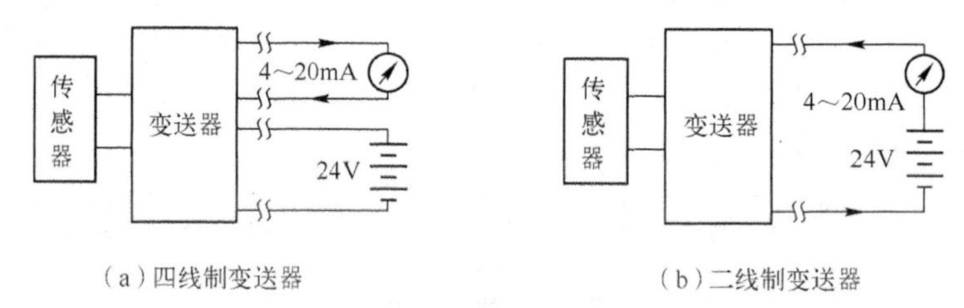

（a）四线制变送器　（b）二线制变送器

图 9-2　变送器接线方式

由图 9-2 可以看出，二线制变送器的供电电源、输出电流信号与负载（这里是电流表）串联在一个回路中，其主要优点如下。

① 二线制传感器不易受热电偶及传输电线电阻压降和温漂的影响，尤其在长距离传输时，可节省大量电缆线和安装费用。

② 在电流源输出电阻足够大时，经磁场耦合感应到导线环路内的电压不会产生显著影响，因为干扰源引起的电流极小，一般利用双绞线加屏蔽处理就能大大降低干扰的影响。

③ 电容性干扰会导致接收器电阻产生误差，对于 4～20mA 二线制环路，接收器电阻通常为 250Ω

（取样 U_{out} 为 1～5V），这个电阻小到不足以产生显著误差，因此，可以允许的电线长度比电压遥测系统的更长、更远。

④ 各个单台示读装置或记录装置可以在电线长度不等的不同通道间进行换接，不会因电线长度的不等而造成精度的差异，这样便于实现分散采集、集中控制。

⑤ 传感器输出电流下限设为 4mA（信号 0），便于区别是信号 0 还是传感器 0mA 状态。

图 9-3 所示为基于热电偶传感器的二线制变送器接线图。

在图 9-3 中，被测温度通过热电偶传感器转换为相应的热电势（单位：mV）输入给变送器，变送器采用二线制供电兼输出接线方式，24V 直流电源的正极与变送器的 V+连接，负极通过负载（一般为 250Ω 电阻器）与变送器的 V−连接，变送器电流输出为与被测温度呈线性关系的 4～20mA 标准信号电流。该电流通过 250Ω 电阻器将其转换为 1～5V 电压，作为 ADC 的模拟量输入信号，ADC 输出的数字量可以直接输入给计算机进行处理。

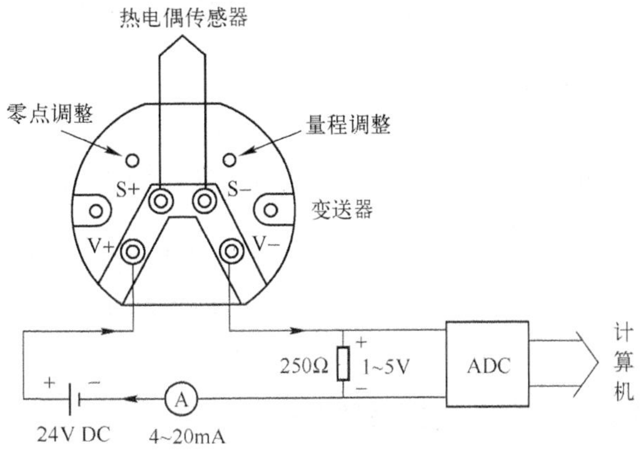

图 9-3　基于热电偶传感器的二线制变送器接线图

9.1.2　典型实时控制系统

闭环控制是根据控制对象输出参数的负反馈进行校正的一种控制方式。工业中的计算机闭环比例积分微分（Proportional Integral Differential，PID）控制系统如图 9-4 所示。

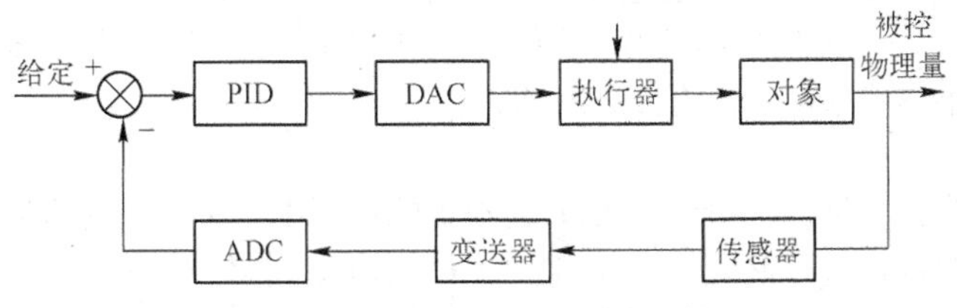

图 9-4　计算机闭环 PID 控制系统

工业生产过程中的典型计算机闭环控制 I/O 通道（接口）如图 9-5 所示。

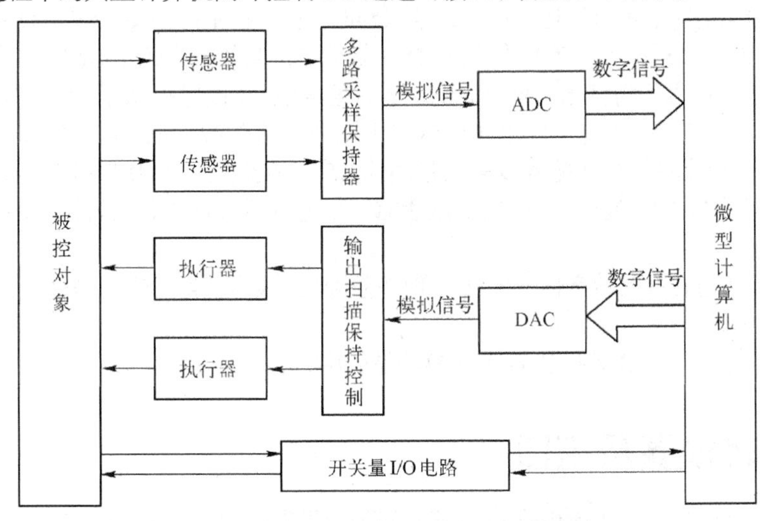

图 9-5　典型计算机闭环控制 I/O 通道（接口）

图 9-5 所示系统工作过程简述如下。

（1）模拟量获取

被控对象中的各种非电量的模拟量（如温度、压力、流量等），必须经传感器转换成规定的电压或电流信号，如把 0～500℃温度转换成标准直流电流（如 4～20mA）或电压（如 1～5V）输出等。

（2）对模拟信号采样、保持、量化

在应用程序的控制下，多路采样开关分时地对多个模拟信号进行采样、保持并送入 ADC 进行 A/D 转换。

（3）计算机进行处理

ADC 将某时刻的模拟信号转换成相应的数字信号，然后将该数字信号输入计算机。计算机根据程序所实现的功能要求，对输入的数据进行处理。

（4）输出通道

由输出通道的 DAC，将计算机输出的数字信号的控制信息转换为相应的模拟信号。该模拟信号通过保持器控制相应的执行机构，对被控对象的相关参数进行调节，周而复始，从而控制被控对象的相关参数按照程序给定的规律变化。

9.1.3 采样、量化和编码

模拟信号经传感器转换为标准信号后，必须经过采样、量化和编码后才能转换为可靠的数字信号，然后被输入计算机。

（1）采样及采样频率

采样就是按一定的周期，在相等的时间间隔 t 内，循环不断地获取某个模拟量的瞬时值。采样周期 t 越短，即单位时间内采样次数越多，采样频率越高，采样值（包络线）就越接近原信号。因此，对于变化速率较快的输入信号，可以通过数字指令控制的开关电路实现对模拟信号的瞬时采样，采样频率应高于输入信号最高频率的 2～3 倍，模拟信号才能通过采样器无失真地复现出来。变化比较缓慢的输入信号，则不需要采样，可直接进入 ADC。

（2）保持

每次采样的瞬时模拟信号，在量化（A/D 转换）的过程中，必须保持信号不变，这样才能保证 A/D 转换的准确性。可以通过存储元件（如电容器 C）跟踪采样信号并将信号存储在电容器 C 上，经放大器放大后输出。

（3）量化

采样后需要对该瞬时值进行量化，例如，被采样的模拟电压范围为 0～5V，假设把它分为 5 层（即 0～1、1～2、2～3、3～4、4～5），每层为 1V，该分层的起始电压就是这次采样需要转换为数字量的模拟信号，这一过程称为量化。每层的电压最大值与最小值之差为量化单位。显然，量化单位越小，转换精度越高。在应用时，通常把 0～5V 电压转换为 8 位数字量，需要分成 2^8=255 层，量化单位约为 19.6mV。量化单位正好是 A/D 转换输出的数字量最低位（称 1LSB）所对应的电压值，因此也称为 ADC 的分辨能力。显然，数字量的位数越多，量化误差越小，其转换器的准确性越高。

（4）编码

编码是指模拟信号转换的数字信号可以用不同的代码来表示。常用的编码有二进制码、BCD 码等形式。

量化和编码的原理对 A/D 转换和 D/A 转换都是适用的。

9.2 数模转换器及接口

DAC 在测控系统中将计算机输出的数字信号转换成模拟信号，以用于驱动外部执行机构。

9.2.1　数模转换器的基本原理

DAC 的基本功能是将一个用二进制表示的数字信号转换成相应的模拟信号。实现这种转换的基本方法是：对应二进制数的每一位产生一个相应的电压（电流），而这个电压（电流）的大小正比于相应的二进制的位权。

加权网络 DAC 的简化原理图如图 9-6 所示。

图中，$K_0,K_1,\cdots,K_{n-1},K_n$ 是一组由数字输入量的第 0 位,第 1 位,…,第 n-1 位,第 n 位（最高位）控制的电子开关，相应位为“1”时，开关接向图示左面（U_{REF}），为“0”时接向图示右面（地）。U_{REF} 为高精度参考电压源。R_f 为运放的反馈电阻。$R_0,R_1,\cdots,R_{n-1},R_n$ 称为“权”电阻，取值为 $R,2R,4R,8R,\cdots,2^{n-1}R,2^nR$。运算放大器的输出电压（反相加法运算）表达式如下。

$$U_0=-U_{REF}R_f\sum_{i=0}^{n}\frac{D_i}{R_i}=-U_{REF}R_f\left(\frac{D_0}{R_0}+\frac{D_1}{R_1}+\frac{D_2}{R_2}+\cdots+\frac{D_n}{R_n}\right)$$
$$=-\frac{R_f}{R}U_{REF}\left(D_0+\frac{D_1}{2}+\frac{D_2}{4}+\frac{D_3}{8}+\cdots+\frac{D_n}{2^n}\right)$$

在 R_i、R_f 和 U_{REF} 一定时，其输出取决于二进制数的值。但在制造时要保证各加权电阻的倍数关系比较困难，因此在实际应用中大量采用图 9-7 所示的 T 形网络（也称为 R-2R）。

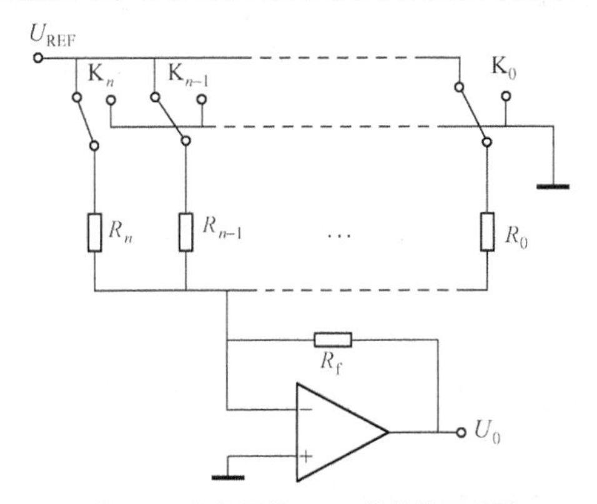

图 9-6　加权网络 DAC 的简化原理图

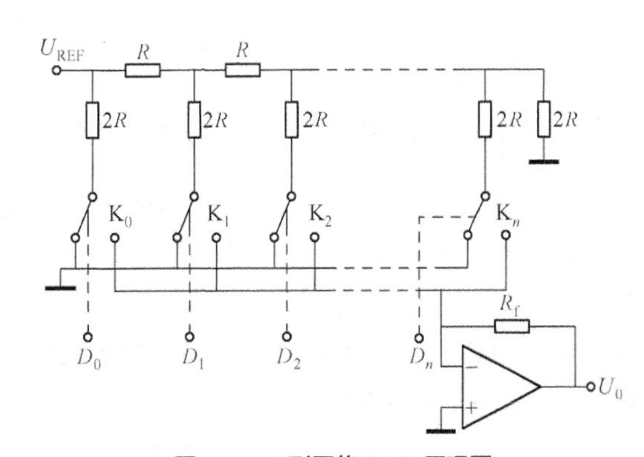

图 9-7　T 形网络 DAC 原理图

图 9-7 中，仅有 R、$2R$ 两种电阻，制造方便，同时可将反馈电阻 R_f 也放在同一块集成芯片上，并使 R_f=R，则满足此条件的输出电压表达式如下。

$$U_0=-U_{REF}\sum_{i=0}^{n}\frac{D_i}{2^n}$$

由此看出，U_0 只与 U_{REF} 和各位的权值有关，与电阻无关，从而可以大大提高转换精度。

9.2.2　数模转换器的主要参数

数模转换器（DAC）的主要参数如下。

① 分辨率：指数字量最低有效位（Least Significant Bit，LSB）对应的模拟值。DAC 能够转换的二进制的位数越多，分辨率越高，一般为 8 位、10 位、12 位等。对于 N 位 DAC，其分辨率为输出电压量程除以 2^N。

例如，8 位 DAC，若转换后的电压相应为 0～5V，则它能输出的可分辨的最小电压为：

(5-0)/256=19.53(mV)

② 转换时间：DAC 完成一次转换所需的时间，即从数字输入信号变化开始，直到转换输出一个稳定的模拟量所需的时间。转换时间一般在几十纳秒至几微秒之间。

③ 线性度：理想的转换关系是线性的，线性度表示 D/A 转换模拟输出偏离理想输出的最大值。

④ 输出电平：输出模拟信号有电流型和电压型两种。电流型输出电流在几毫安到几十毫安；电压一般为 5～10V，有的高电压型可达 24～30V。

⑤ 转换精度：表明 DAC 转换的精确程度，可分为绝对精度和相对精度。

绝对精度是指转换输出实际值与理想值之差，一般应低于 0.5LSB。

相对精度是指绝对精度相对于满量程的百分数。

常用的 DAC 芯片参数和特点见表 9-1。

表 9-1　常用的 DAC 芯片参数和特点

芯片	参数						特点
	缓冲能力	分辨率	输入码制		电流型/电压型	输出极性	
			单极性	双极性			
DAC1408	无数据锁存	8 位	二进制	偏移二进制	电流型	单/双极均可	价格便宜，性能低，需外加电路
DAC0832	有二级锁存	8 位	二进制	偏移二进制	电流型	单/双极均可	适用于多模拟量同时输出的场合
AD561	无锁存功能	10 位	二进制	偏移二进制	电流型	单/双极均可	与 8 位 CPU 相连时必须外加两级锁存
AD7522	双重缓冲	10 位	二进制	—	电流型	单/双极均可	具有双缓存，易与 8/16 位 CPU 相连，有串行输入，可与远距离计算机连接使用

9.2.3　8 位集成数模转换器——DAC0832

DAC0832 是 8 位双缓冲集成 D/A 转换芯片。该芯片有极好的温度跟随性，建立时间为 1μs，输入方式灵活，输出漏电流低，功耗低。

1. DAC0832 的内部结构

DAC0832 是采用 CMOS 工艺制成的双列直插式单片 8 位 DAC，可直接与计算机接口相连。DAC0832 的内部结构如图 9-8 所示。

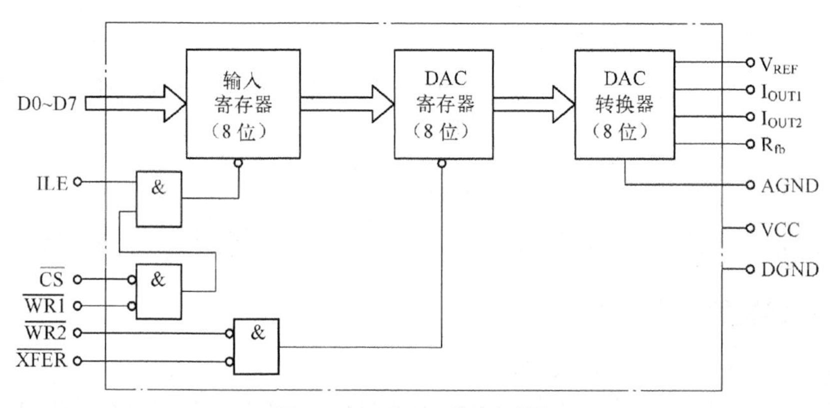

图 9-8　DAC0832 的内部结构

DAC0832 片内有 T 形网络，用以对参考电压提供的两条回路分别产生两个输出电流信号 I_{OUT1} 和 I_{OUT2}。DAC0832 采用 8 位 DAC 寄存器两次缓冲的方式，输入的数字量在进入输入寄存器（锁存）后，送入 8 位 DAC 寄存器中，这样可以在 DAC 输出的同时，接收下一个输入的数据，以便提高转换速度；也可以实现多片 DAC 的同步输出。每个输入的数据为 8 位，可以直接与计算机的 8 位数据总线相连，控制逻辑为 TTL 电平。

2. DAC0832 引脚

DAC0832 引脚如图 9-9 所示，各引脚的含义如下。

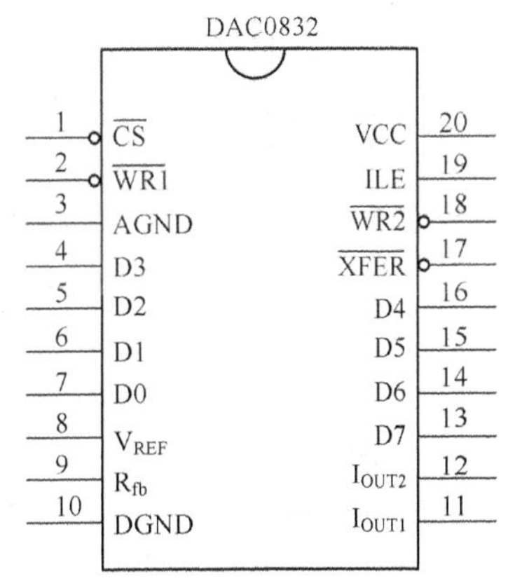

图 9-9　DAC0832 引脚

（1）数据输入端

数据输入端 D0～D7：8 位，连接 CPU 数据总线。

（2）输入寄存器控制引脚

ILE：数据允许锁存信号，高电平有效，输入。

$\overline{CS}$：片选信号（输入寄存器选择信号），低电平有效，输入。

$\overline{WR1}$：输入寄存器写选通信号，低电平有效，输入。

（3）DAC 寄存器控制引脚

$\overline{WR2}$：DAC 寄存器的写选通信号，低电平有效，输入。

$\overline{XFER}$：数据传送信号，低电平有效，输入。该信号与 $\overline{WR2}$ 进行逻辑与运算后作为 DAC 寄存器工作的控制信号。

（4）输出模拟信号相关引脚

I_{OUT1}：电流输出 1，其电流值为输入数字量为 1 的各位输出电流之和，它随输入数字量的变化而线性变化。

I_{OUT2}：电流输出 2，其电流值为输入数字量为 0 的各位输出电流之和。

R_{fb}：反馈信号输入端，反馈电阻器在片内，为外接运算放大器提供反馈回路。

（5）其他引脚

V_{REF}：基准电源输入端，一般取-10～10V。

VCC：电源输入端，一般取 5～15V。

AGND：模拟地。

DGND：数字地。

3. DAC0832 的 3 种工作方式

通过对芯片内部的输入寄存器及 DAC 寄存器的不同控制方式，DAC0832 可以有 3 种工作方式。

（1）直通方式

在直通方式下，DAC0832 的两个寄存器一直处于直通状态。为此，应使控制信号 $\overline{CS}$=0、ILE=1、$\overline{WR1}$=0、$\overline{WR2}$=0、$\overline{XFER}$=0。

该方式下输入的数据不需要任何控制信号，直通方式适用于一些简单系统。

（2）单缓冲方式

在单缓冲方式下，DAC0832 的两个寄存器中的一个工作在直通状态，另一个工作在受控状态，或者同时控制输入寄存器和 DAC 寄存器。CPU 对工作在受控状态下的寄存器执行一次写入操作，即可完成 D/A 转换。这种方式适用于只有一路模拟信号输出或多路模拟信号不需要同步输出的系统。

例如，若使输入寄存器工作在受控状态，DAC 寄存器为直通状态，则 $\overline{WR2}$ 和 $\overline{XFER}$ 应为有效低电平；而 ILE 或 $\overline{CS}$ 应接收 CPU 写入的控制信号。

（3）双缓冲方式

在双缓冲方式下，输入寄存器和 DAC 寄存器都工作在受控状态。CPU 需要分别对两个寄存器各执行一次写入操作，才能完成 D/A 转换，即 CPU 首先将输入数字量写入输入寄存器，然后将输入寄存器的内容写入 DAC 寄存器。

该方式适用于需要多个 DAC0832 转换器同时使用的系统。

9.2.4 DAC0832 应用接口及编程

DAC0832 转换器芯片的数据线和控制线等与 CPU 数据总线和有关控制总线相连，CPU 把它视为一个并行输出端口。

DAC0832 本身是电流输出型的，当 D/A 转换结果需电压输出时，可在 DAC0832 的 I_{OUT1}、I_{OUT2} 输出端加接一个运算放大器，将电流信号转换成电压信号输出。输出电压可为单极性输出，也可为双极性输出。

1. DAC0832 工作于单缓冲器、单极性输出方式

DAC0832 工作于单缓冲器、单极性输出方式与 CPU 的接口电路如图 9-10 所示。

在图 9-10 中，将 VCC 和 ILE 并接于+5V，输入寄存器的控制信号 $\overline{WR1}$ 接 CPU 的 $\overline{WR}$ 引脚、$\overline{CS}$ 片选端接地址译码器的输出端，故在 CPU 执行 OUT 写入指令时，输入寄存器控制信号为有效电平，输入寄存器接收 CPU 写入的数据，实现一级缓冲；DAC 寄存器的控制信号 $\overline{WR2}$ 和 $\overline{XFER}$ 均接地（低电平），故 DAC 寄存器工作在直通状态。

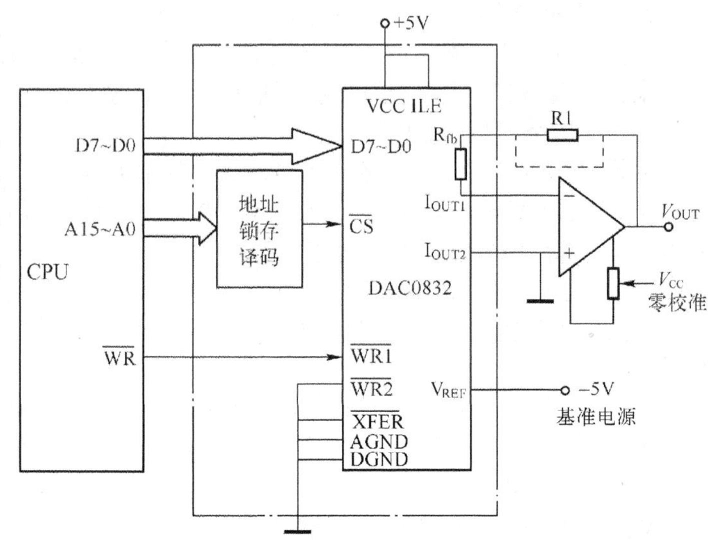

图 9-10 DAC0832 工作于单缓冲器、单极性输出方式与 CPU 的接口电路

CPU 对 DAC0832 执行一次写操作，则把数字信号直接写入输入寄存器，通过工作在直通状态下的 DAC 寄存器，进入 DAC，其模拟输出随之变化。DAC0832 的输出经运算放大器转换成电压输出 V_{OUT}。V_{REF} 接基准电源，输出电压与输入数字信号 N（D0～D7）的关系为：

$$V_{OUT}=-N/255\times V_{REF}$$

当 V_{REF} 为+10V 或-10V 时，V_{OUT} 为-10～0V 或 0～10V；当 V_{REF} 为+5V 或-5V 时，则 V_{OUT} 为-5～0V 或 0～+5V。

在图 9-10 的接口电路中，设 DAC0832 片选地址为 A15～A0=0111111111111111B=7FFFH，则当 N=00000000B=00H=0 时，V_{OUT}=0（起始零点），设置起始零点程序如下。

```
MOV      DX,  7FFFH
MOV      AL,   0
OUT      DX,  AL
```

程序执行后，若 V_{OUT} 偏离零点，可调节零校准电位器使其为 0。

当 N=11111111B=0FFH=255 时，$V_{OUT}\approx$(5-0)V=5V（满量程），设置满量程输出程序如下。

```
MOV      DX,  7FFFH
MOV      AL,   0FFH
OUT      DX,  AL
```

程序执行后，若 V_{OUT} 偏离 5V，可调节增益校准电阻器 R1，使其为 5V。由于 DAC0832 芯片内部反馈电阻器 R_{fb} 能够满足增益精度的要求，因此，在实际电路中不需要串接增益校准电阻器 R1，图中 R1 两端的虚线表示可以短接。

当 N=10000000B=80H=128 时，V_{OUT}=2.5V。

【例 9-1】 在图 9-10 所示的接口电路中，V_{REF}=-5V，设 DAC0832 的地址为 7FFFH，将存储器数据段 2000H 字节单元的内容转换为 0～5V 模拟信号输出。

程序如下。

```
START:   MOV   DX,  7FFFH                 ; 0832 地址
```

```
        MOV   BX,  2000H
        MOV   AL,  [BX]
        OUT   DX,  AL                      ;写数据到 0832
```

【例 9-2】 在图 9-10 接口电路中，$V_{REF}=-5V$，设 DAC0832 的地址为 7FFFH，使 V_{OUT} 输出 0～5V 锯齿波电压。

程序如下。

```
START:  MOV      DX,  7FFFH                ;0832 地址
        MOV      AL,  0FFH
  LOP:  INC      AL
        OUT      DX,  AL
        JMP      LOP
```

【例 9-3】 在图 9-10 接口电路中，$V_{REF}=-5V$，设 DAC0832 的地址为 7FFFH，使 V_{OUT} 输出 0～5V 方波电压。

程序如下。

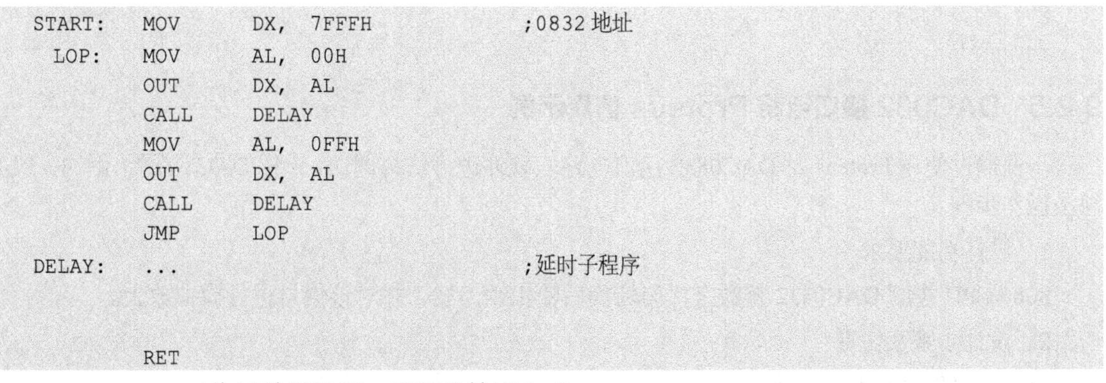

```
START:  MOV      DX,  7FFFH                ;0832 地址
 LOP:   MOV      AL,  00H
        OUT      DX,  AL
        CALL     DELAY
        MOV      AL,  0FFH
        OUT      DX,  AL
        CALL     DELAY
        JMP      LOP
DELAY:  ...                                ;延时子程序

        RET
```

2. DAC0832 工作于单缓冲器、双极性输出方式

DAC0832 工作于单缓冲器、双极性输出方式与 CPU 的接口电路如图 9-11 所示。

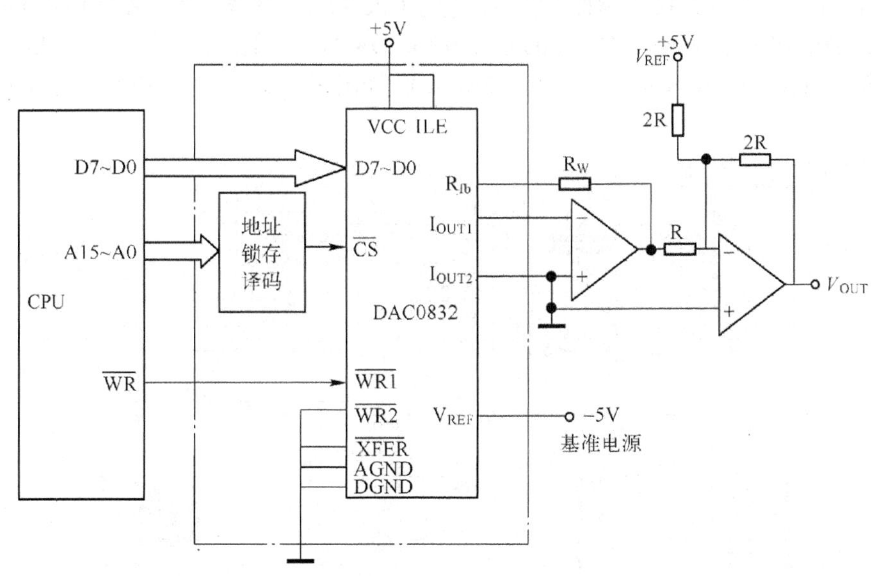

图 9-11　DAC0832 工作于单缓冲器、双极性输出方式与 CPU 的接口电路

双极性是指 V_{OUT} 输出为对称的正、负电压。双极性输出时，DAC0832 需要外接两个运算放大器。双极性输出电压 V_{OUT} 与输入数字量 N（D0～D7）的关系表达式为：

$$V_{OUT}=(N-128)/128\times V_{REF}$$

在图 9-11 接口电路中，V_{REF}= +5V，设 DAC0832 片选地址为 7FFFH，则有：当 N=00H 时，V_{OUT}= -5V，当 N=0FFH 时，V_{OUT}= +5V，则输出电压量程为 5V-(-5V)=10V；当 N=256/2=128=80H 时，V_{OUT}=0V。

设置零点输出程序段为：

```
MOV   DX,7FFFH
MOV   AL, 80H
OUT   DX,AL
```

设置起始点（-5V）输出程序段为：

```
MOV  DX,7FFFH
MOV  AL, 00H
OUT  DX,AL
```

设置最大值（+5V）输出程序段为：

```
MOV  DX,7FFFH
MOV  AL, 0FFH
OUT  DX,AL
```

9.2.5 DAC032 接口电路 Proteus 仿真示例

下面通过使用 Proteus 对 DAC0832 接口电路软硬件进行仿真调试，介绍 DAC 应用示例的一般方法及操作步骤。

1. 设计功能要求

8086 CPU 控制 DAC0832 将数字代码转换后输出锯齿波，并对该信号进行模拟放大。

2. 设计步骤及仿真

（1）电路仿真原理图设计

在电路图编辑窗口选择添加放置 8086 CPU、DAC0832、锁存器 74LS373、译码器 74LS138、运算放大器 LM324、或门 74LS32 及虚拟示波器，进行 CPU 接口及电路布线、设置相应元器件相关参数。本例设置 DAC0832 的地址为 18H（00011000B），DAC0832 输出锯齿波 I_{OUT1} 经 LM324 放大后输出，由虚拟示波器通道 A 显示输出波形。DAC0832 输出锯齿波接口仿真电路（运行）如图 9-12 所示。

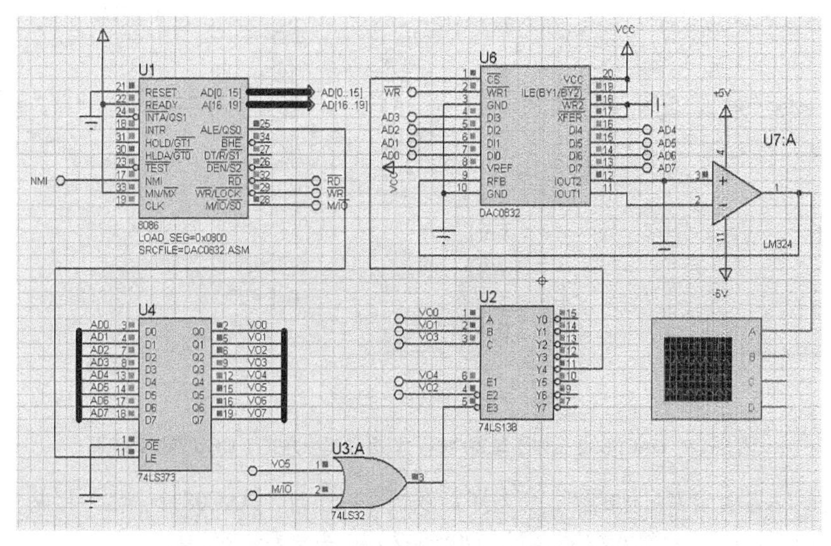

图 9-12　DAC0832 输出锯齿波接口仿真电路（运行）

（2）程序设计

源程序如下。

```
CODE SEGMENT
    ASSUME CS:CODE
START:
LOP:
     MOV AL,0FFH
LOP1:
     MOV DX,0018H
     OUT DX,AL
     DEC AL
     JNZ LOP1
     JMP LOP
CODE ENDS
     END START
```

（3）加载程序

用户可以在 EMU8086 中输入源程序并保存，编译生成.exe 文件。

在绘制好的原理图 8086 CPU 中加载 EMU8086 生成的.exe 文件。

（4）调试与仿真

调试程序，仿真运行结果如图 9-12 所示；虚拟示波器输出锯齿波如图 9-13 所示。

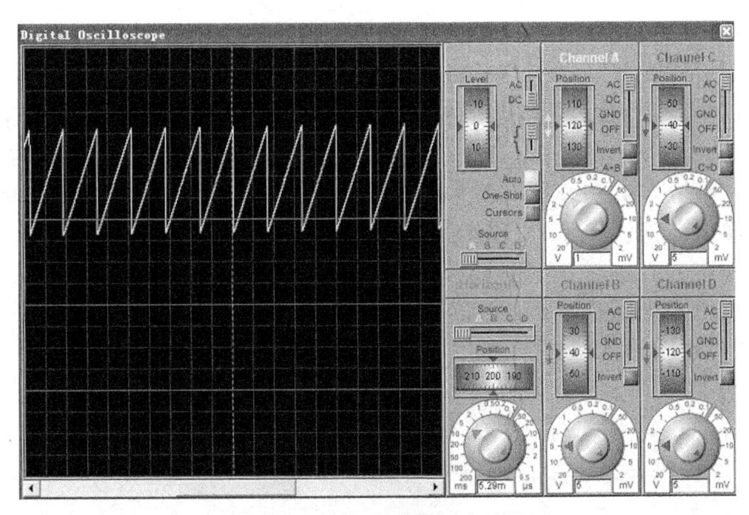

图 9-13　虚拟示波器输出锯齿波

9.2.6　串行数模转换器及仿真示例

1. 串行 DAC 芯片 TLC5615

（1）功能

TLC5615 是具有串行接口的 DAC，10 位 DAC 电路，带有上电复位功能，输出为电压型，最大输出电压是基准电压的两倍。只需要通过 3 根串行总线就可以完成 10 位数据的串行输入，可以方便地和工业标准的 CPU 或微控制器（单片机）接口相连。

（2）引脚

TLC5615 引脚有 DIN（串行数据输入端）、SCLK（串行时钟输入端）、$\overline{CS}$（片选端）、DOUT（用于级联时的串行数据输出端）、AGND（模拟地）、REFIN（基准电压输入端 2V～(VDD–2)V）、OUT（DAC 模拟电压输出端）、VDD（正电源端 5V），如图 9-14 所示。

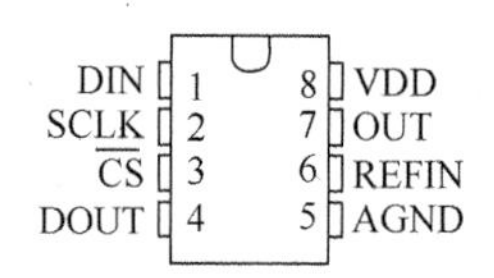

图 9-14　TLC5615 外形和引脚

（3）基本工作时序

当 $\overline{CS}$ 为低电平时，在每一个 SCLK 时钟的上升沿将 DIN 输入的一位数据移入 16 位移位寄存器。接着，在 $\overline{CS}$ 的上升沿将 16 位移位寄存器的 10 位有效数据锁存于 10 位 DAC 寄存器，供 DAC 进行转换。$\overline{CS}$ 电平的上升和下降都必须发生在 SCLK 为低电平期间。

2. 串行 DAC Proteus 仿真

下面通过使用 Proteus 对 TLC5615 接口电路软硬件进行仿真调试，介绍串行 DAC 应用示例的一般方法及操作步骤。

（1）设计功能要求

8086 CPU 并行输出的 10 位数字信号（0000000000B～1111111111B），通过接口电路串行输入给 TLC5615，并转换为模拟电压（0～5V）输出。

（2）设计步骤及仿真

① 电路仿真原理图设计

在 Proteus 电路图编辑窗口放置锁存器 74LS373、译码器 74LS138、TLC5615 等元器件，连接电路，其中引脚 REFIN 由+5V 电源经 R1、R2 分压后提供 2.5V 基准电压。串行 D/A 转换接口仿真电路如图 9-15 所示。该电路使用 74LS138 译码器 Y0 引脚输出选择地址，地址码为 0040H 时选中 TLC5615，使用 I/O 模拟操作时序的方式实现对 TLC5615 的串行写入操作。

② 程序设计

源程序如下（本例仅将数字量 0200H 转换为电压输出）。

```
DATA   SEGMENT
    TLC5615  EQU  40H   ;TLC5615 的地址
DATA   ENDS
CODE   SEGMENT PUBLIC 'CODE'
       ASSUME CS:CODE,DS:DATA
START:
    MOV AX,DATA
    MOV DS,AX
    MOV DX,TLC5615
    MOV AL,02H
    OUT DX,AL
    MOV AL,00H
    OUT DX,AL
    MOV BX,0200H          ;需要转换的值
    MOV CL,06H
    SHL BX,CL
    MOV CX,0CH            ;循环次数
NEXT:
    SHL BX,1
    JNC L
    MOV AL,04H
    OUT DX,AL
```

```
    MOV AL,05H
    JMP N
L:  MOV AL,00H
    OUT DX,AL
    MOV AL,01H
N:  OUT DX,AL
    MOV AL,00H
    OUT DX,AL
    LOOP NEXT
    JMP  START
CODE   ENDS
    END  START
```

③ 加载程序

可以在 EMU8086 中输入源程序并保存，编译生成.exe 文件。

在绘制好的原理图 8086 CPU 中加载 EMU8086 生成的.exe 文件。

④ 调试与仿真

调试程序，仿真电路（运行）如图 9-15 所示。可以看出，TLC5615 的模拟信号输出经电压表显示为 2.5V。

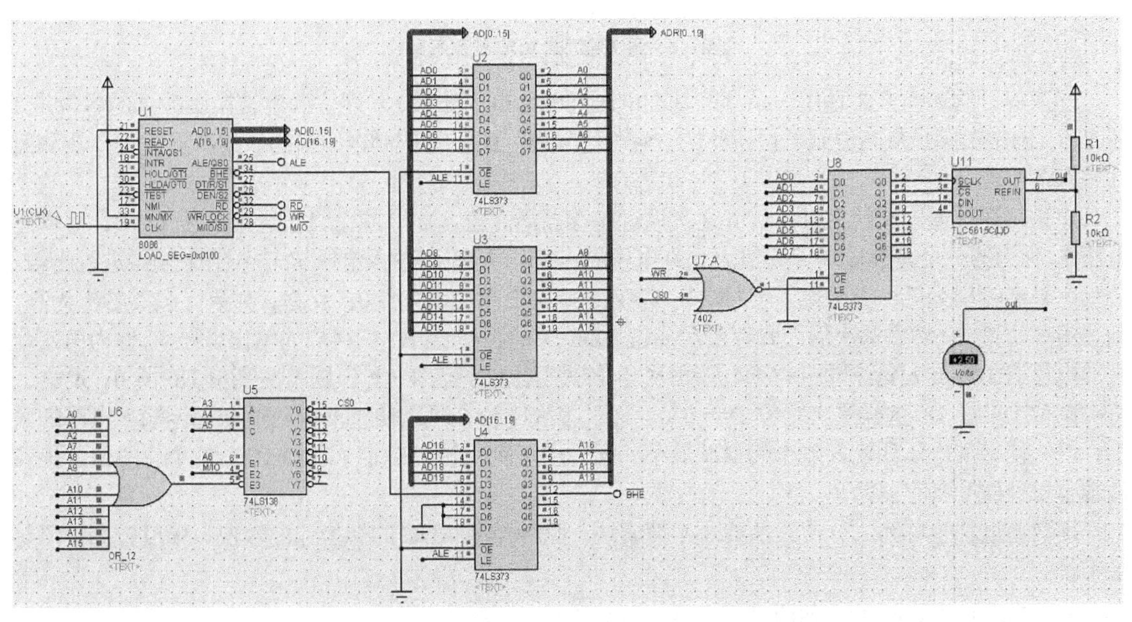

图 9-15　串行 D/A 转换接口仿真电路（运行）

9.3　模数转换器及接口

ADC 将需要用计算机处理的模拟信号转换成 *n* 位数字信号，该信号通过数据线输入给计算机。在测控系统中，ADC 主要用于外部模拟量的数据采集。

9.3.1　模数转换器的基本原理

根据 ADC 的工作原理，可将 ADC 分成两大类：一类是直接型 ADC，其输入的模拟电压被直接转换成数字代码，不产生任何中间变量；另一类是间接型 ADC，在其工作过程中，首先把输入的模拟电压转换成某种中间变量（如时间、频率、脉冲宽度等），再把这个中间变量转换为数字代码输出。

ADC 的种类有很多，但目前应用较广泛的主要有 3 种：逐次逼近式 ADC（直接型）、双积分式 ADC 和 V-F 变换式 ADC（间接型）。

1. 逐次逼近式 ADC 的工作原理

逐次逼近式 ADC 是一种速度较快、精度较高的转换器，其转换时间在几微秒至几百微秒之间。逐次逼近式 ADC 的原理图如图 9-16 所示。

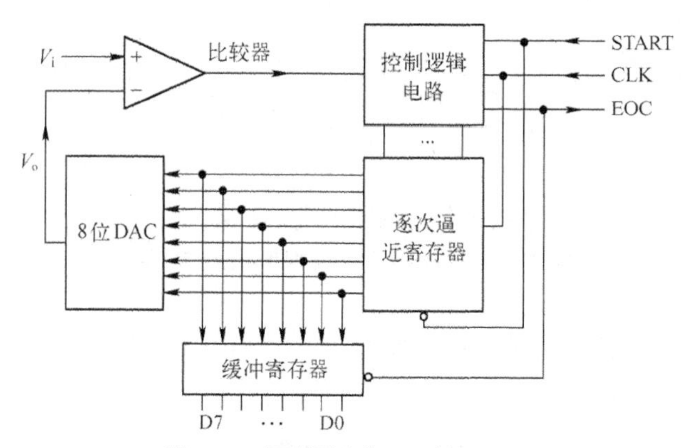

图 9-16 逐次逼近式 ADC 的原理图

逐次逼近的转换方法是用一系列的基准电压同输入电压比较，以逐位确定转换后数据的各位是 1 还是 0，确定次序是从高位到低位进行的。它由比较器、DAC、控制逻辑电路、逐次逼近寄存器和缓冲寄存器组成。

在进行逐次逼近式转换时，首先逐次逼近寄存器最高位（D7）并置 1，送入 8 位 DAC，其输出电压 V_o 称为第一个基准电压（为最大允许电压的 1/2），将 V_o 与输入电压 V_i 输入给比较器进行比较。如果比较器输出为低，说明输入信号电压 $V_i<V_o$，则将最高位 D7 清 0；反之，如果比较器输出为高，则将最高位置 1。然后逐次逼近寄存器次高位（D6）并置 1，经 DAC 得到的输出电压 V_o 称为第二个基准电压值（为最大允许电压的 1/4）。再次与 V_i 进行比较，若 $V_i<V_o$，则将次高位 D6 清 0；反之，将次高位 D6 置 1。这样逐次置位 D5～D0，通过多次比较，可以使基准电压逐渐逼近输入电压的大小，最终使基准电压和输入电压的误差最小，同时由多次比较也确定了 D0～D7 各个位的值，该 8 位数字量经缓冲寄存器输出。

逐次逼近法也称为二分搜索法或对半搜索法。此种类型 ADC 的转换速度较快，精度较高，但易受干扰。

2. 双积分式 ADC 的工作原理

双积分式 ADC 由电子开关、积分器、比较器、计数器和控制逻辑电路等部件组成，如图 9-17（a）所示。

双积分式 A/D 转换是一种间接的 A/D 转换技术。首先将模拟电压转换成积分时间，然后用数字脉冲计时的方法转换成计数脉冲数，最后将表示模拟输入电压大小的脉冲数转换成所对应的二进制数或 BCD 码输出。

在进行一次 A/D 转换时，电子开关先把 V_x 采样输入积分器，积分器从 0 开始进行固定时间 T 的正向积分。时间 T 到后，电子开关将与 V_x 极性相反的基准电压 V_{REF} 输入积分器进行反相积分，到输出为 0 时停止反相积分。

积分器输出波形如图 9-17（b）所示。可以看出，反相积分时积分器的斜率是固定的，V_x 越大，积分器的输出电压也越大，反相积分时间就越长。计数器在反相积分时间内所计的数值就是与输入电压 V_x 在时间 T 内的平均值对应的数字量。

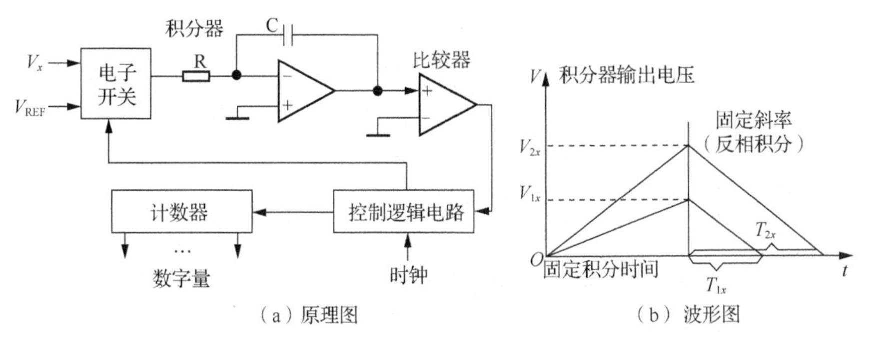

（a）原理图　　（b）波形图

图 9-17　双积分式 A/D 转换原理

由于这种 A/D 转换要经历正、反两次积分，故转换速度较慢。但是，由于双积分 ADC 外接器件少，抗干扰能力强，成本低，使用比较灵活，具有极高的性价比，故在一些非快速过程中应用十分广泛。

3. V-F 变换式 ADC

V-F 变换式 ADC 是由电压-频率转换器构成的 ADC。该转换器由计数器、定时门电路控制等组成。其原理是先将输入模拟电压 V_i 转换为与之成正比线性关系的脉冲频率 f。然后，该脉冲频率 f 在单位定时时间的控制下由计数器对其计数，使计数器的计数值正比于输入电压 V_i，从而实现 A/D 转换。

9.3.2　模数转换器的主要技术指标

ADC 的主要技术指标如下。

（1）分辨率

分辨率表示转换器对微小输入量变化的敏感程度，通常用转换器输出数字量的位数来表示。例如，对 10 位 ADC，其数字输出量的变化范围为 0～1023（$2^{10}-1$），当输入电压的满刻度为 5V 时，数字量每变化一个数字所对应输入模拟电压的值为 5/1023≈4.88mV，其分辨率为 4.88mV。当检测输入信号的精度较高时，需采用分辨率较高的 A/D 转换集成芯片，目前常用的 A/D 转换集成芯片的转换位数有 8 位、10 位、12 位和 14 位等。

（2）量程

量程是指所能转换的输入电压范围，如 5V、10V、±5V 等。

（3）精度

精度有绝对精度和相对精度两种表示方法。常用数字量的位数作为量度的绝对精度单位，如精度为±0.5LSB，而用百分比来表示满量程时的相对误差，如±0.5%。要说明的是，精度和分辨率是不同的概念。精度指的是转换后所得结果相对于实际值的准确度，而分辨率是指转换后的数字量每变化 1LSB 所对应输入模拟量的变化范围。

（4）转换时间

A/D 转换时间指的是从发出启动转换命令到转换结束获得整个数字信号为止所需的时间间隔。

9.3.3　8 位集成模数转换器——ADC0809

ADC0809 具有 8 个通道的模拟信号输入线（IN0～IN7），可在程序控制下对任意通道进行 A/D 转换，输出 8 位二进制数字信号（D7～D0）。

1. ADC0809 的结构

ADC0809 的结构框图如图 9-18 所示。

ADC0809 的主要部分是一个 8 位逐次逼近式 ADC。为了能实现 8 路模拟信号的分时采样，片内设置了 8 路模拟选通开关，以及相应的通道地址锁存和译码电路。转换的数据送入三态输出数据锁存器。

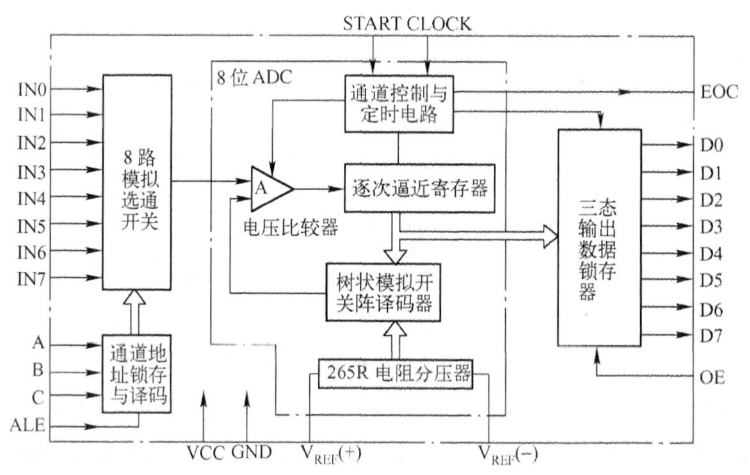

图 9-18 ADC0809 的结构框图

2. ADC0809 引脚

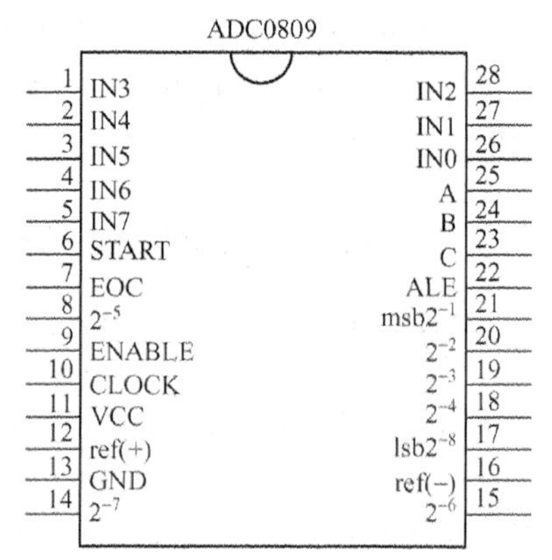

图 9-19 ADC0809 引脚分布

ADC0809 引脚分布如图 9-19 所示。

各引脚的含义如下。

① IN7～IN0：8 路模拟信号输入通道，在多路开关控制下，任一时刻只能有一路模拟信号实现 A/D 转换。ADC0809 要求输入模拟信号为单极性，电压范围为 0～5V，如果信号过小，还需要进行放大。对于信号变化速度比较快的模拟信号，在输入前应增加采样保持电路。

② 引脚 A、B、C：8 路模拟开关的三位地址选通输入端，用来选通对应 IN0～IN7 的模拟输入通道，每一路模拟输入通道对应一个端口地址，其地址码与输入通道的对应关系如表 9-2 所示。

表 9-2 ADC0809 地址码与输入通道的对应关系

地址码			对应输入通道
C	B	A	
0	0	0	IN0
0	0	1	IN1
0	1	0	IN2
0	1	1	IN3
1	0	0	IN4
1	0	1	IN5
1	1	0	IN6
1	1	1	IN7

③ ALE：地址锁存输入线，该信号的上升沿可将地址选择信号 A、B、C 锁入地址寄存器。

④ START：启动转换信号，输入。其上升沿用于清除 A/D 内部寄存器，其下降沿用于启动内部控制逻辑，开始 A/D 转换工作。

ALE 和 START 两个信号端可连接在一起，通过编程输入一个正脉冲，便立即启动 A/D 转换。

⑤ EOC：转换结束状态信号，输出。EOC=0，正在进行转换；EOC=1，转换结束。

⑥ 2^{-1}～2^{-8}（即 D7～D0）：表示 8 位数据输出端，为三态缓冲输出形式，可直接接入计算机的数据总线。2^{-1}～2^{-8} 分别表示 D7～D0 各位对应的输入量程的倍率。例如，D7=1，被转换的模拟信号为输入量程的 1/2；D0=1，则被转换的模拟信号为输入量程的 1/256。

⑦ ENABLE：输出允许控制端（可以简化表示为 OE），OE=1 时，输出转换后的 8 位数据；OE=0

时，数据输出端为高阻态。

⑧ CLOCK（CLK）：时钟信号。ADC0809 内部没有时钟电路，所需时钟信号由外界提供。输入时钟信号的频率决定了 ADC 的转换速度。ADC0809 可正常工作的时钟频率范围为 10kHz～1280kHz，典型值为 640kHz。

⑨ ref(+)，ref(−)（$V_{REF}(+)$和 $V_{REF}(-)$）：是内部 ADC 的参考电压（基准电压）输入线。要求 $V_{REF}(+)\leqslant V_{CC}$，$V_{REF}(-)\geqslant$GND。

VCC 为+5V 电源接入端，GND 为接地端。一般把 $V_{REF}(+)$与 VCC 连接在一起，$V_{REF}(-)$与 GND 连接在一起。

3. ADC0809 时序及工作过程

ADC0809 时序图如图 9-20 所示。

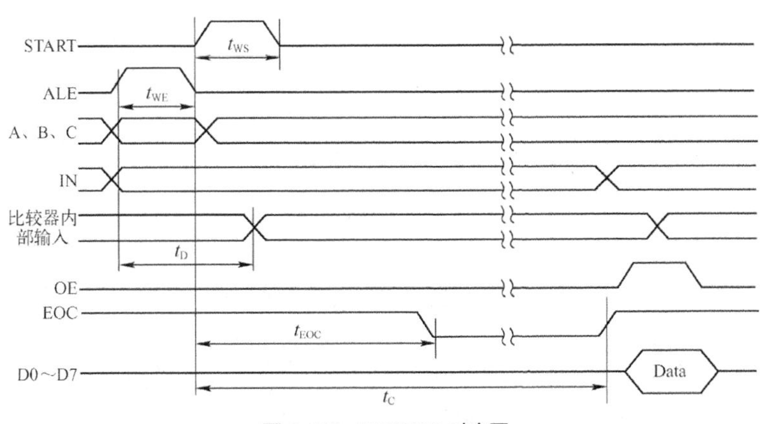

图 9-20　ADC0809 时序图

图中时间标识如下。

t_{WS}：最小启动脉宽，典型值为 100ns，最大为 200ns。

t_{WE}：最小 ALE 脉宽，典型值为 100ns，最大为 200ns。

t_D：模拟开关延时，典型值为 1μs，最大为 2.5μs。

t_{EOC}：转换结束延时，最大为 8 个时钟周期再加上 2μs。

t_C：转换时间，当 f_{CLK}=640kHz 时，典型值为 100μs，最大为 116μs。

ADC0809 芯片在和 CPU 接口时要求采用程序查询方式或中断方式。

ADC0809 的工作过程如下。

① CPU 执行写（OUT）指令，控制 ALE=1，指令所指定的输入模拟信号开关的地址（A、B、C）存入地址锁存器。

② 给启动转换引脚 START 输入一个正脉冲，宽度为 t_{WS}。该脉冲的上升沿复位 ADC0809，下降沿启动 ADC 开始 A/D 转换，同时 EOC 变为低电平。

③ A/D 转换结束时，EOC 立刻变为高电平，CPU 若采用中断方式读取转换后的数据，则 EOC 可作为中断请求信号；若采用程序查询方式读取转换后的数据，EOC 供 CPU 检测。

④ CPU 检测到 EOC=1 后，发出控制命令使输出允许控制端 OE=1，ADC0809 输出此次转换结果，CPU 即可读取 D7～D0 的数据。

9.3.4 ADC0809 应用接口及编程

由于 ADC0809 输出端具有可控的三态输出门，因此它既能与 CPU 直接相连，也能通过并行接口芯片与 CPU 连接。

（1）接口电路

图 9-21 所示为 ADC0809 直接与 CPU 连接的接口电路。该接口电路主要包括地址译码产生片选信号、输入模拟通道选择、启动转换控制、转换结束及数字输出允许部分与 CPU 的连接。

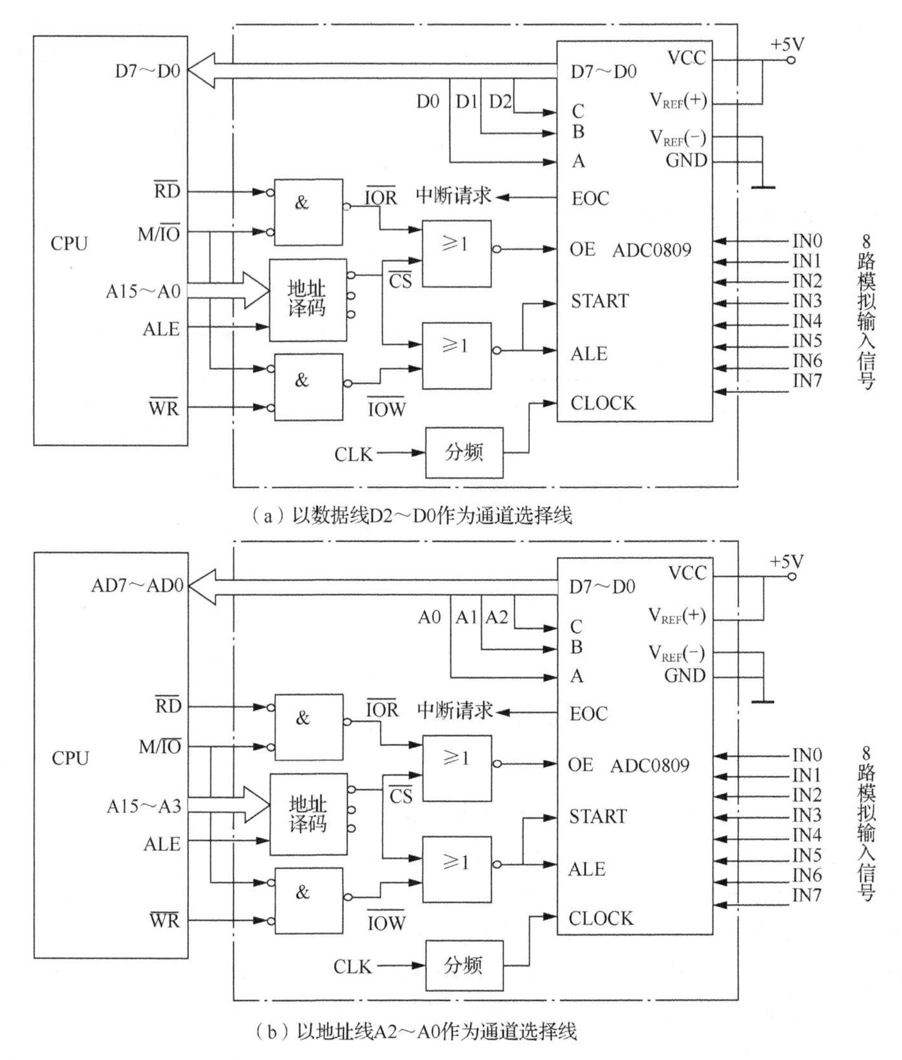

（a）以数据线D2～D0作为通道选择线

（b）以地址线A2～A0作为通道选择线

图 9-21　ADC0809 直接与 CPU 连接的接口电路

（2）引脚功能分析

① ADC0809 内部没有直接片选控制端，也没有专设的控制端口。在接口电路中，可设端口地址经译码产生片选信号 $\overline{CS}$ 。

② $\overline{CS}$ 并不直接与芯片连接，而是与 $\overline{WR}$ 、$M/\overline{IO}$ 信号组合作为输入通道地址锁存信号 ALE 和启动转换信号 START 的控制信号。这样，在 CPU 执行写入芯片操作指令时，即可启动 A/D 转换；$\overline{CS}$ 与 $\overline{RD}$ 、$M/\overline{IO}$ 信号组合作为芯片输出允许 OE 的控制信号。这样，在 CPU 执行读取芯片数据指令时，OE 有效。

③ ADC0809 输出端内含三态缓冲器，因此，输出信号 D7～D0 与数据总线的低 8 位可以直接连接。

④ 8 路模拟输入通道信号分别接在 IN0～IN7，CPU 可以通过两种方法编程控制通道地址线 A、B、C 的不同组合，选择相应的输入信号。

- 数据总线选择方法：CPU 的低 3 位数据线 D2～D0 连接通道选择输入端 A、B、C，地址线

A15～A0 作为片选信号，如图 9-21（a）所示。这里，CPU 是通过数据线将通道地址编码写入通道选择输入端 A、B、C 的。

例如，设 ADC0809 芯片选择地址为 2000H，选通通道 IN3 启动 A/D 转换的程序段为：

```
MOV  DX, 2000H
MOV  AL, 03H
OUT  DX, AL            ;启动 IN3 开始 A/D 转换
```

- 地址总线选择方法：CPU 的低 3 位地址线 A2～A0 连接芯片选择输入端 A、B、C，地址线 A15～A3 作为片选信号，如图 9-21（b）所示。这里，CPU 是通过执行一条写指令，由指令中的地址线 A2～A0 来控制通道选择端 A、B、C 的。

例如，设 ADC0809 通道 IN3 选择地址为 2003H，选通通道 IN3 启动 A/D 转换的程序段为：

```
MOV  DX, 2003H
OUT  DX,  AL           ;启动 IN3 开始 A/D 转换
```

⑤ 转换结束后，由 EOC 发出转换结束信号，CPU 可以执行输入操作，读取转换结果。

（3）CPU 读取数据的方式

根据 EOC 信号外接方式的不同，CPU 读取数据的方式可分为以下 3 种。

① 恒定延时方式：EOC 悬空，CPU 不需要 EOC 控制信号，而是通过在启动转换后执行一个延时程序，其延时时间必须大于芯片的转换时间。延时结束，A/D 转换结束，CPU 即可读取数据。

② 程序查询方式：在启动 A/D 转换开始后，CPU 通过指令不断地检测 EOC 是否为高电平（转换结束），若 EOC=1，则执行读指令读取数据，否则，继续检测，直至转换结束。该方式下，EOC 只能作为位数据通过数据总线的某一位，由 CPU 读取后进行检测。因此，需要为 EOC 状态设置一个端口，CPU 通过访问该端口来读取 EOC。也可以通过并行接口芯片 8255A 的端口 C 的某一位与 EOC 连接，CPU 通过访问 8255A 的端口 C 来检测 EOC。

③ 中断传送方式：该方式下，EOC 连接在中断控制器 8259A 的请求输入端。转换结束后，由 EOC 发出中断请求信号，在 CPU 响应中断后，执行中断处理程序读取数据。

（4）工作时钟频率

ADC0809 的工作时钟频率为 640kHz，完成 A/D 转换的时间是 100μs。由于芯片内部没有时钟产生电路，因此，需要由外部系统提供时钟信号。由于外部系统时钟频率 CLK 很高，因此需要经过分频后由 CLOCK 引脚输入给芯片。

（5）转换基准电压

一般情况下，基准电压 $V_{REF}(+)$与 VCC 连接在一起、$V_{REF}(-)$与 GND 连接在一起。若要求转换精度高，则基准电压必须选用精确度高的标准电源来提供。

【例 9-4】 在图 9-21（a）的接口电路中，设 EOC 悬空、采用恒定延时方式，ADC0809 的地址为 2000H。编写控制程序，实现将 8 路模拟信号 IN0～IN7 依次转换，其转换结果存放在数据段起始单元为 INDATA 的连续 8 个存储单元中。

源程序如下。

```
DATA      SEGMENT
INDATA    DB 10 DUP(?)
DATA      ENDS
CODE      SEGMENT
          ASSUME  CS:CODE, DS:DATA
START:    MOV AX,DATA
          MOV DS,AX
;以上为源程序结构通用部分
          MOV  DI, OFFSET  INDATA         ;存放转换结果数据区首地址→DI
          MOV  DX,2000H                   ;0809 片选地址
```

```
            MOV  CX,  8                     ;循环次数
            MOV  BL, 00H                    ;IN0 通道地址→BL
   LOP:     MOV  AL, BL
            OUT  DX,  AL                    ;锁存通道地址，产生启动转换信号
            CALL  DELAY                     ;调用延时子程序
            IN  AL,  DX                     ;产生 OE=1，读取转换结果
            MOV  [DI] , AL                  ;数据存放在数据区
            INC  BL                         ;下一通道地址→BL
            INC  DI                         ;指向下一个存储单元
            LOOP  LOP                       ;循环 8 次
            MOV  AH,  4CH
            INT  21H
 DELAY      PROC                            ;延时子程序
            MOV  BH, 10H
 LOP1:      NOP
            NOP
            DEC  BH
            JNZ  LOP1
            RET
 DELAY      ENDP
 CODE       ENDS
            END  START
```

【例 9-5】 为 ADC0809 的 EOC 设置一个端口地址，由 74LS138 译码器输出控制。编写控制程序，采用程序查询方式对通道 IN1 输入的电压（0～5V）进行 A/D 转换，每隔 50ms 采样 1 次，连续采样 8 次并将平均值存入数据段 AVEDATA 单元。

相关接口电路如图 9-22 所示，接口电路采用地址总线的 A2～A0 选择通道，EOC 作为端口的数据线与数据总线的 D1 连接，各控制信号和状态由 74LS138 译码器按下列地址译码后产生。

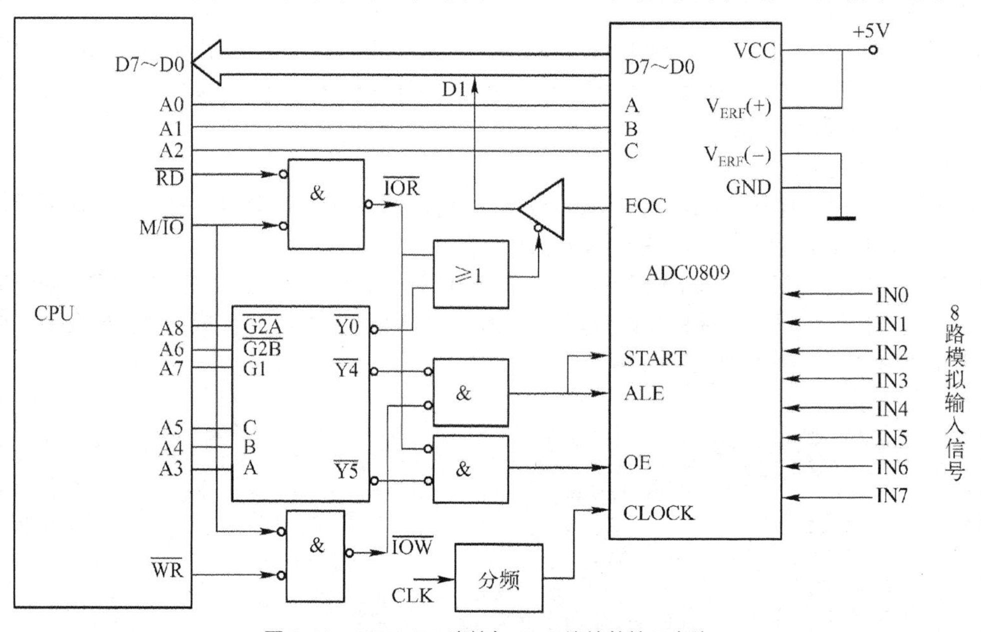

图 9-22　ADC0809 直接与 CPU 连接的接口电路

地址总线：	A15～A9	A8	A7	A6	A5	A4	A3	A2	A1	A0	十六进制数
启动 IN1 地址：	X～X	0	1	0	1	0	0	0	0	1	00A1H

读取数据地址：	X～X	0	1	0	1	0	1	0	0	0	00A8H
EOC 查询地址：	X～X	0	1	0	0	0	0	0	0	0	0080H

（X～X：任意值，可为 0）

源程序如下。

```
DATA      SEGMENT
AVEDATA  DW 10 DUP(?)
DATA      ENDS
CODE      SEGMENT
          ASSUME  CS:CODE , DS:DATA
START:    MOV AX,  DATA
          MOV  DS, AX
;以上为源程序结构通用部分
          MOV  CX, 8
          MOV  BX, 0
 LOP:     MOV  DX, 00A1H         ;选通 IN1 地址
          OUT  DX, AL            ;启动 A/D 转换
          MOV  DX, 0080H         ;查询地址
 WAIT:    IN  AL,DX              ;读取 D1 位（EOC 状态）
          TEST  AL,02H           ;测试 EOC=1
          JZ   WAIT              ;D1=0，继续查询
          MOV  DX, 00A8H         ;转换完成，取输出允许地址
          IN  AL,DX              ;置 OE=1，读取转换结果
          ADD  BL, AL            ;求和
          ADC  BH, 0             ;有进位加入 BH 中
          CALL  DELAY            ;调用延时子程序
          LOOP  LOP              ;循环 8 次
          MOV  CL, 3             ;左移 3 次
          SHR  BX, CL            ;和除以 8
          MOV  AVEDATA, BX       ;平均值存入 AVEDATA
          MOV  AH,  4CH
          INT  21H
DELAY     PROC                   ;延时 50ms 子程序
          PUSH  CX
          PUSH  BX
          MOV  BH,100            ;可根据时钟周期调整外循环次数
LOP1:     MOV  CX, 8FFEH         ;可根据时钟周期调整内循环次数
LOP2 :    NOP
          ...                    ;可适当增删 NOP 指令调整延时时间
          NOP
          LOOP  LOP2
          DEC  BH
          JNZ  LOP1
          POP  BX
          POP  CX
          RET
DELAY     ENDP
CODE      ENDS
          END   START
```

9.3.5 ADC0809 接口电路 Proteus 仿真示例

下面通过使用 Proteus 对 ADC0809 接口电路软硬件进行仿真调试，介绍 ADC 应用示例的一般方法及操作步骤。

1. 设计功能要求

8086 CPU 控制 ADC0809 对模拟输入信号 0～5V 进行 A/D 转换，并通过 8255A 并行可编程芯片控制显示 3 位 LED 数字，用于显示电压值。

2. 设计步骤及仿真

（1）电路仿真原理图设计

在电路图编辑窗口选择添加放置 8086 CPU、ADC0809、锁存器 74LS373、译码器 74LS138、8255A、0～5V 模拟信号电压源、7 段数码显示器、或门及与门等逻辑电路，进行 CPU 接口及电路布线，设置相应元器件参数。本例设置 ADC0809 的地址为 0200H，8255A 端口地址分别为 80H、82H、84H、86H（控制端口）。ADC0809 接口仿真电路（运行）如图 9-23 所示。

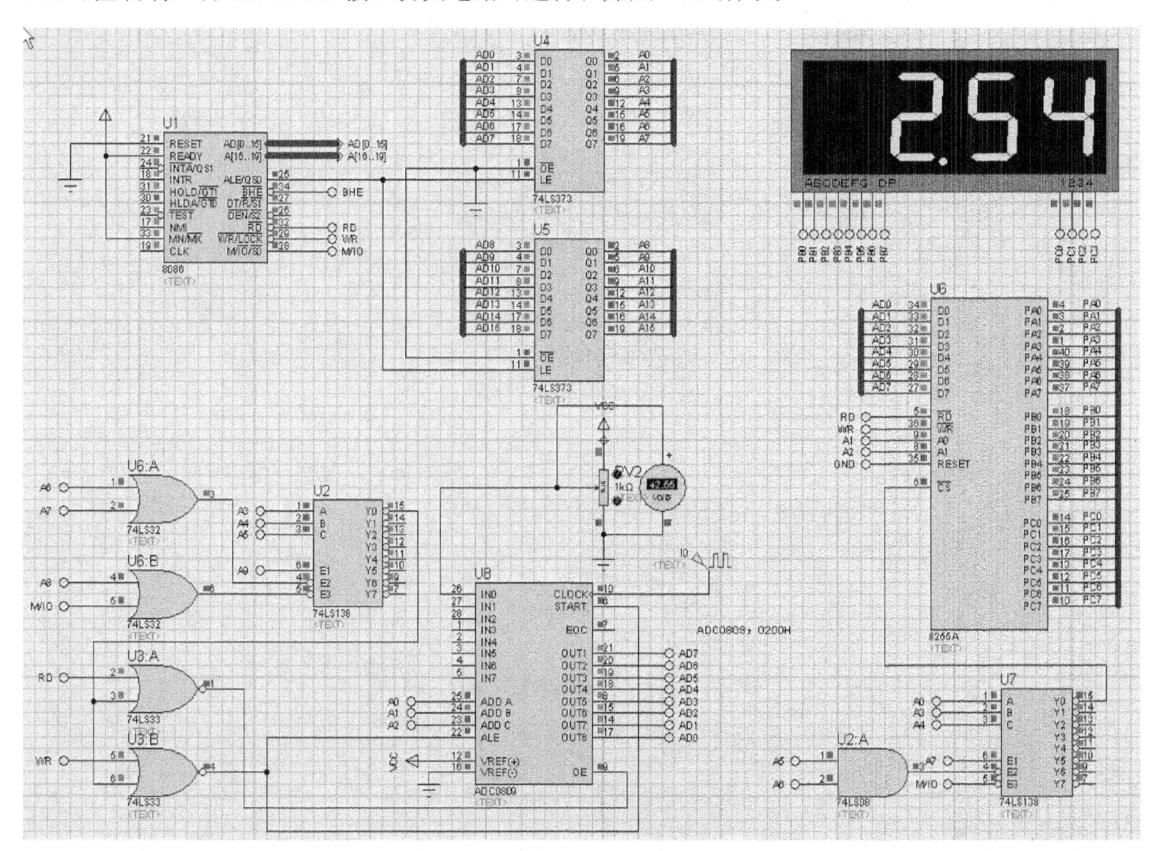

图 9-23 ADC0809 接口仿真电路（运行）

（2）程序设计

源程序如下。

```
CODE SEGMENT
    ASSUME CS:CODE
START:
    MOV AL,10000000B            ;8255A 控制字
    OUT 86H,AL                  ;写入控制端口
```

```
    MOV DX,200H                    ;0809的端口地址
    OUT DX,AL                      ;启动A/D转换
DEBUG:                             ;循环扫描数码管
    MOV AL,0FFH
    OUT 82H,AL
    MOV DL,20H
    MOV AL,08H
    OUT 84H,AL
    MOV AL,[1000H]
    OUT 82H,AL
SIM0: DEC DL
    JNZ SIM0                       ;数码管第0位显示
    MOV AL,0FFH
    OUT 82H,AL
    MOV DL,20H
    MOV AL,04H
    OUT 84H,AL
    MOV AL,[1002H]
    OUT 82H,AL
SIM1: DEC DL
    JNZ SIM1                       ;数码管第1位显示
    MOV AL,0FFH
    OUT 82H,AL
    MOV DL,20H
    MOV AL,02H
    OUT 84H,AL
    MOV AL,[1004H]
    OUT 82H,AL
SIM2: DEC DL
    JNZ SIM2                       ;数码管第2位显示
    MOV DX,200H
    MOV AX,0000H
    IN  AL,DX                      ;采集A/D数据
    MOV DL,0FAH
    MUL DL
    MOV DL,0FFH
    DIV DL
    MOV DL,02H
    MUL DL                         ;数据处理
    MOV DL,64H
    DIV DL
    PUSH BX
    MOV BX,OFFSET TABLE
    XLAT
    MOV DL,80H
    SUB AL,DL                      ;处理后加小数点
    MOV [1004H],AL                 ;最高位值存入内存
    MOV AL,AH
    MOV AH,00H
    MOV DL,0AH
    DIV DL
    XLAT
    MOV [1002H],AL                 ;小数点后两位值
    MOV AL,AH
```

```
        XLAT
        MOV [1000H],AL
        POP BX
        MOV DX,200H
        OUT DX,AL                ;启动A/D转换
        INC BX
        JMP DEBUG
TABLE DB 0C0H,0F9H,0A4H,0B0H,99H,92H,82H,0F8H,80H,90H  ;LED共阴极显示代码表
CODE ENDS
        END  START
```

（3）加载程序

在 EMU8086 中输入源程序并保存，编译生成.exe 文件。

在绘制好的原理图 8086 CPU 中加载 EMU8086 生成的.exe 文件。

（4）调试与仿真

调试程序，仿真运行如图 9-23 所示。

9.3.6 串行模数转换器及仿真示例

本节以高性能的 8 位串行 ADC TCL549 为例，介绍串行 ADC 与微型计算机接口电路和编程。

1. 串行 ADC TLC549

TLC549 为低功耗 8 位串行 ADC，具有频率为 4MHz 的片内系统时钟，其转换时间小于 17μs，最高转换速率为 40 000 次/s。TLC549 外形和引脚分配如图 9-24 所示。

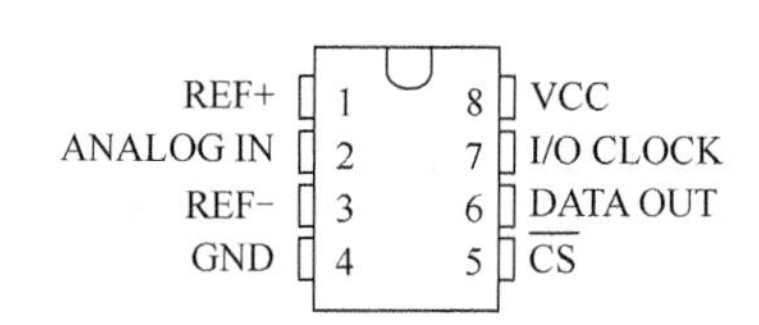

图 9-24　TLC549 外形和引脚分配

TLC549 各引脚功能如下。

引脚 1（REF+）：正基准电压输入，2.5V≤REF+≤V_{CC}+0.1V。

引脚 2（ANALOG IN）：模拟信号输入端，0≤ANALOG IN≤V_{CC}，当 ANALOG IN≥REF+电压时，转换结果为 0FFH；当 ANALOGIN≤REF−电压时，转换结果为 00H。

引脚 3（REF−）：负基准电压输入端，−0.1V≤REF−≤2.5V。且要求(REF+)−(REF−)≥1V。

引脚 4（GND）：接地端。

引脚 5（$\overline{CS}$）：片选端，低电平有效（低电平≤0.8V）。

引脚 6（DATA OUT）：数字量串行输出端（与 TTL 电平兼容），高位在前、低位在后。

引脚 7（I/O CLOCK）：外接时钟输入端。

引脚 8（VCC）：系统电源 3V≤V_{CC}≤6V。

该芯片的工作时序及详细情况请读者查阅相关手册和资料。

2. 串行 ADC Proteus 仿真示例

（1）电路仿真原理图设计。

TLC549 与微型计算机接口仿真电路（运行）如图 9-25 所示。该电路输入的模拟信号（0～5V 电压）由 TLC549 引脚 2 输入，经接口电路和 CPU 处理后，由两位 LED 显示转换后的数字量。

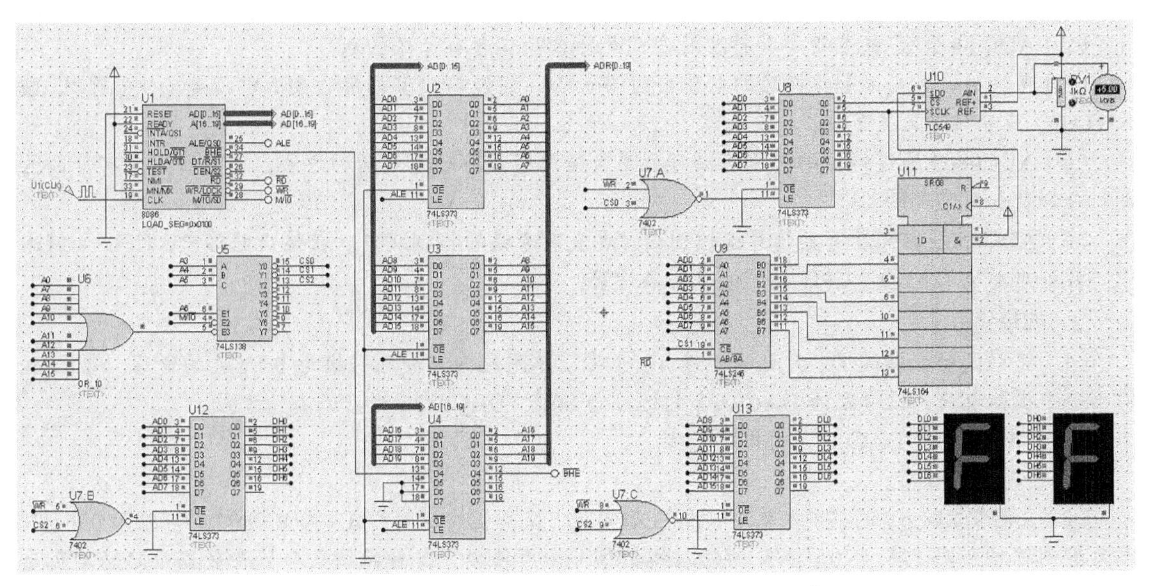

图 9-25　TLC549 与微型计算机接口仿真电路（运行）

（2）在 EMU8086 中输入汇编语言源程序并保存，如图 9-26 所示。

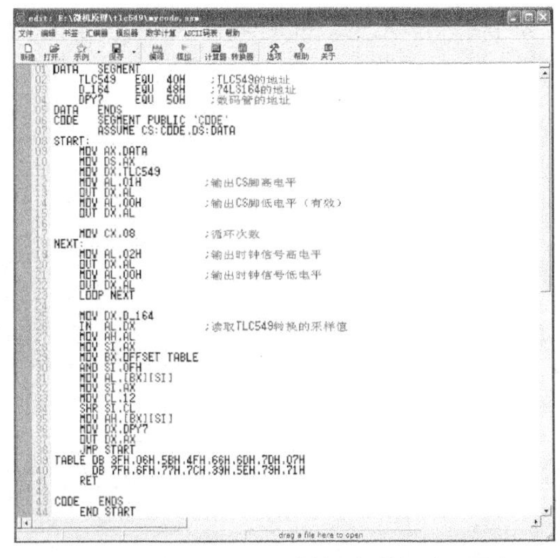

```
DATA    SEGMENT
    TLC549   EQU  40H     ;TLC549的地址
    D_164    EQU  48H     ;74LS164的地址
    DPY7     EQU  50H     ;数码管的地址
DATA    ENDS
CODE    SEGMENT PUBLIC 'CODE'
        ASSUME CS:CODE,DS:DATA
START:
    MOV AX,DATA
    MOV DS,AX
    MOV DX,TLC549
    MOV AL,01H             ;输出CS脚高电平
    OUT DX,AL
    MOV AL,00H             ;输出CS脚低电平（有效）
    OUT DX,AL

    MOV CX,08              ;循环次数
NEXT:
    MOV AL,02H             ;输出时钟信号高电平
    OUT DX,AL
    MOV AL,00H             ;输出时钟信号低电平
    OUT DX,AL
    LOOP NEXT

    MOV DX,D_164
    IN  AL,DX              ;读取TLC549转换的采样值
    MOV AH,AL
    MOV SI,AX
    MOV BX,OFFSET TABLE
    AND SI,0FH
    MOV AL,[BX][SI]
    MOV SI,AX
    MOV CL,12
    SHR SI,CL
    MOV AH,[BX][SI]
    MOV DX,DPY7
    OUT DX,AX
    JMP START
TABLE DB 3FH,06H,5BH,4FH,66H,6DH,7DH,07H
      DB 7FH,6FH,77H,7CH,39H,5EH,79H,71H
    RET

CODE    ENDS
    END START
```

图 9-26　在 EMU8086 中输入汇编语言源程序

（3）编译、加载程序。

编译生成.exe 文件，在 8086 CPU 中加载 EMU8086 生成的.exe 文件。

（4）调试与仿真。

调试程序，仿真运行如图 9-25 所示。输入模拟电压为 5V 时，显示数字量为 255（0FFH）。

9.4　习题

1. 问答题

（1）A/D 转换和 D/A 转换在什么环境下使用？在控制系统中需要计算机自动控制某一电动机的运行，在什么情况下需要 D/A 转换？在什么情况下不需要 D/A 转换？

（2）ADC 和 DAC 的分辨率和精度的含义是什么？二者有什么区别？

（3）某 8 位 DAC，若转换后的电压应为 0～1V，它能输出可分辨的最小电压是多少？采用 12 位 DAC，其分辨率又是多少？

（4）ADC0809 通道地址的控制选择可利用数据总线或地址总线两种方法，这两种方法有什么区别？分别是如何实现的？

（5）ADC0809 内部没有直接片选控制端，也没有专设的控制端口。在接口电路中，CPU 如何选中芯片并启动 A/D 转换？CPU 如何读取转换结果？

2. 编程题

（1）将存储器数据段 D1 开始的连续 10 个字节单元的内容分别转换为 0～5V 的电压，每隔 1s 输出一个模拟电压，设分配给 DAC0832 的地址为 80H，DAC0832 为直通工作方式。

① 画出 CPU 与 DAC0832 的接口电路。

② 编写控制程序。

（2）在图 9-21（b）的接口电路中，设 EOC 悬空，采用恒定延时方式，ADC0809 的地址为 03FFH。编写控制程序，实现将 IN0～IN5 的输入模拟信号依次转换，其转换结果存放在数据段起始单元为 DATA1 的连续 6 个字节单元中。

（3）某工控现场使用图 9-21（a）的接口电路，采用中断方式实现将 8 路经变送器处理后的模拟信号（0～5V 电压），分别送入 ADC0809 的 IN0～IN7 输入端依次进行转换，其转换结果存放在数据段起始单元为 DATA2 的连续 8 个字节单元中。EOC 接在 8259A 的 IRQ2 引脚，ADC0809 的地址为 38AH，编写控制程序。

10

第 10 章　总线及实用接口技术

总线是用来组成计算机各部件或各层系统的标准信息通道，是一组信号线的集合。利用总线可以方便地完成计算机内部各部件之间，以及与外部设备之间的信号连接和信息交换。

本章首先介绍微型计算机总线、常用标准总线接口及接口技术，然后简介其他微型计算机的特点、功能及应用。

10.1　总线技术简介

本节在介绍标准总线基本概念的基础上，详细介绍微机系统总线、总线驱动、串行通信总线标准及传输通道基本配置。

10.1.1　标准总线及分类

1. 标准总线

为了使用方便，对总线必须有详细和明确的规范要求，称为总线标准。系统总线标准和外部总线标准是计算机及板卡生产厂家、接口电路设计者都必须遵守的。总线标准一般应包括机械结构规范（如尺寸、总线插头等）、功能规范（确定各引脚信号定义等）、电气规范（规定信号的高低电平、动态转换时间、负载能力及最大额定值等）及时间特性（定时控制方式、时钟频率、同步或异步等）。

按照总线标准设计的总线为标准总线。常用工业标准总线如下。

① STD：是工业控制微机标准总线，它从 8 位、16 位数据带宽已发展到 32 位带宽。目前它仍是国内外某些工业控制机普遍采用的标准总线。

② 工业标准结构（Industry Standard Architecture，ISA）：是现存最经典的通用微机总线类型，它是与 286-AT 总线一起引入的。

③ 微通道体系结构(Micro Channel Architecture，MCA)：是 IBM 在 1987 年为 PS/2 系统机及其兼容机设计的一个理想的总线，它代表了总线设计的革命性进步。

④ 扩充的工业标准结构（Extended Industry Standard Architecture，EISA）：是一种标准总线，用于连接插在 PC 主板上的插件。

⑤ 视频电子标准协会（Video Electronics Standards Association，VESA）：是流行的 ISA 总线的扩展。

2. 总线分类

总线按所处的位置可分类如下。

（1）片总线

片总线是微机内部各外部芯片与 CPU 之间的信息传输的通道。

（2）系统总线

系统总线也就是常说的微机总线，是用于微机系统中各插件之间信息传输的一组信号线。系统总线主要包括数据总线、地址总线和控制总线。

在微机中，一般采用模块化结构，把完成一个或几个功能的电路制造为一个模板，或称为“卡”，如显卡、声卡、多功能卡（含磁盘控制和串行通信，在 386 系统中常用，现已集成到主板上）、CPU 卡（在工业控制微机中，系统常由无源底板和各种卡组成，包括 CPU 卡）。这些板/卡通过底板（无源底板或主机板）上提供的插槽相互连接，插槽上提供的连接各板/卡的总线，称为系统总线，如 PCI、ISA、EISA、MCA、PC-104、STD、VME 总线等。有的系统总线是 CPU 引脚信号经过重新驱动和扩展而成的，其性能与 CPU 有关。但有很多系统总线不依赖于某种 CPU，它有自己独立的标准，可供各种型号的 CPU 及其配套芯片使用。

（3）外总线

外总线又称通信总线，是各微机系统之间，或微机系统与其他系统之间信息传输的通道。例如，微机与微机之间所采用的 RS-232/RS-485 串行总线，微机与智能仪器之间采用的 IEEE-488/VXI 总线，以及近年发展和流行起来的微机与外部设备之间的 USB 和 IEEE 1394 通用串行总线等。

计算机与外部的通信方式可分为并行通信和串行通信，相应的通信总线被称为并行总线和串行总线。并行通信速率高、实时性好，但由于占用的 I/O 端口（位）多，不适用于小型产品；而串行通信速率虽低，但在数据通信吞吐量不是很大的微处理电路中显得非常简易、方便、灵活。

10.1.2 微机系统总线

本节主要介绍为 80286 设计的 ISA 总线及 Pentium 主板上采用的 PCI 总线。

1. ISA 总线

（1）8 位 ISA（即 XT）总线

8 位 ISA 总线插槽共有 62 个引脚，如表 10-1 所示。

表 10-1 8 位 ISA 总线引脚

元件面			焊接面		
引脚号	信号名	说明	引脚号	信号名	说明
A1	$\overline{\text{I/O CHCK}}$	输入，I/O 校验	B1	GND	地
A2	D7	数字信号，双向	B2	RESETDRV	复位
A3	D6		B3	+5V	+5V 电源
A4	D5		B4	IRQ9	中断请求 9，输入
A5	D4		B5	-5V	-5V 电源
A6	D3		B6	DRQ2	DMA 通道 2 请求，输入
A7	D2		B7	-12V	-12V 电源
A8	D1		B8	OWS	零等待状态信号，输入
A9	D0		B9	+12V	+12V 电源

续表

元件面			焊接面		
引脚号	信号名	说明	引脚号	信号名	说明
A10	I/O CHRDY	输入，I/O 就绪 输出，地址允许	B10	GND	地
A11	AEN	地址信号，双向	B11	$\overline{SMEMW}$	存储器写，输出
A12	A19		B12	$\overline{SMEMR}$	存储器读，输出
A13	A18		B13	$\overline{IOW}$	接口写，双向
A14	A17		B14	$\overline{IOR}$	接口读，双向
A15	A16		B15	$\overline{DACK3}$	DMA 通道 3 响应，输出
A16	A15		B16	DRQ3	DMA 通道 3 请求，输入
A17	A14		B17	$\overline{DACK1}$	DMA 通道 1 响应，输出
A18	A13		B18	DRQ1	DMA 通道 1 请求，输入
A19	A12		B19	$\overline{REFRESH}$	刷新周期指示，双向
A20	A11		B20	CLK	系统时钟，输出
A21	A10		B21	IRQ7	中断请求，输入
A22	A9		B22	IRQ6	
A23	A8		B23	IRQ5	
A24	A7		B24	IRQ4	
A25	A6		B25	IRQ3	
A26	A5		B26	$\overline{DACK2}$	DMA 通道 2 响应，输出
A27	A4		B27	TC	计数结束信号，输出
A28	A3		B28	BALE	地址锁存信号，输出
A29	A2		B29	+5V	+5V 电源
A30	A1		B30	OSC	振荡信号，输出
A31	A0		B31	GND	地

其中，信号名具体说明如下。

A0～A19 为 20 根地址线，用于对系统的内存或 I/O 接口寻址。

D0～D7 为 8 位数据总线，也是双向的，用来传送数据信息及指令操作码。

RESETDRV 为复位信号，高电平有效。上电或按复位按钮时，产生此信号以对系统复位。

OSC 为振荡信号，由主时钟提供占空比为 50%的方波脉冲，PC/XT 的典型使用频率为 14.31818MHz。

BALE 是地址锁存信号，可以利用该信号的高电平锁存地址信号。

$\overline{I/O\ CHCK}$ 是 I/O 通道校验信号，用来向 CPU 提供总线上的扩展存储器或外部设备的奇偶校验信号。

I/O CHRDY 为 I/O 通道就绪信号。

IRQ3～IRQ7、IRQ9 为 6 个外部中断请求信号，由总线上的外部设备利用这些信号向 CPU 提出中断请求。

DRQ1～DRQ3 为 3 个通道的 I/O 设备 DMA 请求信号。

$\overline{DACK1}$～$\overline{DACK3}$ 为通道 1 到通道 3 的 DMA 响应信号，也就是 DRQ1～DRQ3 的响应信号。

$\overline{REFRESH}$ 为指示动态存储器刷新周期的信号。

AEN 是地址允许信号。

TC 为计数结束信号。

OWS 为零等待状态信号。

$\overline{\text{IOW}}$ 、$\overline{\text{IOR}}$ 为 I/O 接口的写、读命令，低电平有效。

$\overline{\text{SMEMW}}$ 、$\overline{\text{SMEMR}}$ 分别是小于 1 MB 空间存储器的写、读命令，低电平有效。

（2）16 位 ISA（即 AT）总线

AT 总线在 XT 总线的基础上增加了一个含 36 个引脚的插槽（见表 10-2），这样就构成了 16 位 ISA 总线。

表 10-2　16 位 ISA 总线的 36 个引脚

元件面			焊接面		
引脚号	信号名	说明	引脚号	信号名	说明
C1	$\overline{\text{SBHE}}$	高字节允许，双向	D1	$\overline{\text{MEM CS16}}$	存储器 16 位片选信号，输入
C2	LA23	高位地址，双向	D2	$\overline{\text{IO CS16}}$	接口 16 位片选信号，输入
C3	LA22		D3	IRQ10	中断请求，输入
C4	LA21		D4	IRQ11	
C5	LA20		D5	IRQ12	
C6	LA19		D6	IRQ14	
C7	LA18		D7	IRQ15	
C8	LA17		D8	$\overline{\text{DACK0}}$	
C9	$\overline{\text{MEMR}}$	存储器读，双向	D9	DRQ0	
C10	$\overline{\text{MEMW}}$	存储器写，双向	D10	$\overline{\text{DACK5}}$	
C11	SD8	数据总线高字节，双向	D11	DRQ5	
C12	SD9		D12	$\overline{\text{DACK6}}$	
C13	SD10		D13	DRQ6	
C14	SD11		D14	$\overline{\text{DACK7}}$	
C15	SD12		D15	DRQ7	
C16	SD13		D16	+5V	+5V 电源
C17	SD14		D17	$\overline{\text{MASTER}}$	主控，输入
C18	SD15		D18	GND	接地

其中，信号名具体说明如下。

SD8～SD15 是新增加的高 8 位数据线。

$\overline{\text{SBHE}}$ 是数据总线的高字节允许信号。

$\overline{\text{MASTER}}$ 是新增加的主控信号。

$\overline{\text{MEMCS16}}$ 是存储器的 16 位片选信号。

$\overline{\text{IOCS16}}$ 是接口的 16 位片选信号。

（3）ISA 总线的体系结构

在利用 ISA 总线构成的微机系统中，当内存速度较快时，通常采用将内存移出 ISA 总线并转移到自己的专用总线——内存总线上的体系结构。ISA 体系结构如图 10-1 所示。

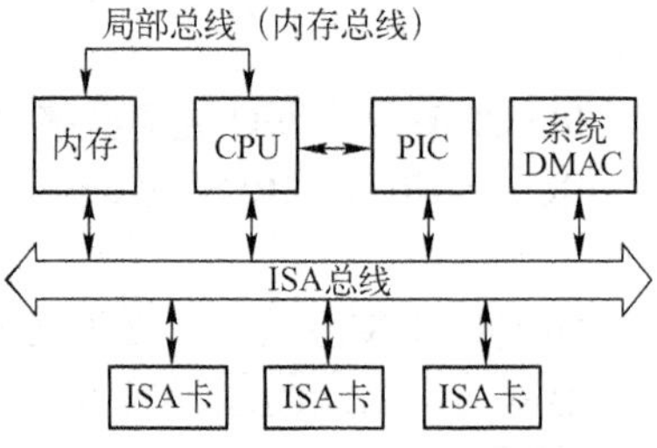

局部总线（内存总线）
内存
CPU
PIC
系统 DMAC
ISA总线
ISA卡
ISA卡
ISA卡

图 10-1　ISA 体系结构

2. PCI 总线

（1）PCI 总线的主要特点

PCI 总线是一种高性能数据线和地址线复用的总线，目标设备有 47 个引脚，总线主控设备有 49 个引脚。

PCI 提供两种信号环境：5V 和 3.3V，并可进行两种环境的转换，扩大了它的适应范围。

PCI 对 32 位与 64 位总线的使用是透明的，它允许 32 位与 64 位元器件相互协作。

PCI 标准允许 PCI 局部总线扩展卡和元器件进行自动配置，提供了即插即用的能力。

PCI 总线独立于 CPU，它的时钟频率与 CPU 时钟频率无关，可支持多机系统及未来的 CPU。

PCI 有良好的兼容性，可支持 ISA、EISA、MCA、SCSI、IDE 等多种总线，同时还预留了发展空间。

（2）PCI 总线引脚定义

PCI 总线的引脚定义如图 10-2 所示。

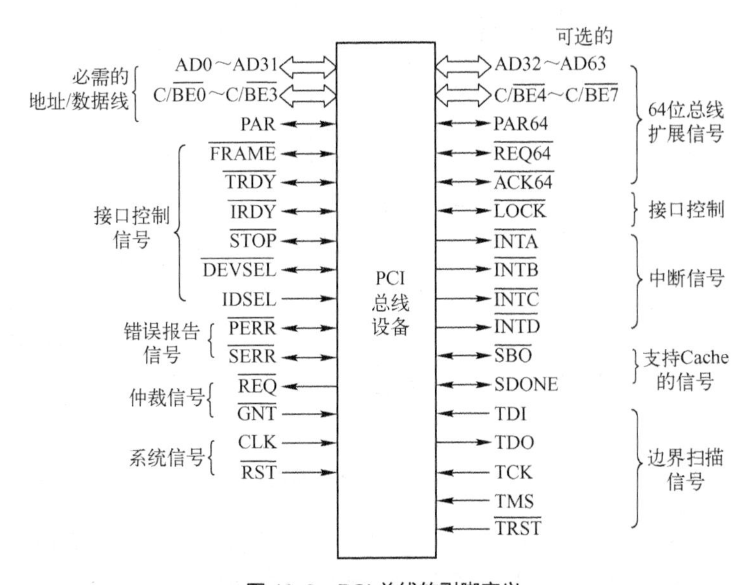

图 10-2　PCI 总线的引脚定义

AD0～AD63 是双向三态信号，为地址与数据多路复用信号线。

C / $\overline{\text{BE0}}$ ～C / $\overline{\text{BE7}}$ 是双向三态信号，为总线命令和字节允许多路复用信号线。

$\overline{\text{FRAME}}$ 是持续的、低电平有效的双向三态信号，为帧周期信号。

$\overline{\text{IRDY}}$ 是持续的、低电平有效的双向三态信号，为主设备准备好信号。

$\overline{\text{TRDY}}$ 是持续的、低电平有效的双向三态信号，为从设备准备好信号。

$\overline{\text{STOP}}$ 是持续的、低电平有效的双向三态信号，为停止数据传送信号。

$\overline{\text{LOCK}}$ 是持续的、低电平有效的双向三态信号，为锁定信号。

IDSEL 是输入信号，为初始化设备选择信号。

$\overline{\text{DEVSEL}}$ 是持续的、低电平有效的双向三态信号，为设备选择信号。

$\overline{\text{REQ}}$ 是低电平有效的三态信号，为总线占用请求信号。

$\overline{\text{GNT}}$ 是低电平有效的三态信号，为总线占用允许信号。

$\overline{\text{PERR}}$ 是持续的、低电平有效的双向三态信号，为数据奇偶校验错误报告信号。

$\overline{\text{SERR}}$ 是低电平有效的漏极开路信号，为系统错误报告信号。

$\overline{\text{INTA}}$ 、$\overline{\text{INTB}}$ 、$\overline{\text{INTC}}$ 和 $\overline{\text{INTD}}$ 是低电平有效的漏极开路信号，用来实现中断请求。

$\overline{\text{SBO}}$ 是低电平有效的输入输出信号，为试探返回信号。

SDONE 是高电平有效的输入输出信号，为监听完成信号。

$\overline{\text{REQ64}}$ 是持续的、低电平有效的双向三态信号，为 64 位传输请求信号。

$\overline{\text{ACK64}}$ 是持续的、低电平有效的双向三态信号，为 64 位传输响应信号。

PAR64 是高电平有效的双向三态信号，为奇偶双字节校验信号。

$\overline{\text{RST}}$ 是低电平有效的输入信号，为复位信号。

CLK 是输入信号，为系统时钟信号。

（3）多总线系统结构

PCI 局部总线与 Pentium 机内部总线组合构成了多总线系统，其结构如图 10-3 所示。

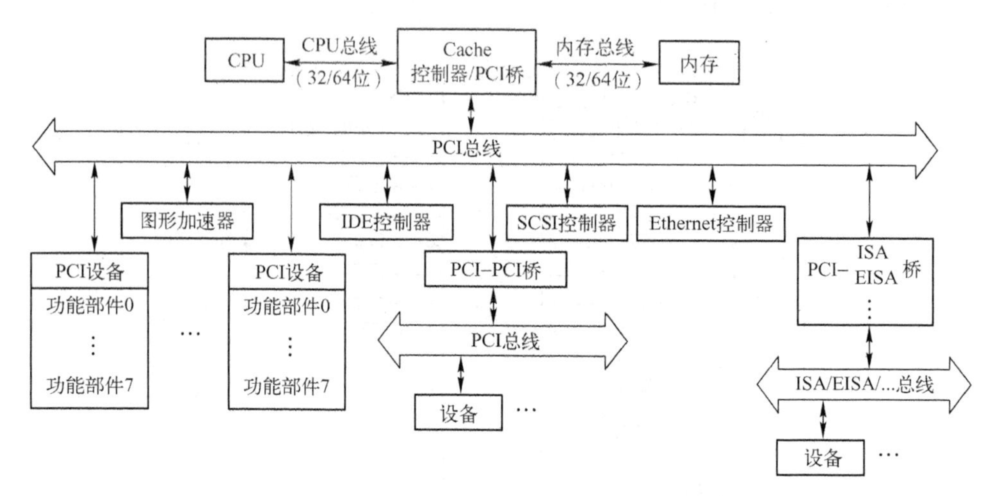

图 10-3　多总线系统结构

在图 10-3 中，PCI 桥可以利用许多厂家开发的 PCI 芯片组（PCI Set）实现。选择合适的 PCI 桥构成所需的系统，是构成 PCI 系统的一条捷径。例如，在一台 Pentium 机中，可以查到它具有如下资源。

① 系统设备 Intel 82371SB PCI to ISA bridge（PCI 总线对 ISA 总线的转换桥）。

② 系统设备 Intel 82439HX Pentium Processor to PCI bridge（Pentium CPU 对 PCI 总线的连接桥）。

③ 硬盘控制器 Intel 82371SB PCI Bus Master IDE Controller。

3. PCI Express 总线

目前高速设备使用的 PCI Express 总线采用业内流行的点对点串行连接，支持 1 通道～32 通道的连接，以满足不同设备对数据传输带宽的要求。

该总线的时钟频率为 100MHz，其 1 通道的最大传输速率为 250MB/s，16 通道的最大传输速率为 4GB/s。

10.1.3　总线驱动

1. 总线竞争与负载

在同一总线上，同一时刻有可能会出现两个或两个以上的元器件请求输出其数据或状态，于是形成了总线竞争，或称总线争用，如图 10-4 所示。

总线逻辑门驱动负载电路直流负载的估算如图 10-5 所示。当逻辑门的输出为高电平时，它为负载门提供高电平输入电流 I_{IH}。逻辑门的高电平输出电流 I_{OH} 不得小于所有负载门所需要的高电平输入电流 I_{IH} 之和，即要满足公式：$I_{\text{OH}} \geqslant \sum_{i=1}^{N} I_{\text{IH}i}$。

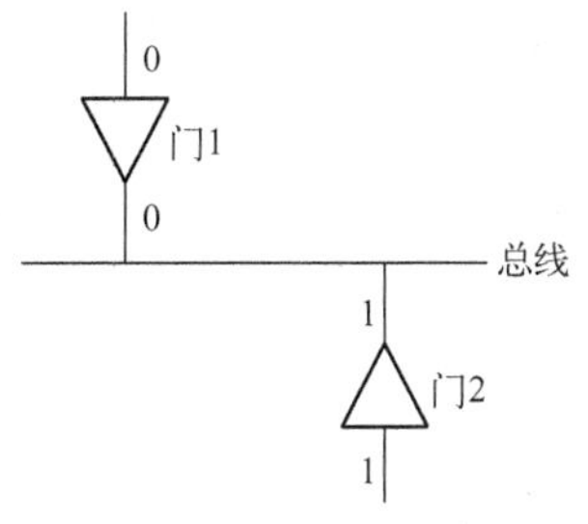

图 10-4　两个门电路总线竞争示意

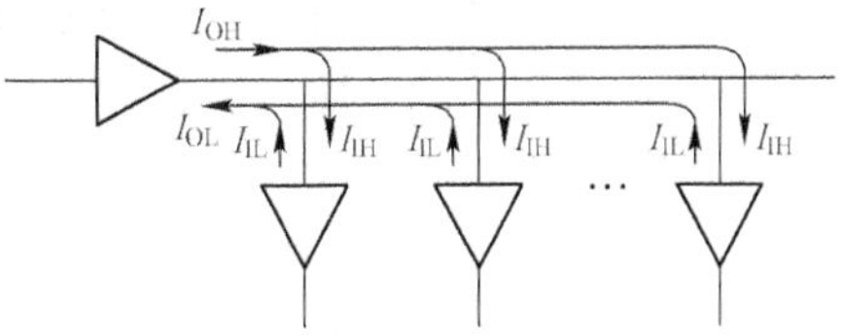

图 10-5　总线逻辑门驱动负载电路直流负载的估算

式中，I_{IHi} 为第 i 个负载门的高电平输入电流；N 为驱动门所驱动的负载门数。

同样，当逻辑门输出为低电平时，逻辑门的低电平输出电流 I_{OL}（实际是负载的灌电流）应不小于所有负载门的低电平输入电流 I_{IL}（实际是负载门的漏电流）。利用上面的公式，可以估算驱动门的负载。

2. 总线的驱动与控制

综合总线竞争与其对负载能力的需求，通常需要对总线的驱动进行设计。具体做法通常是在总线中加入三态门及锁存器等电路。

（1）三态门

在微机中经常用到三态门驱动器，如 74 系列的 240、244 等，这里仅以 74244 为例加以说明。74244 由 8 个三态门构成，有 2 个三态控制端，其中每一个控制端独立地控制 4 个三态门，其逻辑图如图 10-6 所示。

（2）双向三态门

双向三态门有 74245，Intel 公司的 8286、8287 等，它们大同小异，原理都一样。这里仅以 74245 为例加以说明，如图 10-7 所示。当 $\overline{E}$=0 时，三态门导通，此时若 DR=1，表示数据从 Ai 流向 Bi，若 DR=0，则表示数据从 Bi 流向 Ai；当 $\overline{E}$=1 时，Ai 与 Bi 间呈高阻态。

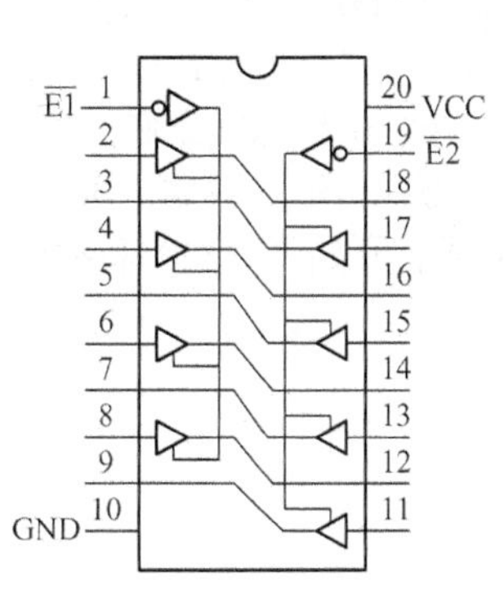

图 10-6　三态门 74244 逻辑图

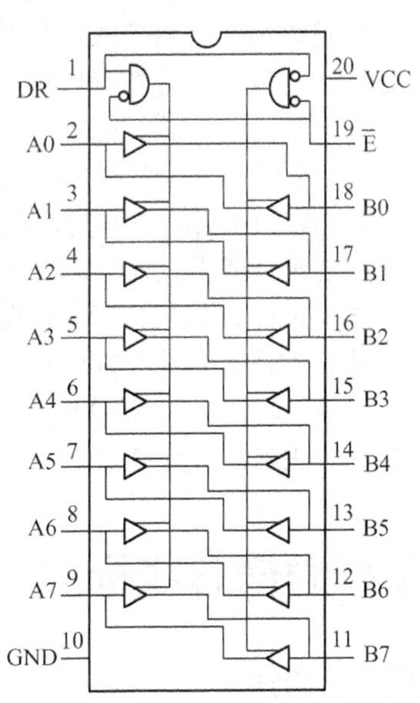

图 10-7　双向三态门 74245 逻辑图

（3）带有三态输出的锁存器

具有三态输出的锁存器有多种，这里以 PC/XT 微机中的地址锁存器 74LS373 为例来说明。该芯片由 D 触发器和输出三态门组成，其逻辑图如图 10-8 所示。74LS373 由 8 个具有三态输出的 D 触发器构成，但只画出 8 个中的 2 个，其余 6 个同已画出的结构完全一样。该芯片是通过电平进行锁存的，$\overline{OE}$ 为输出允许信号，当它为 0 时，D 触发器的数据通过 Qi 端输出；当其为 1 时，输出端呈高阻态。LE 为锁存允许信号端，当其为高电平时，对数据进行锁存。

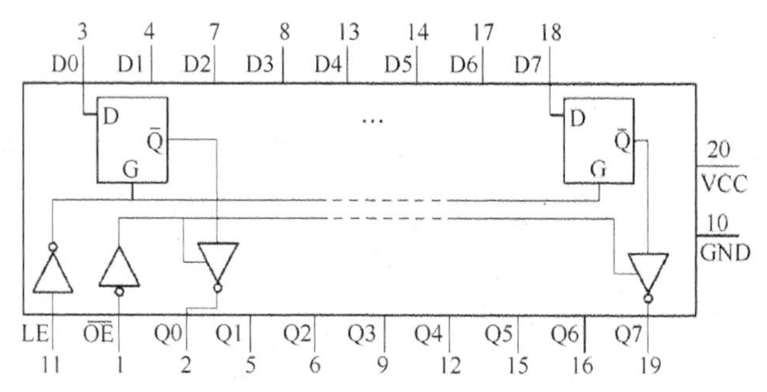

图 10-8 三态输出锁存器 74LS373 逻辑图

（4）总线控制

总线控制有 3 种方式：串行连接方式、定时查询方式和独立请求方式。

① 串行连接方式是指总线使用权的分配通过总线可用、总线请求和总线忙 3 根控制信号线实现。所有的功能部件经过一条公共的总线请求信号线向总线控制器发出要求使用总线的请求，控制器收到总线请求后，首先检查总线忙信号线，只有当总线处于空闲状态时，总线请求才能被总线控制器响应。由软件改变优先级，如果级别高的部件频繁使用总线时，优先级低的部件可能很久也得不到响应。又由于总线可用信号串行地通过各个部件，从而限制了总线分配的速度；在总线可用信号传输过程中，如果第 1 个部件发生故障，在其后的所有部件将永远得不到总线的使用权，即对硬件的失效很敏感。在总线上增加、去除或移动部件也要受总线长度的限制。

② 定时查询方式是指在总线控制器中设置一个查询计数器。由控制器轮流地对各部件进行测试，看其是否发出总线请求。当总线控制器收到申请总线的信号后，计数器开始计数，如果申请部件编号与计数器输出一致，则计数器停止计数，该部件可以获得总线使用权，并建立总线忙信号，然后开始总线操作。使用完毕后，撤销总线忙信号，释放总线，若此时还有总线请求信号，控制器继续进行轮流查询，开始下一个总线分配过程。

③ 独立请求方式是指各部件可以独立地向控制器发出总线请求，总线已被分配信号线是所有部件公用的。当部件要申请使用总线时，传送总线请求信号到总线控制器，如果“总线已被分配信号”还未建立，即总线空闲时，总线控制器按照某种算法对同时送来的请求进行裁决，确定响应哪个部件发来的总线请求，然后返回这个部件相应的总线允许信号。部件得到总线允许信号后，去除其请求，建立“总线已被分配信号”，这次的总线分配结束，直至该部件传输完数据，撤销总线已被分配信号。经总线控制器去除总线允许信号，可以接收新的申请信号，开始下一次的总线分配。

10.2 串行通信总线标准

10.2.1 通用串行总线

通用串行总线（Universal Serial Bus，USB）是由 Intel、Compaq、Digital、IBM、Microsoft、NEC、Northern Telecom 等 7 家公司共同推出的一种接口标准。它基于通用连接技术，实现外部设备的简单快速连接，达到方便用户、降低成本、扩展 PC I/O 端口的目的。它可以为外部设备提供电源，而不像使用普通的串口和并口设备那样需要单独的供电系统。另外，快速是 USB 技术的突出特点之一，USB 1.1 有全速和低速两种方式，低速方式的数据传输速率为 1.5Mbit/s，支持一些不需要很大数据吞吐量和很高实时性的设备，如鼠标等；全速方式的数据传输速率为 12Mbit/s，可以外接速率更高的外部设备。USB 2.0 中增加了一种高速方式，数据传输速率达到 480Mbit/s，可以满足速率更高的外部设备的需求。

USB 是一种“万能”插口，可以取代计算机上所有的串行和并行连接器插口，用户可以将就大多数的外部设备装置——包括显示器、键盘、鼠标、调制解调器、可编程控制器、单片机开发装置及数字照相机等的插头插入标准的 USB 插口。

USB 的特点是：具有真正的“即插即用”特性；很强的连接能力，采用树形结构，最多可连接 127 个节点；成本低，省空间；连接电缆轻巧（仅 4 芯）；电源体积小；可支持高速数字电话信息通路接口。

计算机一侧的 USB 接口为 4 针母插，设备一侧为 4 针公插。USB 引脚定义见表 10-3。

表 10-3　USB 引脚定义

引脚	名称	描述	
1	VCC	+5V	由计算机输出+5V 直流电压
2	D−	Data −	数据线
3	D+	Data +	数据线
4	GND	Ground	接地端

10.2.2　IEEE 1394 总线

IEEE 1394 总线是苹果公司开发的串行标准，又称火线（Firewire）接口。IEEE 1394 支持外设热插拔，可为外设提供电源，能连接多个不同设备，支持同步数据传输。

IEEE 1394 分为两种传输模式：Backplane 模式和 Cable 模式。Backplane 模式的传输速率高于 USB 的传输速率，分别为 12.5Mbit/s、25Mbit/s、50Mbit/s，多用于高带宽应用。Cable 模式传输速率更高，分为 100Mbit/s、200Mbit/s 和 400Mbit/s 等。

1394a 自 1995 年就开始提供产品，1394b 是 1394 技术的升级版本，是仅有的专门针对多媒体（视频、音频）、控制及计算机而设计的家庭网络标准。它通过低成本、安全的 CAT5（五类）实现了高性能家庭网络。1394b 能提供 800Mbit/s 或更高的传输速率。

IEEE 1394 继承了成熟的 SCSI 指令体系，具有较高的传输稳定度和传输效率。实际的传输速率高于 USB 2.0。因此 IEEE 1394 被使用在各种需要高速、稳定传输数据的接口上。

IEEE 1394 有两种接口，具有供电能力的 6Pin 接口如图 10-9 所示，无供电功能的 4Pin 接口如图 10-10 所示。两种接口的引脚定义见表 10-4。

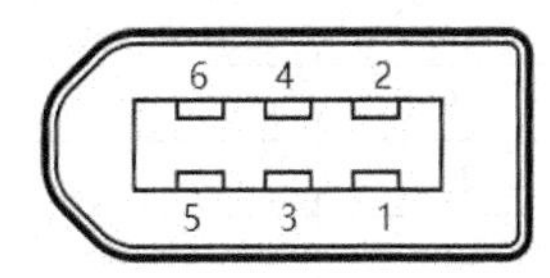

图 10-9　IEEE 1394 6Pin

图 10-10　IEEE 1394 4Pin

表 10-4　IEEE 1394 引脚定义

6Pin 引脚序号	4Pin 引脚序号	名称	描述
1		电源	由计算机端设备提供电源
2		GND	地

续表

6Pin 引脚序号	4Pin 引脚序号	名称	描述
3	1	TPB−	数据线
4	2	TPB+	数据线
5	3	TPA−	数据线
6	4	TPA+	数据线

10.2.3 RS-232C 总线标准

RS-232C 是使用最早、在异步串行通信中应用最广的总线标准。它由美国电子工业协会（EIA）于 1962 年公布，1969 年修订而成。其中，RS 是英文“推荐标准”的缩写，232 是标识号，C 表示修改次数。计算机配置的是 RS-232C 标准接口。

RS-232C 适用于短距离或带调制解调器的通信场合。若设备之间的通信距离不大于 15m 时，可以用 RS-232C 电缆直接连接。距离大于 15m 以上的长距离通信，需要采用调制解调器才能实现。RS-232C 的传输速率最大为 20kbit/s。

RS-232C 标准总线为 25 根信号线，采用一个 25 脚的连接器，一般使用标准的 D 型 25 芯插头座（DB-25）。连接器的 25 根信号线包括一个主通道和一个辅助通道。在大多数情况下，RS-232C 接口主要使用主通道。一般的双工通信，通常仅需使用 RXD、TXD 和 GND 这 3 根信号线，因此，RS-232C 又经常采用 D 型 9 芯插头座（DB-9），如图 10-11 所示。DB-25 和 DB-9 型 RS-232C 接口连接器的引脚定义见表 10-5。

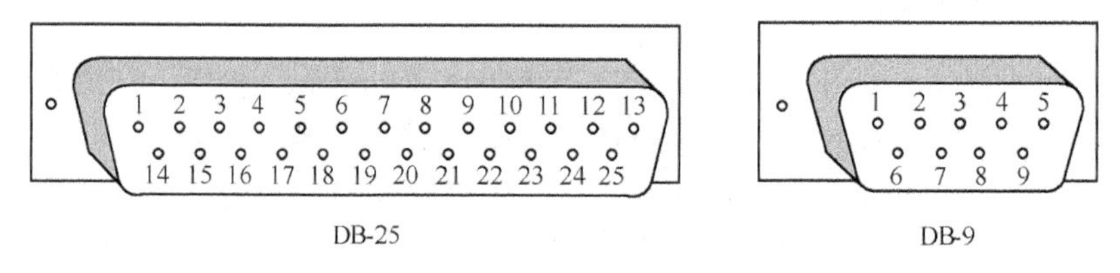

图 10-11　RS-232C 标准插头座外形

表 10-5　RS-232C 的引脚定义

引脚		定义	引脚		定义
DB-25	DB-9		DB-25	DB-9	
1		保护接地（PE）	14		辅助通道发送数据
2	3	发送数据（TXD）	15		发送时钟（TXC）
3	2	接收数据（RXD）	16		辅助通道接收数据
4	7	请求发送（RTS）	17		接收时钟（RXC）
5	8	清除发送（CTS）	18		未定义
6	6	数据准备好（DSR）	19		辅助通道请求发送
7	5	信号地（SG）	20	4	数据终端准备就绪（DTR）
8	1	载波检测（DCD）	21		信号质量检测
9		供测试用	22	9	回铃音指示（RI）
10		供测试用	23		数据信号速率选择
11		未定义	24		发送时钟（TXC）
12		辅助载波检测	25		未定义
13		辅助通道清除发送			

RS-232C 采用负逻辑，即逻辑 1 用-15～-5V 表示，逻辑 0 用 5～15V 表示。因此，RS-232C 不

能和 TTL 电平直接相连。对于采用正逻辑的串行接口电路，使用 RS-232C 接口时必须进行电平转换。

目前，RS-232C 与 TTL 之间电平转换的集成电路很多，最常用的是 MAX232。MAX232 是 MAXIM 公司生产的包含两路接收器和驱动器的专用集成电路，用于完成 RS-232C 电平与 TTL 电平转换。MAX232 内部有一个电源电压变换器，可以把输入的+5V 电压变换成 RS-232C 输出电平所需的±10V 电压。所以，采用此芯片接口的串行通信系统只需单一的+5V 电源就可以。对于没有±12V 电源的场合，MAX232 的适应性更强，因而被广泛使用。

MAX232 的引脚结构如图 10-12 所示。

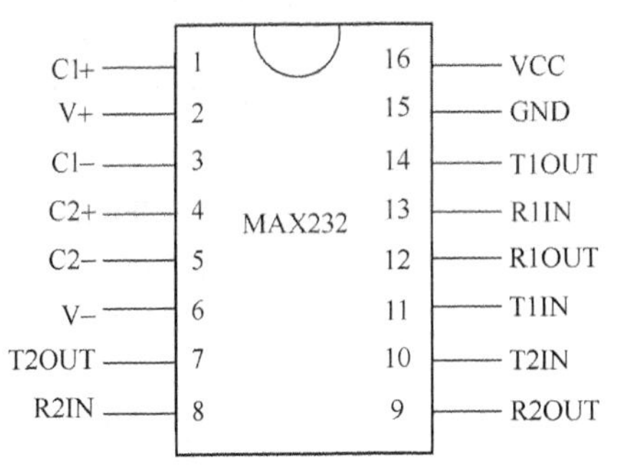

图 10-12　MAX232 的引脚结构

MAX232 芯片内部有两路发送器和两路接收器。两路发送器的输入端 T1IN、T2IN 引脚为 TTL/CMOS 电平输入端，可连接 MCS-51 单片机的 TXD；两路发送器的输出端 T1OUT、T2OUT 为 RS-232C 电平输出端，可连接计算机的 RS-232C 接口 RXD。两路接收器的输出端 R1OUT、R2OUT 为 TTL/CMOS 电平输出端，可连接 MCS-51 单片机的 RXD；两路接收器的输入端 R1IN、R2IN 为 RS-232C 电平输入端，可连接计算机的 RS-232C 接口 TXD。实际使用时，可以从两路发送器/接收器中任选一路作为接口，但要注意发送、接收端子必须对应。计算机通过 MAX232 与单片机通信的原理如图 10-13 所示。

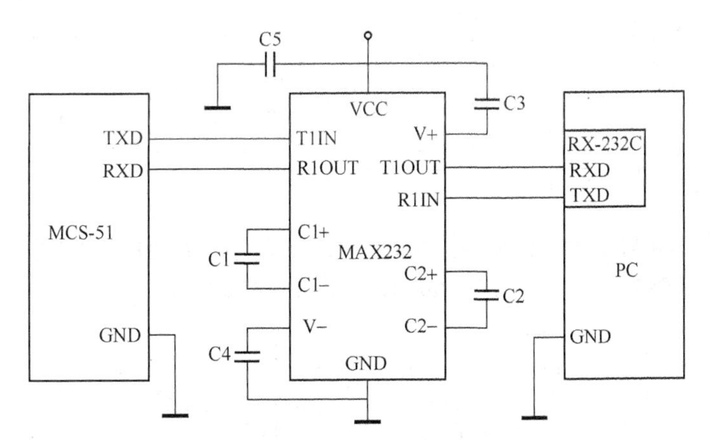

图 10-13　计算机通过 MAX232 与单片机通信的原理

10.2.4　RS-422/485 总线标准

RS-232C 虽然应用广泛，但由于推出较早，数据传输速率慢，通信距离短。为了满足现代通信中数据传输速率越来越快和距离越来越远的要求，EIA 随后推出了 RS-422 和 RS-485 总线标准。

（1）RS-422/485 总线标准概述

RS-422 采用差分接收、差分发送工作方式，不需要数字地线。它使用双绞线传输信号，根据两条传输线之间的电位差值来决定逻辑状态。RS-422 接口电路采用高输入阻抗接收器和比 RS-232C 驱动能力更强的发送驱动器，可以在相同的传输线上连接多个接收节点，因此，RS-422 支持点对多的双向通信。RS-422 可以全双工工作，通过两对双绞线可以同时发送和接收数据。

RS-485 是 RS-422 的变形。它是多发送器的电路标准，允许双绞线上一个发送器驱动 32 个负载设备，负载设备可以是被动发送器、接收器或收发器。当用于多站点网络连接时，可以节省信号线，便于高速、远距离传输数据。RS-485 采用半双工工作方式，在某一时刻，一个发送数据，另一个接收数据。

RS-422/485 的最大传输距离为 1200m，最大传输速率为 10Mbit/s。在实际应用中，为减少误码率，当通信距离增加时，应适当降低通信速率。例如，当通信距离为 120m 时，最大通信速率为 1Mbit/s；若通信距离为 1200m，则最大通信速率为 100kbit/s。

（2）RS-485 接口电路——MAX485

MAX485 是用于 RS-422/485 通信的差分平衡收发器，由 MAXIM 公司生产。芯片内部包含一个驱动器和一个接收器，适用于半双工通信。其主要特性如下。

① 传输线上可连接 32 个收发器。

② 具有驱动过载保护。

③ 最大传输速率为 2.5Mbit/s。

④ 共模输入电压范围为-7～12V。

⑤ 工作电流范围为 120～500μA。

⑥ 供电电源为+5V。

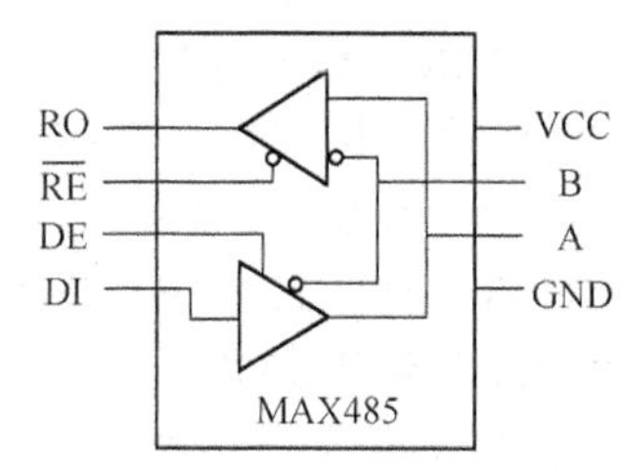

图 10-14　MAX485 引脚

MAX485 为 8 引脚封装，其引脚配置如图 10-14 所示。

MAX485 的功能见表 10-6。

表 10-6　MAX485 的功能

驱动器				接收器		
输入端 DI	使能端 DE	输出		差分输入 VID=A-B	使能端 $\overline{RE}$	输出端 RO
		A	B			
H	H	H	L	VID>0.2V	L	H
L	H	L	H	VID<-0.2V	L	L
X	L	高阻	高阻	X	H	高阻

注：H 为高电平，L 为低电平，X 为任意电平。

常用的 51 单片机与 MAX485 的典型连接如图 10-15 所示。若使用 PC，可以用地址线 A0 替代 P1.0 作为控制信号。A0=1，驱动器工作；A0=0，接收器工作。

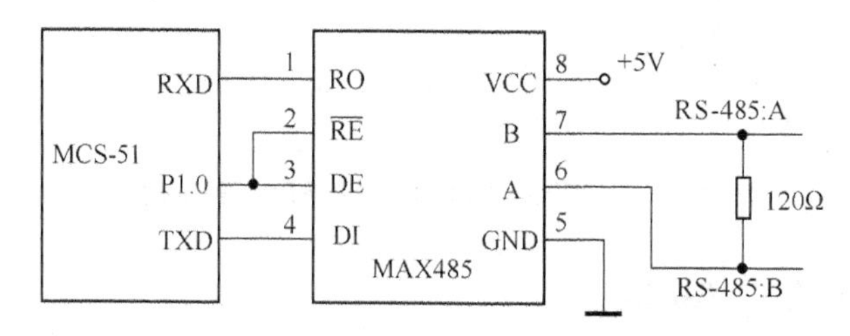

图 10-15　51 单片机与 MAX485 的典型连接

10.2.5 串行通信传输通道配置

CPU 直接处理和传送的是并行数据，而串行通信与外部设备通过一根输出线逐位输出或输入数据，所有数据必须通过串行通信接口实现数据的转换，即发送方应把由系统总线传输的并行数据转换为 1 位串行信号发出；接收方应把接收到的外部输入的 1 位串行信号转换为并行信号经系统总线送入 CPU。因此，实现串行通信接口的核心部件是移位寄存器，该寄存器在发送端为并行输入串行输出移位寄存器，在接收端为串行输入并行输出移位寄存器。

PC 一般至少有两个 RS-232 串行口 COM1 和 COM2，通常，COM1 使用的是 9 针 D 型连接器，而 COM2 使用的是老式的 DB25 针连接器。

在 PC 内部使用的是串行通信接口芯片 Intel 8251A，它是一种通用的同步/异步接收器/发送器（Universal Synchronous/Asynchronous Receiver/Transmitter，USART）芯片，不仅包括并行数据和串行数据之间的转换，还包括可编程控制逻辑及检测串行通信在传送过程中可能发生错误的逻辑部件等。

在串行通信中，数据传输速率、通信设备、传输距离、传输线及各种干扰直接影响通信线路上的数据帧波形。为了保证数据传输的正确性，需要采取相应的措施（如校验数据帧技术等）。

在较远距离传送需要使用电话网线进行串行通信时，由于每一路电话线的模拟信号频率较低，而串行信号为传输速率较高的数字电平信号，为了保证数据传送的可靠性，发送端需要将串行输出的二进制数字信号转换为电话线上的模拟信号，这一过程称为调制。反之，在接收端需要把接收到的电话线上的模拟信号转换为二进制数字信号输入该计算机，这一过程称为解调。实现调制和解调功能的设备称为调制解调器。

下面给出不同情况下的串行通信传输通道配置。

（1）近距离直接串行通信

近距离直接传输是指在 15m 以内、不需要进行信号转换的串行通信，常用在两台 PC 或以串行通信标准作为接口的设备之间的通信，如图 10-16 所示。

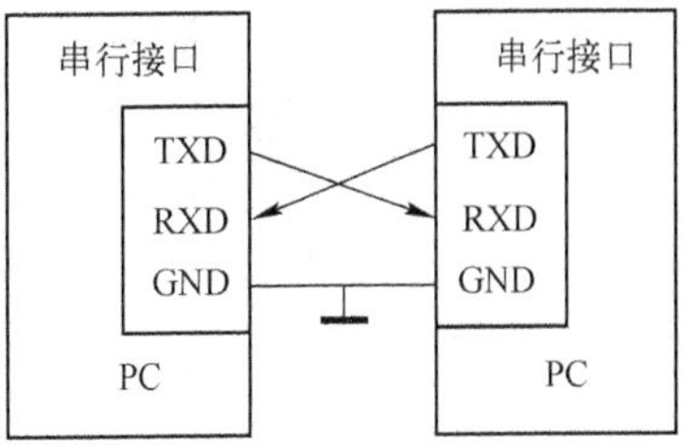

图 10-16　近距离串行传输示意

（2）需要电平转换的串行通信

由于 RS-232C 采用负逻辑，因此，RS-232C 不能和采用正逻辑电平的 TTL、MCS-51 单片机的串行口等直接相连。当 RS-232C 接口与具有正逻辑的串行口通信时，必须进行电平转换，其串行传输示意图如图 10-17 所示。

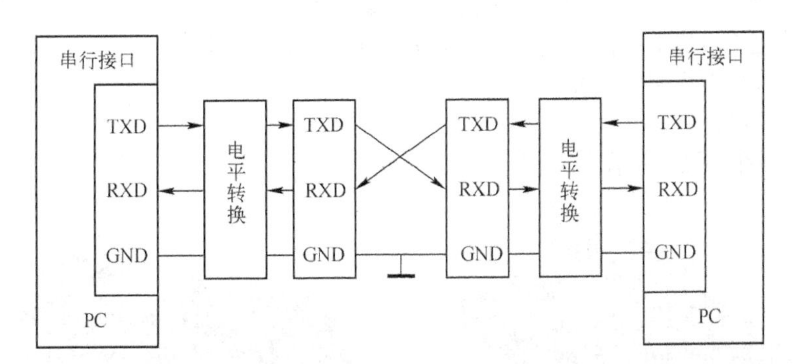

图 10-17　需要电平转换的串行传输示意

（3）远距离调制与解调的串行传输

远距离传送使用调制解调器进行串行传输，如图 10-18 所示。

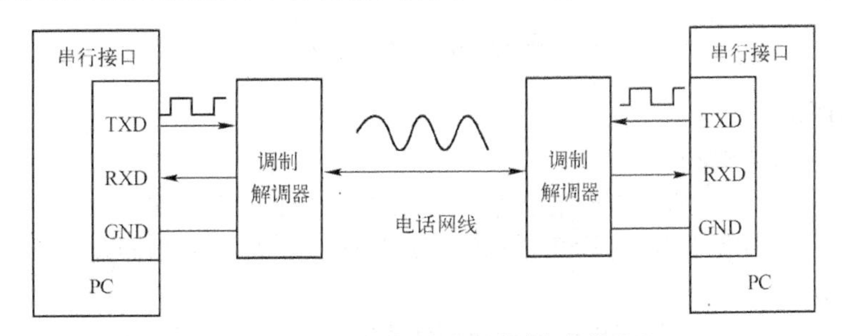

图 10-18　远距离调制与解调的串行传输示意

10.3 其他微型计算机

10.3.1 单片机和单板机

1. 单片机

单片机将 CPU、存储器、定时器及 I/O 接口等部件通过内部总线集成在一块芯片上。

单片机这种特殊的结构形式和特点，使其在智能化仪器仪表、家用电器、机电一体化产品、工业控制等各个领域内的应用得到迅猛的发展。常用单片机芯片外形如图 10-19 所示。

（a）贴片型单片机　　（b）双列对封直插式单片机

图 10-19　常用单片机芯片外形

2. 单板机

这里说的单板机是指简易的单片机实验及开发系统，或称开发板。它将单片机系统的各个部分组装在一块印制电路板上，包括 CPU、I/O 接口及配备简单的 LED、LCD、小键盘、下载器及插座等。单板机是学习及开发单片机应用的必需工具，其主要功能如下。

① 可以直接在单板机上操作，进行单片机学习和实验。

② 可用于单片机应用系统开发。

③ 直接用于控制系统。

单板机外形如图 10-20 所示。

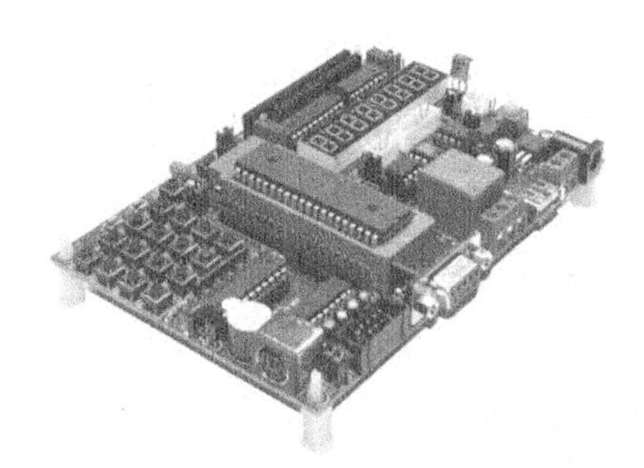

图 10-20　单板机外形

3. 单片机总体结构

（1）单片机内部基本结构

下面以常用的 8051 单片机为例介绍单片机。8051 单片机内部由 CPU、4KB 的 ROM、128B 的 RAM、4 个 8 位的 I/O 并行端口、1 个串行端口、2 个 16 位定时器/计数器及中断系统等组成，其内部基本结构框图如图 10-21 所示。

由图 10-21 可以看出，单片机内部各功能部件通常都挂靠在内部总线上，它们通过内部总线传送地址信息、数据信息和控制信息，各功能部件分时使用总线，即所谓的内部单总线结构。

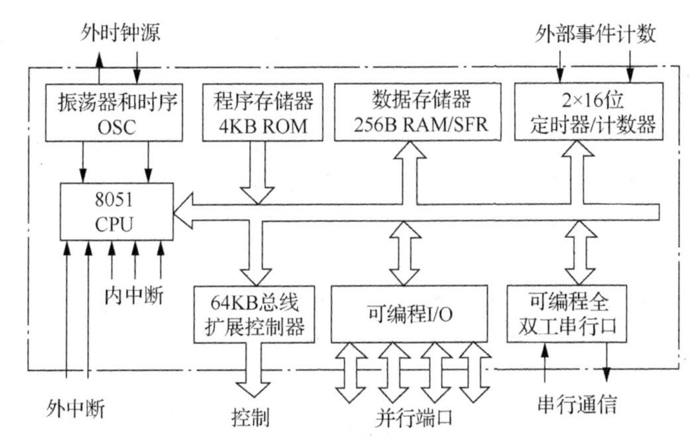

图 10-21　8051 单片机内部基本结构框图

（2）单片机芯片

8051 单片机芯片采用 40 脚双列直插式封装，其引脚如图 10-22 所示。

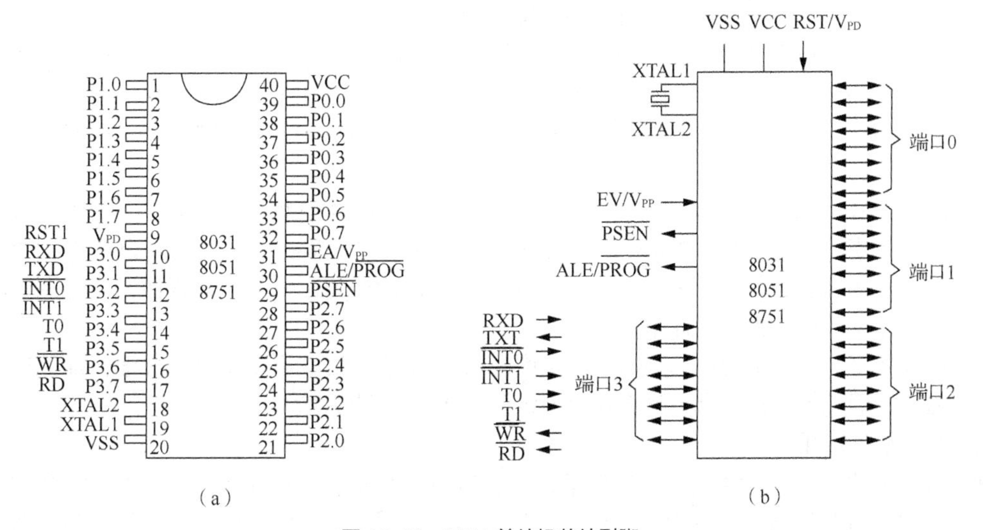

图 10-22　8051 单片机芯片引脚

STC12C5A 系列单片机芯片引脚如图 10-23 所示。

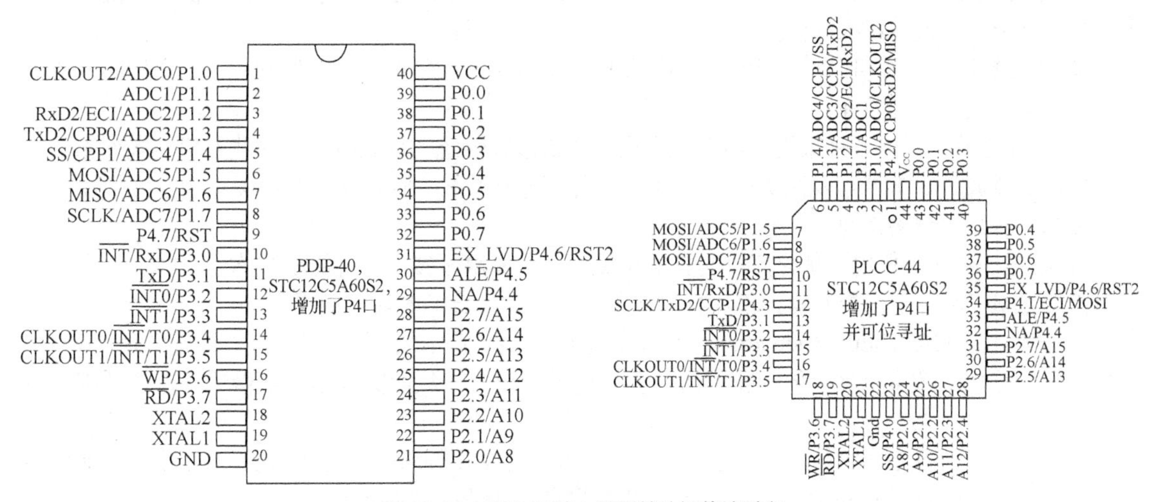

图 10-23　STC12C5A 系列单片机芯片引脚

由于 8051 单片机的高性能受引脚数目的限制，因此有不少引脚具有双重功能。

4. 单片机的特点和应用

单片机结构上的设计，使其在硬件、指令系统及 I/O 能力等方面都有独到之处，具有较强而有效的控制功能。虽然单片机只是一个芯片，但无论从组成还是从其逻辑功能上来看，它都具有微机系统的含义。

（1）单片机的特点

① 具有较高的性价比。高性能、低价格是单片机最显著的一个特点，其应用系统具有印制电路板小、接插件少、安装调试简单方便等特点，使单片机应用系统的性价比大大高于一般微机系统。

② 体积小，可靠性高。由单片机组成的应用系统结构简单，其体积特别小，极易对系统实行电磁屏蔽等抗干扰措施。一般情况下，单片机对信息传输及对存储器和 I/O 接口的访问，是在单片机内部进行的，不易受外界的干扰。因此单片机应用系统的可靠性比一般微机系统高得多。

③ 控制功能强。单片机采用面向控制的指令系统，实时控制功能特别强。

在实时控制方面，尤其是在位操作方面，单片机有着不俗的表现。CPU 可以直接对 I/O 口进行输入、输出操作及逻辑运算，并且具有很强的位处理能力。

单片机内部的存储器 ROM 和 RAM 是严格分工的。ROM 用作程序存储器，只存放程序、常量和数据表格。可以将已调试好的程序固化在 ROM 中，这样不仅掉电时程序不丢失，还可确保程序的安全性。而 RAM 用作数据存储器，用于存放程序执行过程中的临时数据和变量，这种方案使单片机更适用于实时控制系统。

④ 使用方便、容易产品化。由于单片机具有体积小、功能强、性价比较高、系统扩展方便、硬件设计简单等优点，因此单片机的硬件功能具有广泛的通用性。同一种单片机可以用在不同的控制系统中，只是其中所配置的软件不同而已。换言之，给单片机固化上不同的软件，便可形成用途不同的专用智能芯片，可称为“软件就是仪器”。

单片机开发工具具有很强的软硬件调试功能，使研制单片机应用系统极为方便，加之现场运行环境的可靠性，因此单片机能满足许多小型对象的嵌入式应用要求。

（2）单片机的应用

单片机由于体积小、功耗低、价格低廉，且具有逻辑判断、定时计数、程序控制等多种功能，因此广泛应用于智能仪表、可编程控制器、家用电器、医用设备、航空航天、专用设备的智能化管理及过程控制等领域。可以毫不夸张地说，凡是能想到的地方，单片机都可以用得上。

① 智能仪器。智能仪器是含有 CPU 的测量仪器。单片机广泛应用于各种仪器仪表，使仪器仪表智能化取得了令人瞩目的进展。

② 工业控制。单片机广泛应用于各种工业控制系统中，如模拟量闭环控制、开关量控制、数控机床、可编程逻辑控制器等。

③ 家用电器。目前各种家用电器普遍采用单片机取代传统的控制电路，如洗衣机、电冰箱、空调、彩电、微波炉、电风扇及高级电子玩具等。由于配上了单片机，其功能增强、操作方便而“身价”倍增，深受用户的欢迎。

④ 机电一体化。机电一体化产品是指集机械技术、微电子技术、计算机技术于一体，具有智能化特征的机电产品。作为控制器，单片机是嵌入机电一体化产品的最佳选择。

⑤ PWM（Pulse Width Modulation，脉冲宽度调制）控制技术。单片机可以方便地实现 PWM，直接利用所输出的数字量来等效地获得所需要的模拟量幅值，从而实现用数字量对模拟量外部设备进行等效控制。

单片机除以上各方面应用之外，还广泛应用于办公自动化领域（如复印机）、汽车电路、通信系统（如手机）、计算机外部设备等，成为计算机发展和应用的一个重要方向。

单片机的应用从根本上改变了传统控制系统的设计思想和设计方法。过去必须由模拟电路、数字电路及继电器控制电路实现的大部分功能，现在已能用单片机通过软件方法实现。随着软件技术的飞速发展，各种软件系列产品大量涌现，可以极大地简化硬件电路。“软件就是仪器”已成为单片机应用技术发展的主要特点，这种以软件取代硬件并能提高系统性能的控制技术，称为微控制技术。微控制技术标志着一种全新概念的出现，是对传统控制技术的一次革命。随着单片机应用的推广普及，单片机技术无疑将是 21 世纪最为活跃的新一代电子应用技术之一。随着微控制技术的发展，单片机的应用已经使传统控制技术发生了巨大变革。

单片机正朝着高性能和多品种方向发展。然而，由于应用领域大量需要的仍是 8 位单片机，因此，各大公司纷纷推出高性能、大容量、多功能的 8 位单片机。例如，由 STC 公司推出的高性价比的 STC12、STC15 系列单片机（带负载能力很强）和 ATMEL 公司生产的 AT89 系列单片机等。

单片机所独有的特点，使单片机可以方便地构成各种控制系统，实现对被控对象的控制。

10.3.2　智能手机

智能手机是具有独立的操作系统，独立的运行空间，可以由用户自行安装软件、游戏、导航等第三方服务商提供的设备，并可以通过移动通信网络来实现无线网络接入的手机的总称。

1. 智能手机的功能特点

（1）具备无线接入互联网的能力：需要支持 4G、5G 网络。

（2）具有掌上电脑的功能：包括个人信息管理、日程记事、任务安排、多媒体应用、浏览网页。

（3）具有开放性的操作系统：拥有独立的 CPU 和内存，可以安装更多的应用程序，使智能手机的功能可以得到无限扩展。

（4）人性化：可以根据个人需要扩展机器功能。根据个人需要，实时扩展机器内置功能，以及软件升级，智能识别软件兼容性，实现软件市场同步的人性化功能。

（5）功能强大：扩展性能强，支持第三方软件。

（6）运行速度快：随着 CPU 的迅速发展，智能手机在运行方面越来越快速。

2. 智能手机的操作系统

常见的智能手机的操作系统有华为鸿蒙系统、Android、iOS 等。

（1）华为鸿蒙系统（HarmonyOS）：华为鸿蒙系统是华为公司在 2019 年 8 月发布的操作系统，是一款全新的面向全场景的分布式操作系统。

（2）Android：由谷歌、开放手持设备联盟联合研发的智能操作系统。2019 年数据显示，Android 占据全球智能手机操作系统市场 87%的份额，也是全球最受欢迎的智能手机操作系统之一。

（3）iOS：苹果公司研发推出的智能操作系统，以封闭源代码（闭源）的形式推出，iOS 具有独特又极为人性化、强大的界面和性能，深受用户的喜爱。

3. 智能手机应用领域

（1）社交网络。智能手机改变了很多人的生活和工作方式，智能手机以其便携、智能等的特点，在娱乐、商务、视频会议、群交流、实时通信及服务等应用功能上能更好地满足消费者对移动互联的体验。

（2）移动支付。移动支付无疑已经成为智能手机的一大主流功能。电子钱包、读卡器以及近场通信技术在移动支付场景中都成为智能手机的亮点。

10.3.3　笔记本电脑

笔记本电脑（Laptop）又称便携式电脑、手提电脑或膝上型电脑，特点是机身小巧，比台式机携带方便，是一种小型、便于携带的个人计算机。

笔记本电脑通常采用液晶显示器。除键盘外，有些还装有触控板（Touchpad）或触控点（Pointing Stick）作为定位设备（Pointing Device）。

当今的笔记本电脑正在根据用途分化出不同的发展趋势，如商务笔记本电脑稳定、功耗低、具有更长久的续航时间，而家用笔记本电脑拥有不错的性能和很高的性价比。

根据笔记本电脑大小、重量和定位，其一般可以分为台式机替代型、主流型、轻薄型等。

1. 台式机替代型

该类笔记本电脑拥有较强的性能，从硬件配置上来说，与高端台式机不相上下。较高规格的笔记本电脑配置专用显卡或桌面级显卡，15 英寸或者更大屏幕的显示屏，一个以上的内置蓝光光驱等。

2. 主流型

这类机型十分常见，是大部分潜在笔记本电脑用户的首选。从配置上来说可以满足各种需求，商务、办公、娱乐、视频、图像等功能的整合已经十分成熟。从便携性上来说，相对适宜的重量和成熟的开发模具，让其使用更加方便，属于整体性价比较高的一类机型。

除了拥有主流的配置之外，这类机型在体积、重量、电池续航方面也会寻找一个平衡点，从而满足日常应用的各种需求。

3. 轻薄型

这类机型主要针对追求性价比或者对于性能和便携性要求较高的用户。

10.3.4 嵌入式计算机系统

从使用的角度来说，计算机可分为两类：一类是应用广泛的独立使用的计算机系统（如个人计算机、工作站等），另一类是嵌入式计算机系统（简称嵌入式系统）。下面主要介绍嵌入式系统。

1. 嵌入式系统的基本构成

嵌入式系统是“以应用为中心，以计算机技术为基础，软件硬件可裁减，功能、可靠性、成本、体积、功耗严格要求的专用计算机系统”，即以嵌入式应用为目的的计算机系统。一个手持的 MP3 和一个微型计算机工业控制系统都可以认为是嵌入式系统，它与通用计算机技术的最大差异是必须支持硬件裁减和软件裁减，以适应应用系统对体积、功能、功耗、可靠性、成本等的特殊要求。

嵌入式系统的硬件包括信号处理器、存储器、通信模块等在内的多种模块。相比于一般的计算机处理系统而言，嵌入式系统大部分采用 E-PROM、EEPROM 等存储器，软件部分包括软件运行环境及其操作系统，并以 API 作为开发平台的核心。

常见的嵌入式系统应用（电子设备）如图 10-24 所示。

图 10-24　常见的嵌入式系统应用

2. 嵌入式系统功能特点

嵌入式系统有以下的功能特点。

（1）系统内核小。嵌入式系统一般应用于小型电子装置，系统功能针对性强，系统资源相对有限，所需内核较传统的计算机系统要小得多。

（2）专用性强。嵌入式系统的个性化很强，尤其是软件系统和硬件的结合非常紧密，即使在同一系列的产品中也需要根据系统硬件的变化进行软件设计、修改。同时针对不同的功能要求，需要对系统进行相应的更改。

（3）系统精简。嵌入式系统一般没有系统软件和应用软件的明显区分，其功能设计及实现上不要求过于复杂，这样既利于控制系统成本，同时也利于实现系统安全。

（4）高实时性。高实时性是嵌入式软件的基本要求，而且软件要求固态存储，以提高速度。软件代码要求高质量、高可靠性和实时性。

（5）嵌入式软件开发走向标准化。嵌入式系统的应用程序可以在没有操作系统的情况下直接在芯片上运行。但为了合理地调度多道程序、充分利用系统资源以及对外通信接口，用户必须自行选配实时操作系统（Real-Time Operating System，RTOS）开发平台，这样才能保证程序执行的实时性、可靠性，并减少开发时间，保障软件质量。

（6）嵌入式系统开发需要开发工具和环境。嵌入式系统本身不具备自主开发能力，在设计完成以后，用户必须通过开发工具和环境才能进行软硬件调试和系统开发。

（7）功耗低。有许多嵌入式系统的宿主对象是一些小型应用系统，如手机、平板电脑、数码相机等，这些设备不可能配置交流电源或容量较大的电源，因此低功耗一直是嵌入式系统追求的目标。

3. 嵌入式系统的应用领域

嵌入式系统的应用十分广泛，涉及工业控制、交通管理等多个领域。

（1）工业控制。基于嵌入式芯片的工业自动化设备获得长足的发展，目前已经有大量的 8 位、16 位、32 位嵌入式微控制器在应用。如工业过程控制、数字机床、电力系统、电网安全、电网设备监测、石油化工系统。就传统的工业控制产品而言，低端产品往往采用的是 8 位单片机。随着计算机技术的发展，32 位、64 位的 CPU 已逐渐成为工业控制设备的核心。

（2）交通管理。在车辆导航、流量控制、信息监测与汽车服务方面，嵌入式技术已经获得了广泛的应用。内嵌导航模块、通信模块的移动定位终端已经在各种运输行业获得了成功。

（3）信息家电。家电将成为嵌入式系统最大的应用领域，家电的网络化、智能化将引领人们步入一个崭新的空间。即使不在家，也可以通过电话、网络对家电进行远程控制。在这些设备中，嵌入式系统将大有用武之地。

（4）家庭智能管理系统。在水表、电表、煤气表的远程自动抄表系统，以及安全防火、防盗系统中，嵌入有专用控制芯片，这种专用控制芯片将代替传统的人工操作，完成检查功能，并实现更高、更准确和更安全的性能。目前在服务领域已经体现了嵌入式系统的优势。

（5）POS 网络及电子商务。公共交通无接触智能卡系统、自动售货机等智能终端已全面走进人们的生活。

（6）环境工程与自然。在很多环境恶劣、地况复杂的地区需要进行水文资料实时监测、防洪体系及水土质量监测、堤坝安全与地震监测、实时气象信息和空气污染监测等，嵌入式系统可实现无人监测。

（7）机器人。嵌入式芯片的发展将使机器人在微型化、高智能方面的优势更加明显，同时，会大幅度降低机器人的价格，使其在工业领域和服务领域获得更广泛的应用。

10.4 习题

1. 名词解释

并行通信　串行通信　异步传送　同步传送　总线　标准总线

2. 选择题

在数据传输过程中，数据由串行变为并行，或由并行变为串行，这种转换是通过接口电路中的（　　）实现的。

A. 数据寄存器　B. 移位寄存器　C. 锁存器　D. 以上都不对

3. 问答题

（1）计算机与 8051 单片机通信接口为什么要使用 MAX232 电平转换芯片？

（2）为什么 RS-485 总线比 RS-232C 总线具有更高的通信速率和更远的通信距离？

附录

附录 A　ASCII（美国信息交换标准码）表

见本书电子资源。

附录 B　80x86 指令系统表及指令注释说明

说明如下。

（1）本书中对寄存器 X 中数据的描述，X 与（X）是等价的，如 AL=30H 和（AL）=30H 是等价的。指令注释中，寄存器寻址 X 为目的源操作数时，用 X 表示，为源操作数时，用（X）表示寄存器的内容。

（2）本表源于 Pentium 用户手册，仅列出了 80x86 程序设计指令和系统指令。

（3）表中 ac 表示累加器，reg 表示通用寄存器，imm 表示立即数。

（4）标志位使用符号：0 表示置 0，1 表示置 1，x 表示根据结果设置，- 表示不影响，u 表示无定义，r 表示恢复原先保存的值。

（5）表中所列部分变化时钟周期数和指令字节数为该指令的所有格式（寻址方式）下的变化范围值。

助记符	功能操作	时钟周期数	字节数	标志位 ODITSZAPC	备注
AAA	AL←把 AL 中的和调整到非压缩 BCD 码 AH←(AH)+调整产生的进位值	3	1	u - - - u u x u x	
AAD	AL←10*(AH)+(AL) AH←0 实现除法的非压缩 BCD 码调整	10	2	u - - - x x u x u	
AAM	AX←把 AH 中的积调整到非压缩 BCD 码	18	2	u - - - x x u x u	
AAS	AL←把 AL 中的差调整到非压缩 BCD 码 AH←(AH)-调整产生的借位值	3	1	u - - - u u x u x	
ADC dst,src	dst←(src)+(dst)+CF	1～3	2～11	x - - - x x x x x	
ADD dst,src	dst←(src)+(dst)	1～3	2～11	x - - - x x x x x	
AND dst,src	dst←(src)∧(dst)	1～3	2～11	0 - - - x x u x 0	
ARPL dst,src	调整选择器的 RPL 字段	7	2～7	- - - - - x - - -	自 286 起有
BOUND rsg,mem	测数组下标(reg)是否在指定的上下界(mem)之内，若在内，则往下执行；否则产生 INT5	8 INT+32	2～5	- - - - - - - - -	自 286 起有
BSF reg,src	自右向左扫描(src)，遇第一个为 1 的位，则 ZF←0，该位位置装入 reg；如(src)=0，则 ZF←1	6～43	3～8	u - - - u x u u u	自 386 起有
BSR reg,src	自左向右扫描(src)，遇第一个为 1 的位，则 ZF←0，该位位置装入 reg；如(src)=0，则 ZF←1	7～72	3～8	u - - - u x u u u	自 386 起有
BSWAP r32	(r32)字节次序变反	1	2	- - - - - - - - -	自 486 起有
BT dst,src	把由(src)指定的(dst)中的内容送 CF	4～9	3～9	u - - - u u u u x	自 386 起有
BTC dst,src	把由(src)指定的(dst)中的内容送 CF，并把该位变反	7～13	3～9	u - - - u u u u x	自 386 起有
BTR dst,src	把由(src)指定的(dst)中的内容送 CF，并把该位置 0	7～13	3～9	u - - - u u u u x	自 386 起有
BTS dst,src	把由(src)指定的(dst)中的内容送 CF，并把该位置 1	7～13	3～9	u - - - u u u u x	自 386 起有

续表

助记符	功能操作	时钟周期数	字节数	标志位 ODITSZAPC	备注
CALL dst	段内直接：push(IP 或 EIP)　IP←(IP)+D16 或 EIP←(EIP)+D32 段内间接：push(IP 或 EIP)　　IP 或 EIP←(EA) 段间直接：push(CS) push(IP 或 EIP)　IP 或 EIP←dst 指定的偏移地址　　CS←dst 指定的段地址 段间间接：push(CS)　　　push(lp 或 EIP) IP 或 EIP←(EA)　　　　CS←(EA+2 或 4)	2～5	2～7	---------	
CBW	(AL)符号扩展到(AH)	3	1	---------	
CWDE	(AX)符号扩展到(EAX)	3	1	---------	自 386 起有
CLC	进位位置 0	2	1	--------0	
CLD	方向标志位置 0	2	1	-0-------	
CLI	中断标志位置 0	7	1	--0------	
CLTS	清除 CR0 中的任务切换标志	10	2	---------	自 386 起有
CMC	进位位变反	2	1	--------x	
CMP opr1,opr2	(opr1) − (opr2)	1～2	2～7	x---xxxxx	
CMPSB CMPSW CMPSD	(SI 或 ESI)−(DI 或 EDI) SI 或 ESI←(SI 或 ESI)　±1 或±2 或±4 DI 或 EDI←(DI 或 EDI)　±1 或±2 或±4	5	1	x---xxxxx	
CMPXCHG dst,reg	ac←(dst) 相等：ZF←1，dst←(reg) 不相等：ZF←0，ac←(dst)	5～6	3～8	x---　xxxxx	
CMPXCHG8B dst	EDX，EAX←(dst) 相等：ZF←1，dst←(ECX，EBX) 不相等：ZF←0，EDX，EAX←(dst)	10	3～8	-----x---	自 586 起有
CPUID	EAX←CPU 识别信息	14	1	---------	自 586 起有
CWD	(AX)符号扩展到(DX)	2	1	---------	
CDQ	(EAX)符号扩展到(EDX)	2	1	---------	自 386 起有
DAA	AL←把 AL 中的和调整到压缩 BCD 码	3	1	u---xxxxx	
DAS	AL←把 AL 中的差调整到压缩 BCD 码	3	1	u---xxxxx	
DEC opr	opr←(opr)−1	1～3	1～7	x---xxxxx	
DIV src	AL←(AX)/(src)的商 AH←(AX)/(src)的余数 AX←(DX,AX)/(src)的商 DX←(DX,AX)/(src)的余数 EAX←(EDX,EAX)/(src)的商 EDX←(EDX,EAX)/(src)的余数	17～41	2～7	u---uuuuu	
ENTER imm16,imm8	建立堆栈帧 imm16 为堆栈帧的字节数 imm8 为堆栈帧的层数 L	11 15 15+2L	4	---------	自 386 起有

续表

助记符	功能操作	时钟周期数	字节数	标志位 ODITSZAPC	备注
HLT	停机		1	---------	
IDIV src	AL←(AX)/(src)的商 AH←(AX)/(src)的余数	22～30	2～7	u---uuuuu	
	AX←(DX,AX)/(src)的商 DX←(DX,AX)/(src)的余数	22～46			
	EAX←(EDX,EAX)/(src)的商 EDX←(EDX,EAX)/(src)的余数	30～46			
IMUL src	AX←(AL)*(src)	11	2～7	x---uuuux	
	DX,AX←(AX)*(src)	11			
	EDX,EAX←(EAX)*(src)	10～11			
IMUL reg,src	reg16←(reg16)*(src)	10	3～8	x---uuuux	自 286 起有
	reg32←(reg32)*(src)	10			
IN ac,PORT	ac←(PORT)	7	2	---------	
IN ac,DX	ac←((DX))	7	1		
INC opr	opr←(opr)+1	1～3	1～7	x---xxxx-	
INSB INSW INSD	DI 或 EDI←(DX) DI 或 EDI←(DI 或 EDI)±1(或 2 或 4)	9	1	---------	自 286 起有
INT type INT (当 type=3 时)	PUSH(flag) PUSH(CS) PUSH(IP) IP←(type*4) CS←(type*4+2)	INT+6 INT+5	2 1	--00-----	
INTO	若 OF=1，则 PUSH(FLAGS) PUSH(CS) PUSH(IP) IP←(10H)　　CS←(12H)	4(OF=0) INT+5 (OF=1)	1	--00-----	
INVD	使高速缓存无效	15	2	---------	自 486 起有
INVLPG opr	使 TLB 入口无效	29	3～8	---------	自 486 起有
IRET	IP←POP() CS←POP() FLAGS←POP()	7	1	rrrrrrrrr	
IRETD	EIP←POP() CS←POP() EFLAGS←POP()	7	1	rrrrrrrrr	自 386 起有
JZ/JE opr	ZF=1 则转移	1	2～6	---------	
JNZ/JNE opr	ZF=0 则转移				
JS opr	SF=1 则转移				
JNS opr	SF=0 则转移				
JO opr	OF=1 则转移				
JNO opr	OF=0 则转移				
JP/JPE opr	PF=1 则转移				
JNP/JPO opr	PF=0 则转移				

续表

助记符	功能操作	时钟周期数	字节数	标志位 ODITSZAPC	备注
JC/JB/JNAE opr	CF=1 则转移				
JNC/JNB/JAE opr	CF=0 则转移				
JBE/JNA opr	CF∨ZF=1 则转移				
JNBE/JA opr	CF∨ZF=0 则转移				
JL/JNGE opr	SF∀OF=1 则转移				
JNL/JGE opr	SF∀OF=0 则转移				
JLE/ING opr	(SF∀OF)∨ZF=1 则转移				
JNLE/JG opr	(SF∀OF)∨ZF=0 则转移				
JCXZ opt	(CX)=0 则转移	6/5	2	- - - - - - - - -	
JECXZ opt	(ECX)=0 则转移	6/5	2	- - - - - - - - -	自 386 起有
JMP opr	无条件转移 段内直接短 IP 或 EIP←(IP 或 EIP)+D8 段内直接近 IP←(IP)+D16 或 EIP←(EIP)+D32 段内间接 IP 或 EIP←(EA) 段间直接 IP 或 EIP←opr 指定的偏移地址 CS←opr 指定的段地址 段间间接 IP 或 EIP←(EA) CS←(EA+2 或 4)	1～4	2～7	- - - - - - - - -	
LAHF	AH←(FLAGS 的低字节)	2	1	- - - - - - - - -	
LAR reg,src	取访问权字节	8	3～8	- - - - - x - - -	自 286 起有
LDS reg,src	reg←(src) dS←(src+2 或 4)	4～13	2～7	- - - - - - - - -	
LEA reg,src	reg←src	1	2～7	- - - - - - - - -	
LEAVE	释放堆栈帧	3	1	- - - - - - - - -	自 286 起有
LES reg,src	reg←(src)　　ES←(src+2 或 4)	4～13		- - - - - - - - -	
LFS reg,src	reg←(src) FS←(src+2 或 4)	4～13	3～8	- - - - - - - - -	自 386 起有
LGDT mem	装入全局描述符表寄存器 GDTR←(mem)	6	3～8	- - - - - - - - -	自 286 起有
LGS reg,src	reg←(src) GS←(src+2 或 4)	4～13	3～8	- - - - - - - - -	自 386 起有
LIDT mem	装入中断描述符表寄存器 IDTR←(mere)	6	3～8	- - - - - - - - -	自 286 起有

续表

助记符	功能操作	时钟周期数	字节数	标志位 ODITSZAPC	备注
LLDT src	装入局部描述符表寄存器 LDTR←(src)	8	3～8	---------	自 286 起有
LMSW src	装入机器状态字(在 CR0 寄存器中) MSW←(src)	8	3～8	---------	自 286 起有
LOCK	插入 LOCK#信号前缀	1	1	---------	
LODSB L0DSW LODSD	ac←(SI 或 ESI) SI 或 ESI←(sI 或 ESI)±1(或 2 或 4)	2	1	---------	
LOOP opr	(CX 或 ECX)≠0 则循环	5/6	2	---------	
LOOPZ/ LOOPE opr	ZF=1 且(CX 或 ECX)≠0 则循环	7/8	2	---------	
LOOPNZ/ LOOPNE opr	ZF=0 且(CX 或 ECX)≠0 则循环	7/8	2	---------	
LSL reg,src	取段界限	8	3～8	-----x---	自 286 起有
LSS reg,src	reg←(src)	4～13	3～8	---------	自 386 起有
	SS←(src+2 或 4)				
LTR src	装入任务寄存器	10	3～8	---------	自 286 起有
MOV dst,src	dst←(src)	1	2～11	---------	
MOV reg, CR0-4（控制寄存器）	reg←(CR0-4)	4	3	u---uuuuu	有系统指令
MOV CR0-4, reg	CR0-4←(reg)	12～22	3		
MOV reg,DR （调试寄存器）	reg←(DR)	2～12	3	u---uuuuu	自 386 起有
MOV DR,reg	DR←(reg)	11～12	3		
MOV dst,SR （段寄存器）	dst←(SR)	1	2～7	---------	
MOV SR,src	SR←(src)	2～12	2～7		
MOVSB MOVSW MOVSD	DI 或 EDI←(SI 或 ESI) SI 或 ESI←(SI 或 ESI)±1(或 2 或 4) DI 或 EDI←(DI 或 EDI)±1(或 2 或 4)	4	1	---------	
MOVSX dst, src	dst←符号扩展(src)	3	3～8	---------	自 386 起有
MOVZX dst, src	dst←零扩展(src)	3	3～8	---------	
MUL src	AX←(AL)*(src) DX,AX←(AX)*(src)	11	2～7	x---uuuux	
	EDX,EAX←(EAX)*(src)	10～11			
NEG opr	opr←0－(opr)	1～3	2～7	x---xxxxx	

续表

助记符	功能操作	时钟周期数	字节数	标志位 ODITSZAPC	备注
NOP	无操作	1	1	---------	
NOT opr	opr←(opr)求反	1～3	2～7	---------	
OR dst, src	dst←(dst)∨(src)	1～3	2～11	0---xxux0	
OUT port,ac	port←(ac)	12	2	---------	
OUT DX,ac	(DX)←(ac)	12	1		
OUTSB OUTSW OUTSD	(DX)←(SI 或 ESI) SI 或 ESI←(SI 或 ESI)±1 或 2 或 4	13	1	---------	
POP dst	dst←(SP 或 ESP) SP 或 ESP←(SP 或 ESP)+2 或 4	1～12	1～7	---------	
POPA	出栈送 16 位通用寄存器	5	1	---------	自 286 起有
POPAD	出栈送 32 位通用寄存器	5	1	---------	自 386 起有
POPF	出栈送 FLAGS	4	1	rrrrrrrrr	
POPFD	出栈送 EFLAGS	4	1	rrrrrrrrr	自 386 起有
PUSH src	SP 或 ESP←(SP 或 ESP)-2 或 4 SP 或 ESP←(src)	1、2	1～7	---------	
PUSHA	16 位通用寄存器进栈	5	1	---------	自 286 起有
PUSHAD	32 位通用寄存器进栈	5	1	---------	自 386 起有
PUSHF	FLAGS 进栈	3	1	---------	自 286 起有
PUSHFD	EFLAGS 进栈	3	1	---------	自 386 起有
RCL opr,cnt	带进位循环左移	1～27	2～8	x-------x u-------x	自 286 起有
RCR opr,cnt	带进位循环右移	1～27	2～8	x-------x u-------x	
RDMSR	读模型专用寄存器 EDX,EAX←MSR[ECX]	20～24	2	---------	自 586 起有
REP string primi tive	当(CX 或 ECX)=0，退出重复；否则，CX 或 ECX←(CX 或 ECX)-1，执行其后的串指令				
REP INS	当(CX 或 ECX)=0，退出重复；否则，CX 或 ECX←(CX 或 ECX)-1，执行其后的串指令	11+3C	2	---------	
REP LODS		7、7+3C	2	---------	
REP MOVS		6、13	2	---------	
REP OUTS		13+4C	2	---------	
REP STOS	当(CX 或 ECX)=0，退出重复；否则，CX 或 ECX←(CX 或 ECX)-1，执行其后的串指令	6、9+C	2		
REPE/REPZ string priminve	当(CX 或 ECX)=0 或 ZF=0，退出重复；否则，CX 或 ECX←(CX 或 ECX)-1，执行其后的串指令				
REPE CMPS	当(CX 或 ECX)=0 或 ZF=0，退出重复；否则，CX 或 ECX←(CX 或 ECX)-1，执行其后的串指令	7、8+4C	2	x---xxxxx	
REPE SCAS	当(CX 或 ECX)=0 或 ZF=0，退出重复；否则，CX 或 ECX←(CX 或 ECX)-1，执行其后的串指令	7、8+4C	2	x---xxxxx	

续表

助记符	功能操作	时钟周期数	字节数	标志位 ODITSZAPC	备注
REPNE/ REPNZ string primitive	当(CX 或 ECX)=0 或 ZF=1 退出重复；否则，CX 或 ECX←(CX 或 ECX)-1，执行其后的串指令				
REPNE CMPS	当(CX 或 ECX)=0 或 ZF=1 退出重复；否则，CX 或 ECX←(CX 或 ECX)-1，执行其后的串指令	7、9+4C	2	x - - - x x x x x	
REPNZ SCAS	当(CX 或 ECX)=0 或 ZF=1 退出重复；否则，CX 或 ECX←(CX 或 ECX)-1，执行其后的串指令	7、8+4C	2	x - - - x x x x x	
RET	段内：IP←POP()	2	1	- - - - - - - - -	
	段间：IP←POP()　　CS←POP()	4	1		
RET exp	段内：IP←POP() SP 或 ESP←(SP 或 ESP)+D16	3	3	- - - - - - - - -	
	段间：IP←POP()　　CS←POP() SP 或 ESP←(SP 或 ESP)+D16	4	3		
ROL opr,cnt	循环左移	1～3	2～8	x - - - - - - - x	
ROR opr,cnt	循环右移	1～4	2～8		
RSM	从系统管理方式恢复		2	x x x x x x x x x	自 586 起有
SAHF	FLAGS 的低字节←(AH)	2	1	- - - - r r r r r	
SAL opr,cnt	算术左移	1～4	2～8	x - - - x x u x x	
SAR opr,cnt	算术右移	1～4	2～8	x - - - x x u x x	
SBB dst,src	dst←(dst)-(src)-CF	1～3	2～11	x - - - x x x x x	
SCASB SCASW SCASD	ac→(DI 或 EDI) DI 或 EDI←(DI 或 EDI)±1(或 2 或 4)	4	1	x - - - x x x x x	
SETcc dst	条件设置	1、2	3～8		自 386 起有
SGDT mem	从全局描述符表寄存器取　(mem)←(GDTR)	4	3～8	- - - - - - - - -	自 286 起有
SHL opt,cnt	逻辑左移				
SHLD dst, reg,cnt	双精度左移	4、5	3～9	u - - - x x u x x	自 386 起有
SHR opr,cnt	逻辑右移	1～4	2～8	x - - - x x u x x	自 286 起有
SHRD dst, reg,cnt	双精度右移	3～5	3～9	u - - - x x u x x	自 386 起有
SIDT mem	从中断描述符表取　(mem)←(IDTR)	4	3～8	- - - - - - - - -	自 286 起有
SLDT dst	从局部描述符表取　(dst)←(LDTR)	2	3～8	- - - - - - - - -	自 286 起有
SMSW dst	从机器状态字取　(dst)←(MSW)	4	3～8	- - - - - - - - -	自 286 起有
STC	进位位置 1	2	1	- - - - - - - - 1	
STD	方向标志位置 1	2	1	- 1 - - - - - - -	
STI	中断标志位置 1	7	1	- - 1 - - - - - -	
STOSB STOSW STOSD	(DI 或 EDI)←(ac) DI 或 EDI←(DI 或 EDI)±1(或 2 或 4)	3	1	- - - - - - - - -	
STR dst	从任务寄存器取　(dst)←(TR)	2	3～8	- - - - - - - - -	自 286 起有

续表

助记符	功能操作	时钟周期数	字节数	标志位 ODITSZAPC	备注
SUB dst,src	dst←(dst)-(src)	1～3	2～11	x - - - x x x x x	
TEST opr1，opr2	(opr1)∧(opr2)	1～2	2～11	0 - - - x x u x 0	
VERR opr	检验 opr 中的选择器所表示的段是否可读	7	3～8	- - - - - x - - -	自 286 起有
VERW opr	检验 opr 中的选择器所表示的段是否可写	7	3～8	- - - - - x - - -	自 286 起有
WAIT	等待	1	1	- - - - - - - - -	
WBINVD	写回并使高速缓存无效	>2000	2	- - - - - - - - -	自 486 起有
WRMSR	写入模型专用寄存器　MSR(ECX)-(EDX,EAX)	30～45	2	- - - - - - - - -	自 586 起有
XADD dst，src	TEMP←(src)+(dst) src←(dst) dst←TEMP	3、4	3～8	x - - - x x x x x	自 486 起有
XCHG opr1，opr2	(opr1)与(opr2)交换	2、3	1～7	- - - - - - - - -	
XLAT	AL←((BX 或 EBX)+(AL))	4	1	- - - - - - - - -	
XOR dst,src	dst←(dst)∀(src)	1～3	2～11	0 - - - x x u x 0	

附录 C　DOS 系统功能调用

见本书电子资源。

附录 D　BIOS 中断调用

见本书电子资源。